导航拒止环境下无人机自主导航与运动规划

宗　群　谌宏鸣　鲁瀚辰　张秀云　著

科 学 出 版 社

北　京

内 容 简 介

本书介绍了导航拒止环境下无人机自主导航与运动规划技术的研究现状，着重描述了无人机自主导航、运动规划的方法与应用。根据国内外在该领域的最新研究成果及课题组最新研究进展，凝练其中的关键问题与设计方法。针对导航拒止环境下的无人机自主导航问题，分别提出了基于视觉的无人机自主导航方法、基于激光雷达的无人机自主导航方法、基于多传感器融合的无人机自主导航方法。针对复杂多障碍环境下的无人机自主运动规划问题，分别描述了感知受限条件下的无人机实时局部运动规划方法、面向未知环境的无人机自主探测运动规划方法。针对真实导航拒止环境，设计了一套面向室外复杂环境的无人机自主飞行系统。最后，基于搭建的实物平台展开闭环飞行实验，验证了本书提出的无人机自主导航与运动规划方法的有效性。

本书适合自动化相关专业的本科生及研究生阅读，同时可供对无人机自主导航与运动规划感兴趣的高校师生、科研工作者和工程技术人员阅读参考。

图书在版编目(CIP)数据

导航拒止环境下无人机自主导航与运动规划 / 宗群等著. —北京：科学出版社，2023.11

ISBN 978-7-03-076731-8

Ⅰ. ①导… Ⅱ. ①宗… Ⅲ. ①无人驾驶飞机-航空导航-研究 ②无人驾驶飞机-飞行控制-研究 Ⅳ. ①V279

中国国家版本馆CIP数据核字(2023)第200929号

责任编辑：张海娜 赵微微 / 责任校对：任苗苗
责任印制：赵 博 / 封面设计：无极书装

科学出版社出版
北京东黄城根北街16号
邮政编码：100717
http://www.sciencep.com
北京富资园科技发展有限公司印刷
科学出版社发行 各地新华书店经销
*
2023年11月第 一 版 开本：720 × 1000 1/16
2025年 2 月第三次印刷 印张：18
字数：360 000

定价：138.00 元

(如有印装质量问题，我社负责调换)

前　言

随着无人机作业环境复杂性和任务种类多样性的不断增加，保证无人机在复杂多障碍导航拒止环境下的自主飞行已经成为自主无人机领域的重点研究方向。然而，从当前阶段的发展情况来看，无人机尽管可以通过动力装置和导航模块在一定范围内进行自主控制飞行，但自主化水平依然不高。近年来，自主导航技术的不断发展与机载算力的不断提升，给无人机在导航拒止环境下的自主飞行提供了可能。导航拒止环境下无人机的自主导航与运动规划涉及视觉导航、激光雷达导航、多传感器融合、运动规划等多个方面的难点问题，属于多学科交叉的研究领域，相关技术的研究已经成为当今自动化、机器人与无人机领域最前沿的研究课题之一。

在任务执行过程中，如何提高无人机的自主导航与运动规划能力，使其成为一个高度自主化的系统，从而提升任务执行效率是自主无人机领域亟待解决的核心问题。本书重点面向丛林、楼宇等典型导航拒止环境下无人机自主飞行中面临的自主导航与运动规划领域的关键问题，为解决自主感知方法鲁棒性不足、感知受限条件下无人机运动规划方法难以求解等技术问题，提出无人机自主导航与实时运动规划方法。同时，搭建面向导航拒止环境的无人机演示验证平台，实现理论算法的飞行实验验证，进一步提升无人机的自主任务执行能力。

本书的撰写特点如下。

(1)本书围绕国内外导航拒止环境下自主无人系统的相关项目与研究工作，着重描述了无人机自主导航与运动规划技术及应用，为无人机在复杂环境下的自主飞行提供解决途径，意在抛砖引玉，为读者提供有益借鉴。

(2)本书涉及视觉导航、激光雷达导航、多传感器融合、局部运动规划与自主探测运动规划等多种导航拒止环境下无人机自主飞行的关键设计方法，研究内容涵盖当前导航拒止环境下自主无人机领域研究的重点和热点，提出的自主导航与运动规划方法具有一定的参考价值。

(3)本书针对复杂多障碍环境，对感知受限条件下的无人机实时局部运动规划、面向未知环境的无人机自主探测运动规划、室外无人机自主飞行的导航和运动规划等方法进行了闭环飞行实验，验证了所提出方法的有效性，具有一定的理论指导意义和工程应用价值。

全书共 8 章。第 1 章在介绍导航拒止环境下无人机自主导航与运动规划基本概念的基础上，全面总结国内外无人机自主导航与运动规划的研究进展，分析提炼相关的难点问题，并给出本书的撰写特点和内容安排。第 2 章介绍本书中涉及的相关坐标系定义及坐标系间的变换关系，为后续章节提供理论支撑。第 3 章首先介绍视觉传感器模型及图像处理方法，其次针对导航拒止环境下的无人机自主导航问题，以多状态约束卡尔曼滤波与非线性优化技术为基础，分别设计基于滤波后端的无人机自主导航方法与基于优化后端的无人机自主导航方法。第 4 章首先介绍激光雷达模型及激光雷达点云处理方法，其次针对点云地图与体素地图两种不同的地图表达形式，分别设计基于激光雷达点云地图后端的无人机自主导航方法与基于激光雷达体素地图后端的无人机自主导航方法。第 5 章考虑无人机自主导航的鲁棒性，介绍视觉与激光雷达融合的时间、空间同步方法，并分别针对松耦合与紧耦合多传感器融合架构，设计基于视觉雷达融合的无人机自主导航前端数据处理方法和无人机自主导航方法。第 6 章对感知受限条件下的无人机实时局部运动问题进行研究，设计一套基于模型预测路径积分控制的无人机实时局部运动轨迹规划方法，并将其应用于有限视场角范围约束的自主飞行与稀疏特征场景下的自主感知飞行两类典型的应用场景。第 7 章面向未知环境的自主探测，以对未知区域的高效探测为目的，设计一套基于前端边界探测引导路径生成与后端局部运动规划结合的无人机自主探测运动规划方法，并在地下空间环境下对无人机自主探测方法进行了闭环飞行验证。第 8 章面向导航拒止环境的无人机自主飞行，针对真实导航拒止环境，设计一套适用于室外复杂环境的无人机自主飞行系统，并在丛林环境下对无人机自主导航与运动规划方法的有效性进行闭环飞行验证。

本书得到了国防科技创新特区 163 计划主题项目“多障碍环境群体快速轻量自主飞行关键技术与验证”(18-163-11ZT-003-022-01)等的资助。此外，天津大学的王卓、马文瑀、谢国辉等参与了本书的撰写工作，在此一并表示感谢。

限于作者水平，书中难免存在不妥之处，恳请读者批评指正。

目　录

第1章 绪 论

无人机(unmanned aerial vehicle，UAV)诞生于第一次世界大战期间，相关技术发展至今已有一百多年历史。无人机的定义即不载有操作人员、可以自主飞行或遥控驾驶、可以一次使用也可回收使用、携带致命或非致命有效载荷的有动力飞行器。相对有人作战系统，无人机具有成本低廉、结构轻巧、机动灵活且隐蔽性好等优势。其研究过程大致经历了三个发展阶段，从第一次世界大战的萌芽期，到20世纪80年代以色列首创的有人-无人机协同作战引起的发展期，再到当前伴随人工智能相关技术快速发展的蓬勃期，其种类不断增多，性能日益提升，应用领域也逐步拓展。无人机可以分为固定翼与旋翼两大类别，固定翼无人机是最早得以研究与应用于战场的，其在航速、续航时间、飞行载荷等方面具有明显的优势，可以胜任大多侦察、监视等军事任务；旋翼无人机具备定点悬停、垂直起降、机动灵活等优势，能够执行各类低空任务，更适用于山区、丛林和城市等复杂环境，而在旋翼无人机中，多旋翼无人机由于其机械结构简单、飞行原理简单、故障率低等特点，成为无人机家族中研究与应用最广泛的一类。

当前阶段，多旋翼无人机系统的自动化研究已经解决了基本的自主飞行控制问题，通过机载动力系统与导航定位模块结合自身的自主控制系统，具备实现姿态控制与轨迹跟踪的能力。伴随着相关技术的发展，多旋翼无人机平台被广泛应用于探测、巡检或搜寻等应用场景。然而，当面对丛林、楼宇等复杂场景时，简单的自主控制无法满足日益增长的实际应用需求。近年来，导航拒止环境下的无人机自主导航、复杂多障碍环境下的无人机实时运动规划、面向导航拒止环境下的无人机自主飞行演示验证等成为推动无人机自主化的关键技术。本书重点针对无人机在导航拒止环境下自主飞行中面临的关键问题进行介绍。为解决导航拒止环境下无人机自主导航方法鲁棒性不足、感知受限条件下无人机运动规划算法难以求解等技术问题，针对丛林、楼宇、地下空间等典型导航拒止环境，提出了无人机自主导航与实时运动规划方法。同时，搭建面向导航拒止环境的演示验证平台，测试无人机在导航拒止环境下的自主导航与运动规划能力，从而提升无人机的自主任务执行能力。

1.1 无人机自主导航与运动规划研究现状

近年来，无人机在情报探测、搜索救援、侦察预警、目标捕捉等方面发挥越来越重要的作用，已经成为未来军事战场中不可或缺的力量。无人机由于其成本低、灵活性强，被普遍认为是未来应用于实际军事作战的核心装备之一，因此受到了世界各国尤其是美国的广泛关注。

1.1.1 相关研究项目概述

自海湾战争中无人机正式投入作战以来，美国陆军无人机在军事作战中发挥越来越重要的作用。此后历次局部战争或军事行动中，无人机的能力和任务进一步拓展，成为战场上不可或缺的力量，并赢得了“陆军之眼”的美誉。目前，美国陆军拥有超过 4000 架各种型号的无人机，编制在陆军的多个层级中，在战场全纵深执行各种作战任务，负责在联合行动和在全谱军事行动中支持陆军作战。但直至目前无人机作战场景多局限于通过全球导航卫星系统(global navigation satellite system, GNSS)为无人机导航定位的作战环境，针对导航定位拒止环境下的无人机作战仍存在极大的挑战性，特别是当士兵在建筑物内、城市峡谷、地下或森林中操作无人机作业时，导航定位拒止环境会严重影响无人机的操作性能。近年来，无人机在任务执行过程中坠毁的情况时有发生。据统计，2010～2020 年超过 175 架美军无人机因电磁干扰、卫星信号拒止等技术原因而坠毁。考虑到导航拒止等复杂环境在未来战争中的重要作用，为提高无人机在导航拒止环境中的自主化水平，美国国防高级研究计划局(Defense Advanced Research Projects Agency, DARPA)先后实施了拒止环境中协同作战(collaborative operations in denied environment, CODE)项目及快速轻量自主(fast lightweight autonomy, FLA)项目，重点开发针对导航拒止等复杂环境的无人机快速安全自主飞行算法。由于充分意识到导航拒止的复杂环境在未来战争中的重要作用，2018 年 DARPA 开始着手启动导航拒止环境下的地下空间(subterranean, SUBT)挑战赛，DARPA 在 SUBT 挑战赛官网中引用了 Clausewitz 在《战争论》中的一句话“The relationship between warfare and terrain demands the faculty of quickly and accurately grasping the topography of any area”(战争与地形之间的关系要求我们具备快速、准确掌握任何区域地形的能力)(图 1.1)。从中不难看出，未来无人系统作战将极有可能下沉到地下，形成“海陆空+地道战”的新型作战形式，借助地下空间进行隐藏、机动、休整、支援保障的军事行动。DARPA 通过比赛牵引，使无人系统初步形成了具备对导航拒止等复杂环境的快速探测的能力，为后续复杂环境下无人系统的自主化发展奠定了基础。下面将对 DARPA 针对导航拒止环境开展的两个项目，即 DARPA-FLA 项目与 DARPA-SUBT 挑战赛进行详细介绍。

1. DARPA-FLA 项目

2015 年，DARPA 启动 FLA 项目(图 1.2)。FLA 项目旨在探索一种非传统的

"The relationship between warfare and terrain demands the faculty of quickly and accurately grasping the topography of any area."
- Clausewitz, On War

TUNNEL SYSTEMS
Tunnels can extend many kilometers in length with constrained passages, vertical shafts, and multiple levels.

URBAN UNDERGROUND
Urban underground environments can have complex layouts with multiple stories and span several city blocks.

CAVE NETWORKS
Natural cave networks often have irregular geological structures, with both constrained passages and large caverns.

图 1.1 DARPA 地下空间挑战赛

图 1.2 DARPA-FLA 项目第一阶段

感知及自主化方法，通过该方法实现多旋翼无人机在复杂环境下的高速自主飞行，且该过程不需要与操作员进行通信，也不需要 GNSS 的外界定位辅助。该项目展示出了一系列具备卓越飞行能力的多旋翼无人机设计方案，其潜在应用包括：在作战部队进入未知建筑之前，快速完成对内部威胁区域的扫描；在无法通过高空图像观测的茂密的丛林地区或敌对地区搜寻伤员；进入位于灾后区域的一些危险建筑物内搜寻幸存者等。该项目聚焦于导航、规划以及控制等方面的自主化，并要求自主飞行功能能够通过消费级传感器应用在小型化商用平台上。该项目的第一阶段于 2017 年进行，研究团队平衡无人机的尺寸、重量以及感知能力等因素，使无人机利用有限的机载计算能力完全自主地执行简单任务。

DARPA 在 2018 年完成了 FLA 项目的第二阶段飞行试验，在第一阶段飞行测试的基础上，科研团队对软件与硬件系统进行优化，使用消费级传感器达到更高的性能水平，以便应用于尺寸更小、重量更轻的多旋翼无人机，如图 1.3 所示。其所设计的无人机在模拟城镇环境中进行了飞行试验，实现了在多层建筑之间高速飞行，并在飞行过程中确认感兴趣的目标；穿越窄窗飞进建筑物，沿走廊寻找房间并构建三维室内环境地图；最后识别走廊或楼梯场景，并沿该走廊从敞开的门退出建筑物。

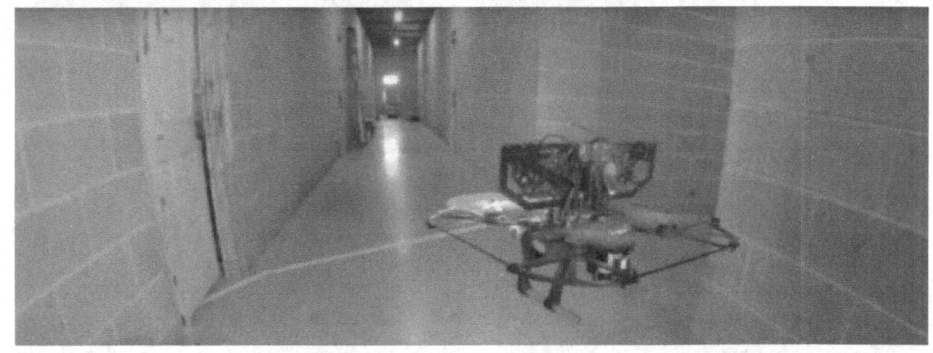

图 1.3 DARPA-FLA 项目第二阶段

2. DARPA-SUBT 挑战赛

2018 年，DARPA 启动 SUBT 挑战赛，SUBT 是 DARPA 大型机器人挑战赛中最新的一系列，该挑战赛旨在提升可在黑暗、密闭和危险空间中工作的移动机器人的自主化水平。挑战赛分为三个独立的阶段，每个阶段都在不同的地下环境(隧道、城市地下和地下洞穴)中进行。复杂的地下环境给军事和民用急救人员带来了巨大挑战，不同领域伴随着差异性风险，且该环境随时间动态变化，给进入该环境的作业人员带来了极大的风险，来自世界各地的团队应邀参与到挑战赛中，提出了各类新颖的解决办法，以解决在未知恶劣环境中的快速探索问题。

2019 年，该挑战赛进行了第一阶段——隧道环境挑战，如图 1.4 所示，挑战赛选用位于宾夕法尼亚州匹兹堡的一个矿洞，科研团队通过多样化的方案、多类型的机器人平台，在封闭的隧道环境中实现自主导航，并协同作业完成任务，以及通过多节点间的分布式通信技术，将探测到的信息传送给隧道外的工作人员。2020 年，该挑战赛进行了第二阶段——城市地下环境挑战，如图 1.5 所示。该阶段的挑战赛在华盛顿奥林匹亚以西的 Satsop 商业园中进行，相比第一阶段的隧道环境而言，更为复杂的城市地下环境给参赛团队带来了更大的挑战，挑战赛需要研究团队派出的机器人在规定时间内，在错综复杂的地下环境中搜寻特定目标，并需要通过无线通信手段将具体的目标信息传送出作业空间。

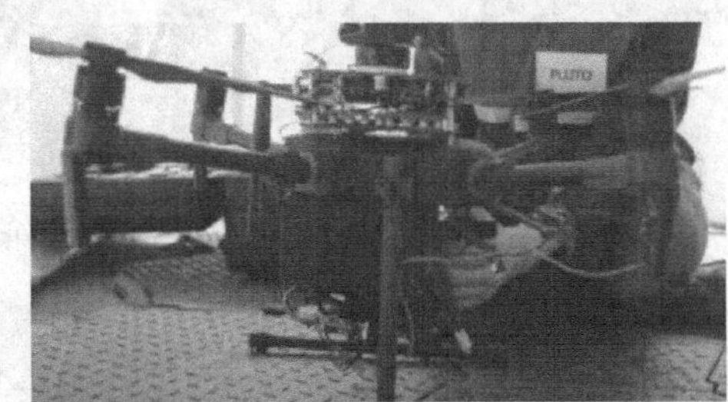

图 1.4 DARPA 地下空间挑战赛第一阶段——隧道环境挑战

2021 年该挑战赛进行了第三阶段——地下洞穴环境挑战，如图 1.6 所示。该阶段的挑战赛在路易斯维尔巨型洞穴举行，经过激烈的角逐，CERBERUS 团队通过高度自主化的导航与规划算法设计，完成了对未知地下洞穴的快速探测，并最终赢得 200 万美元的奖金。

综上所述，无人机作为改变未来战争模式的颠覆性技术装备，在世界范围内得到飞速发展，已经成为国家间军事博弈的重要力量。然而，传统无人机在执行任务时，往往需要依赖 GNSS，难以在楼宇、丛林及地下空间等复杂环境下进行全自主飞行，而这些典型复杂环境对未来城市巷战及野外低空作战的全方位信息获取至关重要。因此，作为无人机在复杂未知多障碍环境下实现自主飞行的核心技术，无人机自主导航与运动规划技术受到国内外的广泛关注。

图 1.5　DARPA 地下空间挑战赛第二阶段——城市地下环境挑战

图 1.6　DARPA 地下空间挑战赛第三阶段——地下洞穴环境挑战

1.1.2　导航拒止环境下无人机自主导航方法研究现状

导航拒止环境下无人机的自主导航方法是指无人机在不利用卫星及外部传感器(如超宽带(ultra-wide bandwidth, UWB)设备、运动捕捉系统等)信息的情况下实现无人机自主定位与建图的方法。导航拒止环境下无人机的自主导航方法按照传感器类型分类，可以分为基于视觉的自主导航方法、基于激光雷达的自主导航方法、基于视觉与激光雷达融合的自主导航方法。在此，针对上述三类主流导航拒止环境下的自主导航方法展开讨论。

1. 基于视觉的自主导航方法

基于视觉的自主导航方法，由于不受电磁干扰与卫星信号遮挡影响的性质，近年来受到了国内外学者的广泛关注。早在2003年美国发射的“机遇号”与“勇气号”火星探测车，以及2013年我国发射的“玉兔号”月球车均配备了视觉导航系统，其通过序列图像视觉定位方法修正制导、导航和控制(guidance, navigation, and control, GNC)系统航迹推算误差，并为探测车提供了安全避障与路径规划所需的建图结果。2007年，帝国理工学院的Davison等[1]提出了首个基于扩展卡尔曼滤波(extend Kalman filter, EKF)方法的实时单目视觉同时定位与建图(monocular camera simultaneous localization and mapping, MonoSLAM)算法，其开创性地在移动机器人上实现了实时且无明显漂移的自主定位。同年，Mourikis等[2]在MonoSLAM框架基础上提出了多状态约束下的卡尔曼滤波器(multi-state constraint Kalman filter, MSCKF)，改善了EKF随时间增加累计误差的问题。随后，苏黎世联邦理工学院的Bloesch等[3]提出的鲁棒视觉惯性里程计(robust visual-inertial odometry, ROVIO)采用迭代卡尔曼滤波进行视觉与惯性测量单元(inertial measurement unit, IMU)融合，解决了计算过程中的线性化位置随更新过程变化的问题，使状态具有全局一致性。然而，基于滤波的状态估计方法存在线性化精度损失的问题。因此，基于优化的方法，以其更高的精度与适应性逐渐吸引了相关学者的关注，并成为当前视觉定位的主流方法。牛津大学的Klein等[4]于2007年提出了并行化跟踪与建图(parallel tracking and mapping, PTAM)算法，这是第一个用非线性优化代替滤波方法的视觉同时定位与建图(simultaneous localization and mapping, SLAM)算法，给出了并行的特征跟踪方法；并首次提出基于关键帧的集束调整(bundle adjustment, BA)技术，通过最小化视觉特征的重投影误差，对机器人六自由度位姿和空间中的特征点进行同时优化调整，从而获得更加精准的位姿和地图。2011年帝国理工学院的Newcombe等[5]提出稠密跟踪与建图(dense tracking and mapping, DTAM)算法，通过最小化光度误差估计相机位姿和像素逆深度，在图形处理单元(graphics processing unit, GPU)上实现了基于单目相机的定位与稠密重建(图1.7(a))，开创了直接法视觉SLAM的先河。2014年，考虑到DTAM算法在稠密跟踪与重建中的计算复杂度与对GPU的依赖问题，Forster等[6]提出半直接视觉里程计(semi-direct visual odometry, SVO)，仅利用图像中像素梯度较为明显的像素约束相机位姿，并通过贝叶斯估计器融合多个时刻的深度测量，逐步减小深度估计的不确定性。2015年美国DARPA启动FLA项目，旨在借助机载相机与IMU

元件，提升不确定环境下高速飞行无人机的自主定位与导航能力，进一步推动视觉惯性定位方法的发展。随后，Mur-Artal 等[7]对 PTAM 算法进行了改进，提出一个基于快速方向与旋转描述子(oriented fast and rotated brief, ORB)的实时单目 SLAM 系统，即 ORB-SLAM 系统，该系统是一套相对完整的 SLAM 系统，采用词袋模型[8]进行闭环检测，并利用闭环后图像间的共视关系修正全局相机位姿，其无论在平移还是旋转等情况下均具有良好的定位精度。同年，苏黎世联邦理工学院的 Leutenegger 等[9]提出了代表性的基于关键帧的视觉惯性里程计框架，采用紧耦合的方式将惯导测量与视觉特征相融合作为非线性方程进行优化，相比于纯视觉定位(visual odometry, VO)具有更高的精度和鲁棒性。2017 年，慕尼黑工业大学的 Engel 等[10]提出了直接稀疏里程计(direct sparse odometry, DSO)，利用图像中稀疏的像素点在线优化相机位姿。2018 年，香港科技大学的 Qin 等[11]在基于关键帧的视觉惯性里程计框架下提出了单目视觉惯性里程计系统(monocular visual-inertial odometer system, VINS-Mono)，采用基于光流的特征点跟踪算法与基于滑窗的关键帧边缘化算法，在实现更高定位精度的同时保证系统状态估计的实时性，实现了微小型无人机的自主导航(图 1.7(b))。随后，宾夕法尼亚大学的 Sun 等[12]考虑基于单目相机尺度不确定性带来的影响，提出面向双目相机的 MSCKF 算法，并将其应用于 DARPA-FLA 项目中(图 1.7(c))。2021 年，该团队在文献[10]与文献[12]工作的基础上，提出一种半稠密直接法视觉惯性里程计[13]，该算法相比文献[12]所提方法具有更好的场景适应性以及更低的计算资源占用，实现了面向无人机的自主导航。

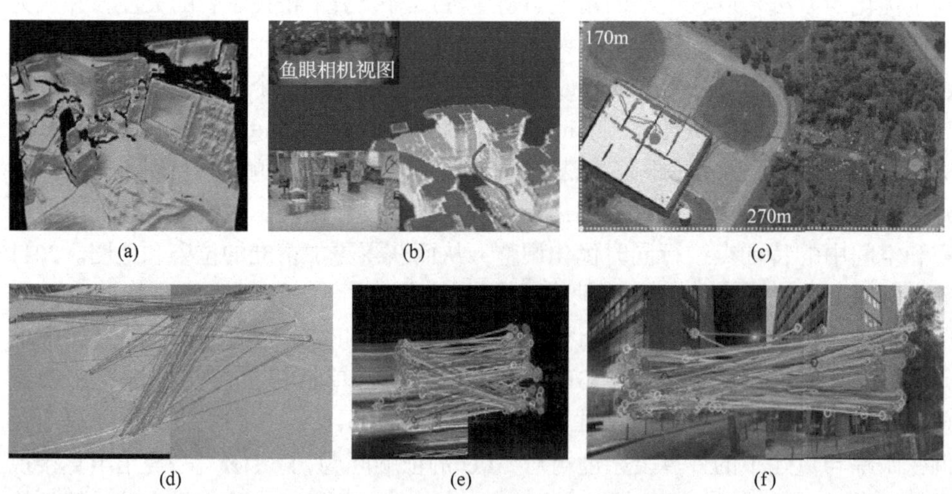

图 1.7　基于视觉的自主导航方法

综上所述，鉴于视觉自主导航系统体积小、重量轻、成本低的优势，其在无人机自主导航中得到了广泛应用。然而，当无人机在非结构化场景(图 1.7(d))、高动态(图 1.7(e))、光线变化(图 1.7(f))等环境中飞行时，基于视觉的无人机自主导航系统会出现视觉特征匹配错误，从而产生累计误差，在严重的情况下甚至会导致定位失效，从而严重影响无人机的飞行安全与任务执行效能。

2. 基于激光雷达的自主导航方法

相较于基于视觉的自主导航方法，基于激光雷达的自主导航方法得益于其不受环境光线影响和直接深度测量的特性，被广泛地应用于自主移动机器人领域。基于激光雷达的自主导航方法的理论基础为点云配准方法。以迭代最近点[14](iterative closest point, ICP)为代表的点云配准方法，通过为两帧点云中的每个点找到其对应的最近点，构建非线性优化问题，可以有效估计两帧点云间的位姿关系。随后，斯坦福大学的 Segal 等[15]提出广义迭代最近点(generalized iterative closest point, GICP)点云配准算法，将 ICP 算法提出的点到点的匹配扩展为平面到平面的匹配，很大程度上提升了 ICP 算法的精度。但是无论是 ICP 算法还是 GICP 点云配准算法，都依赖于最邻近搜索(nearest neighbor search, NNS)算法[16]进行点到点或平面到平面的匹配。尽管 KD-Tree 数据结构可以提升 NNS 算法的索引效率，但是当点云数量很大时，基于 NNS 算法的匹配仍然是影响点云配准实时性的主要因素。为了解决上述问题，蒂宾根大学的 Biber 等[17]提出正态分布变换(normal distributions transform, NDT)算法，利用体素匹配代替基于 NNS 算法的匹配，很大程度上提升了算法的匹配效率。考虑两帧点云的配准问题，NDT 算法首先将输入的一帧点云分割成多个服从高斯分布的体素，然后找到一个位姿使另一帧点云服从体素分布的似然值最大，从而实现两帧点云间的位姿估计。随着近年来点云配准理论的日渐成熟，基于激光雷达的自主导航方法得到了快速发展。2007 年，弗赖堡大学的 Grisetti 等提出基于 Rao-Blackwellized 粒子滤波器[18]的 Gmapping[19]算法，用粒子模拟机器人位姿和地图的分布，实现了二维环境下机器人的自主导航。然而，算法精度与粒子滤波器采样数量相关，大量的粒子采样会导致很高的算法计算复杂度。2014 年，卡内基·梅隆大学的 Zhang 等[20]使用旋转的 2D 激光雷达实现了 3D 激光雷达里程计与建图(LiDAR odometry and mapping, LOAM)。LOAM 中提出了一种基于曲率提取激光雷达点云中面特征与线特征的方法，并通过 KD-Tree 数据结构提升基于 NNS 的特征匹配效率，通过雷达定位与雷达建图两个独立线程实现了实时、鲁棒、低漂移的 3D 定位与建图(图 1.8(a))。Google 开源了适用于 2D 和 3D 的激光雷达自主导航算法 Cartographer[21]，该算法将机器人的自主导航问题构建为图优化问题，利用栅格匹配实现位姿解算，并利用子图进行闭环检测，修正系统累计误差，是一套完备的激光雷达自主导航系统，具有很高的工程价值。2019 年，麻省理工学院的 Shan 等[22]提出了一种可以在嵌入式运算平台上实时运行的激光雷达自主导航算法 LeGO-LOAM，该算法利用地面分割技术对 LOAM 中的特征提取算法进行了进一步下采样，很大程度上降低了特征匹配的维度，但仅适用于地面机器的定位与建图。上述仅依赖激光雷达的自主导航方法通常无法在高速运动下保证自主导航性能，而高速运动下的自主导航能力对无人机的自主飞行至关重要。因此，近年来基于激光雷达/IMU 融合的自主导航系统受到了广泛的关注。2019 年，香港科技大学的 Ye 等[23]利用 BA 技术设计了雷达惯性里程计与建图(LiDAR-inertial odometry and mapping, LIO-Mapping)系统，该系统通过优化滑窗中所有的位姿与特征信息，实现了高精度的定位与建图。但是，由于基于 BA 技术的激光雷达自主导航系统需要处理滑窗中包含的所有雷达特征与位姿，难以在机载计算机上实时运行。随后，香港科技大学的 Qin 等[24]在 LIO-Mapping 的基础上利用迭代误差卡尔曼滤波作为位姿估计后端，显著提升激光雷达定位与建图算法的实时性。2020 年，麻省理工学院的 Shan 等[25]利用因子图优化方法融合了 IMU 预积分因子、雷达匹配因子、回环因子、全球定位系统(global positioning system, GPS)定位因子，实现了一套完备紧耦合激光雷达自主导航系统(图 1.8(b))，并结合关键帧策略实现了面向移动机器人的自主导航。近年来，随着激光雷达体积、重量、功耗的持续降低，基于激光雷达的自主导航方法逐渐被应用于自主无人机领域(图 1.8(c))。2021 年，香港大学的 Xu 等[26]提出 Fast-LIO，通过迭代扩展卡尔曼滤波器[27](iterated extended Kalman filter, IEKF)实现了激光雷达与 IMU 的紧耦合自主导航，并利用 Sherman-Morrison-Woodbury 等公式降低了卡尔曼增益矩阵中矩阵求逆的维度，从而显著降低算法的计算复杂度。随后，该研究团队

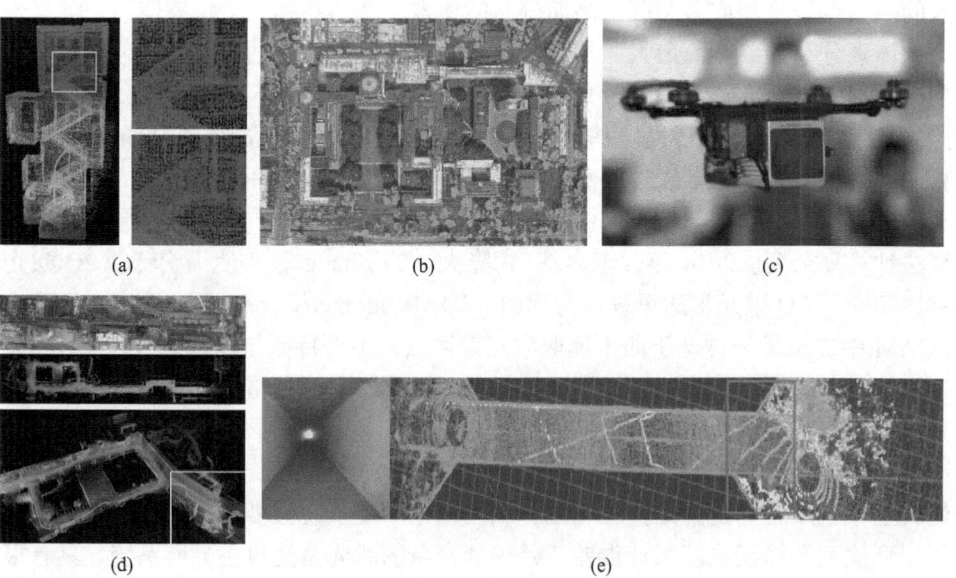

图 1.8　基于雷达的自主导航方法

在Fast-LIO的基础上提出Fast-LIO2[28]，该算法基于iKD-Tree数据结构[29]，显著降低地图维护的计算消耗，实现了面向无人机的激光雷达自主导航(图1.8(d))。

综上所述，激光雷达的自主导航系统具有不受光照影响、直接深度测量的优势，在导航拒止环境下可以实现稳定、准确的定位与建图。然而，当无人机在几何相似、开阔区域等环境中飞行时，基于视觉的无人机自主导航系统会出现雷达退化现象(图1.8(e))，从而导致基于激光雷达的自主导航系统失效。

3. 基于视觉与激光雷达融合的自主导航方法

由上述对视觉自主导航方法与激光雷达自主导航方法的分析可知，相机具有体积小、成本低且可以采集稠密的环境信息等优点，但基于视觉的自主导航方法对三维环境的深度恢复存在估计误差，且在亮度较低或环境纹理较少的场景下定位精度会急剧下降。激光雷达作为主动式传感器，通过传感器自带的激光发生器向四周发射激光，并通过反射回来的激光脉冲计算物体到雷达的距离，从而获得精确的三维点云信息。不同于相机图像，激光雷达点云不会被外界光照干扰，具有比视觉更高的场景适应性。此外，激光雷达可以直接拼接采集的三维点云得到点云地图，而视觉定位方案必须经过稠密建图算法[30,31]才可以得到环境地图。然而，激光雷达也有其不可避免的缺点。激光雷达扫描得到的三维点云比较稀疏，难以进行场景识别，且激光雷达根据环境中的几何特征进行定位，这种方法在长直走廊、隧道等典型的重复结构化环境中会面临失效问题[32]。对比可知，两种传感器的优缺点具有很大的互补性，因此基于视觉和激光雷达融合的自主导航方法受到了学者的广泛关注。2014年，卡内基·梅隆大学的Zhang等[33]利用激光雷达的直接深度测量信息辅助视觉导航系统恢复深度，有效提升了视觉自主导航系统的定位精度。2018年，卡尔斯鲁厄理工学院的Graeter等[34]利用激光雷达进行深度提取，将点云投影到相机坐标系中，之后通过视觉关键帧进行集束调整的方法来估计机器人状态。同年，韩国科学技术研究院(KIST)的Shin等[35]提出了一种基于视觉直接法的融合方法，使用激光雷达的稀疏点云进行深度恢复，但图像像素数量远多于激光雷达点云数量，因此很多像素不能恢复深度。针对激光雷达与相机分辨率不匹配的问题，拉夫堡大学的de Silva等[36]将两种传感器坐标系对齐后，使用高斯过程恢复对缺失值进行插值，图像中提取到的特征可以直接使用激光雷达信息进行深度恢复。上述方法利用激光雷达的直接深度测量特性恢复视觉特征点深度的视觉激光雷达融合自主导航系统，数据基于激光雷达辅助的视觉自主导航系统，并未充分利用激光雷达采集的点云信息提升系统导航精度。针对上述问题，卡内基·梅隆大学的Zhang等[37]在文献[33]的基础上提出视觉雷达里程计与建图(visual-LiDAR odometry and mapping, VLOAM)算法，以基于雷达辅助的视觉导航算法估计载体的帧间运动，并以其为优化初值融合LOAM[20]中提出的子图匹配方法，实现了高精度的视觉雷达融合定位。随后，考虑视觉与激光雷达在特定场景下会发生退化甚至定位失效的现象，该研究团队提出了基于优化的多传感器融合算法的退化判据[38]，在自主导航算法运行过程中可以有效判断传感器的退化维度与方向。2018 年，该研究团队在 VLOAM[37]的基础上提出视觉/激光雷达/惯性融合的自主导航算法[39]，该方法利用文献[38]中提出的退化判据，充分利用视觉、激光雷达、惯性传感器的互补特性，实现了无人机在典型导航拒止环境下鲁棒、高精度的定位与建图(图 1.9(a))。2020 年，苏黎世联邦理工学院的 Khattak 等[40]提出了一种基于视觉、雷达松耦合的无人机自主导航算法，并将其成功应用于 DARPA 地下空间挑战赛中(图 1.9(b))。2021 年，麻省理工学院的 Shan 等[41]利用因子图优化方法融合、VINS-Mono[11]与基于平滑建图的雷达惯性里程计(LiDAR-inertial odometry via smoothing and mapping, LIO-SAM)[25]实现了基于视觉/雷达融合的自主导航。同年，香港大学的 Lin 等[42]提出鲁棒、实时雷达惯性视觉状态估计(robust, real-time, LiDAR-inertial-visual state estimation, R^2LIVE)算法，基于 IEKF 实现了 VINS-Mono[11]与 Fast-LIO[26]的紧耦合导航。随后，该研究团队在 R^2LIVE[42]的基础上提出鲁棒、实时、彩色雷达惯性视觉状态估计(robust, real-time, RGB-colored, LiDAR-inertial-visual state estimation, R^3LIVE)算法[43]，该算法利用视觉传感器提供的彩色像素信息有效增强自主导航系统在典型退化场景下的鲁棒性(图 1.9(c))。但上述系统均将基于视觉的自主导航与基于激光雷达的自主导航作为两个相互独立线程，无法充分利用上述两类传感器信息。为解决上述问题，牛津大学的 Wisth 等[44,45]提出了一种以相机为中心的视觉雷达传感器信息同步方法，利用同步后的视觉匹配残差与雷达匹配残差一起构建因子图优化问题，实现了在极端工况下的准确、鲁棒定位与建图。

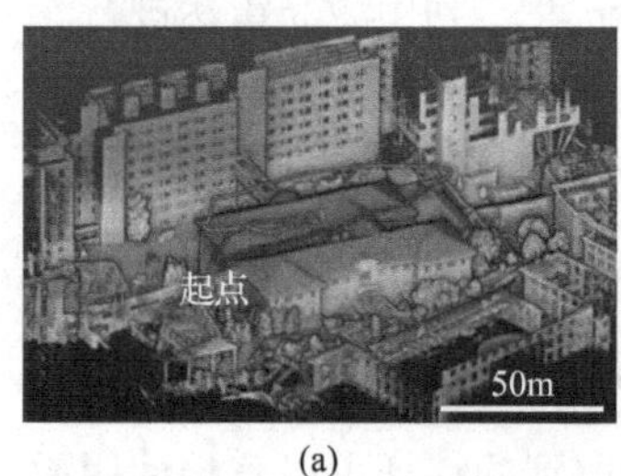

(a)

(b)

(c)

图 1.9　基于视觉与激光雷达融合的自主导航方法

综上所述，激光雷达准确的测距能力可以辅助视觉进行精确的三维深度恢复，从而提高自主导航精度。同时，视觉采集稠密的环境信息可以解决激光雷达信息稀疏且在长直走廊中发生退化的问题。通过两者融合，充分利用两种传感器的优点，对提升自主导航精度及挑战性环境下自主导航系统的鲁棒性具有重大的意义，对无人机在导航拒止环境下的自主飞行至关重要。

1.1.3 多障碍环境下无人机运动规划方法研究现状

无人机运动规划是指在给定空间环境信息以及当前运动状态的前提下，基于多旋翼无人机动力学约束、感知条件、避碰避障等约束条件，以轨迹平滑、代价最小和飞行时间最优为性能指标，为无人机规划安全合理可行的飞行轨迹。针对应用市场对无人机平台自主飞行能力的迫切需求，促使相关领域的研究学者对多障碍环境下无人机运动规划问题进行了较为深入的理论分析与研究。

1. 无人机实时运动规划方法

为保证无人机在多障碍环境下的安全飞行，无人机实时运动规划方法近年来受到了相关研究学者的广泛关注，无人机运动规划过程通常被总结为最小化包含轨迹安全性以及可行性约束的目标函数的形式。Minimum snap 轨迹生成算法[46]是多旋翼无人机轨迹生成的开创性工作，该算法引入了多旋翼无人机的微分平坦特性，使多旋翼无人机系统的全状态空间以三维位置、偏航角以及其微分的形式予以表达，基于该性质多旋翼无人机的飞行轨迹则由一条平滑的多项式函数代表，其考虑 snap（加速度的二阶导）控制输出最小的轨迹规划问题可以通过求解二次规划（quadratic programming, QP）问题的方式进行求解。2015 年，麻省理工学院的 Deits 等[47]通过基于半定规划的迭代域膨胀（iterative regional inflation by semidefinite programming，IRIS）方法计算安全域的凸空间，再通过混合整形优化方法，在安全凸空间范围内进行多项式飞行轨迹的求解，同时为确保完整轨迹在安全空间内，引入了一种平方和优化方法。受上述方法的启发，宾夕法尼亚大学的 Liu 等[48]将跳点搜索（jump point search, JPS）方法[49]拓展到三维空间路径搜索问题中，提出了一种新的飞行安全域的计算方法，该方法通过迭代膨胀椭球空间得到一系列重叠的凸多边形，通过该空间形成的线性不等式约束结合二次规划方法实现了平滑避障轨迹的求解。2016 年，麻省理工学院的 Richter 等[50]在上述工作的基础上，提出了一套针对该问题的闭式解求解方法，取代直接求解轨迹中参数的方式，采用了一种去约束化策略，将航迹点等式约束代入到优化问题中，形成无约束的标准二次规划问题，从而实现闭式求解。同年，香港科技大学的 Gao 等[51]提出了基于八叉树结构的环境表示方法，由此可以快速得到由三维立方体连接组成的自由空间飞行域，接着，使用标准的 A*算法[52]计算三维立方体的初始序列，再以相互连接的立方体形成安全线性凸约束，最后采用二次规划方法实现平滑轨迹的求解，使该轨迹在满足安全避障约束的基础上，同时满足高阶动力学约束。2018 年，Gao 等[53]提出了一种可直接作用于点云地图上的轨迹规划方法，该地图可由环境感知设备直接量测获得，基于该地图信息，采用基于采样的路径搜寻方法生成一系列相交的球形安全飞行域，再基于该约束通过与文献［52］相似的方法实现轨迹求解。

影响上述方法求解轨迹质量的主要原因之一就是各轨迹段的时间分配问题，然而，前端路径搜索问题生成的路径往往不包含时间信息，只能通过简单的启发式函数进行简单的时间分配，宾夕法尼亚大学的 Liu 等[54]针对速度状态采用了一种快速行进方法，用于产生一种带有时间信息的初始路径，该路径由欧氏距离场信息计算得到，因此该路径实现的时间分配可以更好地适应复杂环境，在轨迹规划问题中使用 Bezier 曲线表示飞行轨迹，利用该曲线的凸包性质，实现对轨迹安全性和高阶动力学的约束。随着学术研究的进一步发展，一种将上述方法中出现的各类硬约束条件，转化为目标函数的软约束轨迹求解方法被广泛采纳。2011 年，南加利福尼亚大学的 Kalakrishnan 等[55]提出一种基于随机轨迹优化的运动规划（stochastic trajectory optimization for motion planning，STOMP）算法，选取了一种并行无梯度的基于采样的求解方法，实现了对软约束轨迹优化问题的求解。2013 年，斯沃斯莫尔学院的 Zucker 等[56]提出基于方差哈密顿优化的运动规划（covariant Hamiltonian optimization for motion planning，CHOMP）算法，其通过基于梯度的优化方法，实现平滑与避障代价的局部优化。然而，该方法由于缺少合理的初始轨迹引导，往往在一些复杂环境中仅具有较低的成功率。2016 年，苏黎世联邦理工学院的 Oleynikova 等[57]提出了一种在线的连续时间轨迹规划方法，其轨迹的避障代价被公式化为关于轨迹弧长与最近障碍距离的线性积分，同时为提升求解效率，该方法沿用文献[50]中的去约束化方法，加速轨迹规划的求解过程。2017 年，香港科技大学的 Gao 等[58]采用了与之类似的轨迹求解方法，但引入了一种基于采样的初始路径优化策略，从而提升初始轨迹的求解质量。同年，慕尼黑工业大学的 Usenko 等[59]提出了一种局部轨迹重规划方法，该方法在应对动态变化障碍物的同时，可保证与全局轨迹的偏差较小，通过选择均值 B 样条（B-spline）作为轨迹的表示形式，通过优化局部轨迹控制点的状态，实现重规划轨迹的实时求解。近年来，随着感知技术与计算水平的发展，机器人自主化水平越来越取决于平台对环境的理解程度，供多旋翼无人机平台搭载的感知设备类型如图 1.10 所示，目前主流的设计方案多为搭载单线激光雷达[60,61]、多线激光雷达[54,62]、视觉感知设备[63-65]或一类新型可产生稠密点云量测的带有限视场的激光雷达[28]。其中，多线激光雷达具有全方位的扫面角度以及较大的测量范围，如图 1.10（d）中平台[62]方案，但其自身的体积和重量将严重影响平台的飞行时间和功耗，且难以在更小的多旋翼无人机平台上应用。采用单线激光雷达方案的平台如图 1.10（c）中平台[61]所示，具备良好的探测距离，但其雷达的量测信息难以提取有效的纵向环境信息，因此只能通过增加 2.5D 环境假设或增加机械结构的方式予以补偿，上述传统机械式激光雷达的方案，得益于其优秀的探测范围和距离，使其在多旋翼平台上得以应用，但两类传感器所获取的量测信息都过于稀疏，在多旋翼无人机平台的智能自主化发展上，难以起到更好的作用；伴随着机载算力和传感器技术的不断发展，基于视觉设备的感知技术已经逐步成为智能机器人平台自主化的必要手段，其低成本、高分辨率的特性结合高性能机载计算设备，使其在小型多旋翼无人机平台上得到广泛应用，如图 1.10(a)中平台[64]方案，此外，一类可进行稠密点云扫描的新型激光雷达(如图 1.10(b)中平台[28])也进入了研究人员的视野，但由于机载体积和功耗的限制，这两类传感器都难以实现全范围的环境感知，其感知范围都受传感器视场限制约束。对于此类搭载具有视场范围约束传感器的平台，其平台感知能力受环境与平台自身运动的影响，使得在运动规划过程中考虑感知约束条件变得尤为重要。

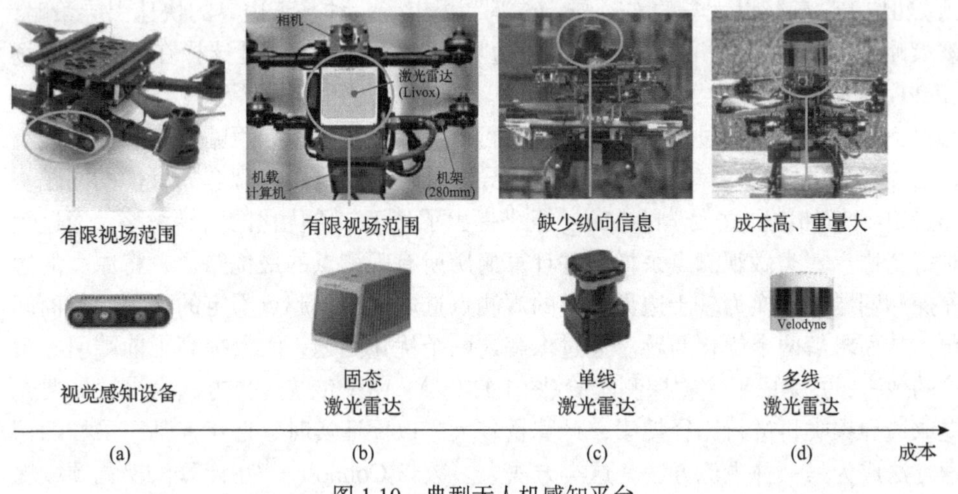

图 1.10 典型无人机感知平台

综上所述，随着感知技术与机载计算平台算力的增长，无人机平台得以在完全未知的环境中自主导航飞行[54,65]，这些方案通过设计运动规划算法结合在线构建的局部环境地图实现对障碍的自主规避，然而，当发生有限视场约束这一更加复杂的情况时，往往仅依靠当前建立的局部地图进行自主运动规划难以满足需求，在这些复杂约束下确保多旋翼无人机平台感知能力和规划系统的可靠性已经得到了关注[63,66]，而如何在满足感知约束的条件下进行实时运动规划仍是一个开放性的难题。

2. 无人机自主探测方法

无人机自主探测任务的目标是通过传感器对外部环境的感知信号完成对未知区域的建图，高效地对尽可能大的地图进行探索。考虑到机载计算机的性能受限于功率通常较低，面对复杂混乱场景时如何确保前端引导生成的实时性、高效性和安全性成为近年来无人机自主探测方法的主要研究问题。1997 年，美国海军研究院的 Yamauchi[67]针对这类未知区域主动探测问题，提出了基于边界探测算法的无人系统引导策略，首先通过图像处理提取已知区域与未知区域交界，构建边界地图，然后对边界进行简单聚类并把最近的边界聚类设置为下一个局部目标让无人机执行。该方法为自主探测问题提供了有效且便于计算的优化对象，能够确保无人机仅在已知地图内运动，且引导给出的目标均安全可达。基于这一框架，2012年，宾夕法尼亚大学的 Shen 等[68]提出了一种基于随机微分方程的方法以检测三维空间中的边界体素，通过随机微分方程的演变确定下一步探测的区域，该方程模拟具备牛顿动力学的粒子系统膨胀过程，且粒子膨胀区域与未探索空间有关。然而，文献[67]与文献[68]提出的方法均存在前端引导方向与后端规划冲突的问题。2017 年，苏黎世大学的 Cieslewski 等[69]提出了一种基于边界的快速引导策略，该策略在每次决策中并非选择最近的边界作为目标点，而是选择在无人机视场(field of view, FOV)中，将能最小限度对速度造成改变的边界聚类，作为下一个局部目标，从而在探索过程中保持高速飞行，有效提高了引导策略的有效性。此类算法往往只根据贪婪算法选取目标点，导致前端引导难以实现全局最优的问题。2017 年，新加坡国立大学的 Meng 等[70]提出了基于二阶优化的引导策略，通过针对每个边界聚类做观测点采样，并计算遍历所有观测点的最优路径，将原有的边界探测问题，转换为基于边界聚类的观测点选取问题与起点固定的开环旅行商问题，从而求解两个优化问题。通过求解这两个优化问题，大大提高了前端引导策略的效率，并完成了实物探测实验(图 1.11(a))。由于传统边界方法大多数需要先提取边界聚类再进行路径搜索，计算量较大难以保证实时，近年来基于采样的探索方法成为另一种主流方法，这类方法大多数与 Connolly[71]在计算机视觉领域提出的下一最优视点(next-best-view, NBV)概念有关。2016 年，苏黎世联邦理工学院的 Bircher 等[72]首次将该概念应用在三维探测中。该方法在已探索过的区域中以无人机当前位置作为根节点拓展快速拓展随机树(rapidly-exploring random tree, RRT)，然后求取每个 RRT 节点的信息增益及运动代价作为节点的值。此处，信息增益取无人机在该节点时 FOV 内的未知区域体积。最后，取节点值最高的一条 RRT 的边作为局部规划的引导，以此实现对复杂未知环境的探测(图 1.11(b))。在这一框架的基础上，内华达大学的 Papachristos 等[73,74]考虑无人机在执行探测任务过程中定位不确定的问题，提出了加入视觉特征点作为信息增益的组成部分，在确定 NBV 后再执行一次步长较小的局部 RRT 拓展，最终选取能达到 NBV 位置且能最大化视觉信息的路径作为局部规划的引导。2020 年，该团队进一步考虑动力学可行问题[75]，直接在运动基元层面进行采样，并计算每个采样的碰撞概率与信息增益，然后选取最优运动基元执行。上述工作虽然避免了边界求取与搜索，但每次循环都需要重新建立 RRT，在复杂环境中高速运动时难以满足实时性。为了补偿这一点，2020 年，苏黎世大学的 Schmid 等[76]提出遍历维护一棵不断拓展的 RRT*，每次规划时仅删除信息增益小于某个标准的节点以及不再活动的节点。

同时，不断拓展全局树也能防止规划每次都选取局部最优情况。近年来，随着机载计算机计算水平的提升，结合采样方法与边界方法框架的探索方法逐渐受到了关注。2017 年，沙迦美国大学的 Umari 等[77]提出基于多 RRT 的探测方法，其中局部 RRT 的拓展策略与文献[72]中提出的方法相同，每次规划时需要重置。全局 RRT 代替了边界提取过程，若全局 RRT 的某个叶节点在未知区域，而这个叶节点的父节点在已知区域，则认为连接这两个节点的边为边界。该方法大大减少了文献[72]中节点的信息增益求取过程所需的计算量，同时可以保证为局部规划提供更具体的轨迹引导，在仿真环境下能达到较好的探测速度与运行速度(图 1.11(c))。然而该方法仍难以保证有限视场角情况下对途经边界的完全覆盖。为解决上述问题，2017 年，韩国科学技术高等研究院(KAIST)的 Song 等[78]提出了结合边界与采样方法达到完全覆盖的方案，该方案基于有限视场角的传感器，通过在初始路径附近反复采样并迭代，最终优化出能覆盖初始路径附近所有边界的多个采样点，输入局部规划作为引导。然而，该方法迭代次数过多时会产生大量计算资源消耗，难以保障实时性；迭代次数过少时生成采样点效果较差，难以平衡观测点带来的代价和收益。针对该问题，2021 年卡内基•梅隆大学的 Cao 等[79]提出机器人自主探测规划器，基于雷达等全向传感器，使用隐式的边界引导全局路线，而局部

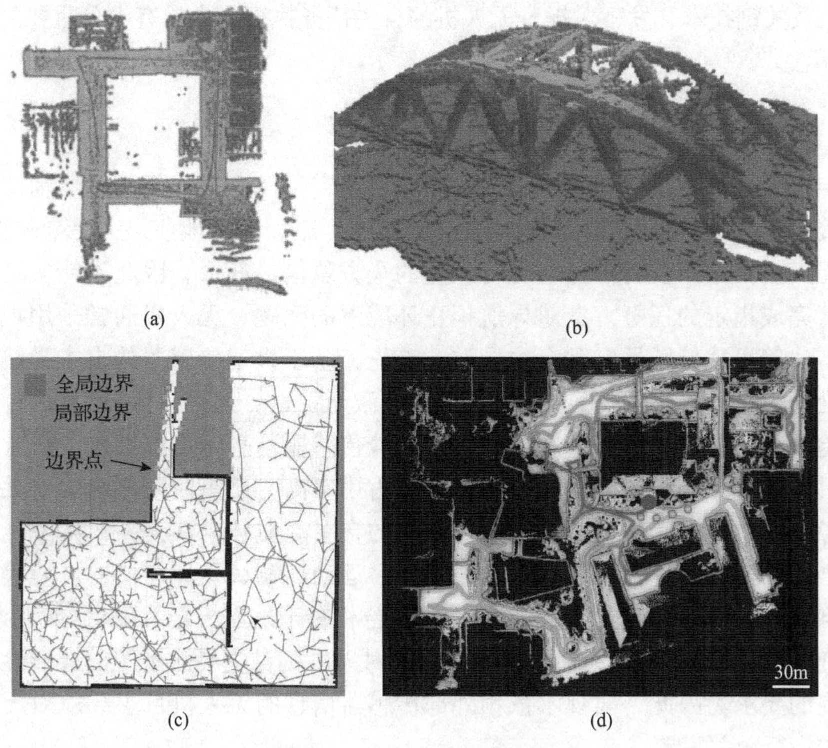

图 1.11 无人机自主探测方法

探索由采样生成观测点后优化轨迹执行，在大范围探测任务场景中达到了较好效果(图 1.11(d))。

综上所述，随着无人机主动规划方法的发展，目前搭载全向传感器的无人机平台已经可以在完全未知环境下完成实时高效的探索引导[70,79]。然而，当添加有限视场角约束后，无人机的朝向、安全性等也成为主动规划方法亟待解决的问题，同时更复杂的约束导致问题越发难以求解，目前的方法难以兼顾实时性与引导效率[69,75,78]。因此，对于微型无人机而言，要完成无人机自主探测任务，搭建高效轻量的主动规划框架至关重要。

1.2 导航拒止环境下无人机自主导航与运动规划难点分析

随着无人机与应用领域的不断发展，无人机面临导航定位拒止、障碍物密集、飞行环境复杂未知等诸多问题，给无人机在导航拒止环境下的全自主飞行带来全新的挑战。导航拒止环境下无人机自主导航与运动规划领域涉及的难点问题包含：①不依赖外部传感器信息的无人机自主导航；②考虑避障及传感器视场约束下的无人机运动规划；③面向复杂导航拒止环境的无人机自主飞行。开展相关科学问题研究及关键技术开发，对提升无人机的自主任务执行能力具有十分重要的理论与实际意义。

1.2.1 不依赖外部传感器信息的无人机自主导航

传统无人机在执行任务时，往往依赖卫星定位信息或外部传感器辅助，由于在楼宇、丛林及地下空间等典型复杂环境下，难以完整地获得卫星导航信息，影响无人机在城市及野外低空飞行作业的全方位信息获取，因此不能实现全自主飞行完成指定的任务。针对导航拒止环境下的问题，无人机通常采用视觉、激光雷达等机载传感器实现自主导航。首先，基于机载传感器的自主导航技术需要处理大量的传感器信息(如视觉像素、激光雷达点云信息等)，从而构建最大后验概率问题，而这一问题的求解会随着传感器信息维度的增加变得十分复杂，具体体现为求解时间过长、计算资源占用率高，严重时可能会影响无人机的任务执行效能。其次，基于机载传感器的自主导航技术在无人机实际飞行过程中会面临传感器退化场景，如光照变化、运动模糊、几何相似的环境等，严重影响无人机的飞行安全。最后，无人机平台相较于地面机器人平台(如无人车、机器狗等)在导航失效时更加容易损坏，这对无人机自主导航系统的鲁棒性提出了更高的要求。因此，实现不依赖外部传感器信息的无人机自主导航对无人机的自主飞行至关重要。

1.2.2 考虑避障与传感器视场约束的无人机运动规划

无人机在任务执行过程中，需要实时规划前往目标点的轨迹。而飞行环境往往存在复杂多变、障碍物密集、仅包含局部环境信息等问题，这给无人机的飞行安全带来了很大挑战。首先，为了保证轨迹的安全可行，无人机在运动规划过程中需要考虑多类约束信息(如避障约束、无人机动力学约束、轨迹平滑约束等)，构建非线性优化问题。而无人机有限的体积与重量，导致其携带的机载计算资源有限，给无人机的实时运动规划带来了很大的挑战。其次，无人机的机载传感器仅能感知有限距离范围与有限视场范围内的障碍物信息，受机载传感器特性的影响，难以实现对无人机周围全部环境的感知，面向有限感知条件的无人机运动规划技术仍是目前亟待解决的一个难点问题。最后，由于无人机在侦察、搜救等领域的应用需求，其需要具备对未知区域的自主探测能力。在有限的续航时间，要求无人机可以根据自身携带的传感器特性,实时规划出高效的未知区域探测轨迹。因此，在有限的机载传感器资源与计算资源条件下，实时规划出满足任务需求的安全飞行轨迹是无人机在导航拒止环境下飞行面临的一个难点问题。

1.2.3 面向复杂导航拒止环境的无人机自主飞行

面向复杂导航拒止环境的无人机自主飞行涉及导航、规划、控制等多个学科的交叉融合，是十分具有挑战性的工作。首先，需要综合考虑无人机体积、重量、续航等方面因素的限制与算法软件对机载计算资源和传感器资源的要求，在保证机载计算能力与传感器性能的前提下，实现无人机灵活机动的自主飞行。其次，复杂导航拒止环境对无人机自主导航的鲁棒性(光线明暗变化、几何退化场景)、运动规划的安全性(有限视场、避障约束等)、自主控制的稳定性均提出了较高的要求，任何环节的失效均可能导致无人机坠落。最后，无人机自主飞行过程中需要保证无人机自主导航系统、实时运动规划系统、自主控制系统三部分软件各司其职、协同工作，才能使无人机整体功能稳定运行，是十分具有挑战性的工作。

1.3 本书主要内容

本书以导航拒止环境下无人机自主飞行为基础，重点研究无人机自主导航与运动规划问题。全书以实际工程背景为基础，以无人机在丛林、楼宇、地下空间等典型导航拒止环境下自主飞行为目标，解决无人机自主感知方法鲁棒性不足、感知受限条件下无人机运动规划方法难以求解等技术问题，并将数学推导、仿真分析、实物验证相结合以验证方法有效性，由浅入深，帮助读者逐步理解和掌握无人机自主导航与运动规划问题及其解决方法，对于理论研究与工程实践具有一定的指导意义。

本书共8章，各章内容安排如下。

第1章为绪论，介绍导航拒止环境下无人机自主导航与运动规划的基本概念，并列举以美国为主导的无人机自主导航与运动规划研究项目。在此基础上总结导航拒止环境下无人机自主导航、多障碍环境下无人机运动规划等技术的研究现状，使读者对无人机自主导航与运动规划的概念和研究进展有基本了解，然后分析该领域涉及的难点问题。

第2章对无人机坐标系的定义及坐标系之间的变换关系进行描述，介绍与坐标系旋转、平移相关的数学描述工具，并介绍李群、李代数的相关知识及其在位姿优化中的使用，为后续章节无人机自主导航与运动规划的设计、仿真及实物验证奠定基础。

第3章研究基于视觉的无人机自主导航方法。首先介绍视觉传感器模型及图像处理方法，然后针对导航拒止环境下的无人机自主导航问题，以多状态约束卡尔曼滤波与非线性优化技术为基础，分别设计基于滤波后端的无人机自主导航方法与基于优化后端的无人机自主导航方法，使读者可以掌握基于视觉的无人机自主导航的相关基础理论与研究方法。

第4章研究基于激光雷达的无人机自主导航方法。首先介绍激光雷达模型及激光雷达点云处理方法，然后针对点云地图与体素地图两种不同的地图表达形式，分别设计基于激光雷达点云地图后端的无人机自主导航方法与基于激光雷达体素地图后端的无人机自主导航方法，使读者理解和掌握基于激光雷达的无人机自主导航的关键技术。

第5章研究基于多传感器融合的无人机自主导航方法。考虑无人机自主导航的鲁棒性，首先介绍视觉与激光雷达融合的时间、空间同步方法，分别针对松耦合与紧耦合多传感器融合结构，设计两种不同的视觉雷达融合的无人机自主导航方法，使读者理解和掌握基于视觉雷达融合的无人机自主导航的关键技术。

第6章研究感知受限条件下的无人机实时局部运动规划方法。针对感知受限条件下的无人机实时局部运动问题，设计一套基于模型预测路径积分控制的无人机实时局部运动轨迹规划方法，并将其应用于有限视场角范围约束的自主飞行与稀疏特征场景下的自主感知飞行两类典型应用场景。

第7章研究面向未知环境的无人机自主探测运动规划方法。以未知区域的高效探测为目的，设计一套基于前端边界的探测引导路径生成与基于边界增益约束的后端局部运动规划相结合的无人机自主探测运动规划方法，并在地下空间环境下对无人机自主探测方法进行闭环飞行实验验证。

第8章设计一套面向室外复杂环境的无人机自主飞行系统，并在丛林环境下对无人机自主导航与运动规划方法的有效性进行闭环飞行实验验证。

参考文献

[1] Davison A J, Reid I D, Molton N D, et al. MonoSLAM: Real-time single camera SLAM. IEEE Transactions on Pattern Analysis and Machine Intelligence, 2007, 29(6): 1052-1067.

[2] Mourikis A I, Roumeliotis S I. A multi-state constraint Kalman filter for vision-aided inertial navigation. IEEE International Conference on Robotics and Automation, Rome, 2007: 3565-3572.

[3] Bloesch M, Omari S, Hutter M , et al. Robust visual inertial odometry using a direct EKF-based approach. IEEE/RSJ International Conference on Intelligent Robots & Systems, Hamburg, 2015: 298-304.

[4] Klein G, Murray D. Parallel tracking and mapping for small AR workspaces. IEEE and ACM International Symposium on Mixed and Augmented Reality, Nara, 2007: 225-234.

[5] Newcombe R A, Lovegrove S J, Davison A J. DTAM: Dense tracking and mapping in real-time. International Conference on Computer Vision, Barcelona, 2011: 2320-2327.

[6] Forster C, Pizzoli M, Scaramuzza D. SVO: Fast semi-direct monocular visual odometry. IEEE International Conference on Robotics and Automation, Hong Kong, 2014: 15-22.

[7] Mur-Artal R, Montiel J M M, Tardós J D. ORB-SLAM: A versatile and accurate monocular SLAM system. IEEE Transactions on Robotics, 2015, 31(5): 1147-1163.

[8] Gálvez-López D, Tardos J D. Bags of binary words for fast place recognition in image sequences. IEEE Transactions on Robotics, 2012, 28(5): 1188-1197.

[9] Leutenegger S, Lynen S, Bosse M, et al. Keyframe-based visual-inertial odometry using nonlinear optimization. The International Journal of Robotics Research, 2015, 34(3): 314-334.

[10] Engel J, Koltun V, Cremers D. Direct sparse odometry. IEEE Transactions on Pattern Analysis and Machine Intelligence, 2017, 40(3): 611-625.

[11] Qin T, Li P L, Shen S J. VINS-Mono: A robust and versatile monocular visual-inertial state estimator. IEEE Transactions on Robotics, 2018, 34(4): 1004-1020.

[12] Sun K, Mohta K, Pfrommer B, et al. Robust stereo visual inertial odometry for fast autonomous flight. IEEE Robotics and Automation Letters, 2018, 3(2): 965-972.

[13] Liu W X, Mohta K, Loianno G, et al. Semi-dense visual-inertial odometry and mapping for computationally constrained platforms. Autonomous Robots, 2021, 45(6): 773-787.

[14] Umeyama S. Least-squares estimation of transformation parameters between two point patterns. IEEE Transactions on Pattern Analysis & Machine Intelligence, 1991, 13(4): 376-380.

[15] Segal A, Haehnel D, Thrun S. Generalized-ICP. Robotics: Science and Systems Conference, Seattle, 2009.

[16] Arya S, Mount D M, Netanyahu N S, et al. An optimal algorithm for approximate nearest

neighbor searching fixed dimensions. Journal of the ACM, 1998, 45(6): 891-923.

[17] Biber P, Strasser W. The normal distributions transform: A new approach to laser scan matching. IEEE/RSJ International Conference on Intelligent Robots and Systems, Las Vegas, 2003: 2743-2748.

[18] Murphy K P. Bayesian map learning in dynamic environments. International Conference on Neural Information Processing Systems, Denver, 1999: 1015-1021.

[19] Grisetti G, Stachniss C, Burgard W. Improved techniques for grid mapping with rao-blackwellized particle filters. IEEE Transactions on Robotics, 2007, 23(1): 34-46.

[20] Zhang J, Singh S. LOAM: LiDAR odometry and mapping in real-time. Robotics: Science and Systems Conference, Berkeley, 2014.

[21] Hess W, Kohler D, Rapp H, et al. Real-time loop closure in 2D LiDAR SLAM. IEEE International Conference on Robotics and Automation, Stockholm, 2016: 1271-1278.

[22] Shan T, Englot B. LeGO-LOAM: Lightweight and ground-optimized LiDAR odometry and mapping on variable terrain. IEEE/RSJ International Conference on Intelligent Robots and Systems, Madrid, 2019: 4758-4765.

[23] Ye H Y, Chen Y Y, Liu M. Tightly coupled 3D LiDAR inertial odometry and mapping. International Conference on Robotics and Automation, Montreal, 2019: 3144-3150.

[24] Qin C, Ye H Y, Pranata C E, et al. LINS: A LiDAR-inertial state estimator for robust and efficient navigation. IEEE International Conference on Robotics and Automation, Paris, 2020: 8899-8906.

[25] Shan T X, Englot B, Meyers D, et al. LIO-SAM: Tightly-coupled LiDAR inertial odometry via smoothing and mapping. IEEE/RSJ International Conference on Intelligent Robots and Systems, Las Vegas, 2020: 5135-5142.

[26] Xu W, Zhang F. Fast-LIO: A fast, robust LiDAR-inertial odometry package by tightly-coupled iterated Kalman filter. IEEE Robotics and Automation Letters, 2021, 6(2): 3317-3324.

[27] He D J, Xu W, Zhang F. Kalman filters on differentiable manifolds. arXiv preprint, arXiv: 2102.03804, 2021.

[28] Xu W, Cai Y X, He D J, et al. Fast-LIO2: Fast direct LiDAR-inertial odometry. IEEE Transactions on Robotics, 2022, 38(4): 2053-2073.

[29] Cai Y X, Xu W, Zhang F. iKD-tree: An incremental K-D tree for robotic applications. arXiv preprint, arXiv:2102.10808, 2021.

[30] Wang K K, Gao F, Shen S J. Real-time scalable dense surfel mapping. IEEE International Conference on Robotics & Automation, Montreal, 2015: 6919-6925.

[31] Whelan T, Salas-Moreno R F, Glocker B, et al. ElasticFusion: Real-time dense SLAM and light source estimation. International Journal of Robotics Research, 2016, 35(14): 1697-1716.

[32] Behley J, Stachniss C. Efficient surfel-based SLAM using 3D laser range data in urban environments. Robotics: Science and Systems, Pittsburgh, 2018.

[33] Zhang J, Kaess M, Singh S. Real-time depth enhanced monocular odometry. IEEE/RSJ International Conference on Intelligent Robots and Systems, Chicago, 2014: 4973-4980.

[34] Graeter J, Wilczynski A, Lauer M. LIMO: LiDAR-monocular visual odometry. IEEE/RSJ International Conference on Intelligent Robots and Systems, Madrid, 2018: 7872-7879.

[35] Shin Y S, Park Y S, Kim A. Direct visual SLAM using sparse depth for camera-LiDAR system. IEEE International Conference on Robotics and Automation, Brisbane, 2018: 5144-5151.

[36] de Silva V, Roche J, Kondoz A. Fusion of LiDAR and camera sensor data for environment sensing in driverless vehicles. arXiv preprint, arXiv: 1710.06230, 2017.

[37] Zhang J, Singh S. Visual-LiDAR odometry and mapping: Low-drift, robust, and fast. IEEE International Conference on Robotics and Automation, Seattle, 2015: 2174-2181.

[38] Zhang J, Kaess M, Singh S. On degeneracy of optimization-based state estimation problems. IEEE International Conference on Robotics and Automation, Stockholm, 2016: 809-816.

[39] Zhang J, Singh S. Laser-visual-inertial odometry and mapping with high robustness and low drift. Journal of Field Robotics, 2018, 35(8): 1242-1264.

[40] Khattak S, Nguyen H, Mascarich F, et al. Complementary multi-modal sensor fusion for resilient robot pose estimation in subterranean environments. International Conference on Unmanned Aircraft Systems, Athens, 2020: 1024-1029.

[41] Shan T X, Englot B, Ratti C, et al. LVI-SAM: Tightly-coupled LiDAR-visual-inertial odometry via smoothing and mapping. IEEE International Conference on Robotics and Automation, Xi'an, 2021: 5692-5698.

[42] Lin J R, Zheng C R, Xu W, et al. R^2LIVE: A robust, real-time, LiDAR-inertial-visual tightly-coupled state estimator and mapping. IEEE Robotics and Automation Letters, 2021, 6(4): 7469-7476.

[43] Lin J R, Zhang F. R^3LIVE: A robust, real-time, RGB-colored, LiDAR-inertial-visual tightly-coupled state estimation and mapping package. IEEE International Conference on Robotics and Automation, Philadelphia, 2022: 10672-10678.

[44] Wisth D, Camurri M, Das S, et al. Unified multi-modal landmark tracking for tightly coupled LiDAR-visual-inertial odometry. IEEE Robotics and Automation Letters, 2021, 6(2): 1004-1011.

[45] Wisth D, Camurri M, Fallon M. VILENS: Visual, inertial, LiDAR, and leg odometry for all-terrain legged robots. IEEE Transactions on Robotics, 2022, 39(1): 309-326.

[46] Mellinger D, Kumar V. Minimum snap trajectory generation and control for quadrotors. IEEE International Conference on Robotics and Automation, Shanghai, 2011: 2520-2525.

[47] Deits R, Tedrake R. Efficient mixed-integer planning for UAVs in cluttered environments. IEEE International Conference on Robotics and Automation, Seattle, 2015: 42-49.

[48] Liu S K, Watterson M, Mohta K, et al. Planning dynamically feasible trajectories for quadrotors using safe flight corridors in 3-D complex environments. IEEE Robotics and Automation Letters, 2017, 2(3): 1688-1695.

[49] Chen J, Su K Y, Shen S J. Real-time safe trajectory generation for quadrotor flight in cluttered environments. IEEE International Conference on Robotics and Biomimetics, Zhuhai, 2015: 1678-1685.

[50] Richter C, Bry A, Roy N. Polynomial trajectory planning for aggressive quadrotor flight in dense indoor environments//Inaba M, Corke P. Robotics Research. Cham: Springer, 2016: 649-666.

[51] Gao F, Shen S J. Online quadrotor trajectory generation and autonomous navigation on point clouds. IEEE International Symposium on Safety, Security, and Rescue Robotics, Lausanne, 2016: 139-146.

[52] Cormen T H, Leiserson C E, Rivest R L, et al. Introduction to Algorithms. 4th ed. Cambridge: MIT Press, 2022.

[53] Gao F, Wu W, Lin Y, et al. Online safe trajectory generation for quadrotors using fast marching method and bernstein basis polynomial. IEEE International Conference on Robotics and Automation, Brisbane, 2018: 344-351.

[54] Liu S K, Watterson M, Tang S, et al. High speed navigation for quadrotors with limited onboard sensing. IEEE International Conference on Robotics and Automation, Stockholm, 2016: 1484-1491.

[55] Kalakrishnan M, Chitta S, Theodorou E, et al. STOMP: Stochastic trajectory optimization for motion planning. IEEE International Conference on Robotics and Automation, Shanghai, 2011: 4569-4574.

[56] Zucker M, Ratliff N, Dragan A D, et al. CHOMP: Covariant hamiltonian optimization for motion planning. The International Journal of Robotics Research, 2013, 32(9-10): 1164-1193.

[57] Oleynikova H, Burri M, Taylor Z, et al. Continuous-time trajectory optimization for online UAV replanning. IEEE/RSJ International Conference on Intelligent Robots and Systems, Daejeon, 2016: 5332-5339.

[58] Gao F, Lin Y, Shen S J. Gradient-based online safe trajectory generation for quadrotor flight in complex environments. IEEE/RSJ International Conference on Intelligent Robots and Systems, Vancouver, 2017: 3681-3688.

[59] Usenko V, von Stumberg L, Pangercic A, et al. Real-time trajectory replanning for MAVs using uniform B-splines and a 3D circular buffer. IEEE/RSJ International Conference on Intelligent

Robots and Systems, Vancouver, 2017: 215-222.

[60] Shen S, Michael N, Kumar V. Autonomous multi-floor indoor navigation with a computationally constrained MAV. IEEE International Conference on Robotics and Automation, Shanghai, 2011: 20-25.

[61] Mohta K, Watterson M, Mulgaonkar Y, et al. Fast, autonomous flight in GPS-denied and cluttered environments. Journal of Field Robotics, 2018, 35(1): 101-120.

[62] Zhang J, Chadha R G, Velivela V, et al. P-CAP: Pre-computed alternative paths to enable aggressive aerial maneuvers in cluttered environments. IEEE/RSJ International Conference on Intelligent Robots and Systems, Madrid, 2018: 8456-8463.

[63] Lopez B T, How J P. Aggressive collision avoidance with limited field-of-view sensing. IEEE/RSJ International Conference on Intelligent Robots and Systems, Vancouver, 2017: 1358-1365.

[64] Tordesillas J, Lopez B T, Carter J, et al. Real-time planning with multi-fidelity models for agile flights in unknown environments. IEEE International Conference on Robotics and Automation, Montreal, 2019: 725-731.

[65] Zhou B Y, Gao F, Wang L Q, et al. Robust and efficient quadrotor trajectory generation for fast autonomous flight. IEEE Robotics and Automation Letters, 2019, 4(4): 3529-3536.

[66] Falanga D, Foehn P, Lu P, et al. PAMPC: Perception-aware model predictive control for quadrotors. IEEE/RSJ International Conference on Intelligent Robots and Systems, Madrid, 2018: 1-8.

[67] Yamauchi B. A frontier-based approach for autonomous exploration. IEEE International Symposium on Computational Intelligence in Robotics and Automation, Monterey, 1997: 146-151.

[68] Shen S J, Michael N, Kumar V. Stochastic differential equation-based exploration algorithm for autonomous indoor 3D exploration with a micro-aerial vehicle. The International Journal of Robotics Research, 2012, 31(12): 1431-1444.

[69] Cieslewski T, Kaufmann E, Scaramuzza D. Rapid exploration with multi-rotors: A frontier selection method for high speed flight. IEEE/RSJ International Conference on Intelligent Robots and Systems, Vancouver, 2017: 2135-2142.

[70] Meng Z H, Qin H L, Chen Z Y, et al. A two-stage optimized next-view planning framework for 3-D unknown environment exploration, and structural reconstruction. IEEE Robotics and Automation Letters, 2017, 2(3): 1680-1687.

[71] Connolly C. The determination of next best views. IEEE International Conference on Robotics and Automation, City of Saint Louis, 1985: 432-435.

[72] Bircher A, Kamel M, Alexis K, et al. Receding horizon “next-best-view” planner for 3D

exploration. IEEE International Conference on Robotics and Automation, Stockholm, 2016: 1462-1468.

[73] Papachristos C, Khattak S, Alexis K. Uncertainty-aware receding horizon exploration and mapping using aerial robots. IEEE International Conference on Robotics and Automation, Singapore, 2017: 4568-4575.

[74] Dang T, Papachristos C, Alexis K. Visual saliency-aware receding horizon autonomous exploration with application to aerial robotics. IEEE International Conference on Robotics and Automation, Brisbane, 2018: 2526-2533.

[75] Dharmadhikari M, Dang T, Solanka L, et al. Motion primitives-based path planning for fast and agile exploration using aerial robots. IEEE International Conference on Robotics and Automation, Paris, 2020: 179-185.

[76] Schmid L, Pantic M, Khanna R, et al. An efficient sampling-based method for online informative path planning in unknown environments. IEEE Robotics and Automation Letters, 2020, 5(2): 1500-1507.

[77] Umari H, Mukhopadhyay S. Autonomous robotic exploration based on multiple rapidly-exploring randomized trees. IEEE/RSJ International Conference on Intelligent Robots and Systems, Vancouver, 2017: 1396-1402.

[78] Song S, Jo S. Online inspection path planning for autonomous 3D modeling using a micro-aerial vehicle. IEEE International Conference on Robotics and Automation, Singapore, 2017: 6217-6224.

[79] Cao C, Zhu H, Choset H, et al. Exploring large and complex environments fast and efficiently. IEEE International Conference on Robotics and Automation, Xi'an, 2021: 7781-7787.

第 2 章　坐标系定义与坐标变换

无人机坐标系的定义及坐标系间的变换关系是无人机自主导航、运动规划、控制等问题的研究基础。本章作为全书的基础，介绍导航拒止环境下无人机自主导航与运动规划中涉及的坐标系定义和三维空间运动中的坐标变换数学表达。首先介绍无人机中的坐标系定义，然后描述与旋转相关的数学工具(包括旋转矩阵、旋转向量、欧拉角、四元数等)，最后介绍李群、李代数的相关知识及其在位姿优化中的应用，为后续章节提供重要的理论支撑。

本章的主要内容安排如下：2.1 节定义导航拒止环境下无人机自主导航与运动规划中所涉及的各种坐标系；2.2 节描述坐标系间的旋转变换关系；2.3 节描述如何利用李群与李代数表示坐标系变换以及李代数雅可比。

2.1　无人机坐标系定义

为了描述无人机在不同时刻的位置、姿态等状态信息，首先需要对无人机的各个坐标系进行定义，包括参考坐标系、机体坐标系和各个传感器坐标系。坐标系是遵循右手定则的三维正交轴系，在坐标系的符号中，O 表示坐标系原点，x、y、z 表示三个坐标轴的方向。针对导航拒止环境下无人机的自主导航与运动规划问题，主要描述四个常用坐标系。

2.1.1　参考坐标系

参考坐标系是相对地球静止的，如图 2.1 所示。在导航拒止环境下通常选取无人机机体坐标系的初始位姿作为参考坐标系的原点。在参考坐标系中，$O_W z_W$ 轴垂直向上，$O_W x_W y_W$ 是一个水平面，$O_W x_W$ 轴指向无人机初始位置的前方，$O_W y_W$ 轴与 $O_W x_W$ 轴相互垂直，从而得到符合右手定则的参考坐标系 $O_W x_W y_W z_W$。由于无人机均在近地空间做短距离飞行，不需要考虑地球曲率的影响，参考坐标系可被当成惯性坐标系，主要用来确定无人机质心在空间中的位置坐标。

2.1.2　机体坐标系

机体坐标系是与无人机固连的一个坐标系，如图 2.2 所示，通常取惯性测量单元坐标系为机体坐标系。坐标系原点 O_b 在惯性测量单元的质心处，坐标轴 $O_b z_b$ 垂直于机体平面向上，$O_b x_b y_b$ 与机体平面平行，坐标轴 $O_b x_b$ 指向无人机正前方，

坐标轴 $O_b y_b$ 垂直于 $O_b x_b$ 指向无人机左侧。对无人机进行定位的过程，实际上就是求取机体坐标系与参考坐标系之间的变换关系。

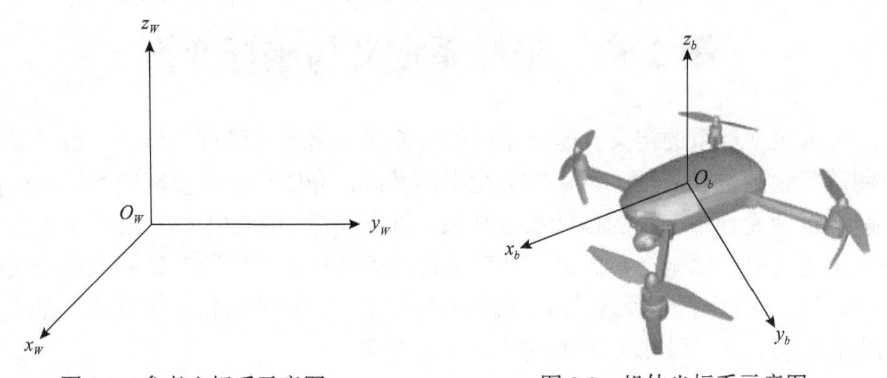

图 2.1　参考坐标系示意图　　图 2.2　机体坐标系示意图

2.1.3　相机坐标系

相机坐标系与无人机机体固连，用 $O_C x_C y_C z_C$ 表示，如图 2.3 所示。相机坐标系的原点 O_C 位于相机的光心处，相机坐标系的 $O_C z_C$ 轴指向相机的正前方，$O_C y_C$ 轴垂直于 $O_C z_C$ 轴指向相机的正上方，$O_C x_C$ 轴垂直于 $O_C y_C z_C$ 平面指向无人机的左边。相机坐标系通常用于基于视觉的无人机自主导航方法中，相机坐标系与机体坐标系之间的转换关系通常称为相机外参数矩阵，可以通过标定算法[1]离线标定获得。

2.1.4　激光雷达坐标系

激光雷达坐标系与无人机机体固连，用 $O_L x_L y_L z_L$ 表示，如图 2.4 所示。激光雷达坐标系的原点 O_L 位于激光雷达的中心，$O_L x_L$ 轴指向激光雷达的正前方，$O_L z_L$ 垂直于激光雷达的平面指向正上方，根据右手定则可以得到指向激光雷达左边的 $O_L y_L$ 轴。与相机类似，激光雷达采集的点云在激光雷达坐标系 $O_L x_L y_L z_L$ 下。

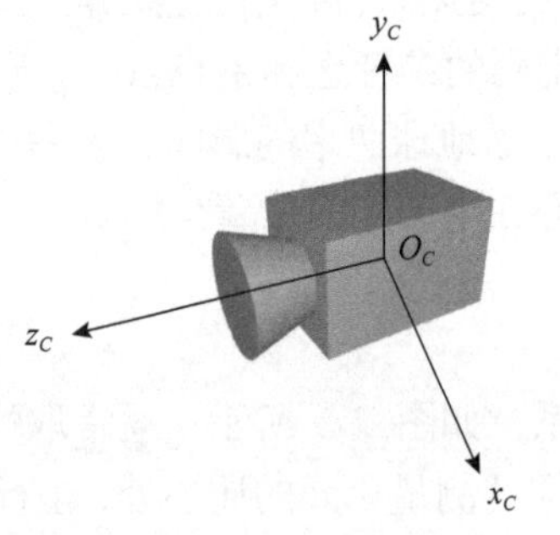

图 2.3　相机坐标系示意图

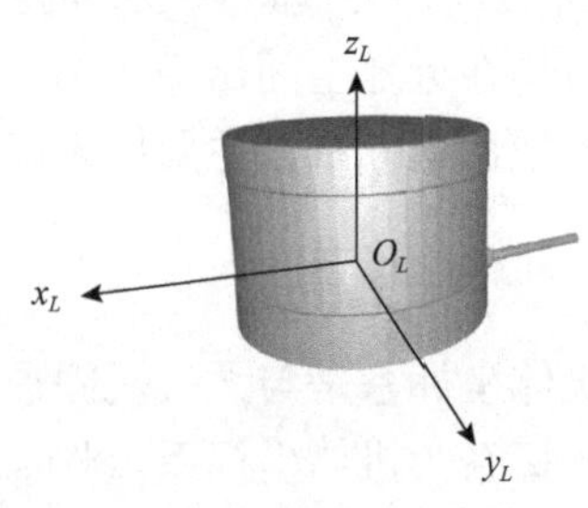

图 2.4　激光雷达坐标系示意图

激光雷达坐标系与机体坐标系之间的转换关系通常称为激光雷达外参数矩阵，可以通过标定算法[2]离线标定获得。

2.2　坐标系间的变换关系

2.1 节定义了导航拒止环境下无人机自主导航用到的四个坐标系，本节介绍刚体三维空间运动中的坐标变换数学表达。众所周知，刚体在三维空间中的运动是由一次旋转加一次平移组成的。本节首先介绍旋转矩阵的定义，然后介绍旋转向量、欧拉角、四元数与旋转矩阵间的转换关系，最后定义可以同时描述不同坐标系旋转与平移关系的变换矩阵。

2.2.1　旋转矩阵

旋转矩阵是表示三维旋转最直观的一种表示方式，以坐标系 A 到坐标系 B 的旋转矩阵 ${}^B\boldsymbol{R}_A$ 为例，${}^B\boldsymbol{R}_A$ 描述的是从坐标系 A 到坐标系 B 的旋转变换关系。

旋转矩阵具有以下两点性质。

(1) 正交性：旋转矩阵的逆矩阵与转置矩阵相等，矩阵行列式为 1，即

$$\boldsymbol{R}^{-1}=\boldsymbol{R}^{\mathrm{T}},\quad \det(\boldsymbol{R})=1 \tag{2.1}$$

(2) 互逆性：坐标系 A 到坐标系 B 的旋转矩阵与坐标系 B 到坐标系 A 的旋转矩阵互逆，即

$${}^B\boldsymbol{R}_A={}^A\boldsymbol{R}_B^{-1} \tag{2.2}$$

根据式 (2.1) 与式 (2.2) 中旋转矩阵的定义，可知旋转矩阵是一个可以描述坐标系间旋转关系，且行列式为 1 的正交矩阵，即

$$\boldsymbol{R}\in\mathbb{R}^{n\times n}(\boldsymbol{R}\boldsymbol{R}^{\mathrm{T}}=\boldsymbol{I},\det(\boldsymbol{R})=1) \tag{2.3}$$

通过旋转矩阵，可以直接将坐标系 A 中的向量 ${}^A\boldsymbol{p}$，经过一次旋转(用 ${}^B\boldsymbol{R}_A$ 描述)后，得到向量 $\boldsymbol{p}$ 在坐标系 B 中的投影 ${}^B\boldsymbol{p}$，可以表示为

$${}^B\boldsymbol{p}={}^B\boldsymbol{R}_A\,{}^A\boldsymbol{p} \tag{2.4}$$

对于三维空间中的旋转矩阵 $\boldsymbol{R}\in\mathbb{R}^{3\times3}$，利用 9 个量表示三维空间中的旋转。显然三维空间中的旋转只有三个自由度，用包含 9 个量的旋转矩阵描述三维旋转是冗余的。当我们去估计或优化一个三维空间中的旋转关系时，旋转矩阵会使得求解维度变高从而导致求解更加困难。因此，理想情况是有一种方式能够紧凑地

描述旋转。例如，用一个三维向量表达旋转，下面将对旋转的其他向量表示方式进行描述。

2.2.2　旋转向量

对于坐标系的旋转，任意旋转都可以用一个旋转轴和一个旋转角来刻画。于是，旋转可以使用一个向量表示，其方向与旋转轴一致，而向量长度等于旋转角，这种向量称为旋转向量(或轴角)。这种表示法只需一个三维向量即可描述旋转。

用旋转向量表示旋转后，我们还需要知道旋转向量和旋转矩阵的转换关系。假设有一个旋转轴为 $\boldsymbol{n}$ 、角度为 θ 的旋转，显然，它对应的旋转向量为 $\theta\boldsymbol{n}$ 。从旋转向量到旋转矩阵的转换过程由罗德里格斯公式给出，如式(2.5)所示：

$$\boldsymbol{R}=\cos\theta\boldsymbol{I}+(1-\cos\theta)\boldsymbol{n}\boldsymbol{n}^{\mathrm{T}}+\sin\theta\boldsymbol{n}^{\wedge} \tag{2.5}$$

式中，符号 ^ 是向量到反对称的转换符，如式(2.6)所示：

$$\boldsymbol{n}^{\wedge}=\begin{bmatrix} n_1 \\ n_2 \\ n_3 \end{bmatrix}^{\wedge}=\begin{bmatrix} 0 & -n_3 & n_2 \\ n_3 & 0 & -n_1 \\ -n_2 & n_1 & 0 \end{bmatrix}\in\mathbb{R}^{3\times3} \tag{2.6}$$

反过来，我们也可以计算从一个旋转矩阵到旋转向量的转换。对于转角 θ ，有

$$\begin{aligned}\operatorname{tr}(\boldsymbol{R})&=\cos\theta\operatorname{tr}(\boldsymbol{I})+(1-\cos\theta)\operatorname{tr}\left(\boldsymbol{n}\boldsymbol{n}^{\mathrm{T}}\right)+\sin\theta\operatorname{tr}\left(\boldsymbol{n}^{\wedge}\right)\\&=3\cos\theta+(1-\cos\theta)\\&=1+2\cos\theta\end{aligned} \tag{2.7}$$

因此，可以计算旋转角 θ 为

$$\theta=\arccos\left(\frac{\operatorname{tr}(\boldsymbol{R})-1}{2}\right) \tag{2.8}$$

关于旋转轴 $\boldsymbol{n}$ ，由于旋转轴上的向量在旋转后不发生改变，说明

$$\boldsymbol{R}\boldsymbol{n}=\boldsymbol{n} \tag{2.9}$$

因此，旋转轴 $\boldsymbol{n}$ 是矩阵 $\boldsymbol{R}$ 特征值 1 对应的特征向量，通过对旋转矩阵 $\boldsymbol{R}$ 做特征值分解，找到特征值为 1 对应的特征向量，即为旋转轴 $\boldsymbol{n}$ 。

2.2.3　欧拉角

旋转矩阵、旋转向量虽然能描述旋转，但对人类是非常不直观的。当我们看

到一个旋转矩阵或旋转向量时，很难想象出来这个旋转究竟是什么样的。而欧拉角提供了一种非常直观的方式来描述旋转。欧拉角使用了三个分离的转角，把一个旋转分解成三次绕不同轴的旋转。当然，由于分解方式有许多种，欧拉角也存在不同的定义方法。例如，先绕 z 轴旋转，然后绕 y 轴旋转，最后绕 x 轴旋转，就得到了一个用 zyx 序列表示的旋转关系。同理，可以定义 xyz 、yzx 等旋转序列。

在考虑通用的旋转之前，先来考虑绕着某个基向量旋转的情况。图 2.5 中坐标系 $x_2y_2z_2$ 是通过绕着坐标系 $x_1y_1z_1$ 的某一坐标轴旋转得到的。

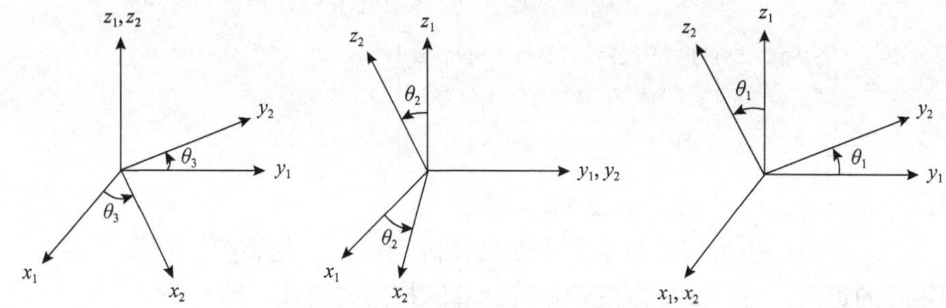

图 2.5　三个主轴上的旋转

对于绕着 z_1 轴旋转的情况，旋转矩阵为

$$\boldsymbol{R}_z(\theta_3)=\begin{bmatrix}\cos\theta_3 & -\sin\theta_3 & 0\\ \sin\theta_3 & \cos\theta_3 & 0\\ 0 & 0 & 1\end{bmatrix} \tag{2.10}$$

对于绕着 y_1 轴旋转的情况，旋转矩阵为

$$\boldsymbol{R}_y(\theta_2)=\begin{bmatrix}\cos\theta_2 & 0 & \sin\theta_2\\ 0 & 1 & 0\\ -\sin\theta_2 & 0 & \cos\theta_2\end{bmatrix} \tag{2.11}$$

对于绕着 x_1 轴旋转的情况，旋转矩阵为

$$\boldsymbol{R}_x(\theta_1)=\begin{bmatrix}1 & 0 & 0\\ 0 & \cos\theta_1 & -\sin\theta_1\\ 0 & \sin\theta_1 & \cos\theta_1\end{bmatrix} \tag{2.12}$$

这里，以航空航天领域最常用的 zyx 序列为例介绍欧拉角与旋转矩阵间的转换关系。

(1)沿着参考坐标系的 z 轴旋转 θ_3 角度(这里 θ_3 对应无人机的偏航角)；

(2)沿着经第一步旋转后的 y 轴旋转 θ_2 角度(这里 θ_2 对应无人机的俯仰角)；

(3)沿着经第二步旋转后的 x 轴旋转 θ_1 角度(这里 θ_1 对应无人机的滚转角)。

这种旋转顺序称为“偏航-俯仰-滚转”表示法。在这种旋转顺序下，可以得到坐标系 1 到坐标系 2 的旋转矩阵 $\boldsymbol{R}$ 为

$$\begin{aligned}
\boldsymbol{R} &= \boldsymbol{R}_z(\theta_3)\boldsymbol{R}_y(\theta_2)\boldsymbol{R}_x(\theta_1) \\
&= \begin{bmatrix} \cos\theta_3 & -\sin\theta_3 & 0 \\ \sin\theta_3 & \cos\theta_3 & 0 \\ 0 & 0 & 1 \end{bmatrix} \begin{bmatrix} \cos\theta_2 & 0 & \sin\theta_2 \\ 0 & 1 & 0 \\ -\sin\theta_2 & 0 & \cos\theta_2 \end{bmatrix} \begin{bmatrix} 1 & 0 & 0 \\ 0 & \cos\theta_1 & -\sin\theta_1 \\ 0 & \sin\theta_1 & \cos\theta_1 \end{bmatrix} \\
&= \begin{bmatrix} c_2c_3 & -c_1s_3 + s_1s_2c_3 & s_1s_3 + c_1s_2c_3 \\ c_2s_3 & c_1c_3 + s_1s_2s_3 & -s_1c_3 + c_1s_2s_3 \\ -s_2 & s_1c_2 & c_1c_2 \end{bmatrix}
\end{aligned} \tag{2.13}$$

式中，$s_i = \sin\theta_i, c_i = \cos\theta_i, i = 1,2,3$。

反过来，我们也可以计算从一个旋转矩阵到欧拉角的转换。根据式(2.13)对旋转矩阵的定义，可以反推由旋转矩阵计算欧拉角的公式，即

$$\begin{aligned}
\theta_1 &= \arctan\left(\frac{\boldsymbol{R}(3,2)}{\boldsymbol{R}(3,3)}\right) \\
\theta_2 &= \arctan\left(\frac{-\boldsymbol{R}(3,1)}{\sqrt{\boldsymbol{R}(3,2)^2 + \boldsymbol{R}(3,3)^2}}\right) \\
\theta_3 &= \arctan\left(\frac{\boldsymbol{R}(2,1)}{\boldsymbol{R}(1,1)}\right)
\end{aligned} \tag{2.14}$$

式中，$\boldsymbol{R}(i,j)$ 表示旋转矩阵 $\boldsymbol{R}$ 第 $i(i=1,2,3)$ 行第 $j(j=1,2,3)$ 列对应的数值。将旋转矩阵 $\boldsymbol{R}$ 转换到欧拉角的过程中存在万向锁(gimbal lock)问题：在俯仰角为 ±90° 时，式(2.13)中定义的旋转矩阵，如式(2.15)所示：

$$\boldsymbol{R} = \begin{bmatrix} 0 & -c_1s_3 \pm s_1c_3 & s_1s_3 \pm c_1c_3 \\ 0 & c_1c_3 \pm s_1s_3 & -s_1c_3 \pm c_1s_3 \\ \pm 1 & 0 & 0 \end{bmatrix} \tag{2.15}$$

将式(2.15)代入式(2.14)中，将导致欧拉角求解的奇异性。在实际应用中，当俯仰角为 ±90° 时，会导致第一次旋转和第三次旋转等价，从而导致丢失一个旋转自由度，即万向锁问题。

2.2.4 四元数

1843 年，威廉•哈密顿爵士(sir William Rowan Hamilton，1805—1865)首先提

出了四元数，并将它应用于三维空间变换中。四元数是哈密顿找到的一种扩展的复数，它可以没有奇异性问题。下面采用文献[3]的符号标识方法。

四元数是一个 4×1 的列向量，记为

$$\boldsymbol{q}=\begin{bmatrix}\boldsymbol{\varepsilon}\\ \eta\end{bmatrix}=\begin{bmatrix}q_1\\ q_2\\ q_3\\ q_0\end{bmatrix} \tag{2.16}$$

式中，$\boldsymbol{\varepsilon}$ 是 3×1 的列向量；η 是标量。

利用四元数对空间中一个点 $\boldsymbol{p}(x,y,z)$ 进行旋转，可以表示为

$$\begin{bmatrix}x'\\ y'\\ z'\\ 1\end{bmatrix}=\boldsymbol{q}^{+}\begin{bmatrix}x\\ y\\ z\\ 1\end{bmatrix}\boldsymbol{q}^{-1} \tag{2.17}$$

式中，$\left[x',y',z',1\right]^{\mathrm{T}}$ 表示旋转后点 $\boldsymbol{p}'(x',y',z')$ 的齐次坐标；$\boldsymbol{q}^{-1}$ 表示四元数 $\boldsymbol{q}$ 的逆；$\boldsymbol{q}^{+}$ 表示四元数的左手形式复合算子。

四元数的逆具体定义为

$$\boldsymbol{q}^{-1}=\begin{bmatrix}-\boldsymbol{\varepsilon}\\ \eta\end{bmatrix} \tag{2.18}$$

根据文献[4]，给出四元数左手形式复合算子 $\boldsymbol{q}^{+}$ 与右手形式复合算子 $\boldsymbol{q}^{\oplus}$ 的定义，如式(2.19)所示：

$$\boldsymbol{q}^{+}=\begin{bmatrix}\eta\boldsymbol{I}-\boldsymbol{\varepsilon}^{\wedge} & \boldsymbol{\varepsilon}\\ -\boldsymbol{\varepsilon}^{\mathrm{T}} & \eta\end{bmatrix},\quad \boldsymbol{q}^{\oplus}=\begin{bmatrix}\eta\boldsymbol{I}+\boldsymbol{\varepsilon}^{\wedge} & \boldsymbol{\varepsilon}\\ -\boldsymbol{\varepsilon}^{\mathrm{T}} & \eta\end{bmatrix} \tag{2.19}$$

式(2.17)中利用四元数对空间中一个点 $\boldsymbol{p}(x,y,z)$ 进行旋转的定义，可以重新写为

$$\begin{bmatrix}x'\\ y'\\ z'\\ 1\end{bmatrix}=\boldsymbol{q}^{+}\begin{bmatrix}x\\ y\\ z\\ 1\end{bmatrix}\boldsymbol{q}^{-1}=\boldsymbol{q}^{+}\left(\boldsymbol{q}^{-1}\right)^{\oplus}\begin{bmatrix}x\\ y\\ z\\ 1\end{bmatrix}=\begin{bmatrix}\boldsymbol{R} & 0\\ 0 & 1\end{bmatrix}\begin{bmatrix}x\\ y\\ z\\ 1\end{bmatrix} \tag{2.20}$$

根据式(2.20)，可以定义旋转矩阵的四元数表达式为

$$\boldsymbol{R} = \begin{bmatrix} 1-2q_2^2-2q_3^2 & 2q_1q_2+2q_0q_3 & 2q_1q_3-2q_0q_2 \\ 2q_1q_2-2q_0q_3 & 1-2q_1^2-2q_3^2 & 2q_2q_3+2q_0q_1 \\ 2q_1q_3+2q_0q_2 & 2q_2q_3-2q_0q_1 & 1-2q_1^2-2q_2^2 \end{bmatrix} \tag{2.21}$$

相反，对于单位四元数而言，可以根据式(2.21)得到由旋转矩阵计算四元数的表达式：

$$\begin{aligned} q_0 &= \frac{\sqrt{\mathrm{tr}(\boldsymbol{R})+1}}{2}, \quad q_1 = \frac{\boldsymbol{R}(2,3)-\boldsymbol{R}(3,2)}{4q_0} \\ q_2 &= \frac{\boldsymbol{R}(3,1)-\boldsymbol{R}(1,3)}{4q_0}, \quad q_3 = \frac{\boldsymbol{R}(1,2)-\boldsymbol{R}(2,1)}{4q_0} \end{aligned} \tag{2.22}$$

在实际应用中，利用式(2.22)计算四元数时，当 q_0 接近 0 时，其余三个分量会非常大，导致式(2.22)的解存在奇异性，此时需要再考虑使用其他的方式进行转换，如文献[5]中给出的：

$$\begin{aligned} q_0 &= \frac{\sqrt{\mathrm{tr}(\boldsymbol{R})+1}}{2} \\ q_1 &= \mathrm{sign}(\boldsymbol{R}(2,3)-\boldsymbol{R}(3,2))\frac{\sqrt{1+\boldsymbol{R}(1,1)-\boldsymbol{R}(2,2)-\boldsymbol{R}(3,3)}}{2} \\ q_2 &= \mathrm{sign}(\boldsymbol{R}(3,1)-\boldsymbol{R}(1,3))\frac{\sqrt{1-\boldsymbol{R}(1,1)+\boldsymbol{R}(2,2)-\boldsymbol{R}(3,3)}}{2} \\ q_3 &= \mathrm{sign}(\boldsymbol{R}(1,2)-\boldsymbol{R}(2,1))\frac{\sqrt{1-\boldsymbol{R}(1,1)-\boldsymbol{R}(2,2)+\boldsymbol{R}(3,3)}}{2} \end{aligned} \tag{2.23}$$

式中，$\mathrm{sign}(\cdot)$ 表示对数值取符号运算。

至此，我们给出了旋转矩阵与旋转向量、欧拉角、四元数间的相互转换关系，旋转矩阵、旋转向量、欧拉角、四元数均可以描述两个坐标系间的旋转关系，读者可根据实际应用中的需求自行选择。

2.2.5 变换矩阵

在三维空间中的刚体运动除了旋转之外还有平移，考虑坐标系中的向量 $\boldsymbol{p}$，经过一次旋转(用 $\boldsymbol{R}$ 描述)和一个平移 $\boldsymbol{t}$ 后，得到了 $\boldsymbol{p}'$，表达式为

$$\boldsymbol{p}' = \boldsymbol{R}\boldsymbol{p} + \boldsymbol{t} \tag{2.24}$$

式中，$\boldsymbol{t}$ 是平移向量。

与旋转相比，平移部分只需要把这个平移量加到旋转之后的坐标上。式(2.24)

的变换过程，使得在进行多次变换时过于复杂。因此，引入齐次坐标重写式(2.24)并定义变换矩阵 $\boldsymbol{T}$：

$$\begin{bmatrix} \boldsymbol{p}' \\ 1 \end{bmatrix} = \begin{bmatrix} \boldsymbol{R} & \boldsymbol{t} \\ \boldsymbol{0} & 1 \end{bmatrix} \begin{bmatrix} \boldsymbol{p} \\ 1 \end{bmatrix} = \boldsymbol{T} \begin{bmatrix} \boldsymbol{p} \\ 1 \end{bmatrix} \tag{2.25}$$

对齐次坐标进行变换时可以将旋转和平移写在一个矩阵 $\boldsymbol{T}$ 中，即变换矩阵。变换矩阵的结构为：左上角为一个旋转矩阵 $\boldsymbol{R}$、右边为平移向量 $\boldsymbol{t}$、左下角为 $\boldsymbol{0}$ 向量、右下角为 1。通过式(2.25)即可实现对空间中向量 $\boldsymbol{p}$ 的位姿变换。

2.3　李群与李代数

如前所述，旋转矩阵自身是带有约束的(正交且行列式为 1)。当它们作为优化变量时，会引入额外的约束，使优化求解变得困难。通过李群到李代数间的转换关系，可以把位姿估计变成无约束的优化问题，简化求解方式。本节将介绍后续章节用到的李群和李代数的基本知识，省略了一些数学上的推导过程，感兴趣的读者可查阅相关文献[6,7]。

2.3.1　李群

李群是指具有连续(光滑)性质的群。在数学中，群(group)是一种集合加上一种运算的代数结构，其定义如下。

如果在非空集合 G 上定义了一个二元运算记作“·”，满足如下性质：

(1)封闭性：对于 $\forall a,b \in G$，有 $a \cdot b \in G$；

(2)结合律：对于 $\forall a,b,c \in G$，有 $(a \cdot b) \cdot c = a \cdot (b \cdot c)$；

(3)存在幺元：$\exists I \in G$，使得 $\forall a \in G$，有 $I \cdot a = a \cdot I = a$；

(4)存在逆：对于 $\forall a \in G$，$\exists b \in G$，使得 $a \cdot b = b \cdot a = I$。

则称 G 关于运算 $\cdot$ 构成一个群，记为 $(G,\cdot)$。其中，I 为单位元，在矩阵运算中表示单位矩阵。

由群的定义可知，旋转矩阵与变换矩阵可以表示刚体在空间中的连续运动，因此旋转矩阵集合和矩阵乘法运算构成一个李群(特殊正交群，SO(3))，同样的变换矩阵集合和矩阵乘法运算也构成一个李群(特殊欧几里得群，SE(3))。特殊正交群是有效的旋转矩阵的集合，用于表示旋转，其定义式为

$$\mathrm{SO}(3) = \left\{ \boldsymbol{R} \in \mathbb{R}^{3\times3} \mid \boldsymbol{R}\boldsymbol{R}^{\mathrm{T}} = \boldsymbol{I}, \det(\boldsymbol{R}) = 1 \right\} \tag{2.26}$$

特殊欧几里得群是有效的变换矩阵的集合，其定义如下：

$$\mathrm{SE}(3)=\left\{\boldsymbol{T}=\begin{bmatrix}\boldsymbol{R} & \boldsymbol{t}\\ \boldsymbol{0} & 1\end{bmatrix}\in\mathbb{R}^{4\times4} \mid \boldsymbol{R}\in\mathrm{SO}(3),\boldsymbol{t}\in\mathbb{R}^{3\times1}\right\} \tag{2.27}$$

特殊正交群 SO(3) 和特殊欧几里得群 SE(3) 都是矩阵李群(matrix Lie group)，满足李群的相关性质，如表 2.1 所示。

表 2.1　特殊正交群 SO(3) 和特殊欧几里得群 SE(3) 的性质

性质	SO(3)	SE(3)
封闭性	$\boldsymbol{R}_1,\boldsymbol{R}_2\in\mathrm{SO}(3)\Rightarrow\boldsymbol{R}_1\boldsymbol{R}_2\in\mathrm{SO}(3)$	$\boldsymbol{T}_1,\boldsymbol{T}_2\in\mathrm{SE}(3)\Rightarrow\boldsymbol{T}_1\boldsymbol{T}_2\in\mathrm{SE}(3)$
结合律	$\boldsymbol{R}_1(\boldsymbol{R}_2\boldsymbol{R}_3)=(\boldsymbol{R}_1\boldsymbol{R}_2)\boldsymbol{R}_3=\boldsymbol{R}_1\boldsymbol{R}_2\boldsymbol{R}_3$	$\boldsymbol{T}_1(\boldsymbol{T}_2\boldsymbol{T}_3)=(\boldsymbol{T}_1\boldsymbol{T}_2)\boldsymbol{T}_3=\boldsymbol{T}_1\boldsymbol{T}_2\boldsymbol{T}_3$
幺元	$\boldsymbol{R},\boldsymbol{I}\in\mathrm{SO}(3)\Rightarrow\boldsymbol{RI}=\boldsymbol{IR}=\boldsymbol{R}$	$\boldsymbol{T},\boldsymbol{I}\in\mathrm{SE}(3)\Rightarrow\boldsymbol{TI}=\boldsymbol{IT}=\boldsymbol{T}$
逆	$\boldsymbol{R}\in\mathrm{SO}(3)\Rightarrow\boldsymbol{R}^{-1}\in\mathrm{SO}(3)$	$\boldsymbol{T}\in\mathrm{SE}(3)\Rightarrow\boldsymbol{T}^{-1}\in\mathrm{SE}(3)$

1. 封闭性的证明

若 $\boldsymbol{R}_1,\boldsymbol{R}_2\in\mathrm{SO}(3)$，则有

$$(\boldsymbol{R}_1\boldsymbol{R}_2)(\boldsymbol{R}_1\boldsymbol{R}_2)^{\mathrm{T}}=\boldsymbol{R}_1\underbrace{\boldsymbol{R}_2\boldsymbol{R}_2^{\mathrm{T}}}_{\boldsymbol{I}}\boldsymbol{R}_1^{\mathrm{T}}=\boldsymbol{R}_1\boldsymbol{R}_1^{\mathrm{T}}=\boldsymbol{I} \tag{2.28}$$

进一步，根据矩阵行列式运算法则，有

$$|\boldsymbol{R}_1\boldsymbol{R}_2|=|\boldsymbol{R}_1||\boldsymbol{R}_2|=1 \tag{2.29}$$

因此，若 $\boldsymbol{R}_1,\boldsymbol{R}_2\in\mathrm{SO}(3)$，则 $\boldsymbol{R}_1\boldsymbol{R}_2\in\mathrm{SO}(3)$。

对于 SE(3)，若存在 $\boldsymbol{T}_1,\boldsymbol{T}_2\in\mathrm{SE}(3)$，封闭性可以看成是乘法操作：

$$\boldsymbol{T}_1\boldsymbol{T}_2=\begin{bmatrix}\boldsymbol{R}_1 & \boldsymbol{t}_1\\ \boldsymbol{0} & 1\end{bmatrix}\begin{bmatrix}\boldsymbol{R}_2 & \boldsymbol{t}_2\\ \boldsymbol{0} & 1\end{bmatrix}=\begin{bmatrix}\boldsymbol{R}_1\boldsymbol{R}_2 & \boldsymbol{R}_1\boldsymbol{t}_2+\boldsymbol{t}_1\\ \boldsymbol{0} & 1\end{bmatrix}\in\mathrm{SE}(3) \tag{2.30}$$

式中，$\boldsymbol{R}_1\boldsymbol{R}_2\in\mathrm{SO}(3)$ 且 $\boldsymbol{R}_1\boldsymbol{t}_2+\boldsymbol{t}_1\in\mathbb{R}^{3\times1}$。因此，若 $\boldsymbol{T}_1,\boldsymbol{T}_2\in\mathrm{SE}(3)$，则 $\boldsymbol{T}_1\boldsymbol{T}_2\in\mathrm{SE}(3)$。

2. 结合律与幺元的证明

由 SO(3) 与 SE(3) 的定义可知，无论是特殊正交群 SO(3) 还是特殊欧几里得群 SE(3)，均是满足矩阵乘法运算法则的李群，而结合律与幺元为矩阵乘法的基本运算性质。因此，特殊正交群 SO(3) 和特殊欧几里得群 SE(3) 均满足结合律和幺元性质。

3. 逆的证明

对于$\mathrm{SO}(3)$，若$\boldsymbol{R}\in\mathrm{SO}(3)$，由$\boldsymbol{R}\boldsymbol{R}^{\mathrm{T}}=\boldsymbol{I}$推导得到$\boldsymbol{R}^{-1}=\boldsymbol{R}^{\mathrm{T}}$。

因此，对于$\boldsymbol{R}\in\mathrm{SO}(3)$的逆矩阵$\boldsymbol{R}^{-1}$，有如下推导：

$$\begin{gathered}\left(\boldsymbol{R}^{-1}\right)\left(\boldsymbol{R}^{-1}\right)^{\mathrm{T}}=\left(\boldsymbol{R}^{\mathrm{T}}\right)\left(\boldsymbol{R}^{\mathrm{T}}\right)^{\mathrm{T}}=\boldsymbol{R}^{\mathrm{T}}\boldsymbol{R}=\boldsymbol{I}\\ \det\left(\boldsymbol{R}^{-1}\right)=\det\left(\boldsymbol{R}^{\mathrm{T}}\right)=\underbrace{\det(\boldsymbol{R})}_{1}=1\end{gathered}\tag{2.31}$$

根据式(2.31)，可知$\boldsymbol{R}^{-1}\in\mathrm{SO}(3)$满足可逆性。

对于$\mathrm{SE}(3)$，变换矩阵$\boldsymbol{T}\in\mathrm{SE}(3)$的逆为

$$\boldsymbol{T}^{-1}=\begin{bmatrix}\boldsymbol{R} & \boldsymbol{t}\\ \boldsymbol{0} & 1\end{bmatrix}^{-1}=\begin{bmatrix}\boldsymbol{R}^{\mathrm{T}} & -\boldsymbol{R}^{\mathrm{T}}\boldsymbol{t}\\ \boldsymbol{0} & 1\end{bmatrix}\tag{2.32}$$

根据式(2.31)，可知$\boldsymbol{R}^{\mathrm{T}}\in\mathrm{SO}(3)$。根据矩阵乘法运算法则，有$-\boldsymbol{R}^{\mathrm{T}}\boldsymbol{t}\in\mathbb{R}^{3\times1}$。因此，$\boldsymbol{T}^{-1}\in\mathrm{SE}(3)$，满足可逆性。

2.3.2　李代数

如前所言，特殊正交群$\mathrm{SO}(3)$与特殊欧几里得群$\mathrm{SE}(3)$是有效的旋转矩阵与变换矩阵的集合，均为李群。每一个李群都对应一个李代数(Lie algebra)，在数学中，李代数的定义如下。

给定数域F上的一个线性向量空间$\boldsymbol{V}$。在$\boldsymbol{V}$上定义一个二元运算符$[\cdot,\cdot]$，$[\cdot,\cdot]$称为李括号(Lie bracket)。如果李括号满足如下性质：

(1) 封闭性：对$\forall\boldsymbol{v}_1,\boldsymbol{v}_2\in\boldsymbol{V}$，有$[\boldsymbol{v}_1,\boldsymbol{v}_2]\in\boldsymbol{V}$；

(2) 双线性：对$\forall a,b\in F$和任意$\forall\boldsymbol{v}_1,\boldsymbol{v}_2,\boldsymbol{v}_3\in\boldsymbol{V}$，都有$[a\boldsymbol{v}_1+b\boldsymbol{v}_2,\boldsymbol{v}_3]=a[\boldsymbol{v}_1,\boldsymbol{v}_3]+b[\boldsymbol{v}_2,\boldsymbol{v}_3],[\boldsymbol{v}_3,a\boldsymbol{v}_1+b\boldsymbol{v}_2]=a[\boldsymbol{v}_3,\boldsymbol{v}_1]+b[\boldsymbol{v}_3,\boldsymbol{v}_2]$；

(3) 自反性：对$\forall\boldsymbol{v}_1,\boldsymbol{v}_2\in\boldsymbol{V}$，有$[\boldsymbol{v}_1,\boldsymbol{v}_2]=\boldsymbol{0}$；

(4) 雅可比恒等性：对任意$\forall\boldsymbol{v}_1,\boldsymbol{v}_2,\boldsymbol{v}_3\in\boldsymbol{V}$，有$[\boldsymbol{v}_1,[\boldsymbol{v}_2,\boldsymbol{v}_3]]+[\boldsymbol{v}_2,[\boldsymbol{v}_3,\boldsymbol{v}_1]]+[\boldsymbol{v}_3,[\boldsymbol{v}_1,\boldsymbol{v}_2]]=\boldsymbol{0}$。

则称线性向量空间$\boldsymbol{V}$关于运算$[\cdot,\cdot]$构成一个李代数，记为$(\boldsymbol{V},[\cdot,\cdot])$。

与$\mathrm{SO}(3)$相关联的李代数$\mathrm{so}(3)$可以表示旋转，由以下定义给出：

向量空间　$\mathrm{so}(3)=\left\{\boldsymbol{\Phi}=\boldsymbol{\phi}^{\wedge}\in\mathbb{R}^{3\times3}\mid\boldsymbol{\phi}\in\mathbb{R}^{3\times1}\right\}$

李括号　$\left[\boldsymbol{\phi}_1,\boldsymbol{\phi}_2\right]=\left(\boldsymbol{\Phi}_1\boldsymbol{\Phi}_2-\boldsymbol{\Phi}_2\boldsymbol{\Phi}_1\right)^{\vee}$

式中，符号 $^\vee$ 是反对称矩阵到向量的转换符，如式(2.33)所示：

$$\boldsymbol{\Phi}^\vee = \boldsymbol{\phi} \tag{2.33}$$

与SE(3)相关联的李代数se(3)可以表示旋转与平移，由以下定义给出：

向量空间　　$\mathrm{se}(3) = \left\{ \boldsymbol{\Xi} = \xi^\wedge \in \mathbb{R}^{4\times4} \middle| \ \xi \in \mathbb{R}^{6\times1} \right\}$

李括号　　$[\xi_1, \xi_2] = (\boldsymbol{\Xi}_1\boldsymbol{\Xi}_2 - \boldsymbol{\Xi}_2\boldsymbol{\Xi}_1)^\vee$

式中

$$\xi^\wedge = \begin{bmatrix} \boldsymbol{\rho} \\ \boldsymbol{\phi} \end{bmatrix}^\wedge = \begin{bmatrix} \boldsymbol{\phi}^\wedge & \boldsymbol{\rho} \\ \mathbf{0} & 0 \end{bmatrix} \in \mathbb{R}^{4\times4}, \quad \boldsymbol{\rho}, \boldsymbol{\phi} \in \mathbb{R}^{3\times1} \tag{2.34}$$

so(3)和se(3)都是李代数，满足李代数的相关性质，如表2.2所示。

表 2.2　so(3) 和 se(3) 的性质

性质	so(3)	se(3)
封闭性	$\boldsymbol{\phi}_1, \boldsymbol{\phi}_2 \in \mathrm{so}(3) \Rightarrow [\boldsymbol{\phi}_1, \boldsymbol{\phi}_2] \in \mathrm{so}(3)$	$\xi_1, \xi_2 \in \mathrm{se}(3) \Rightarrow [\xi_1, \xi_2] \in \mathrm{se}(3)$
双线性	$\boldsymbol{\phi}_1, \boldsymbol{\phi}_2, \boldsymbol{\phi}_3 \in \mathrm{so}(3),\ a, b \in F \Rightarrow$ $[a\boldsymbol{\phi}_1 + b\boldsymbol{\phi}_2, \boldsymbol{\phi}_3] = a[\boldsymbol{\phi}_1, \boldsymbol{\phi}_3] + b[\boldsymbol{\phi}_2, \boldsymbol{\phi}_3]$, $[\boldsymbol{\phi}_3, a\boldsymbol{\phi}_1 + b\boldsymbol{\phi}_2] = a[\boldsymbol{\phi}_3, \boldsymbol{\phi}_1] + b[\boldsymbol{\phi}_3, \boldsymbol{\phi}_2]$	$\xi_1, \xi_2, \xi_3 \in \mathrm{se}(3),\ a, b \in F \Rightarrow$ $[a\xi_1 + b\xi_2, \xi_3] = a[\xi_1, \xi_3] + b[\xi_2, \xi_3]$, $[\xi_3, a\xi_1 + b\xi_2] = a[\xi_3, \xi_1] + b[\xi_3, \xi_2]$
自反性	$\boldsymbol{\phi}, \boldsymbol{\phi} \in \mathrm{so}(3) \Rightarrow [\boldsymbol{\phi}, \boldsymbol{\phi}] = \mathbf{0}$	$\xi, \xi \in \mathrm{se}(3) \Rightarrow [\xi, \xi] = \mathbf{0}$
雅可比恒等性	$\boldsymbol{\phi}_1, \boldsymbol{\phi}_2, \boldsymbol{\phi}_3 \in \mathrm{so}(3) \Rightarrow$ $[\boldsymbol{\phi}_1, [\boldsymbol{\phi}_2, \boldsymbol{\phi}_3]] + [\boldsymbol{\phi}_2, [\boldsymbol{\phi}_3, \boldsymbol{\phi}_1]]$ $+ [\boldsymbol{\phi}_3, [\boldsymbol{\phi}_1, \boldsymbol{\phi}_2]] = \mathbf{0}$	$\xi_1, \xi_2, \xi_3 \in \mathrm{se}(3) \Rightarrow$ $[\xi_1, [\xi_2, \xi_3]] + [\xi_2, [\xi_3, \xi_1]]$ $+ [\xi_3, [\xi_1, \xi_2]] = \mathbf{0}$

1. 封闭性的证明

若 $\boldsymbol{\phi}_1, \boldsymbol{\phi}_2 \in \mathrm{so}(3)$，则有

$$[\boldsymbol{\phi}_1, \boldsymbol{\phi}_2] = (\boldsymbol{\Phi}_1\boldsymbol{\Phi}_2 - \boldsymbol{\Phi}_2\boldsymbol{\Phi}_1)^\vee = \left(\boldsymbol{\phi}_1^\wedge\boldsymbol{\phi}_2^\wedge - \boldsymbol{\phi}_2^\wedge\boldsymbol{\phi}_1^\wedge\right)^\vee = \boldsymbol{\phi}_1^\wedge\boldsymbol{\phi}_2 \in \mathrm{so}(3) \tag{2.35}$$

因此，对于 $\boldsymbol{\phi}_1, \boldsymbol{\phi}_2 \in \mathrm{so}(3)$，有 $[\boldsymbol{\phi}_1, \boldsymbol{\phi}_2] \in \mathrm{so}(3)$，满足封闭性。

对于 $\xi_1, \xi_2 \in \mathrm{se}(3)$，同样有

$$[\xi_1, \xi_2] = (\boldsymbol{\Xi}_1\boldsymbol{\Xi}_2 - \boldsymbol{\Xi}_2\boldsymbol{\Xi}_1)^\vee = \left(\xi_1^\wedge\xi_2^\wedge - \xi_2^\wedge\xi_1^\wedge\right)^\vee = \xi_1^\wedge\xi_2 \in \mathrm{se}(3) \tag{2.36}$$

对于 $\xi_1,\xi_2\in\mathrm{se}(3)$，有 $[\xi_1,\xi_2]\in\mathrm{se}(3)$，满足封闭性。

2. 双线性的证明

若 $\boldsymbol{\phi}_1,\boldsymbol{\phi}_2,\boldsymbol{\phi}_3\in\mathrm{so}(3), a,b\in F$，则有

$$\begin{aligned}
\left[a\boldsymbol{\phi}_1+b\boldsymbol{\phi}_2,\boldsymbol{\phi}_3\right]&=\left(\left(a\boldsymbol{\phi}_1+b\boldsymbol{\phi}_2\right)^\wedge\boldsymbol{\phi}_3^\wedge-\boldsymbol{\phi}_3^\wedge\left(a\boldsymbol{\phi}_1+b\boldsymbol{\phi}_2\right)^\wedge\right)^\vee\\
\left[\boldsymbol{\phi}_3,a\boldsymbol{\phi}_1+b\boldsymbol{\phi}_2\right]&=\left(\boldsymbol{\phi}_3^\wedge\left(a\boldsymbol{\phi}_1+b\boldsymbol{\phi}_2\right)^\wedge-\left(a\boldsymbol{\phi}_1+b\boldsymbol{\phi}_2\right)^\wedge\boldsymbol{\phi}_3^\wedge\right)^\vee
\end{aligned}\tag{2.37}$$

由于 $(\cdot)^\wedge$ 与 $(\cdot)^\vee$ 均为线性运算符，可将式(2.37)线性展开：

$$\begin{aligned}
&\left[a\boldsymbol{\phi}_1+b\boldsymbol{\phi}_2,\boldsymbol{\phi}_3\right]=\left(\left(a\boldsymbol{\phi}_1+b\boldsymbol{\phi}_2\right)^\wedge\boldsymbol{\phi}_3^\wedge-\boldsymbol{\phi}_3^\wedge\left(a\boldsymbol{\phi}_1+b\boldsymbol{\phi}_2\right)^\wedge\right)^\vee\\
&=a\left(\boldsymbol{\phi}_1^\wedge\boldsymbol{\phi}_3^\wedge-\boldsymbol{\phi}_3^\wedge\boldsymbol{\phi}_1^\wedge\right)^\vee+b\left(\boldsymbol{\phi}_2^\wedge\boldsymbol{\phi}_3^\wedge-\boldsymbol{\phi}_3^\wedge\boldsymbol{\phi}_2^\wedge\right)^\vee\\
&=a\left[\boldsymbol{\phi}_1,\boldsymbol{\phi}_3\right]+b\left[\boldsymbol{\phi}_2,\boldsymbol{\phi}_3\right]\\
&\left[\boldsymbol{\phi}_3,a\boldsymbol{\phi}_1+b\boldsymbol{\phi}_2\right]=\left(\boldsymbol{\phi}_3^\wedge\left(a\boldsymbol{\phi}_1+b\boldsymbol{\phi}_2\right)^\wedge-\left(a\boldsymbol{\phi}_1+b\boldsymbol{\phi}_2\right)^\wedge\boldsymbol{\phi}_3^\wedge\right)^\vee\\
&=a\left(\boldsymbol{\phi}_3^\wedge\boldsymbol{\phi}_1^\wedge-\boldsymbol{\phi}_1^\wedge\boldsymbol{\phi}_3^\wedge\right)^\vee+b\left(\boldsymbol{\phi}_3^\wedge\boldsymbol{\phi}_2^\wedge-\boldsymbol{\phi}_2^\wedge\boldsymbol{\phi}_3^\wedge\right)^\vee\\
&=a\left[\boldsymbol{\phi}_3,\boldsymbol{\phi}_1\right]+b\left[\boldsymbol{\phi}_3,\boldsymbol{\phi}_2\right]
\end{aligned}\tag{2.38}$$

因此，李代数 so(3) 满足双线性性质。

同样，对于 $\xi_1,\xi_2,\xi_3\in\mathrm{se}(3),\ \ a,b\in F$，根据 $(\cdot)^\wedge$ 与 $(\cdot)^\vee$ 的线性运算性质，可得

$$\begin{aligned}
[a\xi_1+b\xi_2,\xi_3]&=a[\xi_1,\xi_3]+b[\xi_2,\xi_3]\\
[\xi_3,a\xi_1+b\xi_2]&=a[\xi_3,\xi_1]+b[\xi_3,\xi_2]
\end{aligned}\tag{2.39}$$

由式(2.39)可知，李代数 se(3) 满足双线性性质，其推导过程与式(2.38)类似，在此不再赘述。

3. 自反性的证明

若 $\boldsymbol{\phi}\in\mathrm{so}(3)$，则有

$$[\boldsymbol{\phi},\boldsymbol{\phi}]=\left(\boldsymbol{\phi}^\wedge\boldsymbol{\phi}^\wedge-\boldsymbol{\phi}^\wedge\boldsymbol{\phi}^\wedge\right)^\vee=\mathbf{0}\tag{2.40}$$

同样，对于 $\boldsymbol{\xi}\in\mathrm{se}(3)$，有

$$[\xi,\xi]=\left(\xi^{\wedge}\xi^{\wedge}-\xi^{\wedge}\xi^{\wedge}\right)^{\vee}=\mathbf{0} \tag{2.41}$$

因此，李代数满足自反性。

4. 雅可比恒等性的证明

若$\boldsymbol{\phi}_1,\boldsymbol{\phi}_2,\boldsymbol{\phi}_3\in \mathrm{so}(3)$，对$[\boldsymbol{\phi}_1,[\boldsymbol{\phi}_2,\boldsymbol{\phi}_3]]+[\boldsymbol{\phi}_2,[\boldsymbol{\phi}_3,\boldsymbol{\phi}_1]]+[\boldsymbol{\phi}_3,[\boldsymbol{\phi}_1,\boldsymbol{\phi}_2]]$进行展开，有

$$\begin{aligned}
&[\boldsymbol{\phi}_1,[\boldsymbol{\phi}_2,\boldsymbol{\phi}_3]]+[\boldsymbol{\phi}_2,[\boldsymbol{\phi}_3,\boldsymbol{\phi}_1]]+[\boldsymbol{\phi}_3,[\boldsymbol{\phi}_1,\boldsymbol{\phi}_2]]\\
&=\left[\boldsymbol{\phi}_1,\left(\boldsymbol{\phi}_2^{\wedge}\boldsymbol{\phi}_3^{\wedge}-\boldsymbol{\phi}_3^{\wedge}\boldsymbol{\phi}_2^{\wedge}\right)^{\vee}\right]+\left[\boldsymbol{\phi}_2,\left(\boldsymbol{\phi}_3^{\wedge}\boldsymbol{\phi}_1^{\wedge}-\boldsymbol{\phi}_1^{\wedge}\boldsymbol{\phi}_3^{\wedge}\right)^{\vee}\right]+\left[\boldsymbol{\phi}_3,\left(\boldsymbol{\phi}_1^{\wedge}\boldsymbol{\phi}_2^{\wedge}-\boldsymbol{\phi}_2^{\wedge}\boldsymbol{\phi}_1^{\wedge}\right)^{\vee}\right]\\
&=\boldsymbol{\phi}_1^{\wedge}\left(\boldsymbol{\phi}_2^{\wedge}\boldsymbol{\phi}_3^{\wedge}-\boldsymbol{\phi}_3^{\wedge}\boldsymbol{\phi}_2^{\wedge}\right)-\left(\boldsymbol{\phi}_2^{\wedge}\boldsymbol{\phi}_3^{\wedge}-\boldsymbol{\phi}_3^{\wedge}\boldsymbol{\phi}_2^{\wedge}\right)\boldsymbol{\phi}_1^{\wedge}+\boldsymbol{\phi}_2^{\wedge}\left(\boldsymbol{\phi}_3^{\wedge}\boldsymbol{\phi}_1^{\wedge}-\boldsymbol{\phi}_1^{\wedge}\boldsymbol{\phi}_3^{\wedge}\right)\\
&\quad-\left(\boldsymbol{\phi}_3^{\wedge}\boldsymbol{\phi}_1^{\wedge}-\boldsymbol{\phi}_1^{\wedge}\boldsymbol{\phi}_3^{\wedge}\right)\boldsymbol{\phi}_2^{\wedge}+\boldsymbol{\phi}_3^{\wedge}\left(\boldsymbol{\phi}_1^{\wedge}\boldsymbol{\phi}_2^{\wedge}-\boldsymbol{\phi}_2^{\wedge}\boldsymbol{\phi}_1^{\wedge}\right)-\left(\boldsymbol{\phi}_1^{\wedge}\boldsymbol{\phi}_2^{\wedge}-\boldsymbol{\phi}_2^{\wedge}\boldsymbol{\phi}_1^{\wedge}\right)\boldsymbol{\phi}_3^{\wedge}\\
&=\mathbf{0}
\end{aligned} \tag{2.42}$$

同样，若$\xi_1,\xi_2,\xi_3\in \mathrm{se}(3)$，对$[\xi_1,[\xi_2,\xi_3]]+[\xi_2,[\xi_3,\xi_1]]+[\xi_3,[\xi_1,\xi_2]]$进行展开，有

$$\begin{aligned}
&[\xi_1,[\xi_2,\xi_3]]+[\xi_2,[\xi_3,\xi_1]]+[\xi_3,[\xi_1,\xi_2]]\\
&=\left[\xi_1,\left(\xi_2^{\wedge}\xi_3^{\wedge}-\xi_3^{\wedge}\xi_2^{\wedge}\right)^{\vee}\right]+\left[\xi_2,\left(\xi_3^{\wedge}\xi_1^{\wedge}-\xi_1^{\wedge}\xi_3^{\wedge}\right)^{\vee}\right]+\left[\xi_3,\left(\xi_1^{\wedge}\xi_2^{\wedge}-\xi_2^{\wedge}\xi_1^{\wedge}\right)^{\vee}\right]\\
&=\xi_1^{\wedge}\left(\xi_2^{\wedge}\xi_3^{\wedge}-\xi_3^{\wedge}\xi_2^{\wedge}\right)-\left(\xi_2^{\wedge}\xi_3^{\wedge}-\xi_3^{\wedge}\xi_2^{\wedge}\right)\xi_1^{\wedge}+\xi_2^{\wedge}\left(\xi_3^{\wedge}\xi_1^{\wedge}-\xi_1^{\wedge}\xi_3^{\wedge}\right)\\
&\quad-\left(\xi_3^{\wedge}\xi_1^{\wedge}-\xi_1^{\wedge}\xi_3^{\wedge}\right)\xi_2^{\wedge}+\xi_3^{\wedge}\left(\xi_1^{\wedge}\xi_2^{\wedge}-\xi_2^{\wedge}\xi_1^{\wedge}\right)-\left(\xi_1^{\wedge}\xi_2^{\wedge}-\xi_2^{\wedge}\xi_1^{\wedge}\right)\xi_3^{\wedge}\\
&=\mathbf{0}
\end{aligned} \tag{2.43}$$

因此，李代数满足雅可比恒等性。

2.3.3 李群与李代数间的映射关系

如前所述，在无人机自主导航与运动规划领域中，为了简化非线性优化问题的求解，通常采用李代数描述无人机状态量中的旋转。在坐标变换中，又通常需要使用旋转矩阵来表示坐标系间的旋转关系，如将机体坐标系b中的向量${}^{b}\boldsymbol{p}$投影到参考坐标系W中，需要表示为${}^{W}\boldsymbol{p}=\boldsymbol{R}\,{}^{b}\boldsymbol{p}$。因此，本节将厘清矩阵李群和与它们对应的李代数之间的映射关系：

$$\begin{aligned}
\mathrm{SO}(3)&\leftrightarrow \mathrm{so}(3)\\
\mathrm{SE}(3)&\leftrightarrow \mathrm{se}(3)
\end{aligned} \tag{2.44}$$

由文献[5]中的介绍可知，李群与李代数满足指数映射关系，即

$$\boldsymbol{R}=\exp(\boldsymbol{\phi}^{\wedge}),\quad \boldsymbol{T}=\exp(\boldsymbol{\xi}^{\wedge}) \tag{2.45}$$

证明：旋转矩阵 $\boldsymbol{R}$ 为正交矩阵，满足

$$\boldsymbol{R}\boldsymbol{R}^{\mathrm{T}}=\boldsymbol{I} \tag{2.46}$$

式(2.46)两边对时间求导，可得

$$\dot{\boldsymbol{R}}\boldsymbol{R}^{\mathrm{T}}+\boldsymbol{R}\dot{\boldsymbol{R}}^{\mathrm{T}}=\boldsymbol{0}\Rightarrow\dot{\boldsymbol{R}}\boldsymbol{R}^{\mathrm{T}}=-\left(\dot{\boldsymbol{R}}\boldsymbol{R}^{\mathrm{T}}\right)^{\mathrm{T}} \tag{2.47}$$

可以看出，$\dot{\boldsymbol{R}}\boldsymbol{R}^{\mathrm{T}}$ 为反对称矩阵，由运算符 $(\cdot)^{\wedge}$ 的定义可知，可以找到一个三维向量 $\boldsymbol{v}\in\mathbb{R}^{3\times1}$，使得

$$\dot{\boldsymbol{R}}\boldsymbol{R}^{\mathrm{T}}=\boldsymbol{v}^{\wedge}\Rightarrow\dot{\boldsymbol{R}}=\boldsymbol{v}^{\wedge}\boldsymbol{R} \tag{2.48}$$

假设 $t_0=0$ 时刻的旋转矩阵为 $\boldsymbol{R}_0=\boldsymbol{I}$，$t_0$ 时刻附近的向量 $\boldsymbol{v}$ 为常向量 $\boldsymbol{v}_0$。通过求解式(2.48)中定义的微分方程，可得 t 时刻的旋转矩阵 $\boldsymbol{R}_t$ 为

$$\boldsymbol{R}_t=\exp(\boldsymbol{v}_0(t-t_0))\boldsymbol{R}_0=\exp(\boldsymbol{v}_0 t) \tag{2.49}$$

式中，$\boldsymbol{v}_0 t\in\mathbb{R}^{3\times1}$，令李代数 $\boldsymbol{\phi}=\boldsymbol{v}_0 t$，则可以证明李群 $\boldsymbol{R}\in\mathrm{SO}(3)$ 与李代数 $\boldsymbol{\phi}\in\mathrm{so}(3)$ 满足指数映射关系。同样，可以证明李群 $\boldsymbol{T}\in\mathrm{SE}(3)$ 与李代数 $\boldsymbol{\xi}\in\mathrm{se}(3)$ 满足指数映射关系，具体推导过程与式(2.46)～式(2.49)类似，在此不再赘述。下面根据式(2.45)中定义的指数映射关系，分别介绍李代数 so(3) 与李群 SO(3)、李代数 se(3) 与李群 SE(3) 之间的相互转换关系。

1. $\mathrm{so}(3)\leftrightarrow\mathrm{SO}(3)$

对于李代数 $\boldsymbol{\phi}\in\mathrm{so}(3)$，可以将其定义为模长和方向向量乘积的形式，即

$$\boldsymbol{\phi}=\theta\boldsymbol{n} \tag{2.50}$$

式中，$\theta=|\boldsymbol{\phi}|,\boldsymbol{n}=\boldsymbol{\phi}/|\boldsymbol{\phi}|$。

根据式(2.50)，对 $\exp(\boldsymbol{\phi}^{\wedge})$ 进行泰勒展开可得

$$\begin{aligned}\exp(\boldsymbol{\phi}^{\wedge})&=\exp(\theta\boldsymbol{n}^{\wedge})=\sum_{i=0}^{\infty}\frac{1}{i!}(\theta\boldsymbol{n}^{\wedge})^{i}\\&=\boldsymbol{I}+\theta\boldsymbol{n}^{\wedge}+\frac{1}{2!}\theta^{2}\boldsymbol{n}^{\wedge}\boldsymbol{n}^{\wedge}+\frac{1}{3!}\theta^{3}\boldsymbol{n}^{\wedge}\boldsymbol{n}^{\wedge}\boldsymbol{n}^{\wedge}+\cdots\end{aligned} \tag{2.51}$$

根据向量 $\boldsymbol{n}$ 反对称矩阵 $\boldsymbol{n}^\wedge$ 的运算性质：

$$
\begin{aligned}
\boldsymbol{n}^\wedge\boldsymbol{n}^\wedge &= \boldsymbol{n}\boldsymbol{n}^{\mathrm{T}} - \boldsymbol{I} \\
\boldsymbol{n}^\wedge\boldsymbol{n}^\wedge\boldsymbol{n}^\wedge &= -\boldsymbol{n}^\wedge
\end{aligned} \tag{2.52}
$$

整理式(2.51)可得

$$
\begin{aligned}
\exp(\boldsymbol{\phi}^\wedge) &= \sum_{i=0}^{\infty}\frac{1}{i!}(\theta\boldsymbol{n}^\wedge)^i \\
&= \boldsymbol{I} + \theta\boldsymbol{n}^\wedge + \frac{1}{2!}\theta^2\boldsymbol{n}^\wedge\boldsymbol{n}^\wedge + \frac{1}{3!}\theta^3\boldsymbol{n}^\wedge\boldsymbol{n}^\wedge\boldsymbol{n}^\wedge + \frac{1}{4!}\theta^4\boldsymbol{n}^\wedge\boldsymbol{n}^\wedge\boldsymbol{n}^\wedge\boldsymbol{n}^\wedge + \cdots \\
&= \boldsymbol{n}\boldsymbol{n}^{\mathrm{T}} - \boldsymbol{n}^\wedge\boldsymbol{n}^\wedge + \theta\boldsymbol{n}^\wedge + \frac{1}{2!}\theta^2\boldsymbol{n}^\wedge\boldsymbol{n}^\wedge - \frac{1}{3!}\theta^3\boldsymbol{n}^\wedge - \frac{1}{4!}\theta^4\boldsymbol{n}^\wedge\boldsymbol{n}^\wedge + \cdots \\
&= \boldsymbol{n}\boldsymbol{n}^{\mathrm{T}} + \left(\theta - \frac{1}{3!}\theta^3 + \frac{1}{5!}\theta^5 - \cdots\right)\boldsymbol{n}^\wedge - \left(1 - \frac{1}{2!}\theta^2 + \frac{1}{4!}\theta^4 - \cdots\right)\boldsymbol{n}^\wedge\boldsymbol{n}^\wedge
\end{aligned} \tag{2.53}
$$

式中，$\left(\theta - \frac{1}{3!}\theta^3 + \frac{1}{5!}\theta^5 - \cdots\right)$ 为 $\sin\theta$ 的泰勒展开形式，$\left(1 - \frac{1}{2!}\theta^2 + \frac{1}{4!}\theta^4 - \cdots\right)$ 为 $\cos\theta$ 的泰勒展开形式。因此，式(2.53)可以重新写为

$$
\begin{aligned}
\exp(\boldsymbol{\phi}^\wedge) &= \boldsymbol{n}\boldsymbol{n}^{\mathrm{T}} + \sin\theta\boldsymbol{n}^\wedge - \cos\theta\underbrace{\boldsymbol{n}^\wedge\boldsymbol{n}^\wedge}_{\boldsymbol{n}\boldsymbol{n}^{\mathrm{T}}-\boldsymbol{I}} \\
&= \cos\theta\boldsymbol{I} + (1-\cos\theta)\boldsymbol{n}\boldsymbol{n}^{\mathrm{T}} + \sin\theta\boldsymbol{n}^\wedge
\end{aligned} \tag{2.54}
$$

值得注意的是，式(2.54)与式(2.5)中定义的罗德里格斯公式一致。这表明，李代数so(3)是由 2.2.2 节中定义的旋转向量组成的空间，通过罗德里格斯公式即可实现从李代数so(3)到李群SO(3)的转换。反之，由李群SO(3)到李代数so(3)的转换同样可以通过 2.2.2 节中定义的由旋转矩阵计算旋转向量的方法得到。

2. se(3) $\leftrightarrow$ SE(3)

对于李代数 $\boldsymbol{\xi} = [\boldsymbol{\rho}^{\mathrm{T}}, \boldsymbol{\phi}^{\mathrm{T}}]^{\mathrm{T}}$，根据式(2.45)，对 $\exp(\boldsymbol{\xi}^\wedge)$ 进行泰勒展开可得

$$
\exp(\boldsymbol{\xi}^\wedge) = \sum_{i=0}^{\infty}\frac{1}{i!}(\boldsymbol{\xi}^\wedge)^i \tag{2.55}
$$

根据式(2.34)对式(2.55)展开，可得

$$
\exp(\boldsymbol{\xi}^\wedge) = \sum_{i=0}^{\infty}\frac{1}{i!}(\boldsymbol{\xi}^\wedge)^i = \sum_{i=0}^{\infty}\frac{1}{i!}\begin{bmatrix}\boldsymbol{\phi}^\wedge & \boldsymbol{\rho} \\ \boldsymbol{0} & 0\end{bmatrix}^i \tag{2.56}
$$

式中，$\begin{bmatrix} \boldsymbol{\phi}^\wedge & \boldsymbol{\rho} \\ \mathbf{0} & 0 \end{bmatrix}^i = \begin{bmatrix} \left(\boldsymbol{\phi}^\wedge\right)^i & \sum_{n=1}^{i}\left(\boldsymbol{\phi}^\wedge\right)^{n-1}\boldsymbol{\rho} \\ \mathbf{0} & 0 \end{bmatrix}$。

因此，式(2.56)可以展开为

$$\exp(\boldsymbol{\xi}^\wedge) = \sum_{i=0}^{\infty}\frac{1}{i!}(\boldsymbol{\xi}^\wedge)^i = \begin{bmatrix} \sum_{i=0}^{\infty}\frac{1}{i!}\left(\boldsymbol{\phi}^\wedge\right)^i & \left(\sum_{i=0}^{\infty}\frac{1}{(i+1)!}\left(\boldsymbol{\phi}^\wedge\right)^i\right)\boldsymbol{\rho} \\ \mathbf{0} & 1 \end{bmatrix} \tag{2.57}$$

式中，$\sum_{i=0}^{\infty}\frac{1}{i!}\left(\boldsymbol{\phi}^\wedge\right)^i$ 为旋转矩阵 $\boldsymbol{R}\in\mathrm{SO}(3)$ 的泰勒展开形式，记 $\boldsymbol{t}=\left(\sum_{i=0}^{\infty}\frac{1}{(i+1)!}\left(\boldsymbol{\phi}^\wedge\right)^i\right)\boldsymbol{\rho}$，式(2.57)可以重写为

$$\begin{aligned}\exp(\boldsymbol{\xi}^\wedge) &= \sum_{i=0}^{\infty}\frac{1}{i!}(\boldsymbol{\xi}^\wedge)^i = \begin{bmatrix} \sum_{i=0}^{\infty}\frac{1}{i!}\left(\boldsymbol{\phi}^\wedge\right)^i & \left(\sum_{i=0}^{\infty}\frac{1}{(i+1)!}\left(\boldsymbol{\phi}^\wedge\right)^i\right)\boldsymbol{\rho} \\ \mathbf{0} & 1 \end{bmatrix} \\ &= \begin{bmatrix} \boldsymbol{R} & \boldsymbol{t} \\ \mathbf{0} & 1 \end{bmatrix} = \boldsymbol{T}\in\mathrm{SE}(3)\end{aligned} \tag{2.58}$$

通过式(2.58)即将李代数 $\boldsymbol{\xi}\in\mathrm{se}(3)$ 转换为变换矩阵 $\boldsymbol{T}\in\mathrm{SE}(3)$。

反之，对于变换矩阵 $\boldsymbol{T}\in\mathrm{SE}(3)$，首先利用 $\mathrm{so}(3)\leftrightarrow\mathrm{SO}(3)$ 的指数映射关系，根据旋转矩阵 $\boldsymbol{R}\in\mathrm{SO}(3)$ 计算 $\boldsymbol{\phi}\in\mathrm{so}(3)$；然后将 $\boldsymbol{\phi}$ 代入式(2.58)中，得

$$\boldsymbol{t} = \left(\sum_{i=0}^{\infty}\frac{1}{(i+1)!}\left(\boldsymbol{\phi}^\wedge\right)^i\right)\boldsymbol{\rho} \Rightarrow \boldsymbol{\rho} = \left(\sum_{i=0}^{\infty}\frac{1}{(i+1)!}\left(\boldsymbol{\phi}^\wedge\right)^i\right)^{-1}\boldsymbol{t} \tag{2.59}$$

最终实现变换矩阵 $\boldsymbol{T}\in\mathrm{SE}(3)$ 到李代数 $\boldsymbol{\xi}\in\mathrm{se}(3)$ 的转换。

至此，我们给出了李群与李代数间的映射关系，根据式(2.45)可将李代数 so(3)、se(3)映射至李群 SO(3)、SE(3)。根据 2.2.2 节介绍的由旋转矩阵计算旋转向量的方法与式(2.59)可以将李群 SO(3)、SE(3)映射至李代数 so(3)、se(3)。

2.3.4　李代数雅可比

使用李代数的一大动机是为了求解优化问题，在无人机自主导航与运动规划领域中，通常以李代数作为待优化变量，再通过 2.3.3 节中介绍的李群与李代数间

的指数映射关系，将李代数映射至李群。在优化过程中雅可比是非常重要的信息，本节将介绍空间中的三维变换相对于李代数的雅可比。

1. 关于李代数so(3)的雅可比

考虑SO(3)的情况。假设对一个空间点 $\boldsymbol{p}$ 进行了旋转，即

$$\boldsymbol{p}' = \boldsymbol{R}\boldsymbol{p} \tag{2.60}$$

计算旋转之后点 $\boldsymbol{p}'$ 的坐标相对于李代数 $\boldsymbol{\phi} \in \mathrm{so}(3)$ 的雅可比，记为

$$\frac{\partial \boldsymbol{p}'}{\partial \boldsymbol{\phi}} = \frac{\partial (\boldsymbol{R}\boldsymbol{p})}{\partial \boldsymbol{\phi}} \tag{2.61}$$

利用2.3.3节中介绍的李群与李代数间的指数映射关系，可以将式(2.61)写为

$$\frac{\partial (\boldsymbol{R}\boldsymbol{p})}{\partial \boldsymbol{\phi}} = \frac{\partial \left(\exp\left(\boldsymbol{\phi}^{\wedge}\right)\boldsymbol{p}\right)}{\partial \boldsymbol{\phi}} = \lim_{\delta\boldsymbol{\phi}\to\boldsymbol{0}} \frac{\exp\left((\boldsymbol{\phi}+\delta\boldsymbol{\phi})^{\wedge}\right)\boldsymbol{p} - \exp\left(\boldsymbol{\phi}^{\wedge}\right)\boldsymbol{p}}{\delta\boldsymbol{\phi}} \tag{2.62}$$

式中，$\delta\boldsymbol{\phi}$ 为李代数 $\boldsymbol{\phi}$ 的扰动。

根据Baker-Campbell-Hausdorff(BCH)公式，式(2.62)中的 $\exp\left((\boldsymbol{\phi}+\delta\boldsymbol{\phi})^{\wedge}\right)$ 可以展开为

$$\exp\left((\boldsymbol{\phi}+\delta\boldsymbol{\phi})^{\wedge}\right) = \exp\left(\left(\boldsymbol{J}_l\delta\boldsymbol{\phi}\right)^{\wedge}\right)\exp\left(\boldsymbol{\phi}^{\wedge}\right) \tag{2.63}$$

式中，$\boldsymbol{J}_l$ 为SO(3)的左雅可比：

$$\boldsymbol{J}_l = \frac{\sin|\boldsymbol{\phi}|}{|\boldsymbol{\phi}|}\boldsymbol{I} + \left(1-\frac{\sin|\boldsymbol{\phi}|}{|\boldsymbol{\phi}|}\right)\frac{\boldsymbol{\phi}}{|\boldsymbol{\phi}|}\frac{\boldsymbol{\phi}^{\mathrm{T}}}{|\boldsymbol{\phi}|} + \left(1-\frac{\cos|\boldsymbol{\phi}|}{|\boldsymbol{\phi}|}\right)\frac{\boldsymbol{\phi}^{\wedge}}{|\boldsymbol{\phi}|} \tag{2.64}$$

式(2.63)和式(2.64)的具体推导过程读者可在文献[5]与文献[4]中找到，在此不再赘述。对式(2.63)中的 $\exp\left(\left(\boldsymbol{J}_l\delta\boldsymbol{\phi}\right)^{\wedge}\right)$ 进行一阶泰勒展开：

$$\exp\left((\boldsymbol{\phi}+\delta\boldsymbol{\phi})^{\wedge}\right) \approx \left(\boldsymbol{I} + \left(\boldsymbol{J}_l\delta\boldsymbol{\phi}\right)^{\wedge}\right)\exp\left(\boldsymbol{\phi}^{\wedge}\right) \tag{2.65}$$

将式(2.65)代入式(2.62)中，可得

$$
\begin{aligned}
\frac{\partial(\boldsymbol{Rp})}{\partial\boldsymbol{\phi}} &= \lim_{\delta\boldsymbol{\phi}\to 0}\frac{\exp\left((\boldsymbol{\phi}+\delta\boldsymbol{\phi})^\wedge\right)\boldsymbol{p}-\exp\left(\boldsymbol{\phi}^\wedge\right)\boldsymbol{p}}{\delta\boldsymbol{\phi}} \\
&= \lim_{\delta\boldsymbol{\phi}\to 0}\frac{\left(\boldsymbol{I}+\left(\boldsymbol{J}_l\delta\boldsymbol{\phi}\right)^\wedge\right)\exp\left(\boldsymbol{\phi}^\wedge\right)\boldsymbol{p}-\exp\left(\boldsymbol{\phi}^\wedge\right)\boldsymbol{p}}{\delta\boldsymbol{\phi}} \\
&= \lim_{\delta\boldsymbol{\phi}\to 0}\frac{\left(\boldsymbol{J}_l\delta\boldsymbol{\phi}\right)^\wedge\exp\left(\boldsymbol{\phi}^\wedge\right)\boldsymbol{p}}{\delta\boldsymbol{\phi}} = -\lim_{\delta\boldsymbol{\phi}\to 0}\frac{\left(\exp\left(\boldsymbol{\phi}^\wedge\right)\boldsymbol{p}\right)^\wedge\boldsymbol{J}_l\delta\boldsymbol{\phi}}{\delta\boldsymbol{\phi}} = -(\boldsymbol{Rp})^\wedge\boldsymbol{J}_l
\end{aligned}
\tag{2.66}
$$

至此，可以得到经旋转矩阵 $\boldsymbol{R}$ 旋转后的点 $\boldsymbol{p}'$ 相对于李代数 $\boldsymbol{\phi}\in\mathrm{so}(3)$ 的雅可比为

$$
\frac{\partial\boldsymbol{p}'}{\partial\boldsymbol{\phi}} = -(\boldsymbol{Rp})^\wedge\boldsymbol{J}_l \tag{2.67}
$$

从式(2.67)中可以看出 $\boldsymbol{p}'$ 相对于李代数 $\boldsymbol{\phi}\in\mathrm{so}(3)$ 的雅可比含有 SO(3) 的左雅可比 $\boldsymbol{J}_l$，而在 $|\boldsymbol{\phi}|$ 趋于 0 时，$\boldsymbol{J}_l$ 会导致式(2.67)出现奇异。因此，在实际应用中通常采用李代数扰动模型来消除 $\boldsymbol{J}_l$ 奇异在优化问题求解中的影响。

扰动模型是对 $\boldsymbol{R}$ 进行一次扰动 $\Delta\boldsymbol{R}$。这个扰动可以乘在左边也可以乘在右边，最后结果会有微小的差异。以左扰动为例，设左扰动 $\Delta\boldsymbol{R}$ 对应的李代数为 $\delta\boldsymbol{\phi}$，即

$$
\Delta\boldsymbol{R} = \exp(\delta\boldsymbol{\phi}^\wedge) \tag{2.68}
$$

旋转之后点 $\boldsymbol{p}'$ 的坐标相对于李代数 $\delta\boldsymbol{\phi}\in\mathrm{so}(3)$ 的雅可比，记为

$$
\frac{\partial\boldsymbol{p}'}{\partial\delta\boldsymbol{\phi}} = \frac{\partial(\boldsymbol{Rp})}{\partial\delta\boldsymbol{\phi}} = \lim_{\delta\boldsymbol{\phi}\to 0}\frac{\exp\left(\delta\boldsymbol{\phi}^\wedge\right)\exp\left(\boldsymbol{\phi}^\wedge\right)\boldsymbol{p}-\exp\left(\boldsymbol{\phi}^\wedge\right)\boldsymbol{p}}{\delta\boldsymbol{\phi}} \tag{2.69}
$$

对式(2.69)中的 $\exp\left(\delta\boldsymbol{\phi}^\wedge\right)$ 进行一阶泰勒展开，可得

$$
\begin{aligned}
\frac{\partial\boldsymbol{p}'}{\partial\delta\boldsymbol{\phi}} &= \lim_{\delta\boldsymbol{\phi}\to 0}\frac{\exp\left(\delta\boldsymbol{\phi}^\wedge\right)\exp\left(\boldsymbol{\phi}^\wedge\right)\boldsymbol{p}-\exp\left(\boldsymbol{\phi}^\wedge\right)\boldsymbol{p}}{\delta\boldsymbol{\phi}} \\
&= \lim_{\delta\boldsymbol{\phi}\to 0}\frac{\left(\boldsymbol{I}+\delta\boldsymbol{\phi}^\wedge\right)\exp\left(\boldsymbol{\phi}^\wedge\right)\boldsymbol{p}-\exp\left(\boldsymbol{\phi}^\wedge\right)\boldsymbol{p}}{\delta\boldsymbol{\phi}} \\
&= \lim_{\delta\boldsymbol{\phi}\to 0}\frac{\delta\boldsymbol{\phi}^\wedge\exp\left(\boldsymbol{\phi}^\wedge\right)\boldsymbol{p}}{\delta\boldsymbol{\phi}} = -\lim_{\delta\boldsymbol{\phi}\to 0}\frac{\left(\exp\left(\boldsymbol{\phi}^\wedge\right)\boldsymbol{p}\right)^\wedge\delta\boldsymbol{\phi}}{\delta\boldsymbol{\phi}} = -\left(\boldsymbol{Rp}\right)^\wedge
\end{aligned}
\tag{2.70}
$$

可见，式(2.70)中的扰动模型相比于式(2.66)直接对李代数求雅可比，省去了SO(3)左雅可比$\boldsymbol{J}_l$的计算。值得注意的是，在求解优化问题的过程中，采用李代数扰动模型可以求解李代数扰动量$\delta\boldsymbol{\phi}\in \mathrm{so}(3)$，利用李代数扰动量$\delta\boldsymbol{\phi}$与旋转矩阵的左扰动$\Delta\boldsymbol{R}$的指数映射关系，更新旋转矩阵，即

$$\boldsymbol{R}=\exp(\delta\boldsymbol{\phi}^{\wedge})\breve{\boldsymbol{R}} \tag{2.71}$$

式中，$\breve{\boldsymbol{R}}$表示旋转矩阵的优化初值。通过式(2.71)的不断迭代，即可实现对无人机旋转矩阵的迭代更新求解。

2. 关于李代数se(3)的雅可比

最后给出SE(3)上的扰动模型，而直接李代数上的求导就不再介绍。假设某空间点$\boldsymbol{p}$经过一次变换$\boldsymbol{T}\in \mathrm{SE}(3)$（对应李代数为$\boldsymbol{\xi}\in \mathrm{se}(3)$），得到$\boldsymbol{Tp}$。现在，将$\boldsymbol{T}$左乘一个扰动$\Delta\boldsymbol{T}=\exp\left(\delta\boldsymbol{\xi}^{\wedge}\right)$，设扰动项的李代数为$\delta\boldsymbol{\xi}=[\delta\boldsymbol{\rho},\delta\boldsymbol{\phi}]^{\mathrm{T}}$，那么

$$\begin{aligned}
\frac{\partial(\boldsymbol{Tp})}{\partial\delta\boldsymbol{\xi}}&=\lim_{\delta\boldsymbol{\xi}\to\boldsymbol{0}}\frac{\exp\left(\delta\boldsymbol{\xi}^{\wedge}\right)\exp\left(\boldsymbol{\xi}^{\wedge}\right)\boldsymbol{p}-\exp\left(\boldsymbol{\xi}^{\wedge}\right)\boldsymbol{p}}{\delta\boldsymbol{\xi}}\\
&\approx\lim_{\delta\boldsymbol{\xi}\to\boldsymbol{0}}\frac{\left(\boldsymbol{I}+\delta\boldsymbol{\xi}^{\wedge}\right)\exp\left(\boldsymbol{\xi}^{\wedge}\right)\boldsymbol{p}-\exp\left(\boldsymbol{\xi}^{\wedge}\right)\boldsymbol{p}}{\delta\boldsymbol{\xi}}\\
&=\lim_{\delta\boldsymbol{\xi}\to\boldsymbol{0}}\frac{\delta\boldsymbol{\xi}^{\wedge}\exp\left(\boldsymbol{\xi}^{\wedge}\right)\boldsymbol{p}}{\delta\boldsymbol{\xi}}\\
&=\lim_{\delta\boldsymbol{\xi}\to\boldsymbol{0}}\frac{\begin{bmatrix}\delta\boldsymbol{\phi}^{\wedge} & \delta\boldsymbol{\rho}\\ \boldsymbol{0} & 0\end{bmatrix}\begin{bmatrix}\boldsymbol{Rp}+\boldsymbol{t}\\ 1\end{bmatrix}}{\delta\boldsymbol{\xi}}\\
&=\lim_{\delta\boldsymbol{\xi}\to\boldsymbol{0}}\frac{\begin{bmatrix}\delta\boldsymbol{\phi}^{\wedge}(\boldsymbol{Rp}+\boldsymbol{t})+\delta\boldsymbol{\rho}\\ 0\end{bmatrix}}{\delta\boldsymbol{\xi}}=\begin{bmatrix}\boldsymbol{I} & -(\boldsymbol{Rp}+\boldsymbol{t})^{\wedge}\\ \boldsymbol{0} & 0\end{bmatrix}\stackrel{\mathrm{def}}{=\!=}(\boldsymbol{Tp})^{\odot}
\end{aligned} \tag{2.72}$$

把最后的结果定义成一个运算符$\odot$，它把一个齐次坐标的空间点变换成一个4×6的矩阵。

至此，我们给出了空间中的三维变换相对于李代数扰动的雅可比，读者可以根据式(2.70)计算三维旋转相对于李代数so(3)扰动的雅可比，根据式(2.72)计算空间三维变换相对于李代数se(3)扰动的雅可比，这将用于支撑未来无人机自主导航与运动规划问题的优化求解。

2.4 本 章 小 结

无人机相关坐标系的定义与坐标系间的旋转关系是研究无人机自主导航问题的基础，起着至关重要的作用。本章首先描述了拒止环境下无人机自主感知与运动规划技术相关的四个常用坐标系，即参考坐标系、机体坐标系、相机坐标系、激光雷达坐标系；然后介绍了坐标系间的旋转变换关系；最后，介绍了李群和李代数的基本定义与性质，给出了李群与李代数间的相互转换关系，并针对无人机自主导航与运动规划问题的优化求解推导了空间中的三维变换相对于李代数扰动的雅可比，为后续章节提供了重要的理论支撑。

参 考 文 献

[1] Rehder J, Nikolic J, Schneider T, et al. Extending Kalibr: Calibrating the extrinsics of multiple IMUs and of individual axes. IEEE International Conference on Robotics and Automation, Stockholm, 2016: 4304-4311.

[2] Lv J J, Xu J H, Hu K W, et al. Targetless calibration of LiDAR-IMU system based on continuous-time batch estimation. IEEE/RSJ International Conference on Intelligent Robots and Systems, Las Vegas, 2020: 9968-9975.

[3] Barfoot T, Forbes J R, Furgale P T. Pose estimation using linearized rotations and quaternion algebra. Acta Astronautica, 2011, 68(1-2): 101-112.

[4] Barfoot T D. State Estimation for Robotics. Cambridge: Cambridge University Press, 2017.

[5] 高翔, 张涛, 刘毅. 视觉 SLAM 十四讲: 从理论到实践. 北京: 电子工业出版社, 2017.

[6] Stillwell J. Naive Lie Theory. New York: Springer, 2008.

[7] Chirikjian G S. Stochastic Models, Information Theory, and Lie Groups, Volume 1: Classical Results and Geometric Methods. Boston: Birkhäuser, 2009.

第 3 章　基于视觉的无人机自主导航方法

随着无人机相关技术的快速发展，自主无人机已初步具备自主飞行并完成相应任务的能力。无人机自主飞行过程中高度依赖稳定、实时的自主导航，而在一些特殊的任务场景，如楼宇、森林及地下空间，GNSS 难以有效可靠的应用。因此，通过机载传感器实现自主导航的技术近年来获得了长足的发展，基于视觉和 IMU 的无人机自主状态估计逐渐成为自主导航领域中的一个主流研究方向。在实际应用中，基于视觉的无人机自主导航方法由前端图像处理与后端状态估计组成。其中，前端图像处理用于提取图像中有代表性的颜色特征或纹理特征，将不能直接用于状态估计的原始图像转化为具有几何匹配关系的特征用于后端求解。后端求解通过处理传感器信息，实现对无人机的状态估计。本章以实现基于视觉的无人机自主导航为目的，介绍视觉以及 IMU 传感器测量原理，描述前端特征提取方法，并分别设计基于滤波后端与基于优化后端的视觉导航，用于支撑无人机在导航拒止环境下的自主飞行。

本章的主要内容安排如下：3.1 节介绍视觉自主导航的研究现状，设计基于视觉的无人机自主导航方法结构；3.2 节介绍相机与 IMU 传感器模型及误差补偿方法；3.3 节描述基于视觉的无人机自主导航前端特征提取、匹配以及特征点深度恢复方法；3.4 节设计基于滤波后端的无人机自主导航方法；3.5 节设计基于优化后端的无人机自主导航方法；3.6 节为基于视觉的无人机自主导航方法实验验证；3.7 节给出本章小结。

3.1　概　　述

在实际任务执行过程中，需要小型无人机在先验未知复杂环境下具备自主飞行能力。然而，在仅搭载轻量化传感器的场景下，无人机实现自主导航仍存在困难。近年来，基于视觉的无人机自主导航方法受到了国内外学者的广泛关注。

3.1.1　相关工作

文献[1]提出的大范围直接单目同时定位与建图(large-scale direct monocular simultaneous localization and mapping, LSD-SLAM)方法中，Engel 等[2]通过权值高斯-牛顿迭代方法最小化光度值误差，直接处理原始图像像素灰度变化，实现对相机运动轨迹的估计。为了降低计算量，Engel 等进一步提出直接稀疏里程计(direct sparse odometry，DSO）对图像中平滑变化的点均匀采样，并将最小化光度误差与模型参数的一致优化相结合，在实时性、鲁棒性方面都有了较大提升。然而，此类基于直接处理像素的方法计算量较大且对图像灰度具有严格要求。因此，基于特征的方法由于运行稳定、计算复杂度低等原因，成为目前基于视觉的无人机自主导航主流方法。基于特征的方法根据后端优化方法不同，划分为基于优化的方法与基于滤波的方法。文献[3]首先提出了一种可以在移动机器人上实现特征实时提取，并利用拓展卡尔曼滤波作为后端求解实现位姿估计与导航的 SLAM 方法。为了克服卡尔曼滤波由线性化产生的精度问题，Klein 等[4]提出了利用非线性优化代替滤波器，通过联合多个相机帧的位姿迭代求解以提高精度。Mur-Artal 等[5]对该方法进行了改进，使用具有旋转不变性及尺度不变性的描述子，为前端提供了良好的匹配性能，并加入了回环检测模块保证系统的全局一致性，从而实现高精度的位姿估计。然而，上述仅通过视觉观测求解无人机位姿的视觉方案受相机本身性能影响，无法在高速运动或亮度变化明显时提供鲁棒的位姿估计信息，而小型无人机在楼宇、树林环境自主飞行时难以避免此类情况发生。因此，通常将视觉传感器与机载 IMU 融合，提高位姿估计精度与鲁棒性。Bloesch 等[6]选用 IEKF 方法将视觉与 IMU 融合，在更新阶段选择使用像素块匹配的光度误差作为观测方程，实现了基于机载计算器的自主导航。随后，Sun 等[7]利用 MSCKF 算法[8]，实现了双目相机与 IMU 融合的无人机状态估计。Leutenegger 等[9]提出了基于优化的紧耦合视觉惯性导航框架，在优化框架内将 IMU 融入视觉测量作为整体非线性优化方程进行优化，一定程度上提升了自主导航的鲁棒性。Qin 等[10,11]同样提出了用于视觉惯性系统的实时 SLAM 算法，使用 BA 技术提供高精度的视觉惯性导航，具有高效的 IMU 预积分、偏差校正、在线外参校准、故障检测和恢复、闭环检测、全局姿态图优化、地图合并等功能，为无人机状态估计提供了相对完整的解决方案。

3.1.2　基于视觉的无人机自主导航方法结构设计

从对近期相关工作的分析可知，基于视觉的无人机自主导航方法可以分为根据图像像素信息计算相机位姿的直接法以及提取图像特征并根据特征信息进行位姿估计的特征法。考虑到无人机导航系统需要具备不同场景的适应能力与鲁棒性，而直接法对光照情况、图像质量要求都较高，难以满足这一要求。因此，本章重点描述基于视觉特征的无人机自主导航方法设计过程。基于视觉特征的无人机自主导航由前端图像处理过程与后端自主定位过程两部分构成，其结构设计如图 3.1 所示。

基于视觉的无人机自主导航方法前端包括图像特征提取、图像特征匹配、特征点深度恢复与 IMU 数据预处理四部分。针对相机与 IMU 输入的原始数据，首

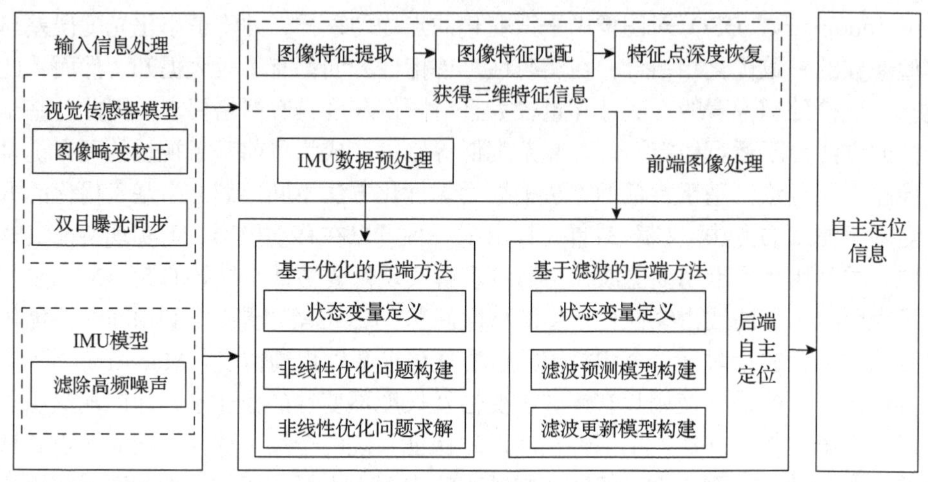

图 3.1　基于视觉的无人机自主导航方法结构图

先介绍相机模型、IMU，并对数据中的畸变与噪声进行处理；然后，根据图像中像素点灰度梯度，在去畸变后的图像中进行特征提取；提取出多帧特征点后，在不同帧之间进行特征点匹配，并根据匹配结果将同一特征点深度恢复到三维空间中。基于视觉的无人机自主导航后端包括基于滤波的后端和基于优化的后端两种。基于滤波的后端方法包括状态变量定义、滤波预测模型构建、滤波更新模型构建等步骤。为了确保线性化准确性，首先定义真实值与标称值间的误差值为滤波模型状态变量，然后基于 IMU 状态预测模型与相关协方差矩阵，构建关于状态变量的滤波预测模型，通过视觉测量残差定义滤波更新模型，迭代实现无人机自主导航。基于优化的后端方法包括状态变量定义、非线性优化问题构建、非线性优化问题求解等步骤。首先将滑窗内的多个状态定义为待优化向量，然后分别定义优化方程与约束，最后采用高斯-牛顿法迭代获得优化方程最优解，求得误差最小的状态。

3.1.3　问题描述

基于视觉的无人机自主导航方法，通常利用视觉提供的图像信息组成滑窗中的多帧约束，结合 BA 技术实现对无人机的自主导航。如图 3.2 所示，对空间中某一固定特征点 ${}^{W}\boldsymbol{P}_j$，假设无人机在第 t_{k-1}、第 t_k 与第 t_{k+1} 时刻均观测到该特征点。理想状态下，从其中任意时刻的相机位姿 $\boldsymbol{T}$ 发射出来，并经过图像中 ${}^{W}\boldsymbol{P}_j$ 对应的像素后的光线都将交于这一特征点。然而，在无人机飞行过程中，由于噪声与畸变等存在，三维恢复后的特征点位置 ${}^{W}\boldsymbol{P}_j$ 和估计的相机位姿 $\boldsymbol{T}$ 均存在误差。因此，通过相机位姿 $\boldsymbol{T}$ 将特征点 ${}^{W}\boldsymbol{P}_j$ 投影至相机坐标系的结果通常与特征点 ${}^{W}\boldsymbol{P}_j$ 在相机坐标系中实际观测到的位置不同，两者间的误差即视觉重投影误差。采用 BA 技术同时优化多个特征点与相机位姿，最小化重投影误差，以保证相机位姿与特征点位置接近理想真值。

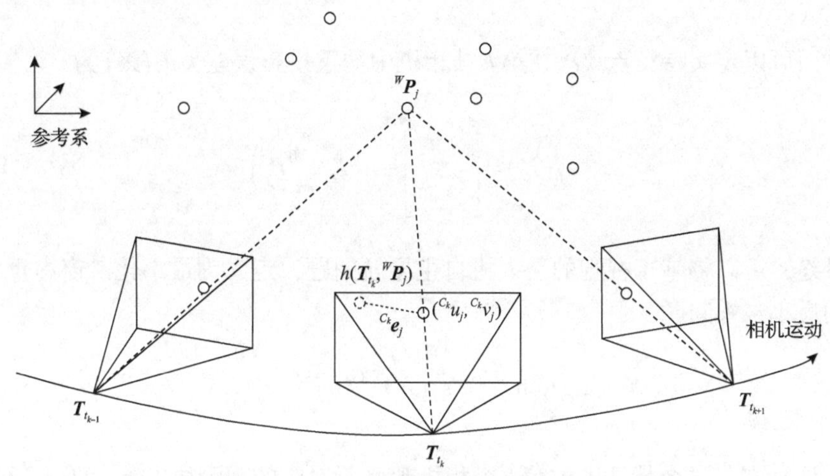

图 3.2　光束平差法示意图

首先，定义无人机 t_k 时刻相对参考坐标系的位姿变换矩阵 $\boldsymbol{T}_{t_k}$ 为

$$\boldsymbol{T}_{t_k} = \begin{bmatrix} \boldsymbol{R}_{t_k} & \boldsymbol{t}_{t_k} \\ \boldsymbol{0} & 1 \end{bmatrix} \tag{3.1}$$

式中，$\boldsymbol{t}_{t_k}$ 为机体坐标系 b 到参考坐标系 W 的平移；$\boldsymbol{R}_{t_k} \in \mathrm{SO}(3)$ 为机体坐标系 b 到参考坐标系 W 的旋转矩阵。

定义无人机在运动过程中观测到的第 j 个视觉特征点在参考坐标系为 ${}^{W}\boldsymbol{P}_j$。待估计的状态定义为

$$\boldsymbol{X} = [\boldsymbol{T}_1, \cdots, \boldsymbol{T}_n, {}^{W}\boldsymbol{P}_1, \cdots, {}^{W}\boldsymbol{P}_m] \tag{3.2}$$

对于空间中的第 $j\,(j=1,\cdots,m)$ 个特征点，其在第 $k\,(k=1,\cdots,n)$ 帧相机中的像素坐标为 $\left({}^{C_k}u_j, {}^{C_k}v_j\right)$。进一步，定义关于像素坐标为 $\left({}^{C_k}u_j, {}^{C_k}v_j\right)$ 的观测模型为

$$\begin{bmatrix} {}^{C_k}\hat{u}_j \\ {}^{C_k}\hat{v}_j \end{bmatrix} = h\left(\boldsymbol{T}_{t_k}, {}^{W}\boldsymbol{P}_j\right) + \boldsymbol{n}_h \tag{3.3}$$

式中，$\boldsymbol{n}_h$ 为服从高斯分布的观测噪声；$h\left(\boldsymbol{T}_{t_k}, {}^{W}\boldsymbol{P}_j\right)$ 为将参考坐标系下的特征点 $\boldsymbol{P}_j$ 投影至像素坐标的观测函数：

$$h\left(\boldsymbol{T}_{t_k}, {}^{W}\boldsymbol{P}_j\right) = \pi\left(\boldsymbol{R}_{t_k}^{\mathrm{T}}\left({}^{W}\boldsymbol{P}_j - \boldsymbol{t}_{t_k}\right)\right) \tag{3.4}$$

式中，$\pi(\cdot)$为相机投影函数，将三维特征点投影至二维像素平面，3.2.1 节将给出详细形式。

进而可以定义特征点 ${}^{W}\boldsymbol{P}_j$ 在第 k 帧相机中的重投影误差 ${}^{C_k}\boldsymbol{e}_j(\boldsymbol{X})$ 为

$${}^{C_k}\boldsymbol{e}_j(\boldsymbol{X}) = \begin{bmatrix} {}^{C_k}u_j \\ {}^{C_k}v_j \end{bmatrix} - h\left(\boldsymbol{T}_{t_k}, {}^{W}\boldsymbol{P}_j\right) \tag{3.5}$$

最终，可以将基于视觉的无人机自主导航问题，定义为最小化滑窗内重投影误差的最小二乘问题：

$$\hat{\boldsymbol{X}} = \arg\min_{\boldsymbol{X}} \sum {}^{C_k}\boldsymbol{e}_j(\boldsymbol{X})^{\mathrm{T}}\, {}^{C_k}\boldsymbol{\sigma}_j^{-1}\, {}^{C_k}\boldsymbol{e}_j(\boldsymbol{X}) \tag{3.6}$$

式中，${}^{C_k}\boldsymbol{\sigma}_j$ 是第 j 个特征点被第 k 个相机观测所对应的观测协方差矩阵。通过卡尔曼滤波或非线性优化算法，最小化式(3.6)中的重投影误差，即可实现对滑窗中相机位姿以及特征点空间位置的联合估计，从而实现无人机的自主导航。

3.2　传感器工作原理

基于视觉的无人机自主导航方法所使用的传感器为双目相机和 IMU。其中双目相机由两个针孔相机组成，IMU 包含陀螺仪和加速度计，可以测量三轴加速度和三轴角速度。

3.2.1　针孔相机模型与畸变校正方法

在计算机中，每一幅图像都由成千上万像素构成，而每一个像素都记录着亮度或者色彩的信息。一个在现实世界中的三维物体，通过发射或者反射光线，被相机内部的感光器件记录下来，得到一个个像素，最终就可以形成一幅图像。为了利用图像信息，显然需要将三维世界中的点映射到相机二维图像平面，这个过程用一个几何模型来描述，构建点与像素之间的对应关系。针孔相机模型就是其中最简单的一种模型，也在目前的视觉导航方法中被广泛应用，其成像原理为小孔成像。根据几何模型，构建三维空间中的点与图像像素之间的一一对应关系，推导出相机内参矩阵与对应的空间坐标到图像坐标的转换关系，这一转换关系即为针孔相机模型。由于实际光线映射到成像平面的位置时会产生畸变影响该模型准确性，需要考虑在模型中加入对原始图像的畸变校正，得到真实的转换关系[12]。

1. 针孔相机模型

图 3.3(a)展示了空间中一点 $\boldsymbol{P}$ 透过相机光心在针孔相机的成像平面上的成像过程。

为了更好地描述空间点和成像点，建立相机坐标系 $O_C x_C y_C z_C$ 和像素坐标系 Ouv。相机坐标系的 z 轴指向前方、x 轴指向右方、y 轴指向下方，原点为相机的光心，也就是针孔相机模型中的针孔。空间中的点通过光心投影到物理成像平面中，成为成像平面上的图像，像素坐标系的原点位于图像的左上角，u 轴向右与 x' 轴平行，v 轴向下与 y' 轴平行，如图 3.3(b)所示。

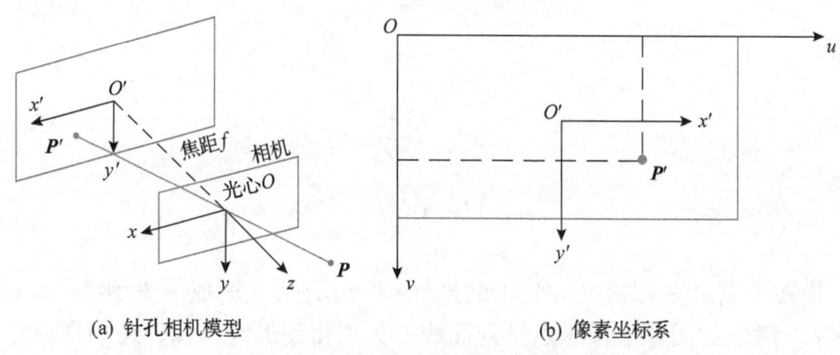

(a) 针孔相机模型　　(b) 像素坐标系

图 3.3　针孔相机模型和像素坐标系[12]

如图 3.4 所示，相机坐标系下的空间点 $\boldsymbol{P}$ 经过小孔 O 投影之后，落在物理成像平面 $O'x'y'$ 上，成像点为 $\boldsymbol{P}'$，设 $\boldsymbol{P} = [X, Y, Z]^{\mathrm{T}}$，$\boldsymbol{P}' = [X', Y']^{\mathrm{T}}$，焦距为 f，那么根据相似三角形关系，有

$$\frac{Z}{f} = -\frac{X}{X'} = -\frac{Y}{Y'} \tag{3.7}$$

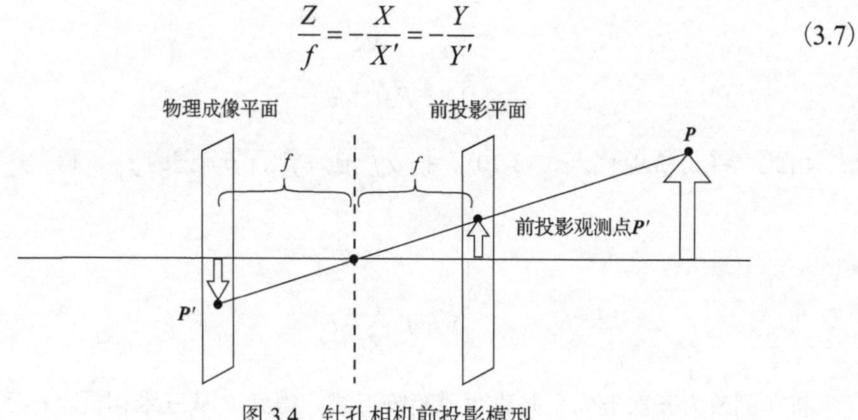

图 3.4　针孔相机前投影模型

负号表示成的像是倒立的。然而，大多数相机的图像都经过内部预处理，最终实际输出的图像为翻转后的正像。因此，为了便于理解，通过将成像平面对称到相机前方，可以建立另一种等效模型。这种模型称为相机前投影模型(frontal projection model)，图 3.4 描绘了在理想针孔相机中，被观测点 $\boldsymbol{P}$ 在前投影模型下与在物理成像平面下所成投影 $\boldsymbol{P}'$ 的不同。由于前投影平面除了翻转外，与像素坐标的关系和物理成像平面完全一致，下文基于前投影平面下的观测点 $\boldsymbol{P}'$ 继续推导相机模型。

注意此时前投影平面与光心的距离同样为焦距 f 。因此，采用前投影模型进行运算时，可以将式(3.7)中的负号去掉，即

$$\frac{Z}{f}=\frac{X}{X'}=\frac{Y}{Y'} \tag{3.8}$$

整理得

$$\begin{aligned} X' &= f\frac{X}{Z} \\ Y' &= f\frac{Y}{Z} \end{aligned} \tag{3.9}$$

式(3.9)描述了点 $\boldsymbol{P}$ 在相机坐标系中的坐标 (X,Y,Z) 与其所成像 $\boldsymbol{P}'$ 坐标 (X',Y') 之间的关系。考虑到图像由像素点排列而成，为了得到最终图像，还需在成像平面上对所成像进行采样和量化。如图 3.3(b)所示，像素坐标系与成像平面之间通常相差了一个缩放和一个原点的平移。因此，要得到相机坐标系中的实际点 $\boldsymbol{P}$ 在像素坐标系下的坐标，还需要先得到 $\boldsymbol{P}'$ 到像素坐标系的转换关系。

假设像素坐标系在 u 轴上缩放系数为 α ，在 v 轴上缩放系数为 β ，同时原点平移了 $\left[c_x,c_y\right]^{\mathrm{T}}$ 。那么 $\boldsymbol{P}'$ 坐标与像素坐标 (u,v) 的关系为

$$\begin{cases} u=\alpha X'+c_x \\ v=\beta Y'+c_y \end{cases} \tag{3.10}$$

由此，将式(3.9)代入式(3.10)，把 αf 记为 f_x ， βf 记为 f_y ，得

$$\begin{cases} u=f_x\dfrac{X}{Z}+c_x \\ v=f_y\dfrac{Y}{Z}+c_y \end{cases} \tag{3.11}$$

将左侧改为齐次坐标，并改写成矩阵形式，得到 $\boldsymbol{P}$ 从三维相机坐标系到图像

中像素坐标系的转换关系为

$$\begin{bmatrix} u \\ v \\ 1 \end{bmatrix} = \frac{1}{Z} \underbrace{\begin{bmatrix} f_x & 0 & c_x \\ 0 & f_y & c_y \\ 0 & 0 & 1 \end{bmatrix}}_{\text{内参矩阵}\boldsymbol{K}} \begin{bmatrix} X \\ Y \\ Z \end{bmatrix} = \frac{1}{Z} \boldsymbol{KP} \tag{3.12}$$

式(3.12)即为针孔相机模型，$\boldsymbol{K}$ 称为内参矩阵，可由相机出厂参数或者自行标定获得，包含了实际相机分别在水平和垂直像素中的焦距 f_x 和 f_y，以及图像原点相对于光轴交点的偏移量$\left(c_x, c_y\right)$。在后续章节中，默认相机内参矩阵 $\boldsymbol{K}$ 是已知的。若将$\dfrac{1}{Z}$与 $\boldsymbol{P}$ 合并，可得

$$\begin{bmatrix} u \\ v \\ 1 \end{bmatrix} = \boldsymbol{KP}_N, \quad \boldsymbol{P}_N = \begin{bmatrix} X/Z \\ Y/Z \\ 1 \end{bmatrix} \tag{3.13}$$

式中，$\boldsymbol{P}_N$ 可以看成一个二维的齐次坐标，称为归一化坐标。归一化坐标通常被看成距离光心深度 $Z=1$ 处的平面上的点，该平面又称为归一化平面。由式(3.12)可知归一化坐标左乘内参矩阵即可获得像素坐标，所以像素坐标(u,v)可以看成对归一化平面上的点进行量化测量的结果。归一化坐标可以保证与二维像素坐标$[u,v]^{\mathrm{T}}$对齐，同时简化计算量，在后续的三角测量、后端计算均有广泛应用。

此外，从针孔相机模型中可以更加清晰地观察到，式(3.12)将三维坐标转换成二维坐标，从而丢失了一个维度的信息。因此，不能用二维的像素坐标还原出三维坐标，即无法从单帧图像中获取图像的深度信息。从几何模型上来说，如果不知道实际世界中三维点的深度 Z，则该点可能位于像点与相机光心连线上的任意点处。

2. 畸变产生的原因及校正方法

为了获得好的成像效果，在工业相机的生产制作过程中，通常会在相机的前方加装透镜。透镜会对成像过程中光线的传播产生新的影响，也就是畸变。根据畸变产生的原因，可将其分为径向畸变与切向畸变。

1)径向畸变

由透镜自身形状对光线传播产生影响导致的畸变称为径向畸变。在针孔相机模型中，一条直线投影到像素平面上还是一条直线。然而，在实际拍摄的照片中，摄像机的透镜往往使得真实环境中的一条直线在图片中变成了曲线。越靠近图像

的边缘，这种现象越明显。由于实际加工制作的透镜往往是中心对称的，这使得不规则的畸变通常径向对称。透镜形状引起的径向畸变主要分为两大类，即桶形畸变和枕形畸变，如图 3.5 所示。

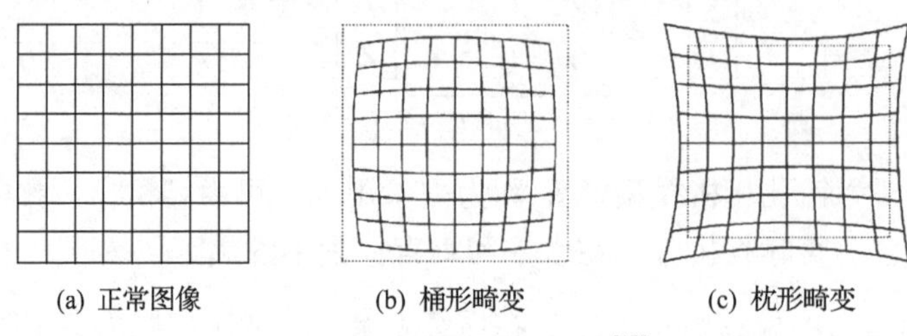

(a) 正常图像　(b) 桶形畸变　(c) 枕形畸变

图 3.5　径向畸变示意图[12]

桶形畸变是由于图像放大率随着与光轴距离的增加而减小，而枕形畸变却恰好相反。在这两种畸变中，仅有穿过图像中心且光轴有交点的直线能保持形状不变[12]。

平面上的任意一点 $\boldsymbol{p}$ 可以用笛卡儿坐标表示为 $[x,y]^{\mathrm{T}}$ ，也可以将它写成极坐标的形式 $[r,\theta]^{\mathrm{T}}$ ，其中 r 表示点 $\boldsymbol{p}$ 与坐标系原点的距离，θ 表示点 $\boldsymbol{p}$ 和水平轴的夹角。径向畸变可看成坐标点沿着长度方向发生了变化，也就是其距离原点的长度发生了变化。

对于径向畸变，无论是桶形畸变还是枕形畸变，由于它们都是随着与中心的距离增加而增加的。可以用一个多项式函数来描述畸变前后的坐标变化。这类畸变可以用与中心距离有关的二次及高次多项式函数进行表示[12]：

$$\begin{aligned} x_{\text{distorted}} &= x\left(1+k_1r^2+k_2r^4+k_3r^6\right) \\ y_{\text{distorted}} &= y\left(1+k_1r^2+k_2r^4+k_3r^6\right) \end{aligned} \tag{3.14}$$

式中，$[x,y]^{\mathrm{T}}$ 是理想情况下没有发生畸变时点的归一化坐标；$\left[x_{\text{distorted}},y_{\text{distorted}}\right]^{\mathrm{T}}$ 是发生畸变后点的归一化坐标。

2) 切向畸变

切向畸变由于透镜与成像平面不严格平行而产生。切向畸变可以使用参数 p_1、 p_2 表示[12]：

$$\begin{aligned} x_{\text{distorted}} &= x+2p_1xy+p_2\left(r^2+2x^2\right) \\ y_{\text{distorted}} &= y+p_1\left(r^2+2y^2\right)+2p_2xy \end{aligned} \tag{3.15}$$

3) 畸变校正

因此，联合式(3.14)和式(3.15)，对于相机坐标系中的点 $\boldsymbol{P}(X,Y,Z)$ ，能够利用畸变系数通过迭代求解，获得这个点在归一化平面上发生畸变前的位置。

(1)将图像中的像素点通过针孔相机模型反投影至归一化平面，得到其归一化坐标 $\boldsymbol{P}_0'$ 为

$$\boldsymbol{P}_0' = \begin{bmatrix} X/Z \\ Y/Z \\ 1 \end{bmatrix} = \boldsymbol{K}^{-1} \begin{bmatrix} u \\ v \\ 1 \end{bmatrix} \tag{3.16}$$

(2)对归一化平面上的点进行径向畸变和切向畸变纠正，得到 x 和 y 方向上的畸变为

$$\begin{cases} \Delta x_{\text{distorted}}^{i-1} = x\left(k_1 r^2 + k_2 r^4 + k_3 r^6\right) + 2p_1 xy + p_2\left(r^2 + 2x^2\right) \\ \Delta y_{\text{distorted}}^{i-1} = y\left(k_1 r^2 + k_2 r^4 + k_3 r^6\right) + p_1\left(r^2 + 2y^2\right) + 2p_2 xy \end{cases}, \quad i \in \mathbb{N}_+ \tag{3.17}$$

式中，i 表示迭代次数。

(3)将最初的归一化坐标 $\boldsymbol{P}_0'$ 减去畸变量，得到一个新的归一化坐标 $\boldsymbol{P}_i'$ 为

$$\boldsymbol{P}_i' = \boldsymbol{P}_0' - \begin{bmatrix} \Delta x_{\text{distorted}}^{i-1} \\ \Delta y_{\text{distorted}}^{i-1} \\ 0 \end{bmatrix}, \quad i \in \mathbb{N}_+ \tag{3.18}$$

(4)重复步骤(2)和步骤(3)，迭代数次，可近似得到未发生畸变时点的归一化坐标。

上述畸变校正模型基于全部五个畸变系数建立，实际应用中，可以根据需求灵活选择纠正模型。通常情况下，利用 k_1 和 k_2 两个系数即可纠正普通镜头的径向畸变，再加入 p_1 和 p_2 即可完成对切向畸变的纠正。面对畸变较大的镜头，如鱼眼镜头时，需考虑加入 k_3 对畸变进行纠正。

3.2.2　双目相机模型

针孔相机模型描述了单个相机的成像模型。然而，根据 3.2.1 节中得出的针孔相机模型，可以看出，仅根据一个点的像素坐标无法确定其在空间中的三维坐标。这是因为从相机光心到归一化平面连线上的所有点，都可以投影至该像素[12]。对于双目相机而言，这一深度信息可由双目相机深度恢复过程恢复。双目与单目相机的另一个区别在于图像产生时间需要一致，从而确保两相机图像匹配正确、深度恢复准确。因此，本节首先介绍双目相机像素深度恢复原理，然后简要介绍亮

度变化环境中的双目主动曝光自适应调整策略。

1. 双目相机像素深度恢复

双目相机一般由水平或者竖直放置的两个相机组成，主流双目一般为左右放置的两个相机，双目相机恢复像素深度的原理与人眼类似，人类可以根据左右眼看到的景物差异(或称视差)来判断物体与自身的距离。双目相机的原理亦是如此，通过同步采集左右相机的图像计算图像间视差，来估计每一个像素的深度。

假设双目相机由左目和右目两个水平放置的针孔相机组成。如图 3.6 所示，方框为左目相机和右目相机的前投影平面，f 为相机焦距(假设两相机焦距相同)，两个相机的光圈中心都位于 x 轴上，分别为 O_{Left} 和 O_{Right}，它们之间的距离称为双目相机的基线(baseline, 记作 b)，是双目相机的重要参数。考虑一个空间点 $\boldsymbol{P}$，它在左目和右目中各成一像，记作 $\boldsymbol{P}_{\text{Left}}(u_L, v_L)$、$\boldsymbol{P}_{\text{Right}}(u_R, v_R)$。理想情况下，由于左右相机只在 x 轴上有位移，因此 $\boldsymbol{P}_{\text{Left}}$ 与 $\boldsymbol{P}_{\text{Right}}$ 也只在 x 轴(对应图像的 u 轴)上有差异。根据图中坐标系定义，u_L 为正值，因此 O_{Left} 与 $\boldsymbol{P}_{\text{Left}}$ 在成像平面上的水平距离为 u_L。而 u_R 为负值，因此 O_{Right} 与 $\boldsymbol{P}_{\text{Right}}$ 在成像平面上的水平距离为 $-u_R$。最后，根据三角形 $\boldsymbol{P}\boldsymbol{P}_{\text{Left}}\boldsymbol{P}_{\text{Right}}$ 和 $\boldsymbol{P}O_{\text{Left}}O_{\text{Right}}$ 的相似关系，有

$$\frac{z-f}{z}=\frac{b-u_L+u_R}{b} \tag{3.19}$$

整理可得

$$z=\frac{fb}{d},\quad d=u_L-u_R \tag{3.20}$$

式中，d 为视差(disparity)。根据视差，即可估计像素的深度 z。从式(3.20)可以看出，由于视差最小为一个像素在成像平面上的距离，双目相机能够恢复的最大深度存在一个理论上界，由 fb 确定，即基线 b 越长，双目相机能够恢复的最大深度就越远。

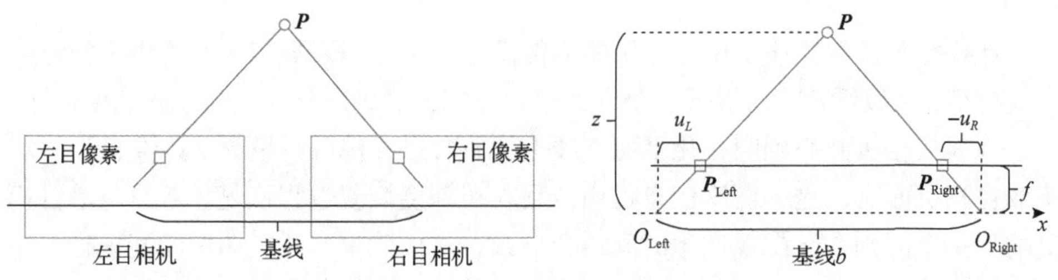

图 3.6 双目相机的成像模型[12]

2. 双目曝光自适应调整策略

基于双目视觉的无人机自主感知的精度与稳定性很大程度上依赖灰度不变假设。这一假设的核心思想是同一物体的图像在不同帧间灰度是固定不变的，因此可以通过灰度进行特征点匹配跟踪、无人机状态估计。灰度不变假设是一个强假设，实际过程中会受到多种因素的影响，如物体材质不同、光源位置不同和相机曝光改变等都会导致灰度变化。其中相机曝光改变导致的图像整体提亮或减暗会直接影响整个图片的灰度，导致运算效果不佳。因此，需要动态合理地调整曝光时间，保证图像灰度变化在可接受的范围内。然而仅采用自动曝光策略会导致双目曝光时间有所差异，引起左目与右目相机的图像产生时间不一致，产生像素匹配失误、深度恢复不准确等问题。

为了避免上述问题，需要设计双目相机的主动同步曝光策略，确保图像亮度稳定且左右目图像生成同步。这一策略通常选取一基准相机，根据灰度梯度确定曝光时间，并同时传递给左右目相机从而实现曝光时间相同，图像生成同步。具体过程如下。

选取左目相机作为基准相机，设计曝光策略，使左目相机在不同环境下产出的图像尽可能地满足灰度不变假设。此处选取软百分位数 M_{softperc}[13]作为曝光程度的评价标准，由文献[13]中推导可知，当该软百分位数最大时，图像曝光效果最好，细节保留最佳。该标准由每个像素的灰度梯度幅值 G_i 与对应权重 W_i 求得，如式(3.21)所示：

$$M_{\text{softperc}}(x) = \sum_{i \in [0,S]} W_i(x) \cdot G_i \tag{3.21}$$

式中，S 表示图像中所有的像素；x 表示灰度值梯度幅值从小到大的百分比(通常选取 0.5)。

由式(3.21)可以看出，为得出 M_{softperc} 需要分别求出每个像素对应的梯度幅值与对应权重。求解梯度幅值 G_i 的过程如下。

首先针对某一时刻图像中的每个像素 $i=(u,v)$，用 I 表示像素对应的灰度，计算灰度梯度：

$$\nabla I(i) = \left[\frac{\partial I}{\partial u}, \frac{\partial I}{\partial v}, \frac{\partial I}{\partial t}\right] \tag{3.22}$$

像素 i 的梯度幅值可以定义为

$$G_i = \left\|\nabla I(i)\right\|^2 \tag{3.23}$$

然后，对像素梯度幅值 G_i 按照升序排列，并求每个 i 对应的权重 W_i，其定义如式(3.24)所示：

$$W_i(x)=\begin{cases}\dfrac{1}{N}\sin\left(\dfrac{\pi}{2\lfloor xS\rfloor}i\right)^5, & i\leqslant\lfloor xS\rfloor\\ \dfrac{1}{N}\sin\left(\dfrac{\pi}{2}-\dfrac{\pi}{2\left(S-\lfloor xS\rfloor\right)}i\right)^5, & i>\lfloor xS\rfloor\end{cases}\tag{3.24}$$

式中，$\lfloor\cdot\rfloor$ 表示对 · 向下取整；N 用于将所有权重的和归一化。

将式(3.23)与式(3.24)代入式(3.21)中，可求得软百分位数关于图像像素灰度的表达，将其作为评价标准。该评价标准随着曝光时间的增加，曲线存在极大值，在极大值处图像的细节保留最佳。因此，为了保证曝光时间在极大值附近，定义曝光时间迭代公式为

$$\Delta t_{\text{next}}=\Delta t+\gamma\frac{\partial M_{\text{softperc}}}{\partial\Delta t}\tag{3.25}$$

式中，γ 是用于控制曝光时间变化的参数；软百分位数导数 $\dfrac{\partial M_{\text{softperc}}}{\partial\Delta t}$ 可表示为

$$\frac{\partial M_{\text{softperc}}}{\partial\Delta t}=\sum_{i\in[0,S]}W_i\frac{\partial G_i}{\partial\Delta t}\tag{3.26}$$

最终可根据式(3.25)求得下一帧图像曝光时间 Δt_{next} 为

$$\Delta t_{\text{next}}=\Delta t+\gamma\sum_{i\in[0,S]}W_i\frac{\partial G_i}{\partial\Delta t}\tag{3.27}$$

在实际使用过程中，假设左右目相机所处环境的光照变化基本一致，通常以左目相机为基准计算曝光时间 Δt_{next}，并将其同时传递给右目相机，保证双目相机在不同时刻生成的图像基本满足灰度不变假设，同时保证左右目相机的时间同步。值得注意的是，对于应用于无人机自主导航的双目相机而言，由于无人机飞行过程中上边缘和下边缘的位置通常为天空和地面，很难提取有效特征，通常选取图像中部像素用于计算曝光时间。

相机曝光变化如图 3.7 所示。图 3.7(a)为正常光照情况下的相机图像；图 3.7(b)为相机移动到高亮情况下，未自适应曝光产生的相机图像；图 3.7(c)为相机在高亮情况下自适应曝光产生的相机图像。通过对比图 3.7(b)与(c)可以看出，在相机从亮度较低环境移动到亮度较高环境后，如果不自适应调整曝光时间，则会导致

图像出现模糊、无效化现象，使得大部分特征难以被识别。而通过自主调节相机曝光时间，可以保证图像亮度维持在一定范围内，防止了图像过曝失效的情况发生。

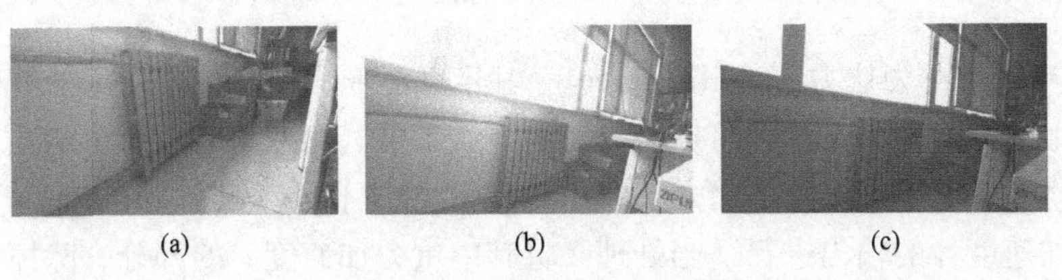

(a)　(b)　(c)

图 3.7　相机曝光变化示意图

3.2.3　惯性测量单元

在无人机运动过程中，仅依靠视觉传感器的导航方法受传感器频率影响，在高速运动下难以保证自主导航性能。而 IMU 能提供高频测量信息，可以补偿纯视觉导航方法难以处理高速运动、结果不够平滑的缺点。同时，IMU 具有良好的环境适应性，测量信号几乎没有异常值[14]，能增强视觉导航系统的鲁棒性。因此，视觉导航方法中加入 IMU，并通过视觉与 IMU 的数据融合，获得鲁棒性较好的效果。IMU 通常由三个单轴加速度传感器(加速度计)和三个单轴角速度传感器(陀螺仪)组成。其中的加速度计可以用来测量载体的线运动信息，陀螺仪可以用来测量载体的角运动信息。首先简要介绍加速度计和陀螺仪测量原理，然后给出 IMU 量测模型，最后对测量数据进行低通滤波处理以提高数据准确性。

1. 惯性测量单元传感器原理

1)加速度计[15]

加速度计用来测量载体的加速度，其简化模型可以等效为一个弹簧、质量块、阻尼系统，如图 3.8 所示。敏感轴 x 沿铅垂线向右，虚线方框表示基座无加速度时，质量块自由状态的位置，将此时质量块的质心 O_m 定义为位移 x 的原点。设基座具有沿 x 方向上的加速度 a，此时在惯性力的作用下，弹簧会发生弹性形变，产生的弹性力与变形方向相反，阻尼力与变形速率方向相反，根据牛顿第二定律对质量块可列方程为

$$m\left(\ddot{x}+a\right)=-D\dot{x}-cx+mg \tag{3.28}$$

式中，m、D、c 分别为质量块的质量、阻尼系数、弹簧弹性系数，该式在 x 轴上的投影形式为

$$m\ddot{x}+D\dot{x}+cx=-m\left(a+g\right) \tag{3.29}$$

对于常值加速度a，当质量块m运动达到稳态时，$\ddot{x}=\dot{x}=0$，所以有

$$a+g=-\frac{cx}{m}=\frac{F_e}{m}=f_s \tag{3.30}$$

式中，f_s通常称为比力(specific force)，其定义为作用在单位质量上的非引力外力。在上面的简化模型中，可通过弹簧的弹性系数、形变量和质量块的质量来测得。加速度计可以直接测得比力f_s，但是比力f_s并不只包含基座的加速度a，还需要对加速度计的输出进行适当处理，将其中重力加速度g的部分去除掉，才能获得基座真正的运动加速度a。因此，加速度计实际上应该称为比力计。

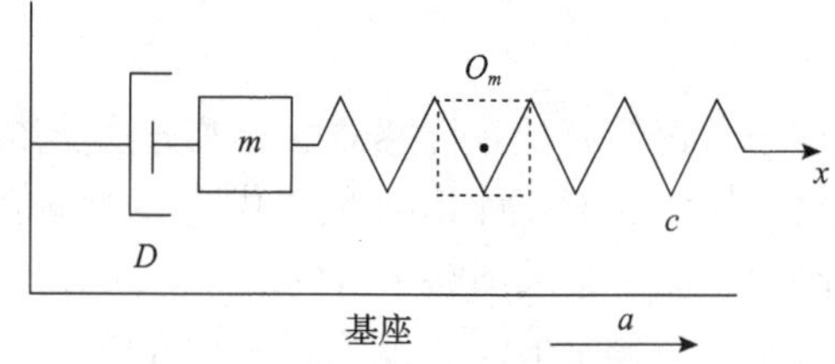

图 3.8　加速度计简化模型

2)微机电系统(micro electro mechanical system，MEMS)陀螺仪

陀螺仪用来测量载体的角速度，包括机械陀螺、激光陀螺、光纤陀螺和MEMS陀螺等类别。其中，MEMS陀螺仪具有体积小、功耗低等优点，被广泛搭载于无人机与传感器的IMU中。该陀螺仪内部包括一个质量块、驱动质量块运动的驱动部分与测量其运动状态的传感部分，通过测量质量块受到的科里奥利力实现对旋转角速度的测量。科里奥利力是对旋转体系中进行直线运动的物体由于惯性相对于旋转体系产生偏移的一种描述。MEMS陀螺仪内部通过施加交替电压，驱动质量块做振荡式往复运动，当陀螺仪相对惯性空间静止时，这一往复运动轨迹保持直线，当有角速度ω时，由于科里奥利力的影响，会产生科里奥利加速度，改变运动轨迹。通过测量科里奥利加速度a_c，即可推算得出施加的角速度ω为

$$\omega=\frac{2v_r}{a_c} \tag{3.31}$$

式中，v_r为质量块受驱动做往复运动的运动速度，由MEMS元件硬件给定。

2. 惯性测量单元量测模型

理想情况下，IMU包含三个正交、线性的加速度计和三个正交的陀螺仪，分别用于测量三个相互正交坐标轴的加速度和角速度。但在实际应用中，传感器零

位偏置及传感器测量噪声是无法避免的，因此定义 IMU 量测模型为

$$\begin{aligned}\hat{\boldsymbol{a}} &= \boldsymbol{a} + \boldsymbol{b}_a + \boldsymbol{R}^{\mathrm{T}}\boldsymbol{g} + \boldsymbol{n}_a \\ \hat{\boldsymbol{\omega}} &= \boldsymbol{\omega} + \boldsymbol{b}_g + \boldsymbol{n}_g\end{aligned} \tag{3.32}$$

式中，$\hat{\boldsymbol{a}}$ 与 $\hat{\boldsymbol{\omega}}$ 为 IMU 测量得到的三轴加速度和三轴角速度；$\boldsymbol{a}$ 和 $\boldsymbol{\omega}$ 为加速度与角速度的实际值；$\boldsymbol{b}_a$ 和 $\boldsymbol{b}_g$ 为加速度计偏置和陀螺仪偏置；$\boldsymbol{n}_a$ 与 $\boldsymbol{n}_g$ 为 IMU 测量噪声；$\boldsymbol{g}$ 为重力加速度；$\boldsymbol{R}$ 为从机体坐标系到参考坐标系的旋转矩阵。

值得注意的是，对惯性测量来说，所有的测量值都表示在传感器坐标下，而不是在参考坐标系下。由于视觉 SLAM 的运行场景一般比较小(重力变化不大)，速度相对较慢，运行时间也不会太长，且 MEMS IMU 元件一般精度低，无法感知地球自转。因此，常常假设运行区域水平面是个平面，重力矢量 $\boldsymbol{g}$ 为固定值，地球表面可作为参考坐标系。在这种假设情况下，IMU 量测模型给出的 $\boldsymbol{R}^{\mathrm{T}}\boldsymbol{g}$ 可直接设为定值。虽然对于更高精度的惯导系统[16]而言，该假设不再成立。然而考虑到小型无人机难以负载高质量的高精度惯导，本书中不对高精度惯性传感器展开介绍。

3. 高频噪声滤除

IMU 量测信息产生的噪声中存在高频噪声，为滤除其影响，预先输出 IMU 信号，利用无限脉冲响应(infinite impulse response, IIR)低通滤波器对该信号作滤波处理。IIR 低通滤波器的表达式为

$$y(n) = -\sum_{k=1}^{M} \kappa_{a,k} y(n-k) + \sum_{k=0}^{N} \kappa_{b,k} x(n-k) \tag{3.33}$$

式中，y 表示经过低通滤波器后的 IMU 数据；x 表示原始数据；M、N 分别表示向前搜寻数据个数；$\kappa_{a,k}$、$\kappa_{b,k}$ 为权重，调节数据重要性占比。M、N 设定过大会产生很大延迟，设定过小则滤波效果不明显。

3.3　基于视觉的无人机自主导航前端数据处理

无人机视觉导航前端通常用于处理相机得到的原始图像，将原始图像信息转换为三维空间中的特征点信息，提供给后端实现自主导航。关键技术由图像特征提取、图像特征匹配与特征点深度恢复三部分组成。在实际应用中，我们采用 Harris 角点检测方法实现图像特征提取，Lucas-Kanade(LK)光流金字塔跟踪方法实现特征匹配，三角测量法实现特征点深度恢复。

3.3.1 图像特征提取

为充分利用图像中的环境信息，通常对图像中具有代表性的颜色或纹理特征进行提取。这些具有代表性的特征可以是图像中角点、边缘线、区块等，这些选择出来的特征，需要在尽可能多的连续图像之间保持不变以便跟踪。之后在这些特征的基础上构建几何约束关系，求解位姿。通常情况下，角点相较于边缘线、区块等特征，在不同图像间具有更高的辨识度。因此，从图像中的角点出发介绍图像特征的提取方法。

1. Harris 角点

图像特征点通常由关键点和描述子构成，其中关键点通常表征特征点在图像中的坐标，部分关键点还含有大小、方向等信息；描述子表征关键点周围像素信息，用于特征点匹配，计算资源消耗较大。考虑到无人机机载计算资源有限，本书中不介绍描述子，而是以 Harris 角点[17]作为关键点表示特征点信息。

Harris 角点检测算法相对于加速分割测试特征[18](feature from accelerated segment test, FAST)等特征点具有精度高、具备旋转不变性的优势，同时该算法对图像灰度的仿射变化具有部分不变性，即对于图像灰度平移变化保持不变性，对于灰度尺度变化也保持不变性。图 3.9 为 Harris 角点的检测结果示意图，其中圈出的点为检测出的角点。可以看出，每个灰度变化较大的点均被准确检测。另外，Harris 角点计算量适中，特征提取与匹配速度相对于 Shi-Tomasi[19]、尺度不变特征转换[20](scale invariant feature transform, SIFT)、加速鲁棒特征[21](speeded-up robust feature, SURF)、快速方向与旋转描述子[22](oriented fast and rotated brief, ORB)等特征点更快，是一种计算时间及提取匹配精度相对平衡的特征点提取方法。

图 3.9　Harris 角点检测结果示意图

2. Harris 角点检测原理

Harris 角点的基本思想是图像上有一个像素矩形向多个方向滑动，如果像素矩形灰度没有变化，则认为窗口内不存在角点；如果像素矩形沿某一方向移动灰度变化很大，沿另一方向灰度变化不大，则认为像素矩形内图像为一条边；若像素矩形图像沿任何方向移动，灰度值均产生变化，则认为图像中存在角点。Harris 角点示意图如图 3.10 所示。

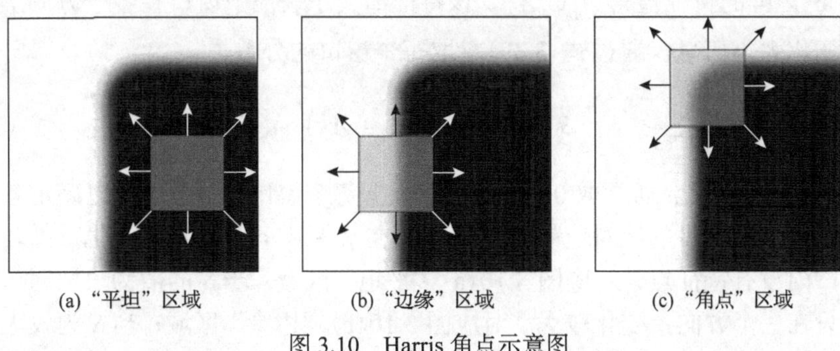

(a) “平坦”区域　(b) “边缘”区域　(c) “角点”区域

图 3.10　Harris 角点示意图

Harris 角点的选取方法是在图像上选取一个固定大小的像素矩形，将其平移 $(\mathrm{d}u,\mathrm{d}v)$，计算其产生灰度变化 $\Delta I(\mathrm{d}u,\mathrm{d}v)$：

$$\Delta I(\mathrm{d}u,\mathrm{d}v)=\sum_{x,y}w(x,y)[I(x+\mathrm{d}u,y+\mathrm{d}v)-I(x,y)]^2 \tag{3.34}$$

式中，$I(x,y)$ 为网格内 $[x,y]$ 像素的灰度值；$w(x,y)$ 为像素矩形内每一个像素灰度变化占总体灰度变化 $I(u,v)$ 的权重，定义为

$$w(x,y)=\mathrm{e}^{-\frac{x^2+y^2}{2\sigma^2}} \tag{3.35}$$

式中，σ 为像素矩形内灰度的协方差。

理想情况下，通过式(3.34)即可提取角点（$\Delta I(\mathrm{d}u,\mathrm{d}v)$ 非常大的点），但直接使用式(3.34)计算量过大。因此，对式(3.34)进行一阶泰勒展开来计算其近似值，其中移动后的灰度值可近似为

$$I(x+\mathrm{d}u,y+\mathrm{d}v)\approx I(x,y)+I_u\mathrm{d}u+I_v\mathrm{d}v \tag{3.36}$$

式中，I_u 为图像灰度在该像素点 u 方向的梯度；I_v 为图像灰度在该像素点 v 方向的梯度。

$$I_u = \frac{\partial I(x,y)}{\partial x}, \quad I_v = \frac{\partial I(x,y)}{\partial y} \tag{3.37}$$

将式(3.37)代入式(3.34)中计算 $\Delta I(\mathrm{d}u,\mathrm{d}v)$，整理可得

$$\Delta I(\mathrm{d}u,\mathrm{d}v) \approx [\mathrm{d}u \quad \mathrm{d}v]\begin{bmatrix} I_u^2 w & I_u I_v w \\ I_u I_v w & I_v^2 w \end{bmatrix}\begin{bmatrix} \mathrm{d}u \\ \mathrm{d}v \end{bmatrix} = [\mathrm{d}u \quad \mathrm{d}v]\boldsymbol{M}\begin{bmatrix} \mathrm{d}u \\ \mathrm{d}v \end{bmatrix} \tag{3.38}$$

设 $\boldsymbol{M}$ 矩阵的特征值为 Λ_1、Λ_2，该特征值大小表征了窗口在各个方向上运动时灰度变化大小信息。通过式(3.39)求取每个窗口的分数：

$$S = \Lambda_1 \Lambda_2 - k\left(\Lambda_1 + \Lambda_2\right)^2 \tag{3.39}$$

式中，k 是经验常数，通常取 0.04～0.06。根据每个窗口的分数，可以确定各个窗口是否是角点。当 S 的绝对值较小时，说明在水平和竖直方向的变化量都较小，像素窗口内没有特征点，对应图 3.10(a)“平坦”区域；当 S 的值为负数时，表明该窗口只在一个方向上变化较大，对应图 3.10(b)“边缘”区域；当 S 为较大的正值时，表明窗口内灰度在两个方向上都有较大变化，对应图 3.10(c)“角点”区域，即该像素窗口为特征点位置。

3.3.2　图像特征匹配

基于视觉导航需要将特征点投影到三维空间中建立特征点约束，而借助多个相机位姿进行特征点三维投影前，需要进行图像特征匹配。图像特征匹配旨在将两幅图像中具有相同或相似属性的特征点进行匹配，从而确定不同帧间哪些特征点是对同一物体进行观测的结果，如图 3.11 所示。这一过程用于为后续特征点深度恢复、无人机自主导航后端提供多帧对同一特征点的观测信息。图像特征匹配包括基于描述子的匹配方法与光流法，通常基于描述子的匹配方法耗费时间相对较长，因此本章采用光流法进行特征匹配以减少对计算资源的占用。

根据灰度不变假设，光流法认为同一个三维特征的灰度在各个视角中是一致的。因此，可通过求解像素在像素坐标系的移动速度，估算同一特征点在不同时刻生成的图像帧中所处的位置，然后在该位置附近搜索灰度相近的点，认为是同一特征点。具体求解过程如下。

假设图像上某像素点坐标为 (u,v)，经过时间 $\mathrm{d}t$ 运动到 $(u+\mathrm{d}u, v+\mathrm{d}v)$ 位置，根据灰度不变假设，其灰度值在短暂时间内不变，可得

$$I(u+\mathrm{d}u, v+\mathrm{d}v, t+\mathrm{d}t) = I(u,v,t) \tag{3.40}$$

同时，将变化后的灰度值进行泰勒展开得

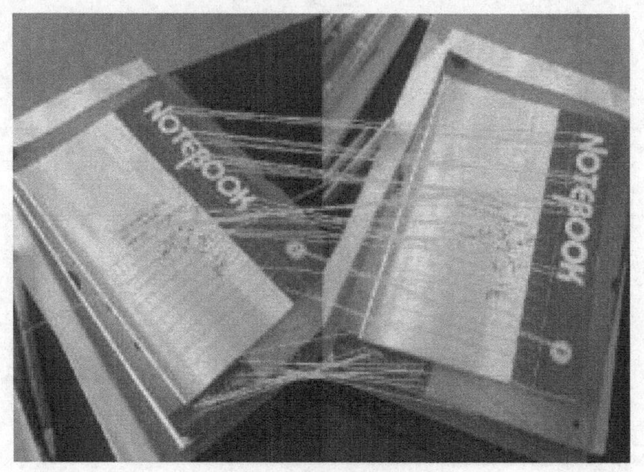

图 3.11 特征匹配示意图

$$I(u+\mathrm{d}u,v+\mathrm{d}v,t+\mathrm{d}t)\approx I(u,v,t)+\frac{\partial I}{\partial u}\mathrm{d}u+\frac{\partial I}{\partial v}\mathrm{d}v+\frac{\partial I}{\partial t}\mathrm{d}t \tag{3.41}$$

综合式(3.40)和式(3.41)，可以得到

$$\frac{\partial I}{\partial u}\mathrm{d}u+\frac{\partial I}{\partial v}\mathrm{d}v=-\frac{\partial I}{\partial t}\mathrm{d}t \tag{3.42}$$

左右同时除以时间微分算子 $\mathrm{d}t$，整理得

$$\frac{\partial I}{\partial u}\frac{\mathrm{d}u}{\mathrm{d}t}+\frac{\partial I}{\partial v}\frac{\mathrm{d}v}{\mathrm{d}t}=-\frac{\partial I}{\partial t} \tag{3.43}$$

用 I_u 表示当前像素灰度在 u 方向上的梯度，I_v 表示当前像素灰度在 v 方向上的梯度，I_t 表示图像灰度变化对时间的导数，该导数可通过不同帧的时间关系求得。将像素在图像上的移动速度 $\frac{\mathrm{d}u}{\mathrm{d}t}$ 和 $\frac{\mathrm{d}v}{\mathrm{d}t}$ 简记为 $\dot{u}$ 和 $\dot{v}$，写成矩阵形式得

$$\begin{bmatrix} I_u & I_v \end{bmatrix}\begin{bmatrix} \dot{u} \\ \dot{v} \end{bmatrix}=-I_t \tag{3.44}$$

光流法认为在一定范围内的像素以相同速度运动，即可以通过某一范围内的多组像素梯度构建求解运动速度的超定线性方程，如式(3.45)所示：

$$\begin{bmatrix} I_{u_1} & \cdots & I_{v_1} \\ \vdots & & \vdots \\ I_{u_k} & \cdots & I_{v_k} \end{bmatrix}\begin{bmatrix} \dot{u} \\ \dot{v} \end{bmatrix}=-\begin{bmatrix} I_{t_1} \\ \vdots \\ I_{t_k} \end{bmatrix} \tag{3.45}$$

令式中

$$\boldsymbol{A}=\begin{bmatrix} I_{u_1} & \cdots & I_{v_1} \\ \vdots & & \vdots \\ I_{u_k} & \cdots & I_{v_k} \end{bmatrix},\quad \boldsymbol{b}=\begin{bmatrix} I_{t_1} \\ \vdots \\ I_{t_k} \end{bmatrix} \tag{3.46}$$

则原方程转换为

$$\boldsymbol{A}\begin{bmatrix} \dot{u} \\ \dot{v} \end{bmatrix}=-\boldsymbol{b} \tag{3.47}$$

该问题的最小二乘解析解为

$$\begin{bmatrix} \dot{u} \\ \dot{v} \end{bmatrix}=-\left(\boldsymbol{A}^{\mathrm{T}}\boldsymbol{A}\right)^{-1}\boldsymbol{A}^{\mathrm{T}}\boldsymbol{b} \tag{3.48}$$

得到像素的移动速度之后，再利用图像之间的时间关系，可以估计出某一像素在其他图像上的像素坐标。此时，再比较两幅图像间像素坐标的灰度即可。若灰度相近，则可以认为两幅图像上不同像素坐标表示同一特征点。

具体匹配两帧特征点过程中，在无人机两帧之间运动幅度较大或者图像分辨率较大的情况下，小范围内匹配近似灰度可能难以匹配，而在大范围内匹配则会影响匹配速度与匹配准确率，因此使用 LK 光流金字塔跟踪方法[23]进行特征匹配，如图 3.12 所示。首先对图像进行 3～4 次下采样，先将下采样后的第一层图像前后帧图像上对应的特征点及其周围邻域进行上述标准的光流匹配，接着以上一层匹配的结果为初值向下迭代运行，在上一层匹配的结果附近再比较一次灰度信息，找出分辨率更高、更精确的特征点匹配结果。通过多次迭代，最终得到原像素图像中匹配结果。

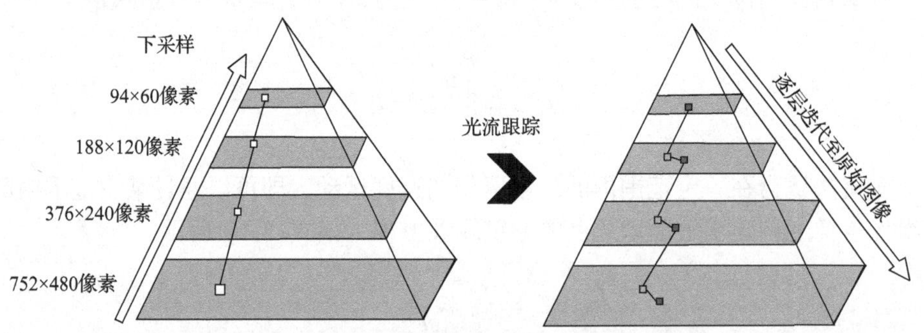

图 3.12　LK 光流金字塔跟踪方法匹配示意图

光流法只能完成图像与图像之间的特征点匹配，最终得到的是同一特征点在不同帧中的二维像素坐标。然而，基于视觉的无人机自主导航需要特征点在三维空间的投影，通过特征点在空间中与无人机的相对位置作为约束求解无人机位置姿态信息。因此，需要进一步对特征点像素坐标进行准确的深度恢复。

3.3.3 特征点深度恢复

直接采用双目相机模型进行深度恢复只能利用到一帧图像信息。为了充分利用多帧之间特征匹配的结果，增加同一特征点三维投影的准确性，此处采用多帧之间的三角测量技术实现特征点深度信息恢复。其基本原理如图 3.13 所示，根据在不同图像帧中的像素坐标和图像帧之间的相对位姿，通过几何变换确定该点距离。

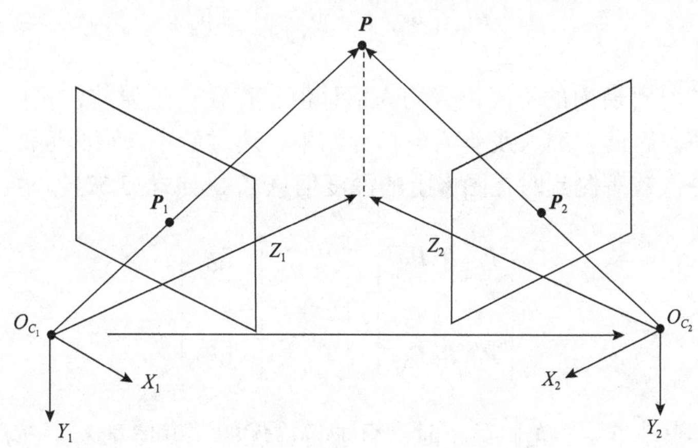

图 3.13　两帧图像三角测量

三角测量指的是在不同位置观察同一点，根据观测信息确定该点的距离。如图 3.13 所示，以两帧图像间的三角测量为例，相机在两个不同位置对空间中同一特征点 $\boldsymbol{P}$ 进行了观测，O_{C_1}、O_{C_2} 分别为相机光心，点 $\boldsymbol{P}$ 在两幅图像中的像素坐标为 $\boldsymbol{P}_1$、$\boldsymbol{P}_2$。假设点 $\boldsymbol{P}$ 在相机坐标系 $O_{C_1}x_{C_1}y_{C_1}z_{C_1}$ 下的坐标为 $[X_1,Y_1,Z_1]$，在相机坐标系 $O_{C_2}x_{C_2}y_{C_2}z_{C_2}$ 下的坐标为 $[X_2,Y_2,Z_2]$，则 $\boldsymbol{P}$ 在位置 1 和位置 2 两相机下的深度分别为 Z_1、Z_2，$\boldsymbol{R}$、$\boldsymbol{t}$ 为第一个位置到第二个位置的旋转矩阵和平移向量。令 $\boldsymbol{P}_1$、$\boldsymbol{P}_2$ 对应的归一化坐标分别为 $\boldsymbol{P}_{N_1}$、$\boldsymbol{P}_{N_2}$，根据对极几何[24]定义进一步可得

$$Z_2\boldsymbol{P}_{N_2} = Z_1\boldsymbol{R}\boldsymbol{P}_{N_1} + \boldsymbol{t} \tag{3.49}$$

在式(3.49)两边同乘反对称矩阵 $\boldsymbol{P}_{N_2}^{\wedge}$，可得

$$Z_2\boldsymbol{P}_{N_2}^{\wedge}\boldsymbol{P}_{N_2} = \boldsymbol{0} = Z_1\boldsymbol{P}_{N_2}^{\wedge}\boldsymbol{R}\boldsymbol{P}_{N_1} + \boldsymbol{P}_{N_2}^{\wedge}\boldsymbol{t} \tag{3.50}$$

通常，两帧图像之间相机的位姿变换$\boldsymbol{T}(\boldsymbol{R},\boldsymbol{t})$可通过 IMU 积分预测及后续位姿估计不断优化更新得到。因此，在进行深度恢复时，认为$\boldsymbol{R}$、$\boldsymbol{t}$为预先求出的先验信息。代入式(3.50)右式可直接求得Z_1，得到Z_1之后，进而可以求得Z_2。

式(3.50)说明了两帧图像之间的深度恢复过程，这一过程推广到多个不同帧间的深度恢复仍然适用。因此，依据无人机在不同位姿下对同一特征点产生的多个观测，可列写多个求解方程。令$\boldsymbol{R}_n$、$\boldsymbol{t}_n$表示从第一次观测特征点的相机位姿到第n次观测的相机位姿之间的坐标变换，联立可得

$$Z_1\begin{bmatrix}\boldsymbol{P}_{N_2}^{\wedge}\boldsymbol{R}_2\boldsymbol{P}_{N_1}\\ \vdots \\ \boldsymbol{P}_{N_n}^{\wedge}\boldsymbol{R}_n\boldsymbol{P}_{N_1}\end{bmatrix}+\begin{bmatrix}\boldsymbol{P}_{N_2}^{\wedge}\boldsymbol{t}_2\\ \vdots \\ \boldsymbol{P}_{N_n}^{\wedge}\boldsymbol{t}_n\end{bmatrix}=\begin{bmatrix}\boldsymbol{0}\\ \vdots \\ \boldsymbol{0}\end{bmatrix} \tag{3.51}$$

考虑到此时滑窗内的不同位姿均为估计值，存在一定误差，式(3.51)通常难以求得解析解。因此，加入残差项$\boldsymbol{b}_n$作为约束，通过最小二乘法近似求解空间三维特征点第一次被观测到时在图像上的深度信息Z_1，如式(3.52)所示：

$$Z_1\begin{bmatrix}\boldsymbol{P}_{N_2}^{\wedge}\boldsymbol{R}_2\boldsymbol{P}_{N_1}\\ \vdots \\ \boldsymbol{P}_{N_n}^{\wedge}\boldsymbol{R}_n\boldsymbol{P}_{N_1}\end{bmatrix}+\begin{bmatrix}\boldsymbol{P}_{N_2}^{\wedge}\boldsymbol{t}_2\\ \vdots \\ \boldsymbol{P}_{N_n}^{\wedge}\boldsymbol{t}_n\end{bmatrix}=\begin{bmatrix}\boldsymbol{b}_2\\ \vdots \\ \boldsymbol{b}_n\end{bmatrix} \tag{3.52}$$

当$\|\boldsymbol{b}_2\|^2+\|\boldsymbol{b}_3\|^2+\cdots+\|\boldsymbol{b}_n\|^2$最小时，可求得最优的深度信息$Z_1$。然后根据针孔相机模型$[u,v,1]^{\mathrm{T}}=\dfrac{1}{Z_1}\boldsymbol{K}\boldsymbol{P}_1$与第一次观测时的像素坐标，可得特征点在相机坐标系下的空间位置，如式(3.53)所示：

$$Z_1\boldsymbol{K}^{-1}\begin{bmatrix}u\\ v\\ 1\end{bmatrix}=\begin{bmatrix}X_1\\ Y_1\\ Z_1\end{bmatrix} \tag{3.53}$$

此时求得的是特征点$\boldsymbol{P}$在第一次观测到该特征点的相机坐标系下的三维空间位置，式(3.53)中的X_1、Y_1、Z_1为特征点$\boldsymbol{P}$在第一次观测到该特征点的相机坐标系下的三维坐标。考虑到多帧之间相机的相对位姿均为优化求解的已知量，可通过坐标变换得到特征点$\boldsymbol{P}$在不同相机坐标系下的三维位置用于计算，从而将特征点信息拓展到三维空间。利用式(3.53)对不同帧间完成匹配的所有特征点进行深度恢复处理，即可获得三维空间中的一组特征点信息，该信息是后续自主导航方法的重要前提条件。

3.4 基于滤波后端的无人机自主导航方法

在运动过程中,无人机通过传感器获取自身运动与外部环境信息的测量数据,然而数据往往包含噪声,无法根据传感器原始数据直接求得无人机自主导航信息。假设无人机状态与噪声均服从高斯分布，并人为设定其初始协方差，则可以利用包含噪声的传感器数据对状态量进行预测与更新，实现基于滤波的无人机自主导航。设计基于滤波后端的无人机自主导航方法结构如图 3.14 所示，卡尔曼滤波的状态量被定义为无人机位姿滑窗中估计值与真值之间的误差状态,分别以 IMU 测量数据与视觉传感器提供的视觉特征信息作为滤波预测模型与滤波更新模型的输入量。当没有视觉特征信息到来时，滤波预测模型利用 IMU 高频测量数据进行误差状态预测，并依据预测结果进行协方差矩阵传播，得到预测误差状态 $\tilde{\boldsymbol{x}}_{k+1|k}$ 与预测协方差矩阵 $\boldsymbol{\sigma}_{k+1|k}$。当新一帧视觉特征信息到来后，滤波更新模型将新一帧图像加入滑窗完成相机位姿增广，实现误差状态向量与协方差矩阵的增广。此后，借助滑窗的思路，当某些特征点在最新帧中不被观测到时，则引入对该特征点的观测信息构建视觉观测残差，完成视觉更新过程得到更新后的卡尔曼滤波增益 $\boldsymbol{K}_{k+1}$、无人机误差状态 $\tilde{\boldsymbol{x}}_{k+1}$ 及其对应的协方差矩阵 $\boldsymbol{\sigma}_{k+1}$。最终，根据无人机误差状态与预测状态，对无人机真实状态更新，实现无人机的自主导航。

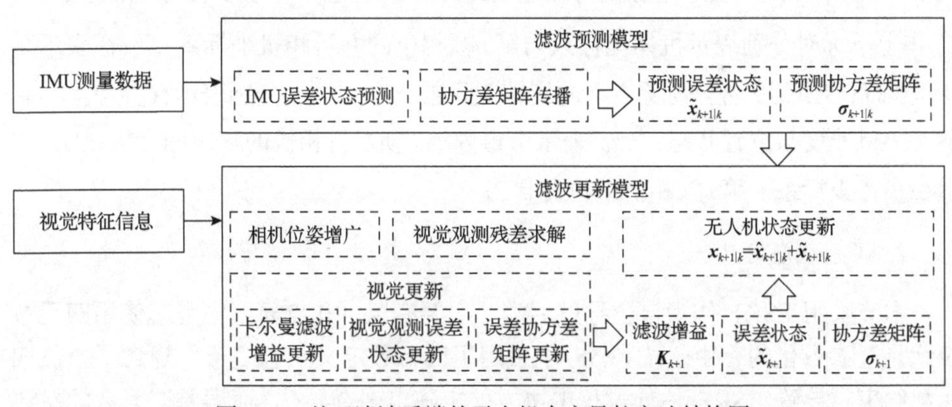

图 3.14 基于滤波后端的无人机自主导航方法结构图

3.4.1 状态变量定义

基于滤波后端的无人机自主导航中，需要构建一个滤波预测模型，通过 IMU 测得的加速度和陀螺仪数据(包含偏差和噪声)进行状态预测。由于 IMU 噪声与偏置的存在，这种状态预测会随着时间产生漂移，需要通过视觉测量等观测信息修正漂移。基于滤波后端的无人机自主导航方法将惯性运动中需要估计的状态作为状态向量，包含姿态四元数(Hamilton 类型)、速度、位置、加速度计偏置、陀螺仪偏置等。本节采用误差状态卡尔曼滤波(error state Kalman filter, ESKF)，将状态变量设置为估计状态和真实状态之间的误差状态，它们之间的关系为

$$\boldsymbol{x} = \hat{\boldsymbol{x}} + \tilde{\boldsymbol{x}} \tag{3.54}$$

式中，$\boldsymbol{x}$ 表示真实状态；$\hat{\boldsymbol{x}}$ 表示估计状态；$\tilde{\boldsymbol{x}}$ 表示误差状态。

1. 真实状态定义

定义 ESKF 的状态量为

$$\boldsymbol{x} = \left[\boldsymbol{x}_b^{\mathrm{T}}, \boldsymbol{x}_{C_1}^{\mathrm{T}}, \cdots, \boldsymbol{x}_{C_k}^{\mathrm{T}} \right]^{\mathrm{T}} \tag{3.55}$$

式中，$\boldsymbol{x}_{C_i}$ 表示滑窗内第 i 帧相机的左目位姿状态；$\boldsymbol{x}_b$ 表示 IMU 状态，表示为

$$\begin{aligned} \boldsymbol{x}_b &= \left[{}^{b}\boldsymbol{q}_W^{\mathrm{T}}, \boldsymbol{b}_g^{\mathrm{T}}, {}^{W}\boldsymbol{v}_b^{\mathrm{T}}, \boldsymbol{b}_a^{\mathrm{T}}, {}^{W}\boldsymbol{t}_b^{\mathrm{T}} \right]^{\mathrm{T}} \\ \boldsymbol{x}_{C_i} &= \left[{}^{C_i}\boldsymbol{q}_W^{\mathrm{T}}, {}^{W}\boldsymbol{t}_{C_i}^{\mathrm{T}} \right]^{\mathrm{T}}, \quad i = 1, \cdots, k \end{aligned} \tag{3.56}$$

式中，$\boldsymbol{b}_g$ 与 $\boldsymbol{b}_a$ 分别表示陀螺仪与加速度计产生的偏置；W 表示参考坐标系；b 、C_i 作上下标时分别表示机体坐标系与第 i 帧相机的左目相机坐标系；${}^{b}\boldsymbol{q}_W$ 表示从 W 坐标系转换到机体坐标系 b 下的旋转四元数；${}^{W}\boldsymbol{v}_b$ 、${}^{W}\boldsymbol{t}_b$ 分别表示在参考坐标系下无人机速度与位置状态；${}^{C_i}\boldsymbol{q}_W$ 表示滑窗内第 i 帧左目相机的姿态四元数；${}^{W}\boldsymbol{t}_{C_i}$ 表示在参考坐标系下第 i 帧相机的位置状态。

2. 误差状态定义

本节采用 ESKF 作为自主导航后端，主要有以下几点原因：姿态使用四元数表示是过参数化的，由于式(3.55)中采用了四元数定义状态变量，隐含了单位四元数约束，导致 ESKF 估计过程中协方差矩阵出现奇异[7]。而误差四元数的参数只有 3 个，与实际自由度一致；误差状态的均值为 0，线性化时更加准确；误差状态的值都比较小，可以直接忽略二阶展开。因此，无人机的误差状态定义为

$$\tilde{\boldsymbol{x}} = \left[\tilde{\boldsymbol{x}}_b^{\mathrm{T}}, \tilde{\boldsymbol{x}}_{C_1}^{\mathrm{T}}, \cdots, \tilde{\boldsymbol{x}}_{C_k}^{\mathrm{T}} \right]^{\mathrm{T}} \tag{3.57}$$

式中

$$\tilde{\boldsymbol{x}}_b = \left[{}^b\tilde{\boldsymbol{\theta}}_W^{\mathrm{T}}, \tilde{\boldsymbol{b}}_g^{\mathrm{T}}, {}^W\tilde{\boldsymbol{v}}_b^{\mathrm{T}}, \tilde{\boldsymbol{b}}_a^{\mathrm{T}}, {}^W\tilde{\boldsymbol{t}}_b^{\mathrm{T}} \right]^{\mathrm{T}}$$
$$\tilde{\boldsymbol{x}}_{C_i} = \left[{}^{C_i}\tilde{\boldsymbol{\theta}}_W^{\mathrm{T}}, {}^W\tilde{\boldsymbol{t}}_{C_i}^{\mathrm{T}} \right]^{\mathrm{T}}, \quad i = 1, \cdots, k \tag{3.58}$$

式中，$\tilde{\boldsymbol{x}}_b$ 为当前 IMU 的位姿误差状态；${}^b\tilde{\boldsymbol{\theta}}_W$ 为姿态四元数误差状态对应的李代数；${}^W\tilde{\boldsymbol{v}}_b$ 为无人机在参考坐标系下速度误差状态；${}^W\tilde{\boldsymbol{t}}_b$ 为无人机在参考坐标系下位置误差状态；$\tilde{\boldsymbol{b}}_a$ 和 $\tilde{\boldsymbol{b}}_g$ 分别为加速度计和陀螺仪偏置的误差状态；$\tilde{\boldsymbol{x}}_{C_i}$ 表示第 i 帧相机的位姿误差状态；${}^{C_i}\tilde{\boldsymbol{\theta}}_W$ 为第 i 帧相机的姿态四元数误差状态对应的李代数；${}^W\tilde{\boldsymbol{t}}_{C_i}$ 为参考坐标系下第 i 帧相机的位置误差状态。

值得一提的是，无人机中 IMU 与相机位置之间往往存在一定的偏移，称为外参 ${}^b\boldsymbol{x}_C$。在一些算法中，将这一外参信息作为滤波的状态量一并加以计算。然而考虑到这一操作对精度提升并不显著，并会带来额外运算量，本节中将外参设定为固定值，如式(3.59)所示：

$${}^b\boldsymbol{x}_C = \left[{}^b\boldsymbol{q}_C^{\mathrm{T}}, {}^b\boldsymbol{t}_C^{\mathrm{T}} \right]^{\mathrm{T}} \tag{3.59}$$

式中，${}^b\boldsymbol{q}_C$ 为相机到 IMU 的姿态旋转外参；${}^b\boldsymbol{t}_C$ 为相机到 IMU 的平移变换外参。

ESKF 中包含滤波预测模型与滤波更新模型。在本节介绍的方法中，滤波预测模型由 IMU 误差状态预测与误差协方差矩阵传播两部分组成，在每次输入 IMU 数据时触发。滤波更新模型在输入最新图像时触发，利用最新帧完成相机误差状态增广后，找出最新帧没有观测到的特征点，构建视觉观测残差作为 ESKF 的观测值。此后，进行卡尔曼滤波增益更新、视觉观测误差状态更新、误差协方差矩阵更新，完成视觉更新过程。最后，将估计的误差状态代入式(3.54)，将误差状态与真实状态加以联系，实现无人机的自主导航。以下将详细描述滤波预测模型与滤波更新模型。

3.4.2　滤波预测模型

由无人机误差状态定义(3.57)可知，无人机误差状态 $\tilde{\boldsymbol{x}}$ 由 IMU 误差状态 $\tilde{\boldsymbol{x}}_b$ 与相机误差状态 $\tilde{\boldsymbol{x}}_C$ 两部分组成。滤波预测模型包含误差状态预测模型与误差协方差矩阵传播模型两部分，分别用于预测误差状态 $\tilde{\boldsymbol{x}}$ 与误差状态相关协方差矩阵 $\boldsymbol{\sigma}$。

1. 误差状态预测模型

误差状态预测过程通过 IMU 测得的角速度与加速度信息预测 IMU 误差状态 $\tilde{\boldsymbol{x}}_{b_{k+1|k}}$，从而构成预测误差状态 $\tilde{\boldsymbol{x}}_{k+1|k}$。由无人机误差状态定义(3.57)可知，无人机的预测误差状态可以定义为

$$\tilde{\boldsymbol{x}}_{k+1|k}=\left[\tilde{\boldsymbol{x}}_{b_{k+1|k}}^{\mathrm{T}},\tilde{\boldsymbol{x}}_{C_1}^{\mathrm{T}},\cdots,\tilde{\boldsymbol{x}}_{C_k}^{\mathrm{T}}\right]^{\mathrm{T}} \tag{3.60}$$

从式(3.60)可以看出，误差状态预测过程即对 IMU 误差状态 $\tilde{\boldsymbol{x}}_b$ 的预测过程，无须对相机状态进行预测。

根据式(3.55)对 IMU 状态量 $\boldsymbol{x}_b$ 的定义，得到连续形式下 IMU 估计状态运动方程。此处为便于表述，略去了 IMU 估计状态中的上下角标：

$$\begin{aligned}
&\dot{\hat{\boldsymbol{q}}}=\frac{1}{2}\boldsymbol{\Omega}(\hat{\boldsymbol{\omega}}-\hat{\boldsymbol{b}}_g)\hat{\boldsymbol{q}}\\
&\dot{\hat{\boldsymbol{b}}}_g=\boldsymbol{0}_{3\times1}\\
&\dot{\hat{\boldsymbol{v}}}=\boldsymbol{R}(\hat{\boldsymbol{a}}-\hat{\boldsymbol{b}}_a)-\boldsymbol{g}\\
&\dot{\hat{\boldsymbol{b}}}_a=\boldsymbol{0}_{3\times1}\\
&\dot{\hat{\boldsymbol{t}}}=\hat{\boldsymbol{v}}
\end{aligned} \tag{3.61}$$

式中，$\boldsymbol{R}$ 为旋转矩阵，表示无人机相对于参考坐标系的旋转；$\hat{\boldsymbol{\omega}}$ 与 $\hat{\boldsymbol{a}}$ 分别为通过 IMU 测量得到的角速度与加速度，具体定义参见式(3.32)。$\boldsymbol{\Omega}(\hat{\boldsymbol{\omega}}-\hat{\boldsymbol{b}}_g)$ 表达式为

$$\boldsymbol{\Omega}\left(\hat{\boldsymbol{\omega}}-\hat{\boldsymbol{b}}_g\right)=\begin{bmatrix}\left(\hat{\boldsymbol{\omega}}-\hat{\boldsymbol{b}}_g\right)^{\wedge} & \hat{\boldsymbol{\omega}}-\hat{\boldsymbol{b}}_g\\ -\left(\hat{\boldsymbol{\omega}}-\hat{\boldsymbol{b}}_g\right)^{\mathrm{T}} & 0\end{bmatrix} \tag{3.62}$$

式中，$(\cdot)^{\wedge}$ 表示取向量的反对称矩阵。将真实状态展开为估计状态与误差状态的加和，即 $\dot{\boldsymbol{x}}=\dot{\hat{\boldsymbol{x}}}+\dot{\tilde{\boldsymbol{x}}}$。从而根据式(3.61)，分别以两种不同方式展开后可推得误差状态运动方程，连续形式推导如下：

$$\begin{aligned}
&(\dot{\overline{\hat{\boldsymbol{q}}\otimes\tilde{\boldsymbol{q}}}})=\dot{\boldsymbol{q}}=\frac{1}{2}\boldsymbol{\Omega}(\hat{\boldsymbol{\omega}}-\hat{\boldsymbol{b}}_g-\tilde{\boldsymbol{b}}_g-\boldsymbol{n}_g)\boldsymbol{q}\\
&\boldsymbol{0}_{3\times1}+\dot{\tilde{\boldsymbol{b}}}_g=\dot{\boldsymbol{b}}_g=\boldsymbol{n}_{wg}\\
&\hat{\boldsymbol{R}}(\hat{\boldsymbol{a}}-\hat{\boldsymbol{b}}_a)-\boldsymbol{g}+\dot{\tilde{\boldsymbol{v}}}=\dot{\boldsymbol{v}}\approx\hat{\boldsymbol{R}}(\boldsymbol{I}+\tilde{\boldsymbol{\theta}}^{\wedge})(\hat{\boldsymbol{a}}-\hat{\boldsymbol{b}}_a-\tilde{\boldsymbol{b}}_a-\boldsymbol{n}_a)-\boldsymbol{g}\\
&\boldsymbol{0}_{3\times1}+\dot{\tilde{\boldsymbol{b}}}_a=\dot{\boldsymbol{b}}_a=\boldsymbol{n}_{wa}\\
&\hat{\boldsymbol{v}}+\dot{\tilde{\boldsymbol{t}}}=\dot{\boldsymbol{t}}=\boldsymbol{v}
\end{aligned} \tag{3.63}$$

式中，$\boldsymbol{n}_g$ 和 $\boldsymbol{n}_a$ 表示陀螺仪和加速度计测量的高斯噪声；$\boldsymbol{n}_{wg}$ 和 $\boldsymbol{n}_{wa}$ 表示陀螺仪和加速度计测量偏差的随机游走率。

根据文献[25]，将式(3.63)化简，推得 IMU 误差状态 $\tilde{\boldsymbol{x}}_b$ 的运动方程为

$$
\begin{aligned}
&\dot{\tilde{\boldsymbol{\theta}}} = -\left(\hat{\boldsymbol{\omega}} - \hat{\boldsymbol{b}}_g\right)^{\wedge} \tilde{\boldsymbol{\theta}} - \tilde{\boldsymbol{b}}_g - \boldsymbol{n}_g \\
&\dot{\tilde{\boldsymbol{b}}}_g = \boldsymbol{n}_{wg} \\
&\dot{\tilde{\boldsymbol{v}}} = -\boldsymbol{R}\left(\hat{\boldsymbol{a}} - \hat{\boldsymbol{b}}_a\right)^{\wedge} \tilde{\boldsymbol{\theta}} - \boldsymbol{R}\tilde{\boldsymbol{b}}_a - \boldsymbol{R}\boldsymbol{n}_a \\
&\tilde{\boldsymbol{b}}_a = \boldsymbol{n}_{wa} \\
&\dot{\tilde{\boldsymbol{t}}} = \tilde{\boldsymbol{v}}
\end{aligned} \tag{3.64}
$$

分离式(3.64)中的误差状态与噪声，IMU 误差状态 $\tilde{\boldsymbol{x}}_b$ 的运动方程可简化为

$$
\dot{\tilde{\boldsymbol{x}}}_b = \boldsymbol{F}\tilde{\boldsymbol{x}}_b + \boldsymbol{G}\boldsymbol{n}_b \tag{3.65}
$$

式中，$\boldsymbol{n}_b = \left[\boldsymbol{n}_g^{\mathrm{T}}, \boldsymbol{n}_{wg}^{\mathrm{T}}, \boldsymbol{n}_a^{\mathrm{T}}, \boldsymbol{n}_{wa}^{\mathrm{T}}\right]^{\mathrm{T}}$ 。$\boldsymbol{F}$ 与 $\boldsymbol{G}$ 可根据式(3.64)推导得出：

$$
\boldsymbol{F} = \begin{bmatrix}
-\left(\hat{\boldsymbol{\omega}} - \hat{\boldsymbol{b}}_g\right)^{\wedge} & -\boldsymbol{I}_3 & \boldsymbol{0}_{3\times3} & \boldsymbol{0}_{3\times3} & \boldsymbol{0}_{3\times3} \\
\boldsymbol{0}_{3\times3} & \boldsymbol{0}_{3\times3} & \boldsymbol{0}_{3\times3} & \boldsymbol{0}_{3\times3} & \boldsymbol{0}_{3\times3} \\
-\boldsymbol{R}\left(\hat{\boldsymbol{a}} - \hat{\boldsymbol{b}}_a\right)^{\wedge} & \boldsymbol{0}_{3\times3} & \boldsymbol{0}_{3\times3} & -\boldsymbol{R} & \boldsymbol{0}_{3\times3} \\
\boldsymbol{0}_{3\times3} & \boldsymbol{0}_{3\times3} & \boldsymbol{0}_{3\times3} & \boldsymbol{0}_{3\times3} & \boldsymbol{0}_{3\times3} \\
\boldsymbol{0}_{3\times3} & \boldsymbol{0}_{3\times3} & \boldsymbol{I}_3 & \boldsymbol{0}_{3\times3} & \boldsymbol{0}_{3\times3}
\end{bmatrix}, \quad
\boldsymbol{G} = \begin{bmatrix}
-\boldsymbol{I}_3 & \boldsymbol{0}_{3\times3} & \boldsymbol{0}_{3\times3} & \boldsymbol{0}_{3\times3} \\
\boldsymbol{0}_{3\times3} & \boldsymbol{I}_3 & \boldsymbol{0}_{3\times3} & \boldsymbol{0}_{3\times3} \\
\boldsymbol{0}_{3\times3} & \boldsymbol{0}_{3\times3} & -\boldsymbol{R} & \boldsymbol{0}_{3\times3} \\
\boldsymbol{0}_{3\times3} & \boldsymbol{0}_{3\times3} & \boldsymbol{0}_{3\times3} & \boldsymbol{I}_3 \\
\boldsymbol{0}_{3\times3} & \boldsymbol{0}_{3\times3} & \boldsymbol{0}_{3\times3} & \boldsymbol{0}_{3\times3}
\end{bmatrix} \tag{3.66}
$$

根据式(3.65)连续形式下的误差导数公式与线性系统理论可以推导出离散形式的 IMU 误差状态预测模型为

$$
\tilde{\boldsymbol{x}}_{b_{k+1|k}} = \boldsymbol{\Phi}\left(t_k + \Delta t, t_k\right)\tilde{\boldsymbol{x}}_{b_k} + (\boldsymbol{G}\Delta t)\boldsymbol{n}_b \tag{3.67}
$$

式中，$\Delta t = t_{k+1} - t_k$；$\boldsymbol{\Phi}$ 为误差状态的一步转移矩阵，满足方程

$$
\begin{aligned}
&\dot{\boldsymbol{\Phi}}\left(t + \Delta t, t_k\right) = \boldsymbol{F}\Delta t \cdot \boldsymbol{\Phi}\left(t, t_k\right) \\
&\boldsymbol{\Phi}\left(t_k, t_k\right) = \boldsymbol{I}
\end{aligned} \tag{3.68}
$$

将一步转移矩阵进行泰勒展开：

$$
\boldsymbol{\Phi}\left(t_k + \Delta t, t_k\right) = \boldsymbol{I} + \left[\dot{\boldsymbol{\Phi}}\left(t, t_k\right)\Delta t + \frac{\ddot{\boldsymbol{\Phi}}\left(t, t_k\right)}{2!}\Delta t^2 + \cdots\right]_{t=t_k} \tag{3.69}
$$

结合式(3.68)，可得

$$\boldsymbol{\Phi}\left(t_k+\Delta t, t_k\right)=\boldsymbol{I}+\boldsymbol{F}\Delta t+\frac{\boldsymbol{F}}{2!}\Delta t^2+\cdots \tag{3.70}$$

即一步转移方程可由 $\boldsymbol{F}$ 解得

$$\boldsymbol{\Phi}\left(t_k+\Delta t, t_k\right)=\exp(\boldsymbol{F}\Delta t) \tag{3.71}$$

将式(3.71)代入式(3.67)，可以得到离散形式下的 IMU 误差状态预测模型。最终，将 IMU 误差状态预测模型(3.67)代入式(3.60)，可以得到误差状态预测模型。

2. 误差协方差矩阵传播模型

在 ESKF 中，通常利用协方差矩阵 $\boldsymbol{\sigma}$ 衡量误差状态量 $\tilde{x}$ 的不确定度。协方差矩阵 $\boldsymbol{\sigma}$ 的误差状态增广形式定义为

$$\boldsymbol{\sigma}_k=\begin{bmatrix}\boldsymbol{\sigma}_{bb_k} & \boldsymbol{\sigma}_{bC_k}\\ \boldsymbol{\sigma}_{bC_k}^{\mathrm{T}} & \boldsymbol{\sigma}_{CC_k}\end{bmatrix} \tag{3.72}$$

式中，$\boldsymbol{\sigma}_{bb}$ 为 IMU 误差状态 $\tilde{\boldsymbol{x}}_b$ 的协方差矩阵；$\boldsymbol{\sigma}_{bC}$ 为 IMU 误差状态 $\tilde{\boldsymbol{x}}_b$ 与滑窗内相机状态 $\tilde{\boldsymbol{x}}_{C_i}\,(i=1,\cdots,k)$ 的协方差矩阵；$\boldsymbol{\sigma}_{CC}$ 为滑窗内相机状态的协方差矩阵；下角标 k 的含义为第 k 时刻状态的协方差矩阵，如 $\boldsymbol{\sigma}_{bb_k}$ 表示第 k 时刻 IMU 误差状态的协方差矩阵，这一矩阵整体如图 3.15 所示。

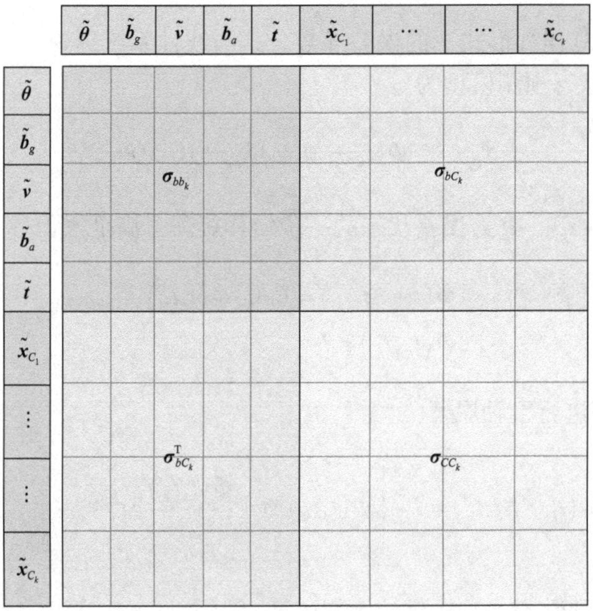

图 3.15　第 k 时刻的误差协方差矩阵

当 ESKF 根据误差状态预测模型获得预测误差状态 $\tilde{\boldsymbol{x}}_{k+1|k}$ 后，需要对误差协方差矩阵进行传播，获得预测误差状态 $\tilde{\boldsymbol{x}}_{k+1|k}$ 的协方差矩阵 $\boldsymbol{\sigma}_{k+1|k}$。由预测误差状态 $\tilde{\boldsymbol{x}}_{k+1|k}$ 的定义(3.60)可知，预测误差状态 $\tilde{\boldsymbol{x}}_{k+1|k}$ 中仅 IMU 误差状态产生变化(由 $\tilde{\boldsymbol{x}}_{b_k}$ 变为 $\tilde{\boldsymbol{x}}_{b_{k+1|k}}$)，因此协方差矩阵大小不变，只需要重新计算协方差矩阵中与 $\tilde{\boldsymbol{x}}_{b_k}$ 相关的部分(图 3.15 中左上分块矩阵、右上分块矩阵以及左下分块矩阵部分)。因此，经误差协方差矩阵传播后的协方差可以定义为

$$\boldsymbol{\sigma}_{k+1|k}=\begin{bmatrix}\boldsymbol{\sigma}_{bb_{k+1|k}} & \boldsymbol{\sigma}_{bC_{k+1|k}}\\ \boldsymbol{\sigma}_{bC_{k+1|k}}^{\mathrm{T}} & \boldsymbol{\sigma}_{CC_k}\end{bmatrix}\tag{3.73}$$

根据卡尔曼滤波协方差矩阵的标准传播方程[25]可得

$$\boldsymbol{\sigma}_{bb_{k+1|k}}=\boldsymbol{\varPhi}_k\boldsymbol{\sigma}_{bb_k}\boldsymbol{\varPhi}_k^{\mathrm{T}}+\boldsymbol{\sigma}_Q\tag{3.74}$$

式中，$\boldsymbol{\sigma}_Q$ 表示系统噪声方差矩阵；$\boldsymbol{\varPhi}_k$ 是式(3.71)中 $\boldsymbol{\varPhi}\left(t_k+\Delta t,t_k\right)$ 的简化表达。第 $k+1$ 时刻 IMU 预测误差状态 $\tilde{\boldsymbol{x}}_{b_{k+1|k}}$ 与第 k 时刻相机误差状态 $\tilde{\boldsymbol{x}}_{C_k}$ 的协方差计算公式为

$$\boldsymbol{\sigma}_{bC_{k+1|k}}=\boldsymbol{\varPhi}_k\boldsymbol{\sigma}_{bC_k}\tag{3.75}$$

将式(3.74)与式(3.75)代入式(3.73)中，可以定义误差协方差矩阵传播模型为

$$\boldsymbol{\sigma}_{k+1|k}=\begin{bmatrix}\boldsymbol{\sigma}_{bb_{k+1|k}} & \boldsymbol{\sigma}_{bC_{k+1|k}}\\ \boldsymbol{\sigma}_{bC_{k+1|k}}^{\mathrm{T}} & \boldsymbol{\sigma}_{CC_k}\end{bmatrix}=\begin{bmatrix}\boldsymbol{\varPhi}_k\boldsymbol{\sigma}_{bb_k}\boldsymbol{\varPhi}_k^{\mathrm{T}}+\boldsymbol{\sigma}_Q & \boldsymbol{\varPhi}_k\boldsymbol{\sigma}_{bC_k}\\ \boldsymbol{\sigma}_{bC_k}^{\mathrm{T}}\boldsymbol{\varPhi}_k^{\mathrm{T}} & \boldsymbol{\sigma}_{CC_k}\end{bmatrix}\tag{3.76}$$

误差协方差矩阵传播完成后，协方差矩阵 $\boldsymbol{\sigma}_{k+1|k}$ 可用于衡量预测误差状态 $\tilde{\boldsymbol{x}}_{k+1|k}$ 的可信度，将用于后续卡尔曼滤波更新。

3.4.3　滤波更新模型

在预测过程中得到了第 $k+1$ 时刻无人机误差状态预测值 $\tilde{\boldsymbol{x}}_{k+1|k}$ 及其对应的协方差矩阵 $\boldsymbol{\sigma}_{k+1|k}$。当第 $k+1$ 时刻采集图像进入滑窗时，首先需要将该帧图像对应的相机误差状态 $\tilde{\boldsymbol{x}}_{C_{k+1}}$ 增广至当前误差状态向量，并增广其对应的误差状态协方差矩阵。此后，利用第 $k+1$ 帧未观测的特征点构建视觉观测残差 $\tilde{\boldsymbol{z}}$。最后，利用视觉观测残差 $\tilde{\boldsymbol{z}}$ 对无人机预测误差状态 $\tilde{\boldsymbol{x}}_{k+1|k}$ 和协方差 $\boldsymbol{\sigma}_{k+1|k}$ 进行滤波更新，得到第 $k+1$ 时刻的误差状态 $\tilde{\boldsymbol{x}}_{k+1}$ 及其对应的协方差矩阵 $\boldsymbol{\sigma}_{k+1}$，实现对无人机的状态估计。

1. 相机误差状态增广

当获得一张新的相机图像时，假设为第 $k+1$ 帧图像，则需要将该图像加入滑窗，同时将第 $k+1$ 帧相机误差状态 $\tilde{\boldsymbol{x}}_{C_{k+1}}$ 增广至误差状态，并增广误差协方差矩阵。首先，将 $\tilde{\boldsymbol{x}}_{C_{k+1}}$ 增广至预测误差状态，得到增广后的预测误差状态为

$$\tilde{\boldsymbol{x}}_{k+1|k}^{15+6(k+1)}=\left[\tilde{\boldsymbol{x}}_{b_{k+1|k}}^{\mathrm{T}},\tilde{\boldsymbol{x}}_{C_1}^{\mathrm{T}},\cdots,\tilde{\boldsymbol{x}}_{C_k}^{\mathrm{T}},\tilde{\boldsymbol{x}}_{C_{k+1}}^{\mathrm{T}}\right]^{\mathrm{T}} \tag{3.77}$$

式(3.60)中定义的增广前预测误差状态维度为$15+6k$，包含15维 IMU 预测误差状态 $\tilde{\boldsymbol{x}}_{b_{k+1|k}}$ 与 k 个 6 维的相机误差状态 $\tilde{\boldsymbol{x}}_{C_i}\,(i=1,\cdots,k)$。增广后的预测误差状态在式(3.60)的基础上添加一个 6 维相机误差状态 $\tilde{\boldsymbol{x}}_{C_{k+1}}$（式(3.77)），维度为$15+6(k+1)$。因此，需要对增广预测误差状态对应的协方差矩阵进行增广。由文献[8]可知，协方差矩阵的增广过程为

$$\begin{aligned}\boldsymbol{\sigma}_{k+1|k}^{(15+6(k+1))\times(15+6(k+1))}&=\begin{bmatrix}\boldsymbol{I}_{15+6k}\\ \boldsymbol{J}\end{bmatrix}\boldsymbol{\sigma}_{k+1|k}^{(15+6k)\times(15+6k)}\begin{bmatrix}\boldsymbol{I}_{15+6k}\\ \boldsymbol{J}\end{bmatrix}^{\mathrm{T}}\\&=\begin{bmatrix}\boldsymbol{\sigma}_{k+1|k}^{(15+6k)\times(15+6k)} & \boldsymbol{\sigma}_{k+1|k}^{(15+6k)\times(15+6k)}\boldsymbol{J}^{\mathrm{T}}\\ \boldsymbol{J}\boldsymbol{\sigma}_{k+1|k}^{(15+6k)\times(15+6k)} & \boldsymbol{J}\boldsymbol{\sigma}_{k+1|k}^{(15+6k)\times(15+6k)}\boldsymbol{J}^{\mathrm{T}}\end{bmatrix}\end{aligned} \tag{3.78}$$

式中，$\boldsymbol{\sigma}_{k+1|k}^{(15+6k)\times(15+6k)}$ 表示增广前的预测误差协方差矩阵，根据误差协方差矩阵传播模型(3.76)获得，矩阵维度为$(15+6k)\times(15+6k)$；$\boldsymbol{\sigma}_{k+1|k}^{(15+6(k+1))\times(15+6(k+1))}$ 表示增广后的预测误差协方差矩阵，矩阵维度为$\left(15+6(k+1)\right)\times\left(15+6(k+1)\right)$；$\boldsymbol{J}$ 为 $\tilde{\boldsymbol{x}}_{C_{k+1}}$ 关于 $\tilde{\boldsymbol{x}}_{k+1}$ 的雅可比矩阵。从式(3.78)可以看出，增广后的协方差矩阵仅在原矩阵基础上进行了增广，不改变原矩阵分块的值。

进一步，推导雅可比矩阵 $\boldsymbol{J}=\dfrac{\partial\tilde{\boldsymbol{x}}_{C_{k+1}}}{\partial\tilde{\boldsymbol{x}}_{k+1}}$ 的定义。在给出雅可比矩阵 $\boldsymbol{J}$ 的定义前，首先给出第 $k+1$ 帧相机真实状态 $\boldsymbol{x}_{C_{k+1}}$ 的具体表达形式。对于第 $k+1$ 帧相机的真实状态 $\boldsymbol{x}_{C_{k+1}}$，可以根据 IMU 真实位姿以及 IMU 与相机间外参$\left[{}^{b}\boldsymbol{R}_C,{}^{b}\boldsymbol{t}_C\right]$获得

$$\boldsymbol{x}_{C_{k+1}}=\begin{bmatrix}\mathrm{Log}\left({}^{C_{k+1}}\boldsymbol{R}_W\right)\\ {}^{W}\boldsymbol{t}_{C_{k+1}}\end{bmatrix}=\begin{bmatrix}\mathrm{Log}\left({}^{b}\boldsymbol{R}_C^{-1}\,{}^{b_{k+1}}\boldsymbol{R}_W\right)\\ {}^{W}\boldsymbol{t}_{b_{k+1}}+{}^{b_{k+1}}\boldsymbol{R}_W^{\mathrm{T}}\,{}^{b}\boldsymbol{t}_C\end{bmatrix} \tag{3.79}$$

式中，$\mathrm{Log}(\cdot)$ 表示$\mathrm{SO}(3)\to\mathrm{so}(3)$ 的对数映射，具体定义见本书第 2 章。根据式(3.54)

将式(3.79)展开为 $\boldsymbol{x}_{C_{k+1}} = \hat{\boldsymbol{x}}_{C_{k+1}} + \tilde{\boldsymbol{x}}_{C_{k+1}}$ 的形式：

$$\begin{bmatrix} \mathrm{Log}\left(\mathrm{Exp}({}^{C_{k+1}}\tilde{\boldsymbol{\theta}}_W^{\wedge})\,{}^{C_{k+1}}\hat{\boldsymbol{R}}_W\right) \\ {}^W\hat{\boldsymbol{t}}_{C_{k+1}} + {}^W\tilde{\boldsymbol{t}}_{C_{k+1}} \end{bmatrix} = \begin{bmatrix} \mathrm{Log}\left({}^C\boldsymbol{R}_b \mathrm{Exp}({}^{b_{k+1}}\tilde{\boldsymbol{\theta}}_W^{\wedge})\,{}^{b_{k+1}}\hat{\boldsymbol{R}}_W\right) \\ ({}^W\hat{\boldsymbol{t}}_{b_{k+1}} + {}^W\tilde{\boldsymbol{t}}_{b_{k+1}}) + \left[\mathrm{Exp}({}^{b_{k+1}}\tilde{\boldsymbol{\theta}}_W^{\wedge})\,{}^{b_{k+1}}\hat{\boldsymbol{R}}_W\right]^{\mathrm{T}}\,{}^b\boldsymbol{t}_C \end{bmatrix} \tag{3.80}$$

式中，$\mathrm{Exp}(\cdot)$ 表示指数映射。

对式(3.80)中的姿态误差项均进行一阶泰勒展开，可得

$$\begin{aligned} &(\boldsymbol{I} + {}^{C_{k+1}}\tilde{\boldsymbol{\theta}}_W^{\wedge})\,{}^{C_{k+1}}\hat{\boldsymbol{R}}_W \approx {}^C\boldsymbol{R}_b(\boldsymbol{I} + {}^b\tilde{\boldsymbol{\theta}}_W^{\wedge})\,{}^b\hat{\boldsymbol{R}}_W \\ &{}^W\hat{\boldsymbol{t}}_{C_{k+1}} + {}^W\tilde{\boldsymbol{t}}_{C_{k+1}} \approx ({}^W\hat{\boldsymbol{t}}_{b_{k+1}} + {}^W\tilde{\boldsymbol{t}}_{b_{k+1}}) + {}^{b_{k+1}}\hat{\boldsymbol{R}}_W(\boldsymbol{I} - {}^{b_{k+1}}\tilde{\boldsymbol{\theta}}_W^{\wedge})\,{}^b\boldsymbol{t}_C \end{aligned} \tag{3.81}$$

根据向量加法与平移法则，将式(3.81)进一步化简，可得第 $k+1$ 帧相机误差状态为

$$\tilde{\boldsymbol{x}}_{C_{k+1}} = \begin{bmatrix} {}^{C_{k+1}}\tilde{\boldsymbol{\theta}}_W \\ {}^W\tilde{\boldsymbol{t}}_{C_{k+1}} \end{bmatrix} = \begin{bmatrix} {}^C\boldsymbol{R}_b\,{}^{b_{k+1}}\tilde{\boldsymbol{\theta}}_W \\ {}^W\tilde{\boldsymbol{t}}_{b_{k+1}} + {}^W\hat{\boldsymbol{R}}_{b_{k+1}}\,{}^C\boldsymbol{t}_b^{\wedge}\,{}^{b_{k+1}}\tilde{\boldsymbol{\theta}}_W \end{bmatrix} \tag{3.82}$$

根据式(3.82)中定义的第 $k+1$ 帧相机误差状态 $\tilde{\boldsymbol{x}}_{C_{k+1}}$，可以给出 $\tilde{\boldsymbol{x}}_{C_{k+1}}$ 关于 $\tilde{\boldsymbol{x}}_{k+1}$ 的雅可比矩阵为

$$\boldsymbol{J} = \frac{\partial \tilde{\boldsymbol{x}}_{C_{k+1}}}{\partial \tilde{\boldsymbol{x}}_{k+1}} = \begin{bmatrix} {}^b\boldsymbol{R}_C^{\mathrm{T}} & \boldsymbol{0}_{3\times 9} & \boldsymbol{0}_{3\times 3} & \boldsymbol{0}_{3\times 6N} \\ {}^{b_{k+1}}\boldsymbol{R}_W\,{}^b\boldsymbol{t}_C^{\wedge} & \boldsymbol{0}_{3\times 9} & \boldsymbol{I}_{3\times 3} & \boldsymbol{0}_{3\times 6N} \end{bmatrix} \tag{3.83}$$

将式(3.83)代入式(3.78)中即可实现对误差状态协方差矩阵的增广。视觉增广后的误差协方差矩阵如图 3.16 所示，可以看出，增广并不影响原有的协方差矩阵，增广部分中仅深色部分有值，其他部分均为 0。

通过上述增广过程，最终可以利用式(3.77)将新一帧相机误差状态 $\tilde{\boldsymbol{x}}_{C_{k+1}}$ 增广至误差状态 $\tilde{\boldsymbol{x}}$，并通过式(3.78)对误差状态协方差矩阵进行增广，将最新帧对应的协方差增广至原协方差矩阵中，用于后续的更新。

2. 视觉观测残差求解

在新一帧图像到来后，需对滑窗内所有特征点进行分析，找到那些不被最新帧图像观测到或者跟踪帧数太老的特征点。将这些特征点信息转化为视觉观测残差信息，然后基于视觉观测残差信息进行后续更新步骤。

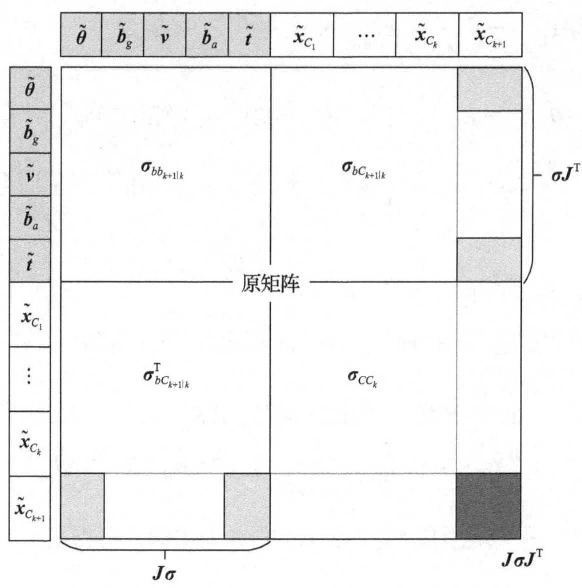

图 3.16　视觉增广后的误差协方差矩阵

对于双目相机，假设空间中存在一个特征点 ${}^{W}\boldsymbol{P}_j$，其在滑窗中第 i 帧的左目相机坐标系 $C_{i,l}$ 与右目相机坐标系 $C_{i,r}$ 中的坐标可以分别表示为 ${}^{C_{i,l}}\boldsymbol{P}_j\left({}^{C_{i,l}}X_j, {}^{C_{i,l}}Y_j, {}^{C_{i,l}}Z_j\right)$ 与 ${}^{C_{i,r}}\boldsymbol{P}_j\left({}^{C_{i,r}}X_j, {}^{C_{i,r}}Y_j, {}^{C_{i,r}}Z_j\right)$，其中 ${}^{C_{i,l}}\boldsymbol{P}_j$ 通过将 ${}^{W}\boldsymbol{P}_j$ 从参考坐标系投影到左目相机坐标系得到；${}^{C_{i,r}}\boldsymbol{P}_j$ 通过将 ${}^{C_{i,l}}\boldsymbol{P}_j$ 从左目相机坐标系投影到右目相机坐标系得到

$$\begin{aligned}{}^{C_{i,l}}\boldsymbol{P}_j &= {}^{C_i}\boldsymbol{R}_W\left({}^{W}\boldsymbol{P}_j - {}^{W}\boldsymbol{t}_{C_i}\right)\\ {}^{C_{i,r}}\boldsymbol{P}_j &= {}^{C_l}\boldsymbol{R}_{C_r}^{\mathrm{T}}\left({}^{C_{i,l}}\boldsymbol{P}_j - {}^{C_l}\boldsymbol{t}_{C_r}\right)\end{aligned} \tag{3.84}$$

式中，${}^{C_l}\boldsymbol{R}_{C_r}$、${}^{C_l}\boldsymbol{t}_{C_r}$ 表示双目相机外参。

以特征点 ${}^{W}\boldsymbol{P}_j$ 在双目相机坐标系下的像素坐标作为观测量，则观测向量可表示为

$${}^{C_i}\boldsymbol{z}_j = \begin{bmatrix}{}^{C_{i,l}}u_j & {}^{C_{i,l}}v_j & {}^{C_{i,r}}u_j & {}^{C_{i,r}}v_j\end{bmatrix}^{\mathrm{T}} + \boldsymbol{n}_v^j \tag{3.85}$$

式中，$\left({}^{C_{i,l}}u_j, {}^{C_{i,l}}v_j\right)$ 与 $\left({}^{C_{i,r}}u_j, {}^{C_{i,r}}v_j\right)$ 分别为特征点 ${}^{W}\boldsymbol{P}_j$ 在滑窗中第 i 帧的左目相机与右目相机中的像素坐标；$\boldsymbol{n}_v^j$ 为第 j 个视觉特征的观测噪声。根据式(3.84)中归一化坐标转换公式，定义视觉观测方程为

$$
\begin{gathered}
{}^{C_i}\boldsymbol{z}_j = h\left(\boldsymbol{x}_{C_i}, {}^W\boldsymbol{p}_j\right) + \boldsymbol{n}_v^j \\
h\left(\boldsymbol{x}_{C_i}, {}^W\boldsymbol{p}_j\right) = \begin{bmatrix} \dfrac{\boldsymbol{I}_{2\times 2}}{{}^{C_{i,l}}Z_j} & \boldsymbol{0}_{2\times 2} \\ \boldsymbol{0}_{2\times 2} & \dfrac{\boldsymbol{I}_{2\times 2}}{{}^{C_{i,r}}Z_j} \end{bmatrix} \begin{bmatrix} {}^{C_{i,l}}X_j \\ {}^{C_{i,l}}Y_j \\ {}^{C_{i,r}}X_j \\ {}^{C_{i,r}}Y_j \end{bmatrix}
\end{gathered} \tag{3.86}
$$

式中，${}^{C_i}\boldsymbol{z}_j$ 表示在相机状态 $\boldsymbol{x}_{C_i}$ 中对特征点 ${}^W\boldsymbol{p}_j$ 的观测量；$h\left(\boldsymbol{x}_{C_i}, {}^W\boldsymbol{p}_j\right)$ 为视觉观测函数。值得注意的是，式(3.86)中的 ${}^{C_{i,l}}\boldsymbol{P}_j\left({}^{C_{i,l}}X_j, {}^{C_{i,l}}Y_j, {}^{C_{i,l}}Z_j\right)$ 与 ${}^{C_{i,l}}\boldsymbol{P}_j\left({}^{C_{i,l}}X_j, {}^{C_{i,l}}Y_j, {}^{C_{i,l}}Z_j\right)$ 为经过式(3.13)内参变换后的坐标。对视觉观测函数 $h\left(\boldsymbol{x}_{C_i}, {}^W\boldsymbol{p}_j\right)$ 在 $h\left(\hat{\boldsymbol{x}}_{C_i}, {}^W\hat{\boldsymbol{p}}_j\right)$ 处进行一阶泰勒展开可得

$$
h\left(\boldsymbol{x}_{C_i}, {}^W\boldsymbol{p}_j\right) \approx h\left(\hat{\boldsymbol{x}}_{C_i}, {}^W\hat{\boldsymbol{p}}_j\right) + \boldsymbol{H}_{C_i}^j \tilde{\boldsymbol{x}}_{C_i} + \boldsymbol{H}_{f_i}^j {}^W\tilde{\boldsymbol{p}}_j \tag{3.87}
$$

式中，$\boldsymbol{H}_{C_i}^j$ 与 $\boldsymbol{H}_{f_i}^j$ 为第 j 个视觉特征观测关于状态变量 $\boldsymbol{x}_{C_i}$ 和特征点 ${}^W\boldsymbol{p}_j$ 的雅可比矩阵；${}^W\tilde{\boldsymbol{p}}_j$ 是特征点位置的误差状态。根据链式法则，可以计算视觉观测 ${}^{C_i}\boldsymbol{z}_j$ 关于相机状态 $\boldsymbol{x}_{C_i}$ 和特征点 ${}^W\boldsymbol{p}_j$ 的雅可比矩阵：

$$
\begin{aligned}
\boldsymbol{H}_{C_i}^j &= \frac{\partial^{C_i}\boldsymbol{z}_j}{\partial^{C_{i,l}}\boldsymbol{p}_j}\frac{\partial^{C_{i,l}}\boldsymbol{p}_j}{\partial\boldsymbol{x}_{C_i}} + \frac{\partial^{C_i}\boldsymbol{z}_j}{\partial^{C_{i,r}}\boldsymbol{p}_j}\frac{\partial^{C_{i,r}}\boldsymbol{p}_j}{\partial\boldsymbol{x}_{C_i}} \\
\boldsymbol{H}_{f_i}^j &= \frac{\partial^{C_i}\boldsymbol{z}_j}{\partial^{C_{i,l}}\boldsymbol{p}_j}\frac{\partial^{C_{i,l}}\boldsymbol{p}_j}{\partial^W\boldsymbol{p}_j} + \frac{\partial^{C_i}\boldsymbol{z}_j}{\partial^{C_{i,r}}\boldsymbol{p}_j}\frac{\partial^{C_{i,r}}\boldsymbol{p}_j}{\partial^W\boldsymbol{p}_j}
\end{aligned} \tag{3.88}
$$

联立式(3.86)与式(3.87)，定义视觉观测残差 ${}^{C_i}\tilde{\boldsymbol{z}}_j$ 为

$$
{}^{C_i}\tilde{\boldsymbol{z}}_j = {}^{C_i}\boldsymbol{z}_j - h\left(\hat{\boldsymbol{x}}_{C_i}, {}^W\hat{\boldsymbol{p}}_j\right) = \boldsymbol{H}_{C_i}^j \tilde{\boldsymbol{x}}_{C_i} + \boldsymbol{H}_{f_i}^j {}^W\tilde{\boldsymbol{p}}_j + \boldsymbol{n}_v^j \tag{3.89}
$$

然而，对于 ESKF 而言，观测残差需要满足式(3.90)定义的形式，即视觉观测残差 $\tilde{\boldsymbol{z}}$ 仅与一个误差状态 $\tilde{\boldsymbol{x}}$ 及观测函数对于状态量的雅可比矩阵 $\boldsymbol{H}$ 相关，且噪声项 $\boldsymbol{n}$ 服从均值为零的高斯分布：

$$
\tilde{\boldsymbol{z}} = \boldsymbol{H}\tilde{\boldsymbol{x}} + \boldsymbol{n} \tag{3.90}
$$

而式(3.89)定义的视觉观测残差同时与相机误差状态 $\tilde{\boldsymbol{x}}_{C_i}$ 和特征点位置误差

状态 ${}^{W}\tilde{\boldsymbol{p}}_j$ 相关，不满足式(3.90)中的形式。为了解决这一问题，对式(3.89)等号左右两侧同时乘以酉矩阵 $\boldsymbol{A}_{f_i}^j$（$\boldsymbol{A}_{f_i}^j$ 为 $\boldsymbol{H}_{f_i}^j$ 的左零空间矩阵)的转置，可得

$$\underbrace{\left(\boldsymbol{A}_{f_i}^j\right)^{\mathrm{T}}\,{}^{C_i}\tilde{\boldsymbol{z}}_j}_{{}^{C_i}\tilde{\boldsymbol{z}}_j^0}=\underbrace{\left(\boldsymbol{A}_{f_i}^j\right)^{\mathrm{T}}\boldsymbol{H}_{C_i}^j}_{\boldsymbol{H}_{C_i}^{j,0}}\tilde{\boldsymbol{x}}_{C_i}+\underbrace{\left(\boldsymbol{A}_{f_i}^j\right)^{\mathrm{T}}\boldsymbol{n}_v^j}_{\boldsymbol{n}_v^{j,0}} \tag{3.91}$$

式中，$\boldsymbol{A}_{f_i}^j$ 不需要直接计算，而是根据吉文斯旋转(Givens rotation)公式[26]可以高效地将 ${}^{C_i}\tilde{\boldsymbol{z}}_j$、矩阵 $\boldsymbol{H}_{C_i}^j$ 以及噪声 $\boldsymbol{n}_v^j$ 投影到 $\boldsymbol{H}_{f_i}^j$ 的左零空间中。最终，将视觉观测残差定义为

$$\tilde{\boldsymbol{z}}^0=\boldsymbol{H}^0\tilde{\boldsymbol{x}}+\boldsymbol{n}_v^0 \tag{3.92}$$

式中，$\tilde{\boldsymbol{z}}^0$ 为由 ${}^{C_i}\tilde{\boldsymbol{z}}_j^0$ 组成的观测向量；$\boldsymbol{H}^0$ 为由 $\boldsymbol{H}_{C_i}^{j,0}$ 构成的雅可比矩阵；$\boldsymbol{n}_v^0$ 为由 $\boldsymbol{n}_v^{j,0}$ 组成的观测噪声。

3. 视觉更新

根据式(3.92)定义的视觉观测残差方程，即可按照 ESKF 标准更新方程对误差状态进行更新。为减少计算量，对 $\boldsymbol{H}^0$ 矩阵进行 QR 分解得到

$$\boldsymbol{H}^0=[\boldsymbol{Q}_1\quad\boldsymbol{Q}_2]\begin{bmatrix}\boldsymbol{U}_R\\ \boldsymbol{0}\end{bmatrix} \tag{3.93}$$

式中，$\boldsymbol{Q}_1$、$\boldsymbol{Q}_2$ 为正交矩阵；$\boldsymbol{U}_R$ 为上三角矩阵。

将式(3.93)代入式(3.92)可得

$$\begin{bmatrix}\boldsymbol{Q}_1^{\mathrm{T}}\tilde{\boldsymbol{z}}^0\\ \boldsymbol{Q}_2^{\mathrm{T}}\tilde{\boldsymbol{z}}^0\end{bmatrix}=\begin{bmatrix}\boldsymbol{U}_R\\ \boldsymbol{0}\end{bmatrix}\tilde{\boldsymbol{x}}+\begin{bmatrix}\boldsymbol{Q}_1^{\mathrm{T}}\boldsymbol{n}_0\\ \boldsymbol{Q}_2^{\mathrm{T}}\boldsymbol{n}_0\end{bmatrix} \tag{3.94}$$

因此，定义 QR 分解后的视觉观测方程为

$$\underbrace{\boldsymbol{Q}_1^{\mathrm{T}}\tilde{\boldsymbol{z}}^0}_{\tilde{z}_n}=\boldsymbol{U}_R\tilde{\boldsymbol{x}}+\underbrace{\boldsymbol{Q}_1^{\mathrm{T}}\boldsymbol{n}_v^0}_{\boldsymbol{n}_n} \tag{3.95}$$

根据式(3.95)定义的视觉观测方程以及 ESKF 增益计算公式[25]，可以得到 ESKF 增益为

$$\boldsymbol{K}_{k+1} = \boldsymbol{\sigma}_{k+1|k}\boldsymbol{U}_R^{\mathrm{T}}\left(\boldsymbol{U}_R\boldsymbol{\sigma}_{k+1|k}\boldsymbol{U}_R^{\mathrm{T}} + \boldsymbol{\sigma}_n\right)^{-1} \tag{3.96}$$

式中，$\boldsymbol{\sigma}_n$ 为视觉观测噪声协方差矩阵，通常由人为给定；$\boldsymbol{\sigma}_{k+1|k}$ 为增广后的误差协方差矩阵(3.78)。根据式(3.96)中定义的 ESKF 增益 $\boldsymbol{K}_{k+1}$ 以及 ESKF 误差状态更新方程[25]，定义误差状态 $\tilde{\boldsymbol{x}}$ 的更新方程为

$$\tilde{\boldsymbol{x}}_{k+1} = \tilde{\boldsymbol{x}}_{k+1|k} + \boldsymbol{K}_{k+1}\tilde{\boldsymbol{z}}_n \tag{3.97}$$

同时，利用卡尔曼滤波增益 $\boldsymbol{K}_{k+1}$、增广后的误差协方差矩阵 $\boldsymbol{\sigma}_{k+1|k}$、观测方程(3.95)可完成对误差状态协方差矩阵 $\boldsymbol{\sigma}$ 的更新：

$$\boldsymbol{\sigma}_{k+1} = \left(\boldsymbol{I} - \boldsymbol{K}_{k+1}\boldsymbol{U}_R\right)\boldsymbol{\sigma}_{k+1|k}\left(\boldsymbol{I} - \boldsymbol{K}_{k+1}\boldsymbol{U}_R\right)^{\mathrm{T}} + \boldsymbol{K}_{k+1}\boldsymbol{\sigma}_n\boldsymbol{K}_{k+1}^{\mathrm{T}} \tag{3.98}$$

最终，将更新后的误差状态 $\tilde{\boldsymbol{x}}_{k+1}$ 代入式(3.54)，实现对无人机状态 $\boldsymbol{x}_{k+1}$ 的估计：

$$\boldsymbol{x}_{k+1} = \hat{\boldsymbol{x}}_{k+1|k} + \tilde{\boldsymbol{x}}_{k+1} \tag{3.99}$$

式中，$\hat{\boldsymbol{x}}_{k+1|k}$ 可根据 IMU 估计状态运动方程(3.61)进行龙格-库塔积分获得。

基于滤波的视觉自主导航方法，通过对预测误差状态方程(3.60)、误差协方差矩阵传播模型(3.76)、ESKF 增益计算方程(3.96)、误差状态更新方程(3.97)、误差状态协方差矩阵更新方程(3.98)、无人机状态估计方程(3.99)，共计 6 个公式的迭代，实现对无人机的状态估计。

3.5　基于优化后端的无人机自主导航方法

基于优化后端的无人机自主导航方法结构如图 3.17 所示。基于优化后端的无人机自主导航，通过将状态估计问题构建为一个非线性优化问题进行求解，实现无人机的自主导航。基于优化后端的无人机自主导航包含非线性优化问题构建以及非线性优化问题求解两部分。非线性优化问题构建多个相机帧间建立滑窗，根据滑窗内 IMU 及相机采集的数据构建 IMU 预积分残差 $\boldsymbol{r}_I\left({}^{b_k}\boldsymbol{z}_{b_{k+1}}, \boldsymbol{X}\right)$ 与视觉重投影残差 $\boldsymbol{r}_C\left({}^{C_j}\boldsymbol{z}_h, \boldsymbol{X}\right)$，并通过关键帧策略对滑窗中次新帧或最老帧进行边缘化，维护滑窗的同时构建边缘化残差 $\boldsymbol{r}_M\left(\boldsymbol{X}\right)$。根据滑窗内的 IMU 预积分残差、视觉重投影残差以及边缘化残差构建最小二乘优化问题。随后，对滑窗内的多个状态进行联合优化，利用高斯-牛顿优化迭代求解无人机状态增量，从而对无人机状态进行迭代更新，实现无人机的自主导航。

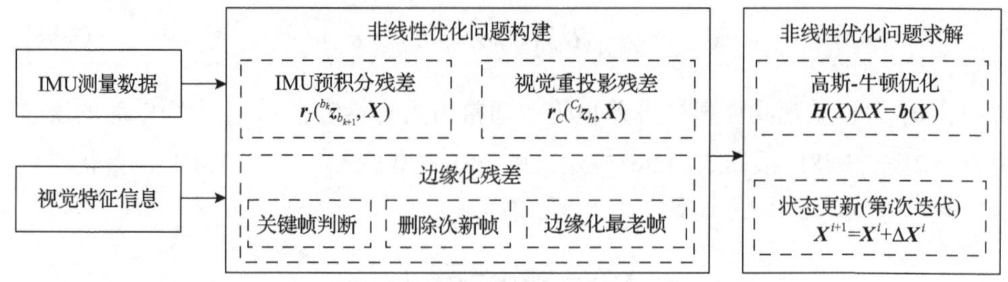

图 3.17 基于优化后端的无人机自主导航方法结构图

3.5.1 状态变量定义

出于联合优化的需求，在基于优化后端的无人机自主导航方法中，状态变量被定义为包含滑窗内所有待估计状态的向量 $\boldsymbol{X}$：

$$\begin{aligned}
\boldsymbol{X} &= [\boldsymbol{x}_{t_0}^{\mathrm{T}}, \boldsymbol{x}_{t_1}^{\mathrm{T}}, \cdots, \boldsymbol{x}_{t_N}^{\mathrm{T}}, {}^{b}\boldsymbol{x}_C^{\mathrm{T}}, \lambda_0, \lambda_1, \cdots, \lambda_m]^{\mathrm{T}} \\
\boldsymbol{x}_{t_k} &= [\boldsymbol{t}_{t_k}^{\mathrm{T}}, \boldsymbol{v}_{t_k}^{\mathrm{T}}, \boldsymbol{R}_{t_k}^{\mathrm{T}}, \boldsymbol{b}_{a,t_k}^{\mathrm{T}}, \boldsymbol{b}_{g,t_k}^{\mathrm{T}}]^{\mathrm{T}}, \quad k \in \{0,1,\cdots,N\} \\
{}^{b}\boldsymbol{x}_C &= [{}^{b}\boldsymbol{t}_{C_l}^{\mathrm{T}}, {}^{b}\boldsymbol{R}_{C_l}^{\mathrm{T}}, {}^{b}\boldsymbol{t}_{C_r}^{\mathrm{T}}, {}^{b}\boldsymbol{R}_{C_r}^{\mathrm{T}}]^{\mathrm{T}}
\end{aligned} \tag{3.100}$$

式中，滑窗大小为 $N+1$；$\boldsymbol{x}_{t_k}$ 表示对应滑窗内第 k 帧相机 t_k 时刻的无人机状态，包括 IMU 在参考坐标系下的位置 $\boldsymbol{t}_{t_k}$、速度 $\boldsymbol{v}_{t_k}$、姿态矩阵 $\boldsymbol{R}_{t_k}$、加速度计偏置 $\boldsymbol{b}_{a,t_k}$ 和陀螺仪偏移 $\boldsymbol{b}_{g,t_k}$；${}^{b}\boldsymbol{x}_C$ 表示相机和 IMU 之间的外参关系；${}^{b}\boldsymbol{t}_{C_l}$、${}^{b}\boldsymbol{R}_{C_l}$ 表示左目相机和 IMU 之间的外参；${}^{b}\boldsymbol{t}_{C_r}$、${}^{b}\boldsymbol{R}_{C_r}$ 表示右目相机和 IMU 之间的外参；$\lambda_i (i=0,\cdots,m)$ 表示第 i 个特征点在第一次观察到该特征点的图像上深度的倒数。得到逆深度后，根据针孔相机模型(3.12)以及第 i 个特征点 ${}^{W}\boldsymbol{p}_i(X_i,Y_i,Z_i)$ 的像素坐标 (u_i,v_i) 可直接恢复特征点的空间位置：

$$\begin{bmatrix} X_i \\ Y_i \\ Z_i \end{bmatrix} = \frac{1}{\lambda_i}\boldsymbol{K}^{-1}\begin{bmatrix} u_i \\ v_i \\ 1 \end{bmatrix} \tag{3.101}$$

使用逆深度代替空间点三维位置，一方面由于特征 ${}^{W}\boldsymbol{p}_i(X_i,Y_i,Z_i)$ 的像素坐标 (u_i,v_i) 已知，两个维度的变量无需优化求解，可以仅通过深度一个参数来表示空间位置三个参数，防止过参数化；另一方面由于特征点距离普遍较远，相比于深度，逆深度的概率分布更加符合高斯分布[27]，从而更方便地使用均值和协方差来近似实际值。

3.5.2　非线性优化问题构建

由于传感器测量存在噪声，无人机无法直接根据 IMU、相机等观测量求得无人机的真实状态。通常根据传感器测量数据构建与状态量相关的残差，并通过最小化残差使得估计状态接近无人机真实状态。因此，如何构建残差及建立残差与状态量间的关系是无人机自主导航的关键问题。本节中将优化问题构建为基于多种传感器约束的最小二乘问题：

$$\hat{\boldsymbol{X}} = \arg\min_{\boldsymbol{X}} \sum_{k=0}^{N-1} \left\| \boldsymbol{r}_I\left({}^{b_k}\boldsymbol{z}_{b_{k+1}}, \boldsymbol{X} \right) \right\|_{{}^{b_k}\boldsymbol{\sigma}_{b_{k+1}}}^2 + \sum_{j\in\{0,\cdots,N\},h\in\{0,\cdots,m\}} \rho\left(\left\| \boldsymbol{r}_C\left({}^{C_j}\boldsymbol{z}_h, \boldsymbol{X} \right) \right\|_{{}^{C_j}\boldsymbol{\sigma}_h}^2 \right) + \left\| \boldsymbol{r}_M(\boldsymbol{X}) \right\|_{\boldsymbol{\sigma}_m}^2 \tag{3.102}$$

式中，滑窗大小为 $N+1$；滑窗中观测到的特征数量为 $m+1$；$\boldsymbol{r}_I$ 表示 IMU 预积分残差；${}^{b_k}\boldsymbol{z}_{b_{k+1}}$ 表示第 k 帧与第 $k+1$ 帧间的 IMU 预积分观测；$\boldsymbol{r}_C$ 表示视觉重投影残差；${}^{C_j}\boldsymbol{z}_h$ 表示滑窗中第 h 个特征在滑窗中第 j 帧相机中的视觉重投影观测；$\boldsymbol{r}_M$ 表示边缘化残差；${}^{b_k}\boldsymbol{\sigma}_{b_{k+1}}$、${}^{C_j}\boldsymbol{\sigma}_h$、$\boldsymbol{\sigma}_m$ 分别为 $\boldsymbol{r}_I$、$\boldsymbol{r}_C$、$\boldsymbol{r}_M$ 对应的协方差矩阵；$\rho(\cdot)$ 表示 Huber 核函数[28]。

下面分别给出式(3.102)中残差的具体表达形式。

1. IMU 预积分残差

IMU 采样频率通常远高于图像采集频率，在基于视觉惯性的无人机自主导航系统中，可以对相邻两图像关键帧之间的 IMU 量测数据进行积分，得到两图像帧之间的状态增量。传统 IMU 积分过程在相机第 k 帧的状态基础上，对相机第 k 帧和第 $k+1$ 帧之间所有 IMU 测量数据进行积分，得到第 $k+1$ 帧对应的状态。这意味着每次优化完成后，由于第 k 帧状态被更新，原有的 IMU 积分值变得不再可靠，为了继续预估下一帧状态，需要重新对帧间的 IMU 数据进行积分，这在机载计算机上是难以承受的。为了减少 IMU 积分次数，需要将待优化变量与 IMU 的量测数据分离，将原本参考坐标系下的积分变为相邻两帧间相对运动的积分，使得积分量只与 IMU 量测有关，而与积分起始点无关。这一积分操作就称为 IMU 预积分。

通常情况下，IMU 积分连续形式可表达为

$$
\begin{aligned}
\boldsymbol{t}_{t_{k+1}} &= \boldsymbol{t}_{t_k} + \boldsymbol{v}_{t_k}\Delta t_k + \iint_{t\in[t_k,t_{k+1}]}[\boldsymbol{R}_t(\hat{\boldsymbol{a}}_t - \hat{\boldsymbol{b}}_{a,t}) - \boldsymbol{g}]\mathrm{d}t^2 \\
\boldsymbol{v}_{t_{k+1}} &= \boldsymbol{v}_{t_k} + \int_{t\in[t_k,t_{k+1}]}[\boldsymbol{R}_t(\hat{\boldsymbol{a}}_t - \hat{\boldsymbol{b}}_{a,t}) - \boldsymbol{g}]\mathrm{d}t \\
\boldsymbol{q}_{t_{k+1}} &= \boldsymbol{q}_{t_k} \otimes \int_{t\in[t_k,t_{k+1}]} \frac{1}{2}\boldsymbol{\Omega}(\hat{\boldsymbol{\omega}}_t - \hat{\boldsymbol{b}}_{g,t})\boldsymbol{q}_t\,\mathrm{d}t
\end{aligned} \tag{3.103}
$$

式中，$\Delta t_k = t_{k+1} - t_k$；$\boldsymbol{g}$ 为参考坐标系下的重力加速度；$\boldsymbol{q}$ 为姿态矩阵对应的单位四元数。

通过 IMU 积分的形式可以看出，此时求解 $k+1$ 时刻的状态需要依赖第 k 帧的状态 $\boldsymbol{t}_{t_k}$、$\boldsymbol{v}_{t_k}$、$\boldsymbol{R}_{t_k}$，而这属于优化过程中会更新的待优化变量。为了分离待优化变量，在式(3.103)两边同时乘以 $\boldsymbol{R}_{t_k}^{\mathrm{T}}$（或其对应的单位四元数），可得

$$
\begin{aligned}
\boldsymbol{R}_{t_k}^{\mathrm{T}}\boldsymbol{t}_{t_k} &= \boldsymbol{R}_{t_k}^{\mathrm{T}}\left(\boldsymbol{t}_{t_k} + \boldsymbol{v}_{t_k}\Delta t_k - \frac{1}{2}\boldsymbol{g}\Delta t_k^2\right) + {}^{b_k}\boldsymbol{\alpha}_{b_{k+1}} \\
\boldsymbol{R}_{t_k}^{\mathrm{T}}\boldsymbol{v}_{t_k} &= \boldsymbol{R}_{t_k}^{\mathrm{T}}(\boldsymbol{v}_{t_k} - \boldsymbol{g}\Delta t_k) + {}^{b_k}\boldsymbol{\beta}_{b_{k+1}} \\
\boldsymbol{q}_{t_k}^{-1} \otimes \boldsymbol{q}_{t_{k+1}} &= {}^{b_k}\boldsymbol{\gamma}_{b_{k+1}}
\end{aligned} \tag{3.104}
$$

式中

$$
\begin{aligned}
{}^{b_k}\boldsymbol{\alpha}_{b_{k+1}} &= \iint_{t\in[t_k,t_{k+1}]}\left[{}^{b_{t_k}}\boldsymbol{R}_{b_t}(\hat{\boldsymbol{a}}_t - \boldsymbol{b}_{a,t})\right]\mathrm{d}t^2 \\
{}^{b_k}\boldsymbol{\beta}_{b_{k+1}} &= \int_{t\in[t_k,t_{k+1}]}\left[{}^{b_{t_k}}\boldsymbol{R}_{b_t}(\hat{\boldsymbol{a}}_t - \boldsymbol{b}_{a,t})\right]\mathrm{d}t \\
{}^{b_k}\boldsymbol{\gamma}_{b_{k+1}} &= \int_{t\in[t_k,t_{k+1}]}\frac{1}{2}\boldsymbol{\Omega}(\hat{\boldsymbol{\omega}}_t - \boldsymbol{b}_{g,t})^{b_k}\boldsymbol{\gamma}_{b_t}\,\mathrm{d}t
\end{aligned} \tag{3.105}
$$

${}^{b_k}\boldsymbol{\alpha}_{b_{k+1}}$、${}^{b_k}\boldsymbol{\beta}_{b_{k+1}}$、${}^{b_k}\boldsymbol{\gamma}_{b_{k+1}}$ 即为第 k 帧到第 $k+1$ 帧间的 IMU 预积分观测。

从式(3.105)中可以看出，IMU 预积分的计算仍然依赖待优化变量 $\boldsymbol{b}_a$、$\boldsymbol{b}_g$，当待优化变量发生变化时 IMU 预积分仍然需要重新计算，造成了大量的计算资源浪费。为了解决这一问题，对式(3.105)在 $\boldsymbol{b}_{a,t_k}$、$\boldsymbol{b}_{g,t_k}$ 处作一阶线性近似可得

$$
\begin{aligned}
{}^{b_k}\boldsymbol{\alpha}_{b_{k+1}} &\approx {}^{b_k}\hat{\boldsymbol{\alpha}}_{b_{k+1}} + \boldsymbol{J}_{b_a}^{\alpha}\delta\boldsymbol{b}_{a,t_k} + \boldsymbol{J}_{b_g}^{\alpha}\delta\boldsymbol{b}_{g,t_k} \\
{}^{b_k}\boldsymbol{\beta}_{b_{k+1}} &\approx {}^{b_k}\hat{\boldsymbol{\beta}}_{b_{k+1}} + \boldsymbol{J}_{b_a}^{\beta}\delta\boldsymbol{b}_{a,t_k} + \boldsymbol{J}_{b_g}^{\beta}\delta\boldsymbol{b}_{g,t_k} \\
{}^{b_k}\boldsymbol{\gamma}_{b_{k+1}} &\approx {}^{b_k}\hat{\boldsymbol{\gamma}}_{b_{k+1}} \otimes \begin{bmatrix} 1 \\ \frac{1}{2}\boldsymbol{J}_{b_g}^{\gamma}\delta\boldsymbol{b}_{g,t_k} \end{bmatrix}
\end{aligned} \tag{3.106}
$$

式中

$$
\begin{aligned}
{}^{b_k}\hat{\boldsymbol{\alpha}}_{b_{k+1}} &= \iint_{t\in[t_k,t_{k+1}]}\left[{}^{b_{t_k}}\boldsymbol{R}_{b_t}(\hat{\boldsymbol{a}}_t-\boldsymbol{b}_{a,t_k})\right]\mathrm{d}t^2 \\
{}^{b_k}\hat{\boldsymbol{\beta}}_{b_{k+1}} &= \int_{t\in[t_k,t_{k+1}]}\left[{}^{b_{t_k}}\boldsymbol{R}_{b_t}(\hat{\boldsymbol{a}}_t-\boldsymbol{b}_{a,t_k})\right]\mathrm{d}t \\
{}^{b_k}\hat{\boldsymbol{\gamma}}_{b_{k+1}} &= \int_{t\in[t_k,t_{k+1}]}\frac{1}{2}\boldsymbol{\Omega}(\hat{\boldsymbol{\omega}}_t-\boldsymbol{b}_{g,t_k})^{b_k}\boldsymbol{\gamma}_{b_t}\mathrm{d}t
\end{aligned}
\tag{3.107}
$$

式(3.106)中$\boldsymbol{J}_{b_a}^{\alpha}$、$\boldsymbol{J}_{b_g}^{\alpha}$、$\boldsymbol{J}_{b_a}^{\beta}$、$\boldsymbol{J}_{b_g}^{\beta}$、$\boldsymbol{J}_{b_g}^{\gamma}$分别为 IMU 预积分关于$\boldsymbol{b}_{a,t_k}$、$\boldsymbol{b}_{g,t_k}$的雅可比矩阵：

$$
\boldsymbol{J}_{b_a}^{\alpha}=\frac{\partial\,{}^{b_k}\boldsymbol{\alpha}_{b_{k+1}}}{\partial\boldsymbol{b}_{a_{t_k}}},\ \boldsymbol{J}_{b_g}^{\alpha}=\frac{\partial\,{}^{b_k}\boldsymbol{\alpha}_{b_{k+1}}}{\partial\boldsymbol{b}_{g,t_k}},\ \boldsymbol{J}_{b_a}^{\beta}=\frac{\partial\,{}^{b_k}\boldsymbol{\beta}_{b_{k+1}}}{\partial\boldsymbol{b}_{a,t_k}},\ \boldsymbol{J}_{b_g}^{\beta}=\frac{\partial\,{}^{b_k}\boldsymbol{\beta}_{b_{k+1}}}{\partial\boldsymbol{b}_{g,t_k}},\ \boldsymbol{J}_{b_g}^{\gamma}=\frac{\partial\,{}^{b_k}\boldsymbol{\gamma}_{b_{k+1}}}{\partial\boldsymbol{b}_{g,t_k}}
\tag{3.108}
$$

将式(3.107)与式(3.108)代入式(3.106)，可以近似地将IMU预积分观测(3.105)由偏置产生的变化通过一阶近似加以补偿，从而定义 IMU 预积分观测${}^{b_k}\boldsymbol{z}_{b_{k+1}}$为

$$
{}^{b_k}\boldsymbol{z}_{b_{k+1}}=\begin{bmatrix}{}^{b_k}\boldsymbol{\alpha}_{b_{k+1}}\\ {}^{b_k}\boldsymbol{\beta}_{b_{k+1}}\\ {}^{b_k}\boldsymbol{\gamma}_{b_{k+1}}\end{bmatrix}\approx\begin{bmatrix}{}^{b_k}\hat{\boldsymbol{\alpha}}_{b_{k+1}}+\boldsymbol{J}_{b_a}^{\alpha}\delta\boldsymbol{b}_{a,t_k}+\boldsymbol{J}_{b_g}^{\alpha}\delta\boldsymbol{b}_{g,t_k}\\ {}^{b_k}\hat{\boldsymbol{\beta}}_{b_{k+1}}+\boldsymbol{J}_{b_a}^{\beta}\delta\boldsymbol{b}_{a,t_k}+\boldsymbol{J}_{b_g}^{\beta}\delta\boldsymbol{b}_{g,t_k}\\ \boldsymbol{\gamma}\otimes\begin{bmatrix}1\\ \frac{1}{2}\boldsymbol{J}_{b_g}^{\gamma}\delta\boldsymbol{b}_{g,t_k}\end{bmatrix}\end{bmatrix}
\tag{3.109}
$$

将式(3.109)代入式(3.104)，可以定义 IMU 预积分残差如式(3.110)所示：

$$
\boldsymbol{r}_I({}^{b_k}\boldsymbol{z}_{b_{k+1}},\boldsymbol{X})=\begin{bmatrix}\boldsymbol{R}_{t_k}^{\mathrm{T}}\left(\boldsymbol{t}_{t_{k+1}}-\boldsymbol{t}_{t_k}-\boldsymbol{v}_{t_k}\Delta t_k+\frac{1}{2}\boldsymbol{g}\Delta t_k^2\right)-{}^{b_k}\boldsymbol{\alpha}_{b_{k+1}}\\ 2\left[{}^{b_k}\boldsymbol{\gamma}_{b_{k+1}}^{-1}\otimes\boldsymbol{q}_{t_k}^{-1}\otimes\boldsymbol{q}_{t_{k+1}}\right]_{xyz}\\ \boldsymbol{R}_{t_k}^{\mathrm{T}}(\boldsymbol{v}_{t_{k+1}}-\boldsymbol{v}_{t_k}+\boldsymbol{g}\Delta t_k)-{}^{b_k}\boldsymbol{\beta}_{b_{k+1}}\\ \boldsymbol{b}_{a_{t_{k+1}}}-\boldsymbol{b}_{a_{t_k}}\\ \boldsymbol{b}_{g_{t_{k+1}}}-\boldsymbol{b}_{g_{t_k}}\end{bmatrix}
\tag{3.110}
$$

从式(3.110)中可以看出，IMU 预积分残差利用$t_k\sim t_{k+1}$所有的 IMU 数据进行积分，为t_k时刻与t_{k+1}时刻的无人机状态$\boldsymbol{x}_{t_k}$与$\boldsymbol{x}_{t_{k+1}}$提供约束。

2. 视觉重投影残差

对于空间中的一个特征点，可以通过 3.3.2 节介绍的特征匹配方法，找到其在滑窗中不同相机帧间的对应关系。假设空间中第 h 个特征点 $\boldsymbol{P}_h$ 同时被滑窗中的第 i 帧相机与第 j 帧相机观测到，其中第 i 帧相机为特征点 $\boldsymbol{P}_h$ 第一次被观测到的相机帧。视觉重投影观测 ${}^{C_j}\boldsymbol{z}_h$ 被定义为滑窗中第 h 个特征在第 j 帧相机中的归一化坐标：

$$
{}^{C_j}\boldsymbol{z}_h = \boldsymbol{K}^{-1}\begin{bmatrix} {}^{C_j}u_h \\ {}^{C_j}v_h \\ 1 \end{bmatrix} \tag{3.111}
$$

式中，$\boldsymbol{K}$ 为相机内参矩阵，具体定义见式(3.12)；$\left({}^{C_j}u_h, {}^{C_j}v_h\right)$ 为特征点 $\boldsymbol{P}_h$ 在第 j 帧相机中的像素坐标。

通过第 i 帧与第 j 帧之间的位姿转换关系，将滑窗内第 h 个特征点 $\boldsymbol{P}_h$ 从第 i 帧相机坐标系 C_i 转换到第 j 帧相机坐标系 C_j 下的归一化坐标，与实际观察到的第 j 帧相机坐标系下的特征点的归一化坐标之间差值，即为视觉重投影残差 $\boldsymbol{r}_C\left({}^{C_j}\boldsymbol{z}_h, \boldsymbol{X}\right)$，表达式为

$$
\boldsymbol{r}_C\left({}^{C_j}\boldsymbol{z}_h, \boldsymbol{X}\right) = {}^{C_j}\boldsymbol{z}_h - {}^{b}\boldsymbol{R}_{C_l}^{\mathrm{T}}\left\{\boldsymbol{R}_{t_j}^{\mathrm{T}}\left[\boldsymbol{R}_{t_i}^{\mathrm{T}}\left({}^{b}\boldsymbol{R}_{C_l}\frac{1}{\lambda_h}\boldsymbol{K}^{-1}\begin{bmatrix} {}^{C_i}u_h \\ {}^{C_i}v_h \\ 1 \end{bmatrix} + {}^{b}\boldsymbol{t}_{C_l}\right) + \boldsymbol{t}_{t_i}^{\mathrm{T}} - \boldsymbol{t}_{t_j}^{\mathrm{T}}\right] - {}^{b}\boldsymbol{t}_{C_l}\right\} \tag{3.112}
$$

式中，$\left({}^{C_i}u_h, {}^{C_i}v_h\right)$ 为特征点 $\boldsymbol{P}_h$ 在第 i 帧相机中的像素坐标；当 $i \neq j$ 时，式(3.112)描述的是特征点 $\boldsymbol{P}_h$ 在滑窗中不同相机帧左目相机中的重投影残差；当 $i = j$ 时，式(3.112)描述的是特征点 $\boldsymbol{P}_h$ 在滑窗中同一相机帧左右目相机间的视觉重投影残差（i 表示左目相机，j 表示右目相机），则式(3.112)可以化简为

$$
\boldsymbol{r}_C\left({}^{C_r}\boldsymbol{z}_h, \boldsymbol{X}\right) = {}^{C_r}\boldsymbol{z}_h - {}^{b}\boldsymbol{R}_{C_r}^{\mathrm{T}}\left({}^{b}\boldsymbol{R}_{C_l}\frac{1}{\lambda_h}\boldsymbol{K}^{-1}\begin{bmatrix} {}^{C_i}u_h \\ {}^{C_i}v_h \\ 1 \end{bmatrix} + {}^{b}\boldsymbol{t}_{C_l}\right) - {}^{b}\boldsymbol{t}_{C_r} \tag{3.113}
$$

从式(3.112)与式(3.113)中定义的视觉重投影残差可以看出，视觉重投影残差利用特征在多帧相机中的对应关系，为滑窗内的无人机状态、特征点逆深度、相机和 IMU 之间的外参提供约束。

3. 边缘化残差

为了避免计算优化求解的计算量随着相机帧数的增加而不断增大，使用基于关键帧策略的滑窗来剔除过老以及相似的相机帧，通过边缘化操作将删除的相机帧约束保留在边缘化约束中，从而保持稳定的后端优化计算[24]。

在滑窗中，使用视差来进行关键帧的判断，视差根据当前帧和上一帧共同的特征点数量来进行判断，若两帧共同的特征点数量小于一定阈值，则表明两帧之间存在较大视差，新的一帧被判断为关键帧。基于优化的自主导航方法的边缘化策略为：新加入滑窗的帧需要首先判断是否为关键帧。若当前帧非关键帧，则删除滑窗中的次新帧，将当前帧加入滑窗，同时保留 IMU 约束，保证其状态保持连续计算；若最新帧为关键帧，则删除滑窗内的最老帧，将最新帧加入滑窗。

在当前帧为关键帧移出最老帧时，为了尽量保留更多的约束在滑窗内，并非直接将最老帧删除，而是使用边缘化操作将即将被移除的约束信息保留在最老帧的共视帧上。边缘化操作首先需要将优化问题转换为高斯-牛顿增量方程 $\boldsymbol{H}\Delta\boldsymbol{X}=\boldsymbol{b}$ 的形式，然后将标准形式中的 Hessian 矩阵 $\boldsymbol{H}$ 分为将要被边缘化的部分和需要保留的部分，再使用舒尔补(Schur complement)[29]的方式保留信息。下面给出利用舒尔补推导边缘化残差的详细过程。

首先，将 Hessian 矩阵 $\boldsymbol{H}$ 拆分为式(3.114)的形式：

$$\boldsymbol{H}\Delta\boldsymbol{X}=\boldsymbol{b}\Leftrightarrow\begin{bmatrix}\boldsymbol{H}_{mm} & \boldsymbol{H}_{mr}\\ \boldsymbol{H}_{rm} & \boldsymbol{H}_{rr}\end{bmatrix}\begin{bmatrix}\Delta\boldsymbol{X}_m\\ \Delta\boldsymbol{X}_r\end{bmatrix}=\begin{bmatrix}\boldsymbol{b}_{mm}\\ \boldsymbol{b}_{rr}\end{bmatrix} \tag{3.114}$$

式中，$\Delta\boldsymbol{X}_m$ 表示需要边缘化的状态量 $\boldsymbol{X}_m$ 对应的状态量增量；$\Delta\boldsymbol{X}_r$ 表示需要保留的状态量 $\boldsymbol{X}_r$ 对应的状态量增量。式(3.114)经过一系列的初等变换可得

$$\begin{bmatrix}\boldsymbol{H}_{mm} & \boldsymbol{H}_{mr}\\ 0 & \boldsymbol{H}_{rr}-\boldsymbol{H}_{rm}\boldsymbol{H}_{mm}^{-1}\boldsymbol{H}_{mr}\end{bmatrix}\begin{bmatrix}\Delta\boldsymbol{X}_m\\ \Delta\boldsymbol{X}_r\end{bmatrix}=\begin{bmatrix}\boldsymbol{b}_{mm}\\ \boldsymbol{b}_{rr}-\boldsymbol{H}_{rm}\boldsymbol{H}_{mm}^{-1}\boldsymbol{b}_{mm}\end{bmatrix} \tag{3.115}$$

式中，$\boldsymbol{H}_{rr}-\boldsymbol{H}_{rm}\boldsymbol{H}_{mm}^{-1}\boldsymbol{H}_{mr}$ 即为舒尔补，同时也是待优化变量 $\boldsymbol{X}_r$ 对应的 Hessian 矩阵，可见边缘化后的 Hessian 矩阵保留了与被边缘化掉的优化变量 $\boldsymbol{X}_m$ 相关的信息 $\boldsymbol{H}_{mm}$、$\boldsymbol{H}_{mr}$，即

$$\underbrace{\left(\boldsymbol{H}_{rr}-\boldsymbol{H}_{rm}\boldsymbol{H}_{mm}^{-1}\boldsymbol{H}_{mr}\right)}_{\boldsymbol{H}_p}\Delta\boldsymbol{X}_r=\underbrace{\boldsymbol{b}_{rr}-\boldsymbol{H}_{rm}\boldsymbol{H}_{mm}^{-1}\boldsymbol{b}_{mm}}_{\boldsymbol{b}_p} \tag{3.116}$$

式(3.116)可以写为标准高斯-牛顿增量方程的形式 $\boldsymbol{H}_p \Delta \boldsymbol{X}_r = \boldsymbol{b}_p$。在高斯-牛顿法中定义：

$$\boldsymbol{H}_p = \boldsymbol{J}^{\mathrm{T}}(\boldsymbol{X})\boldsymbol{J}(\boldsymbol{X}), \quad \boldsymbol{b}_p = -\boldsymbol{J}^{\mathrm{T}}(\boldsymbol{X})\boldsymbol{r}_M(\boldsymbol{X}) \tag{3.117}$$

式(3.117)的推导过程见式(3.121)～式(3.127)。

根据式(3.117)，可以进一步推导边缘化残差 $\boldsymbol{r}_M(\boldsymbol{X})$。首先，对 $\boldsymbol{H}_p$ 进行奇异值分解(singular value decomposition, SVD)，可得

$$\boldsymbol{H}_p = \boldsymbol{V}\boldsymbol{S}\boldsymbol{V}^{\mathrm{T}} = \left(\sqrt{\boldsymbol{S}}\boldsymbol{V}^{\mathrm{T}}\right)^{\mathrm{T}} \sqrt{\boldsymbol{S}}\boldsymbol{V}^{\mathrm{T}} \tag{3.118}$$

式中，$\boldsymbol{V}$ 为由 $\boldsymbol{H}_p$ 特征向量组成的矩阵；$\boldsymbol{S}$ 为由 $\boldsymbol{H}_p$ 特征根组成的对角矩阵。

对比式(3.118)与式(3.117)可知：

$$\boldsymbol{J}(\boldsymbol{X}) = \sqrt{\boldsymbol{S}}\boldsymbol{V}^{\mathrm{T}} \tag{3.119}$$

将式(3.119)代入式(3.117)中，可以定义边缘化残差 $\boldsymbol{r}_M(\boldsymbol{X})$ 为

$$\boldsymbol{r}_M(\boldsymbol{X}) = -\left(\boldsymbol{V}\sqrt{\boldsymbol{S}}\right)^{-1} \boldsymbol{b}_p \tag{3.120}$$

从式(3.114)～式(3.120)的推导过程可以看出，边缘化残差 $\boldsymbol{r}_M(\boldsymbol{X})$ 利用舒尔补对滑窗中被边缘化状态相关的约束进行补偿，在保证滑窗大小的同时尽量多地保留了先验信息。

3.5.3 非线性优化问题求解

非线性优化问题(3.102)可以转化为标准非线性优化问题的形式：

$$\begin{aligned} \hat{\boldsymbol{X}} &= \arg\min_{\boldsymbol{X}} \boldsymbol{E}^{\mathrm{T}}(\boldsymbol{X})\boldsymbol{E}(\boldsymbol{X}) \\ \boldsymbol{E}^{\mathrm{T}}(\boldsymbol{X})\boldsymbol{E}(\boldsymbol{X}) &= \sum_{k\in\{0,\cdots,N-1\}} \left\| \boldsymbol{r}_I\left({}^{b_k}\boldsymbol{z}_{b_{k+1}}, \boldsymbol{X}\right) \right\|^2_{{}^{b_k}\boldsymbol{\sigma}_{b_{k+1}}} + \sum_{j\in\{0,\cdots,N\},h\in\{0,\cdots,m\}} \rho\left(\left\| \boldsymbol{r}_C\left({}^{C_j}\boldsymbol{z}_h, \boldsymbol{X}\right) \right\|^2_{{}^{C_j}\boldsymbol{\sigma}_h} \right) \\ &\quad + \left\| \boldsymbol{r}_M(\boldsymbol{X}) \right\|^2_{\boldsymbol{\sigma}_m} \end{aligned} \tag{3.121}$$

在非线性优化问题的求解过程中，通过迭代状态量 $\boldsymbol{X}$ 使 $\boldsymbol{E}^{\mathrm{T}}(\boldsymbol{X})\boldsymbol{E}(\boldsymbol{X})$ 达到最小。

首先，对 $\boldsymbol{E}(\boldsymbol{X})$ 进行一阶泰勒展开：

$$\boldsymbol{E}(\boldsymbol{X} + \Delta \boldsymbol{X}) \approx \boldsymbol{E}(\boldsymbol{X}) + \boldsymbol{J}(\boldsymbol{X})\Delta \boldsymbol{X} \tag{3.122}$$

式中，$\boldsymbol{J}(\boldsymbol{X})$ 为 $\boldsymbol{E}(\boldsymbol{X})$ 相对于状态量 $\boldsymbol{X}$ 的雅可比矩阵；$\Delta\boldsymbol{X}$ 为状态增量。根据式(3.122)可以将式(3.121)中定义的关于状态量 $\boldsymbol{X}$ 的优化问题转化为寻找一个状态增量 $\Delta\boldsymbol{X}$，使 $\boldsymbol{E}^{\mathrm{T}}(\boldsymbol{X}+\Delta\boldsymbol{X})\boldsymbol{E}(\boldsymbol{X}+\Delta\boldsymbol{X})$ 达到最小的优化问题。

随后，将式(3.121)中定义的非线性优化问题转化为一个线性最小二乘问题：

$$\Delta\hat{\boldsymbol{X}}=\underset{\Delta\boldsymbol{X}}{\arg\min}\left(\boldsymbol{E}(\boldsymbol{X})+\boldsymbol{J}(\boldsymbol{X})\Delta\boldsymbol{X}\right)^{\mathrm{T}}\left(\boldsymbol{E}(\boldsymbol{X})+\boldsymbol{J}(\boldsymbol{X})\Delta\boldsymbol{X}\right) \tag{3.123}$$

根据极值条件，将目标函数 $\left(\boldsymbol{E}(\boldsymbol{X})+\boldsymbol{J}(\boldsymbol{X})\Delta\boldsymbol{X}\right)^{\mathrm{T}}\left(\boldsymbol{E}(\boldsymbol{X})+\boldsymbol{J}(\boldsymbol{X})\Delta\boldsymbol{X}\right)$ 对 $\Delta\boldsymbol{X}$ 求导数，并令其等于零，即可实现对梯度 $\Delta\boldsymbol{X}$ 的求解，即

$$\frac{\partial\left(\boldsymbol{E}(\boldsymbol{X})+\boldsymbol{J}(\boldsymbol{X})\Delta\boldsymbol{X}\right)^{\mathrm{T}}\left(\boldsymbol{E}(\boldsymbol{X})+\boldsymbol{J}(\boldsymbol{X})\Delta\boldsymbol{X}\right)}{\partial\Delta\boldsymbol{X}}=0 \tag{3.124}$$

式中

$$\frac{\partial\left(\boldsymbol{E}(\boldsymbol{X})+\boldsymbol{J}(\boldsymbol{X})\Delta\boldsymbol{X}\right)^{\mathrm{T}}\left(\boldsymbol{E}(\boldsymbol{X})+\boldsymbol{J}(\boldsymbol{X})\Delta\boldsymbol{X}\right)}{\partial\Delta\boldsymbol{X}}=2\boldsymbol{E}(\boldsymbol{X})^{\mathrm{T}}\boldsymbol{J}(\boldsymbol{X})+2\Delta\boldsymbol{X}^{\mathrm{T}}\boldsymbol{J}(\boldsymbol{X})^{\mathrm{T}}\boldsymbol{J}(\boldsymbol{X}) \tag{3.125}$$

将式(3.125)代入式(3.124)并整理，可得

$$\boldsymbol{J}^{\mathrm{T}}(\boldsymbol{X})\boldsymbol{J}(\boldsymbol{X})\Delta\boldsymbol{X}=-\boldsymbol{J}(\boldsymbol{X})^{\mathrm{T}}\boldsymbol{E}(\boldsymbol{X}) \tag{3.126}$$

令 $\boldsymbol{H}(\boldsymbol{X})=\boldsymbol{J}^{\mathrm{T}}(\boldsymbol{X})\boldsymbol{J}(\boldsymbol{X})$，$\boldsymbol{b}(\boldsymbol{X})=-\boldsymbol{J}^{\mathrm{T}}(\boldsymbol{X})\boldsymbol{E}(\boldsymbol{X})$，式(3.126)可以整理为高斯-牛顿增量方程的形式：

$$\boldsymbol{H}(\boldsymbol{X})\Delta\boldsymbol{X}=\boldsymbol{b}(\boldsymbol{X}) \tag{3.127}$$

最后，根据式(3.127)不断迭代求解 $\Delta\boldsymbol{X}$，并利用其迭代更新状态量 $\boldsymbol{X}$，实现对无人机状态量 $\boldsymbol{X}$ 的优化求解。基于高斯-牛顿优化求解基于视觉的无人机自主导航问题的过程归纳为算法 3.1。

算法 3.1　基于高斯-牛顿优化求解基于视觉的无人机自主导航问题

输入：状态量初值 $\boldsymbol{X}^0$，最大迭代次数 n，状态量增量阈值 γ

输出：无人机状态的估计值 $\hat{\boldsymbol{X}}$

for $i\leftarrow 0$ **to** $i\leftarrow n$ **do**

　　根据第 i 次迭代的状态量 $\boldsymbol{X}^i$ 计算 $\boldsymbol{E}(\boldsymbol{X}^i)$

　　根据第 i 次迭代的状态量 $\boldsymbol{X}^i$ 计算雅可比矩阵 $\boldsymbol{J}(\boldsymbol{x}^i)$

求解高斯-牛顿增量方程(3.127)，获得第 i 次迭代的状态量增量 $\Delta \boldsymbol{X}^i$

if $\Delta \boldsymbol{X}^i \leqslant \gamma$ **or** $i = n$ **then**

$\hat{\boldsymbol{X}} = \boldsymbol{X}^i + \Delta \boldsymbol{X}^i$

return $\hat{\boldsymbol{X}}$

else

$\boldsymbol{X}^{i+1} = \boldsymbol{X}^i + \Delta \boldsymbol{X}^i$

end

end

3.6 实 验 验 证

为了验证两类基于视觉的无人机自主导航方法的有效性，本节分别在公开数据集上进行了实验对比。实验在基于 Ubuntu 18.04 的机器人操作系统(robot operating system, ROS)下实现，并给出了轨迹对比图与对比表格作为参考。本节在 EuRoC 数据集[30]上对基于视觉的无人机自主导航方法进行实验验证，该数据集由苏黎世联邦理工学院自主系统实验室开源，包含了小型无人机在苏黎世联邦理工学院机房(图 3.18)和室内房间飞行过程中采集的双目图像数据、IMU 测量数据、地面轨迹真值和相机与 IMU 外参等，总共提供了 11 个序列，涵盖了从良好视觉条件下的慢速飞行到包含运动模糊和照明不足情况下的快速飞行，使得相关研究者能在该数据集上彻底测试和评估视觉和视觉惯性导航方法。

图 3.18　苏黎世联邦理工学院机房

针对 3.4 节和 3.5 节所提方法，本节在 EuRoC 数据集的 9 条序列上分别进行实验验证，将方法估计轨迹与真实轨迹通过 evo 轨迹评估工具进行对齐，得到方法估计轨迹与真实轨迹之间的误差(包括最大值、最小值、平均值、均方根误差和标准差等)，以 V101 序列为例，以真实轨迹为参考轨迹，基于滤波后端的无人机自主导航方法估计轨迹和基于优化后端的无人机自主导航方法估计轨迹对比如图 3.19 所示。

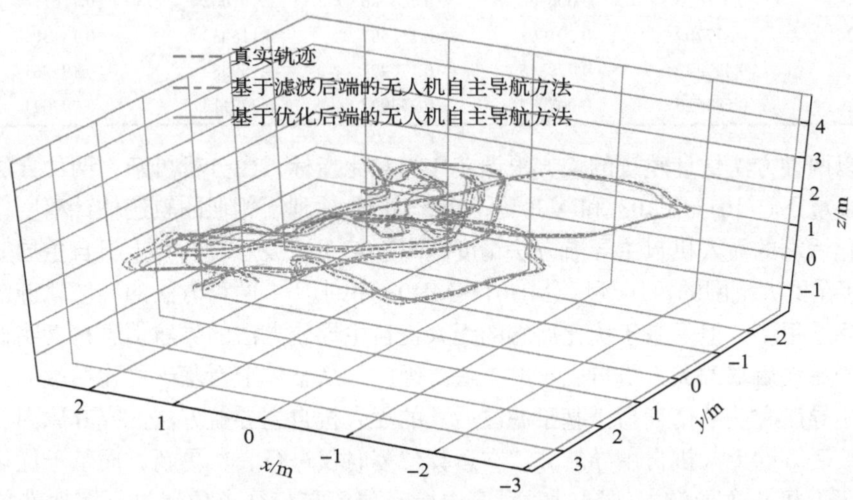

图 3.19　滤波轨迹与优化轨迹对比示意图

基于滤波后端的无人机自主导航方法和基于优化后端的无人机自主导航方法在 9 条序列上的轨迹误差结果分别如表 3.1 和表 3.2 所示。

表 3.1　基于滤波后端的无人机自主导航方法的轨迹估计误差　(单位：m)

序列	最大值	最小值	平均值	中位数	均方根误差
MH01	7.428909	0.693543	4.024710	4.618324	4.369992
MH02	9.078006	0.705120	4.526034	4.278519	4.890879
MH03	7.984497	0.170857	3.066467	2.634045	3.486225
V101	0.222551	0.010391	0.104532	0.104587	0.113302
V102	0.216212	0.010699	0.110567	0.110718	0.116912
V103	0.303317	0.008893	0.154905	0.15316	0.164407
V201	0.222958	0.004589	0.085094	0.079876	0.095756
V202	0.652654	0.031883	0.218622	0.201614	0.241257
V203	2.743378	0.181398	1.036327	0.951697	1.153304

表 3.2　基于优化后端的无人机自主导航方法的轨迹估计误差　(单位：m)

序列	最大值	最小值	平均值	中位数	均方根误差
MH01	2.624105	0.230297	0.964603	0.874531	1.038133
MH02	3.002908	0.249652	1.337649	1.381686	1.530329
MH03	2.972819	0.022586	1.039234	0.859678	1.210486

续表

序列	最大值	最小值	平均值	中位数	均方根误差
V101	0.229759	0.014189	0.116611	0.113305	0.123270
V102	0.222122	0.006316	0.126690	0.125352	0.135116
V103	0.311630	0.006560	0.104986	0.101002	0.116718
V201	0.277209	0.001908	0.117587	0.116833	0.131309
V202	0.429239	0.028375	0.176971	0.159584	0.195961
V203	0.583520	0.007092	0.273927	0.277113	0.297021

以两种方法估计轨迹的均方根误差作为对比指标，由分析可知，两种方法在室内环境下(V101～V103 和 V201～V203 序列)达到了相似的轨迹估计精度，基于优化后端的无人机自主导航方法精度略高于基于滤波后端的无人机自主导航方法。而在更大范围的机房环境(MH01～MH03 序列)下，两种方法的导航轨迹精度均下降了很多，但是基于优化后端的无人机自主导航方法的导航信息精度明显高于基于滤波后端的无人机自主导航方法。因此，从整体上看基于优化后端的无人机自主导航方法的精度高于基于滤波后端的无人机自主导航方法。究其原因，基于滤波后端的无人机自主导航方法在运算位姿时仅进行一次更新，而基于优化后端的无人机自主导航方法同时对滑窗内所有位姿与特征点位置进行多次迭代优化，结果通常更准确。实验结果表明，基于滤波后端的无人机自主导航方法与基于优化后端的无人机自主导航方法均能在结构化环境中对无人机位姿状态进行约束，实现了无人机自主导航，满足小型无人机在特殊任务场景下的导航需求。

3.7 本 章 小 结

针对基于视觉的无人机自主导航问题，首先介绍了包括针孔相机、双目相机以及 IMU 在内的机载传感器工作原理及模型。随后，针对图像中特征提取与匹配以及深度恢复需求，给出了适用于无人机有限机载计算资源的无人机自主导航前端数据处理方法。进一步设计了基于滤波后端和基于优化后端的无人机自主导航方法，并给出了详细推导过程。最后，在公开数据集上对上述方法进行了验证，结果表明在一些具有挑战的场景中，基于优化后端的无人机自主导航方法通过多次迭代求解，可以获得比基于滤波后端的无人机自主导航方法更准确、稳定的状态估计。两种方法均可以实现在结构化环境中无人机的自主导航，可用于支撑无人机在导航拒止环境下的自主飞行。

参 考 文 献

[1] Engel J, Schöps T, Cremers D. LSD-SLAM: Large-scale direct monocular SLAM. European

Conference on Computer Vision, Cham, 2014: 834-849.

[2] Engel J, Koltun V, Cremers D. Direct sparse odometry. IEEE Transactions on Pattern Analysis and Machine Intelligence, 2017, 40(3): 611-625.

[3] Davison A J, Reid I D, Molton N D, et al. MonoSLAM: Real-time single camera SLAM. IEEE Transactions on Pattern Analysis and Machine Intelligence, 2007, 29(6): 1052-1067.

[4] Klein G, Murray D. Parallel tracking and mapping for small AR workspaces. IEEE and ACM International Symposium on Mixed and Augmented Reality, Nara, 2007: 225-234.

[5] Mur-Artal R, Montiel J M M, Tardós J D. ORB-SLAM: A versatile and accurate monocular SLAM system. IEEE Transactions on Robotics, 2015, 31(5): 1147-1163.

[6] Bloesch M, Omari S, Hutter M, et al. Robust visual inertial odometry using a direct EKF-based approach. IEEE/RSJ International Conference on Intelligent Robots and Systems, Hamburg, 2015: 298-304.

[7] Sun K, Mohta K, Pfrommer B, et al. Robust stereo visual inertial odometry for fast autonomous flight. IEEE Robotics and Automation Letters, 2018, 3(2): 965-972.

[8] Mourikis A I, Roumeliotis S I. A multi-state constraint Kalman filter for vision-aided inertial navigation. IEEE International Conference on Robotics and Automation, Rome, 2007: 3565-3572.

[9] Leutenegger S, Lynen S, Bosse M, et al. Keyframe-based visual-inertial odometry using nonlinear optimization. The International Journal of Robotics Research, 2015, 34(3): 314-334.

[10] Qin T, Li P L, Shen S J. Vins-mono: A robust and versatile monocular visual-inertial state estimator. IEEE Transactions on Robotics, 2018, 34(4): 1004-1020.

[11] Qin T, Pan J, Cao S, et al. A general optimization-based framework for local odometry estimation with multiple sensors. arXiv preprint, arXiv:1901.03638, 2019.

[12] 高翔, 张涛, 刘毅. 视觉 SLAM 十四讲: 从理论到实践. 2 版. 北京: 电子工业出版社, 2019.

[13] Zhang Z C, Forster C, Scaramuzza D. Active exposure control for robust visual odometry in HDR environments. IEEE International Conference on Robotics and Automation, Singapore, 2017: 3894-3901.

[14] Zhao S B, Zhang H R, Wang P, et al. Super odometry: IMU-centric LiDAR-visual-inertial estimator for challenging environments. IEEE/RSJ International Conference on Intelligent Robots and Systems, Prague, 2021: 8729-8736.

[15] 秦永元. 惯性导航. 2 版. 北京: 科学出版社, 2014.

[16] 严恭敏, 翁浚. 捷联惯导算法与组合导航原理. 西安: 西北工业大学出版社, 2019.

[17] Harris C, Stephens M. A combined corner and edge detector. Alvey Vision Conference, Manchester, 1988: 147-151.

[18] Trajković M, Hedley M. FAST corner detection. Image and Vision Computing, 1998, 16(2):

75-87.

[19] Shi J. Good features to track. Proceedings of IEEE Conference on Computer Vision and Pattern Recognition, Seattle, 1994: 593-600.

[20] Lowe D G. Distinctive image features from scale-invariant keypoints. International Journal of Computer Vision, 2004, 60(2): 91-110.

[21] Bay H, Ess A, Tuytelaars T, et al. Speeded-up robust features (SURF). Computer Vision and Image Understanding, 2008, 110(3): 346-359.

[22] Rublee E, Rabaud V, Konolige K, et al. ORB: An efficient alternative to SIFT or SURF. International Conference on Computer Vision, Barcelona, 2011: 2564-2571.

[23] Lucas B D, Kanade T. An iterative image registration technique with an application to stereo vision. Proceedings of the 7th International Joint Conference on Artificial Intelligence, Vancouver , 1981: 674-679.

[24] Hartley R , Zisserman A . Multiple View Geometry in Computer Vision. Cambridge: Cambridge University Press, 2003.

[25] Sola J. Quaternion kinematics for the error-state Kalman filter. arXiv preprint, arXiv: 1711.02508, 2017.

[26] Golub G H, van Loan C F. Matrix Computations. 3rd ed. Baltimore: Johns Hopkins University Press, 1996.

[27] Civera J, Davison A J, Martínez Montiel J M. Inverse depth parametrization for monocular SLAM. IEEE Transactions on Robotics, 2008, 24(5): 932-945.

[28] Huber P J. Robust estimation of a location parameter//Kotz S, Johnso N L. Breakthroughs in Statiscs. New York: Springer, 1992: 492-518.

[29] Sibley G, Matthies L, Sukhatme G. Sliding window filter with application to planetary landing. Journal of Field Robotics, 2010, 27(5): 587-608.

[30] Burri M, Nikolic J, Gohl P, et al. The EuRoC micro aerial vehicle datasets. International Journal of Robotics Research, 2016, 35(10): 1157-1163.

第 4 章　基于激光雷达的无人机自主导航方法

第 3 章介绍了基于视觉的无人机自主导航方法，可以为无人机提供轻量、低成本的自主导航解决方案。但根据相机成像原理，其定位性能很大程度上受限于光照条件。得益于激光的主动深度测量，激光雷达可以提供不受光照影响的点云信息。近年来随着激光雷达体积、重量、成本的持续降低，基于激光雷达的无人机自主导航技术受到了广泛关注。本章针对导航拒止环境下的无人机自主导航问题，设计基于激光雷达的无人机自主导航方法，研究激光雷达前端数据预处理技术，并针对点云地图与体素地图两种地图表达形式，分别设计基于激光雷达点云地图后端与基于激光雷达体素地图后端的无人机自主导航方法，实现无人机在导航拒止环境下的自主导航。

本章的主要内容安排如下：4.1 节介绍激光雷达自主导航领域的研究现状，并设计基于激光雷达的无人机自主导航方法的结构；4.2 节研究基于激光雷达的无人机自主导航前端数据预处理技术；4.3 节针对激光雷达点云地图表达形式，设计基于激光雷达点云地图后端的无人机自主导航方法；4.4 节针对激光雷达体素地图表达形式，设计基于激光雷达体素地图后端的无人机自主导航方法；4.5 节开展面向导航拒止环境的无人机自主导航实验验证；4.6 节给出本章小结。

4.1　概　　述

随着自主化无人机的快速发展，在实际任务场景中，通常要求无人机具备穿越未知、非结构化环境的能力。然而，上述场景对无人机的自主导航系统提出了很大挑战。近年来，基于激光雷达的无人机自主导航方法受到了国内外学者的广泛关注。

4.1.1　相关工作

基于激光雷达的自主导航方法包括以 ICP[1]、GICP[2]、NDT[3]等点云配准技术为代表的基于稠密点云的自主导航方法，以及以 LOAM[4]、LIO-SAM[5]为代表的基于特征点云的自主导航方法。为保证算法的实时性，基于稠密点云的自主导航方法通常在自主导航前端对激光雷达采集的原始点云进行均匀下采样处理，在自主导航后端对下采样后的点云进行配准，实现位姿估计。Koide 等[6]基于雷达点云配准技术开发了一套便携的激光雷达自主导航方法。该方法通过处理稠密的原始点云，实现位姿估计。但对原始点云的处理会产生很大的计算资源消耗，为了降低文献[6]中方法的计算复杂度，Yokozuka 等[7,8]将体素化方法引入基于雷达的自主导航方法中，实现了对原始点云数据的下采样，并基于高性能 GPU 实现了实时的激光雷达自主导航。然而，由于无人机体积、重量、功耗等方面的限制，目前配备高性能 GPU 的计算机仍无法作为无人机的机载计算机。

因此，基于特征的激光雷达自主导航方法由于精度与实时性方面的优异表现，成为目前基于激光雷达自主导航领域的主流。该方法通常在自主导航前端提取点云在空间中的几何特征，从而减小自主导航后端中需要处理的残差信息维度，降低自主导航方法的计算复杂度。文献[4]中提出了一种便捷的激光雷达特征提取方法，该方法通过曲率判据将空间中的点云分为线特征与面特征，并通过点到线匹配与点到面匹配构建空间几何约束，从而实现高精度的位姿估计。但是，上述仅依赖激光雷达的自主导航方法通常无法在高速运动下保证自主导航性能，而高速运动下的自主导航能力对无人机的自主飞行至关重要。因此，激光雷达通常与机载 IMU 融合，从而保证定位的精度。文献[9]利用滑窗中所有的雷达特征与 IMU 测量构建 BA 问题，实现了一个紧耦合激光雷达自主导航系统。尽管 BA 技术在基于视觉的自主导航系统中得到了广泛应用，但其需要处理滑窗中包含的所有雷达特征(为视觉特征的 10～100 倍)与载体位姿，难以在无人机机载计算机上实时运行。文献[5]中提出了一种基于因子图优化的激光雷达惯性自主导航方法，该方法融合了 IMU 预积分约束与 LOAM 中提出的地图层匹配约束，结合关键帧策略实现了对地面无人车的实时状态估计。针对无人机的自主导航问题，文献[10]提出了一种基于迭代卡尔曼滤波的激光雷达与 IMU 融合的无人机自主导航方法，该方法利用 Sherman-Morrison-Woodbury 等公式降低了卡尔曼增益矩阵中矩阵求逆的维度，从而显著降低算法的计算复杂度。文献[11]在文献[10]的基础上引入高效的增量式 KD-tree[12]数据结构，进一步提升了算法的计算效率，实现了面向无人机的激光雷达自主导航方法。

4.1.2 基于激光雷达的无人机自主导航方法结构设计

通过对近期相关工作的分析可知，基于激光雷达的自主导航方法可以分为基于原始点云的激光雷达自主导航方法[6-8]与基于激光雷达特征的自主导航方法[4,5,9-11]。对目前无人机的机载算力而言，基于原始点云的激光雷达自主导航方法需要对点云数据进行均匀下采样，才能实现在无人机机载运算平台上的实时运行。然而，均匀下采样策略是对算法精度与实时性的折中。以 LOAM[4]为代表的基于特征的自主导航方法，通过提取空间中的几何特征，可以在保证精度的前提下提升算法实时性。

因此，针对无人机的自主导航问题，本章重点介绍基于激光雷达特征的无人机自主导航方法，其结构如图 4.1 所示，整体结构由基于激光雷达的无人机自主导航前端与基于激光雷达的无人机自主导航后端两部分构成。基于激光雷达的无人机自主导航前端针对激光雷达与 IMU 输入的传感器原始数据，首先建立激光雷达与 IMU 的传感器模型；然后，根据激光雷达传感器模型，利用 IMU 信息对激光雷达点云进行畸变校正；最后，根据空间中点云的局部曲率，对去畸变后的点云进行特征提取。基于激光雷达的无人机自主导航后端由残差函数构建、非线性优化问题求解、地图构建三部分组成。残差函数：利用基于激光雷达的无人机自主导航前端提供的 IMU 信息与点云特征，分别构建 IMU 预测过程残差与激光雷达特征-地图匹配残差，从而定义非线性优化问题的代价函数；非线性优化问题求解：根据残差函数构建结果，利用高斯-牛顿迭代求解无人机状态向量；地图构建：利用无人机状态信息与点云信息构建无人机周围的环境地图。基于激光雷达的无人机自主导航方法通过无人机自主导航前端与无人机自主导航后端两个模块的稳定运行，实现无人机的自主定位与建图。

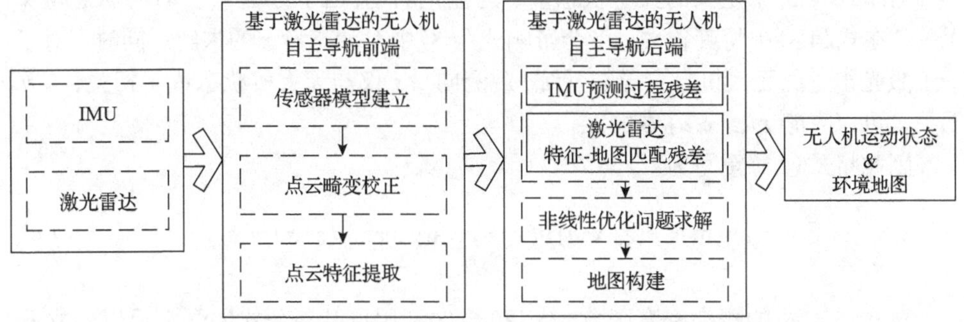

图 4.1　基于激光雷达特征的无人机自主导航方法结构图

4.1.3　问题描述

基于激光雷达的无人机自主导航方法利用激光雷达自主导航前端提供的点云信息与 IMU 提供的惯性测量信息，结合激光雷达自主导航后端对 IMU 与激光雷达特征点云数据进行融合，从而实现对无人机的状态估计。针对无人机的自主导航问题，定义无人机状态为

$$\boldsymbol{x}=\left[\boldsymbol{t}^{\mathrm{T}},\boldsymbol{v}^{\mathrm{T}},\boldsymbol{R}^{\mathrm{T}},\boldsymbol{b}_a^{\mathrm{T}},\boldsymbol{b}_g^{\mathrm{T}}\right]^{\mathrm{T}} \tag{4.1}$$

式中，$\boldsymbol{t}$ 、$\boldsymbol{v}$ 分别表示机体坐标系到参考坐标系的位置、速度；$\boldsymbol{R}\in \mathrm{SO}(3)$ 为机体

坐标系到参考坐标系的旋转矩阵；$\boldsymbol{b}_a$ 与 $\boldsymbol{b}_g$ 分别表示加速度计与陀螺仪的偏置。

根据系统状态量的定义(4.1)，可以将无人机的状态估计问题定义为最大后验估计问题：

$$\hat{\boldsymbol{x}} = \arg\max_{\boldsymbol{x}} p(\boldsymbol{x} \mid \boldsymbol{u}, \boldsymbol{z}) \tag{4.2}$$

式中，$\hat{\boldsymbol{x}}$ 表示无人机状态的估计向量；$\boldsymbol{u}$ 表示运动方程的输入(对于基于激光雷达的无人机自主导航系统，运动方程输入 $\boldsymbol{u}$ 为由 IMU 采集的无人机角速度与加速度信息)；$\boldsymbol{z}$ 表示观测向量(激光雷达特征-地图匹配观测)；$p(\cdot)$ 表示概率密度函数。通过对式(4.2)的求解可以得到在给定先验信息、运动方程输入、观测情况下的最优无人机状态。

首先，利用贝叶斯公式重写式(4.2)：

$$\hat{\boldsymbol{x}} = \arg\max_{\boldsymbol{x}} p(\boldsymbol{x} \mid \boldsymbol{u}, \boldsymbol{z}) = \arg\max_{\boldsymbol{x}} \frac{p(\boldsymbol{z} \mid \boldsymbol{x}, \boldsymbol{u}) p(\boldsymbol{x} \mid \boldsymbol{u})}{p(\boldsymbol{z} \mid \boldsymbol{u})} \tag{4.3}$$

对于式(4.3)中定义的关于状态量 $\boldsymbol{x}$ 的优化问题，由于分母 $p(\boldsymbol{z} \mid \boldsymbol{u})$ 与状态量 $\boldsymbol{x}$ 无关，在式(4.3)中将其省去，不会影响式(4.3)中对状态量 $\boldsymbol{x}$ 的求解。同时，对于基于激光雷达的无人机自主导航系统，观测向量 $\boldsymbol{z}$ 仅与无人机状态量 $\boldsymbol{x}$ 相关，与 $\boldsymbol{u}$ 无关，可以省略 $p(\boldsymbol{z} \mid \boldsymbol{x}, \boldsymbol{u})$ 中的 $\boldsymbol{u}$ 。

因此将式(4.3)重写为

$$\hat{\boldsymbol{x}} = \arg\max_{\boldsymbol{x}} p(\boldsymbol{z} \mid \boldsymbol{x}, \boldsymbol{u}) p(\boldsymbol{x} \mid \boldsymbol{u}) = \arg\max_{\boldsymbol{x}} p(\boldsymbol{z} \mid \boldsymbol{x}) p(\boldsymbol{x} \mid \boldsymbol{u}) \tag{4.4}$$

对式(4.4)中的概率密度函数 $p(\boldsymbol{x} \mid \boldsymbol{u})$ 再次利用贝叶斯公式展开，可以建立 t_k 时刻状态 $\boldsymbol{x}_{t_k}$ 与 t_{k-1} 时刻状态 $\boldsymbol{x}_{t_{k-1}}$ 、t_{k-1} 时刻运动方程的输入 $\boldsymbol{u}_{t_{k-1}}$ 间的关系，即

$$p(\boldsymbol{x}_{t_k} \mid \boldsymbol{u}_{t_{k-1}}) = p(\boldsymbol{x}_{t_{k-1}} \mid \breve{\boldsymbol{x}}_{t_{k-1}}) p(\boldsymbol{x}_{t_k} \mid \boldsymbol{x}_{t_{k-1}}, \boldsymbol{u}_{t_{k-1}}) \tag{4.5}$$

式中，$\breve{\boldsymbol{x}}_{t_{k-1}}$ 表示状态量 $\boldsymbol{x}_{t_{k-1}}$ 的先验信息。

将式(4.5)代入式(4.4)并省略式(4.5)中与 $\boldsymbol{x}_{t_k}$ 无关的项，可得

$$\hat{\boldsymbol{x}}_{t_k} = \arg\max_{\boldsymbol{x}_{t_k}} p(\boldsymbol{z}_{t_k} \mid \boldsymbol{x}_{t_k}) p(\boldsymbol{x}_{t_k} \mid \boldsymbol{x}_{t_{k-1}}, \boldsymbol{u}_{t_{k-1}}) \tag{4.6}$$

式中，似然函数 $p(\boldsymbol{z}_{t_k} \mid \boldsymbol{x}_{t_k})$ 表示在给定状态量 $\boldsymbol{x}_{t_k}$ 情况下 $\boldsymbol{z}_{t_k}$ 的似然值。对于基于激光雷达的无人机自主导航问题，似然函数 $p(\boldsymbol{z}_{t_k} \mid \boldsymbol{x}_{t_k})$ 表示在给定状态量 $\boldsymbol{x}_{t_k}$ 情况下

的特征-地图匹配似然值，对于每个特征点对应的特征-地图匹配观测 $\boldsymbol{z}_{i,t_k}$，似然函数 $p(\boldsymbol{z}_{t_k} \mid \boldsymbol{x}_{t_k})$ 可以表示为连乘的形式：

$$p(\boldsymbol{z}_{t_k} \mid \boldsymbol{x}_{t_k}) = \prod_{i=0}^{n-1} p(\boldsymbol{z}_{i,t_k} \mid \boldsymbol{x}_{t_k}) \tag{4.7}$$

式中，n 表示激光雷达特征数量；$\boldsymbol{z}_{i,t_k}$ 表示第 i 个特征点对应的激光雷达特征-地图匹配观测。

将式(4.7)代入式(4.6)中可得

$$\hat{\boldsymbol{x}}_{t_k} = \underset{\boldsymbol{x}_{t_k}}{\arg\max}\, p(\boldsymbol{x}_{t_k} \mid \boldsymbol{x}_{t_{k-1}}, \boldsymbol{u}_{t_{k-1}}) \prod_{i=0}^{n-1} p(\boldsymbol{z}_{i,t_k} \mid \boldsymbol{x}_{t_k}) \tag{4.8}$$

假设状态量 $\boldsymbol{x}$ 与观测量 $\boldsymbol{z}$ 均服从高斯分布，式(4.6)中的概率密度函数可展开为

$$\begin{aligned} & p(\boldsymbol{x}_{t_k} \mid \boldsymbol{x}_{t_{k-1}}, \boldsymbol{u}_{t_{k-1}}) \\ & = \frac{1}{\sqrt{(2\pi)^N \left|\boldsymbol{\sigma}_{I,t_k}\right|}} \exp\left[-\frac{1}{2}\left(\boldsymbol{x}_{t_k} - f(\boldsymbol{x}_{t_{k-1}}, \boldsymbol{u}_{t_{k-1}})\right)^{\mathrm{T}} \boldsymbol{\sigma}_{I,t_k}^{-1} \left(\boldsymbol{x}_{t_k} - f(\boldsymbol{x}_{t_{k-1}}, \boldsymbol{u}_{t_{k-1}})\right)\right] \\ & p(\boldsymbol{z}_{i,t_k} \mid \boldsymbol{x}_{t_k}) = \frac{1}{\sqrt{(2\pi)^M \left|\boldsymbol{\sigma}_{L,i,t_k}^{-1}\right|}} \exp\left[-\frac{1}{2}\left(\boldsymbol{z}_{i,t_k} - h_i(\boldsymbol{x}_{t_k})\right)^{\mathrm{T}} \boldsymbol{\sigma}_{L,i,t_k}^{-1} \left(\boldsymbol{z}_{i,t_k} - h_i(\boldsymbol{x}_{t_k})\right)\right] \end{aligned} \tag{4.9}$$

式中，$\boldsymbol{\sigma}_{I,t_k}$ 与 $\boldsymbol{\sigma}_{L,t_k}$ 分别表示 IMU 预测过程方差与雷达观测方差；$f(\boldsymbol{x}_{t_{k-1}}, \boldsymbol{u}_{t_{k-1}})$ 表示 IMU 预测函数，该函数根据无人机 t_{k-1} 时刻的状态 $\boldsymbol{x}_{t_{k-1}}$ 与 t_{k-1} 时刻和 t_k 时刻之间的所有 IMU 测量数据 $\boldsymbol{u}_{t_{k-1}}$ 进行积分，预测无人机在 t_k 时刻的状态，其具体形式在 4.3.2 节中给出；$h_i(\boldsymbol{x}_{t_k})$ 表示第 i 个特征对应的激光雷达特征-地图匹配观测方程，其具体定义根据不同地图表达形式分别在 4.3.2 节与 4.4.2 节给出。

利用对数函数的单调递增性质，可以将式(4.8)中定义的最大后验估计问题，转化为最小化负对数函数求和问题，即

$$\hat{\boldsymbol{x}}_{t_k} = \underset{\boldsymbol{x}_{t_k}}{\arg\min}\left\{-\left[\ln\left(p(\boldsymbol{x}_{t_k} \mid \boldsymbol{x}_{t_{k-1}}, \boldsymbol{u}_{t_{k-1}})\right) + \sum_{i=0}^{n-1} \ln\left(p(\boldsymbol{z}_{i,t_k} \mid \boldsymbol{x}_{t_k})\right)\right]\right\} \tag{4.10}$$

将式(4.9)代入式(4.10)中可得

$$
\begin{aligned}
\ln\left(p(\boldsymbol{x}_{t_k} \mid \boldsymbol{x}_{t_{k-1}}, \boldsymbol{u}_{t_{k-1}})\right) &= -\frac{1}{2}\left(\boldsymbol{x}_{t_k} - f(\boldsymbol{x}_{t_{k-1}}, \boldsymbol{u}_{t_{k-1}})\right)^{\mathrm{T}} \boldsymbol{\sigma}_{I,t_k}^{-1} \left(\boldsymbol{x}_{t_k} - f(\boldsymbol{x}_{t_{k-1}}, \boldsymbol{u}_{t_{k-1}})\right) \\
&\quad \underbrace{-\frac{1}{2}\ln\left((2\pi)^N \left|\boldsymbol{\sigma}_I\right|\right)}_{\text{与}\boldsymbol{x}_{t_k}\text{无关}} \\
\ln\left(p(z_{i,t_k} \mid \boldsymbol{x}_{t_k})\right) &= -\frac{1}{2}\left(z_{i,t_k} - h_i(\boldsymbol{x}_{t_k})\right)^{\mathrm{T}} \boldsymbol{\sigma}_{L,i,t_k}^{-1} \left(z_{i,t_k} - h_i(\boldsymbol{x}_{t_k})\right) \\
&\quad \underbrace{-\frac{1}{2}\ln\left((2\pi)^M \left|\boldsymbol{\sigma}_{L,i,t_k}\right|\right)}_{\text{与}\boldsymbol{x}_{t_k}\text{无关}}
\end{aligned} \tag{4.11}
$$

将式(4.11)代入式(4.10)中，并忽略式(4.11)中与状态量 $\boldsymbol{x}_{t_k}$ 无关的项，可将基于激光雷达的无人机自主导航问题化简为

$$
\begin{aligned}
\hat{\boldsymbol{x}}_{t_k} = \arg\min_{\boldsymbol{x}_{t_k}} &\left(\boldsymbol{x}_{t_k} - f(\boldsymbol{x}_{t_{k-1}}, \boldsymbol{u}_{t_{k-1}})\right)^{\mathrm{T}} \boldsymbol{\sigma}_{I,t_k}^{-1} \left(\boldsymbol{x}_{t_k} - f(\boldsymbol{x}_{t_{k-1}}, \boldsymbol{u}_{t_{k-1}})\right) \\
&+ \sum_{i=0}^{n-1}\left(z_{i,t_k} - h_i(\boldsymbol{x}_{t_k})\right)^{\mathrm{T}} \boldsymbol{\sigma}_{L,i,t_k}^{-1} \left(z_{i,t_k} - h_i(\boldsymbol{x}_{t_k})\right)
\end{aligned} \tag{4.12}
$$

式中，$\left(\boldsymbol{x}_{t_k} - f(\boldsymbol{x}_{t_{k-1}}, \boldsymbol{u}_{t_{k-1}})\right)^{\mathrm{T}} \boldsymbol{\sigma}_{I,t_k}^{-1} \left(\boldsymbol{x}_{t_k} - f(\boldsymbol{x}_{t_{k-1}}, \boldsymbol{u}_{t_{k-1}})\right)$ 与 $\left(z_{i,t_k} - h_i(\boldsymbol{x}_{t_k})\right)^{\mathrm{T}} \boldsymbol{\sigma}_{L,i,t_k}^{-1} \left(z_{i,t_k} - h_i(\boldsymbol{x}_{t_k})\right)$ 可以定义为平方马氏距离(Mahalanobis distance) $\|\cdot\|_{\boldsymbol{\sigma}}^2$ 的形式，即

$$
\begin{aligned}
\left\|\boldsymbol{x}_{t_k} - f(\boldsymbol{x}_{t_{k-1}}, \boldsymbol{u}_{t_{k-1}})\right\|_{\boldsymbol{\sigma}_{I,t_k}}^2 &= \left(\boldsymbol{x}_{t_k} - f(\boldsymbol{x}_{t_{k-1}}, \boldsymbol{u}_{t_{k-1}})\right)^{\mathrm{T}} \boldsymbol{\sigma}_{I,t_k}^{-1} \left(\boldsymbol{x}_{t_k} - f(\boldsymbol{x}_{t_{k-1}}, \boldsymbol{u}_{t_{k-1}})\right) \\
\left\|z_{i,t_k} - h_i(\boldsymbol{x}_{t_k})\right\|_{\boldsymbol{\sigma}_{L,i,t_k}}^2 &= \left(z_{i,t_k} - h_i(\boldsymbol{x}_{t_k})\right)^{\mathrm{T}} \boldsymbol{\sigma}_{L,i,t_k}^{-1} \left(z_{i,t_k} - h_i(\boldsymbol{x}_{t_k})\right)
\end{aligned} \tag{4.13}
$$

记 $\boldsymbol{x}_{t_k} - f(\boldsymbol{x}_{t_{k-1}}, \boldsymbol{u}_{t_{k-1}})$ 为 IMU 预测过程残差，$z_{i,t_k} - h_i(\boldsymbol{x}_{t_k})$ 为第 i 个特征点对应的激光雷达特征-地图匹配观测残差，有

$$
\begin{aligned}
\boldsymbol{r}_I(\boldsymbol{x}_{t_k}, \boldsymbol{x}_{t_{k-1}}, \boldsymbol{u}_{t_{k-1}}) &= \boldsymbol{x}_{t_k} - f(\boldsymbol{x}_{t_{k-1}}, \boldsymbol{u}_{t_{k-1}}) \\
r_{L,i}(\boldsymbol{x}_{t_k}, z_{i,t_k}) &= z_{i,t_k} - h_i(\boldsymbol{x}_{t_k})
\end{aligned} \tag{4.14}
$$

通过式(4.3)和式(4.4)的推导，可以将式(4.2)中定义的最大后验概率问题转化为一个无约束优化问题：

$$
\hat{\boldsymbol{x}}_{t_k} = \arg\min_{\boldsymbol{x}_{t_k}}\left(\left\|\boldsymbol{r}_I(\boldsymbol{x}_{t_k}, \boldsymbol{x}_{t_{k-1}}, \boldsymbol{u}_{t_{k-1}})\right\|_{\boldsymbol{\sigma}_I}^2 + \sum_{i=0}^{n-1}\left\|r_{L,i}(\boldsymbol{x}_{t_k}, z_{i,t_k})\right\|_{\boldsymbol{\sigma}_{L,i}}^2\right) \tag{4.15}
$$

由式(4.15)中对基于激光雷达的无人机自主导航问题的定义可知，实现无人机自主导航的关键在于对 IMU 预测过程残差 $\boldsymbol{r}_I(\boldsymbol{x}_{t_k},\boldsymbol{x}_{t_{k-1}},\boldsymbol{u}_{t_{k-1}})$ 与激光雷达特征-地图匹配观测残差 $r_{L,i}(\boldsymbol{x}_{t_k},z_{i,t_k})$ 的定义，以及对式(4.15)定义的非线性优化问题的求解。为构建 IMU 预测过程残差 $\boldsymbol{r}_I(\boldsymbol{x}_{t_k},\boldsymbol{x}_{t_{k-1}},\boldsymbol{u}_{t_{k-1}})$ 与激光雷达特征-地图匹配观测残差 $r_{L,i}(\boldsymbol{x}_{t_k},z_{i,t_k})$，首先设计基于激光雷达的无人机自主导航前端，处理传感器原始数据，并提取用于构建激光雷达特征-地图匹配观测残差 $r_{L,i}(\boldsymbol{x}_{t_k},\boldsymbol{z}_{i,t_k})$ 的激光雷达特征；然后设计基于激光雷达的无人机自主导航后端，根据前端提供的 IMU 传感器模型与激光雷达特征，构建 IMU 预测过程残差 $\boldsymbol{r}_I(\boldsymbol{x}_{t_k},\boldsymbol{x}_{t_{k-1}},\boldsymbol{u}_{t_{k-1}})$ 与激光雷达特征-地图匹配观测残差 $r_{L,i}(\boldsymbol{x}_{t_k},\boldsymbol{z}_{i,t_k})$，并通过非线性优化求解无人机的状态向量 $\boldsymbol{x}_{t_k}$。

4.2　基于激光雷达的无人机自主导航前端数据处理

基于激光雷达的无人机自主导航前端用于处理传感器原始数据。本节首先介绍 IMU 与激光雷达的传感器模型；然后根据传感器模型定义介绍激光雷达点云畸变产生的原因及点云畸变的校正方法；最后介绍空间中点云特征的提取方法。

4.2.1　传感器模型

基于激光雷达的无人机自主导航方法的传感器包括激光雷达与 IMU。激光雷达通过绕固定轴旋转的激光收发装置采集无人机周围环境的点云信息。IMU 由三个正交、线性的加速度计和三个正交的陀螺仪构成，分别用于测量无人机的三轴加速度与角速度信息。

1. IMU 模型

IMU 是一种测量三维运动数据的常用传感器，其由于良好的环境适应性广泛应用于无人机系统自主感知与多传感器融合领域。在实际应用中，由于传感器安装误差、温度漂移等因素的存在，IMU 测量的零位偏置及传感器测量噪声是无法避免的，因此定义 IMU 测量模型为

$$\begin{aligned}\hat{\boldsymbol{a}}&=\boldsymbol{a}+\boldsymbol{b}_a+\boldsymbol{R}^{\mathrm{T}}\boldsymbol{g}+\boldsymbol{n}_a\\ \hat{\boldsymbol{\omega}}&=\boldsymbol{\omega}+\boldsymbol{b}_g+\boldsymbol{n}_g\end{aligned}\tag{4.16}$$

式中，$\hat{\boldsymbol{a}}$ 与 $\hat{\boldsymbol{\omega}}$ 分别为 IMU 测量得到的三轴加速度和三轴角速度；$\boldsymbol{a}$ 和 $\boldsymbol{\omega}$ 分别为加速度与角速度的实际值；$\boldsymbol{b}_a$ 和 $\boldsymbol{b}_g$ 分别为加速度计偏置和陀螺仪偏置；$\boldsymbol{n}_a$ 与 $\boldsymbol{n}_g$ 分别为 IMU 测量噪声；$\boldsymbol{g}$ 为重力加速度。

2. 激光雷达模型

激光雷达通过多个垂直分布的激光收发装置向周围环境发射脉冲，这些脉冲照射到周围物体反弹并返回激光收发装置，使用每个脉冲返回到激光收发装置的时间即可计算物体相对于激光雷达的距离。进一步，根据伺服电机的角度反馈与激光收发装置对应的通道数即可确定每个激光点相对于激光雷达中心的极坐标。

下面以自主无人机领域中广为使用的 Velodyne VLP-16 激光雷达为例，展开激光雷达模型的介绍。Velodyne VLP-16 激光雷达结构示意图如图 4.2 所示。Velodyne VLP-16 激光雷达内部包含一个 16 通道的激光脉冲收发装置，这 16 个通道在垂直测量范围 30°内均匀分布，垂直分辨率约为 2°。随着激光脉冲收发装置绕固定轴的匀速旋转，Velodyne VLP-16 激光雷达可以对无人机周围 $360^\circ \times 30^\circ$ 视场范围以内的环境进行扫描。激光雷达的水平分辨率与激光收发装置绕旋转轴的旋转频率有关，对于 10Hz 的点云输出频率，激光雷达水平分辨率为 0.2°，每帧输出 28800 个数据点，形成单帧激光雷达点云。通过激光雷达测得空间点距离和角度信息，可以计算得到数据点在雷达坐标系中的坐标，其对应关系如图 4.3 所示。根据激光雷达测量得到的距离 R_i、水平角度 α_i 以及垂直角度 ω_i 可以计算得到数据点 $\boldsymbol{p}_i$ 相对于激光雷达光心的坐标 $\boldsymbol{p}_i(x_i, y_i, z_i)$，定义激光雷达测量模型为

$$
\begin{aligned}
x_i &= R_i \cos\omega_i \sin\alpha_i \\
y_i &= R_i \cos\omega_i \cos\alpha_i \\
z_i &= R_i \sin\omega_i
\end{aligned}
\tag{4.17}
$$

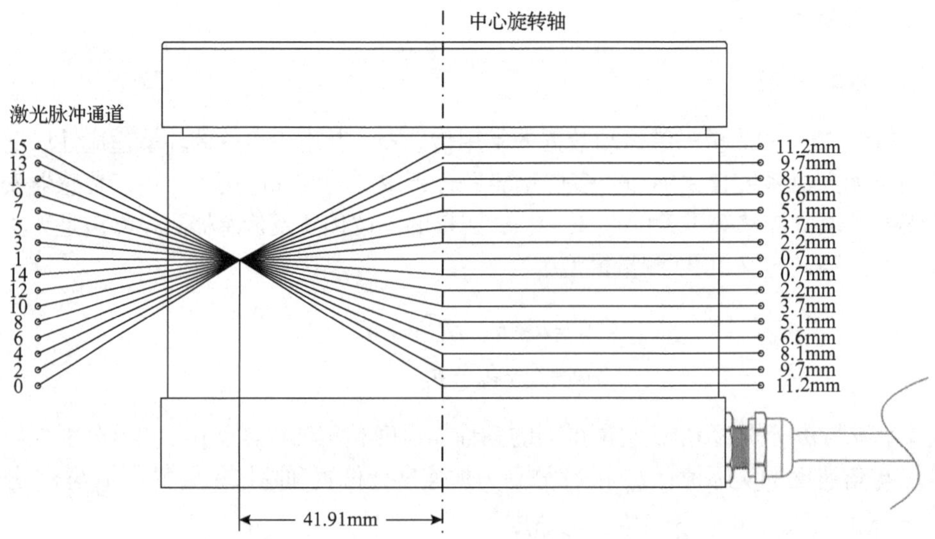

图 4.2　Velodyne VLP-16 激光雷达结构示意图

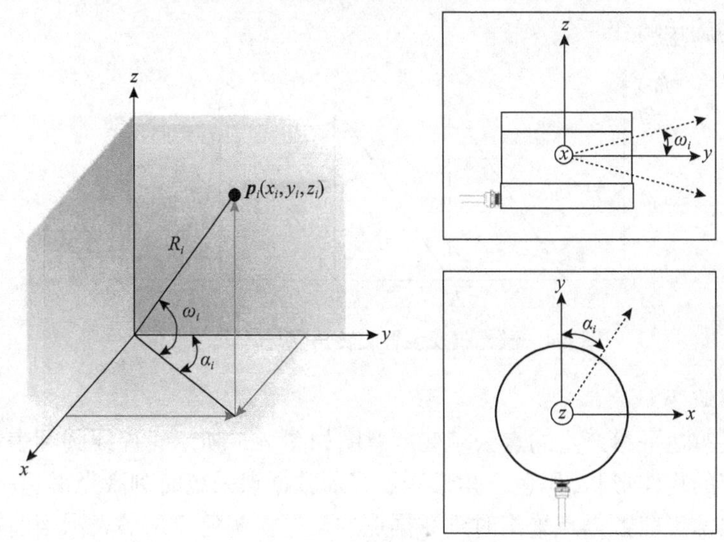

图 4.3　点云在激光雷达坐标系中的极坐标表达

式中，单帧点云中第 i 个点 $\boldsymbol{p}_i$ 对应的水平角度 α_i，由带动激光脉冲收发装置匀速旋转的电机角度反馈获得。单帧点云中第 i 个点 $\boldsymbol{p}_i$ 对应的垂直角度 ω_i，根据 $\boldsymbol{p}_i$ 对应激光脉冲收发通道数确定。垂直角度 ω 与激光脉冲收发通道的对应关系如表 4.1 所示。

表 4.1　激光脉冲收发通道与激光雷达数据点垂直角度 ω 的对应关系

通道数	0	1	2	3	4	5	6	7	8	9	10	11	12	13	14	15
ω /(°)	–15	1	–13	3	–11	5	–9	7	–7	9	–5	11	–3	13	–1	15

4.2.2　点云畸变产生的原因与畸变校正方法

在无人机运动过程中，由于激光雷达与无人机机体固连，激光雷达采集的点云会产生运动畸变现象，本节将对点云畸变产生的原因进行分析，并介绍点云畸变的校正方法。

1. 点云畸变产生的原因

对于机械式激光雷达，一帧点云为激光雷达内部激光收发装置旋转一周扫描得到的所有点的集合。如图 4.4 所示，激光雷达在 t_k 时刻获得的一帧点云信息，是由激光收发器从 t_{k-1} 时刻到 t_k 时刻旋转 360°扫描得到的。在无人机运动过程中，由于激光雷达与无人机机体固连，不同激光点所在的雷达坐标系在参考坐标系中的位姿是不同的，从而产生点云畸变。激光雷达点云畸变可以分为由无人机机体带动激光雷达做平移运动产生的平移畸变，与由无人机机体带动激光雷达做旋转运动产生的旋转畸变。

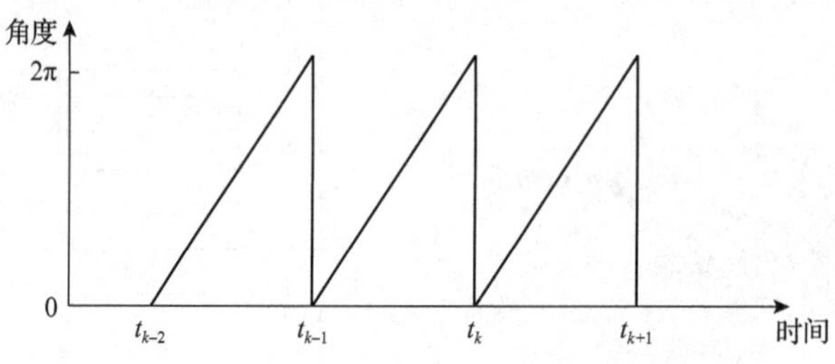

图 4.4　激光收发装置旋转角度与时间的关系

1) 平移畸变

由激光雷达平移产生的点云畸变示意图如图 4.5 所示，虚线圆圈表示激光雷达附近真实的物体形状，黑色三角形表示当前数据点采集时刻激光雷达所在位置，黑色圆点表示当前数据点采集时刻数据点的坐标。灰色三角形表示当前帧点云对应的雷达坐标系原点，灰色圆点表示当前点云帧中的数据点。由图 4.5 可知，在点云扫描的过程中，激光雷达正在向前做平移运动。这导致每次测得的激光点，随着雷达坐标系的运动产生了偏移，不能反映雷达附近物体的真实形状，具体表现为在激光雷达前方的点距离变短，在激光雷达后方的点距离变长。最终导致一个圆形环境的扫描结果为一个不闭合的椭圆形，即激光雷达平移导致的畸变。

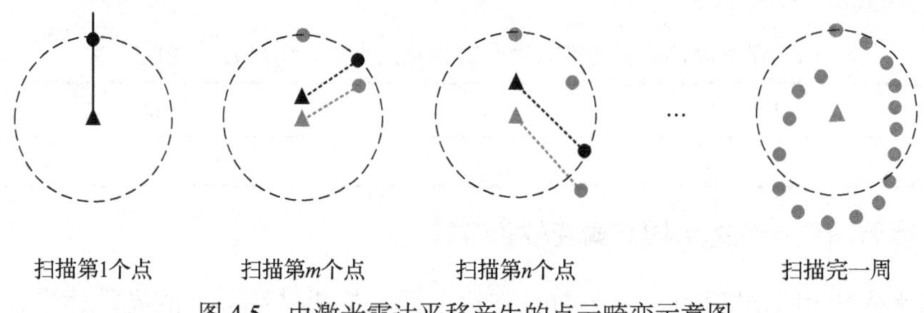

图 4.5　由激光雷达平移产生的点云畸变示意图

2) 旋转畸变

旋转畸变是激光雷达在扫描过程中机体发生旋转引起的，由激光雷达旋转产生的点云畸变如图 4.6 所示。图 4.6 中黑实线表示当前数据点采集时刻激光雷达 0°坐标轴，灰实线表示当前点云帧的 0°坐标轴。与平移导致的畸变类似，激光雷达在扫描过程中做顺时针旋转运动，导致本来闭合的圆形环境被扫描成了有缺口的圆环形状，即由旋转导致的点云畸变。

2. 点云畸变的校正方法

对于 Velodyne VLP-16 三维机械旋转式激光雷达，其激光收发器每 0.1s 绕旋转轴旋转 360°，从而连续均匀地扫描周围环境，生成单帧原始点云。点云畸变校正的机理如图 4.7 所示，t_k 时刻采集到的单帧雷达点云是 $t_{k-1} \sim t_k$ 时刻扫描到的所有数据点 $\boldsymbol{p}_i(i=1,\cdots,n)$ 的集合，点云畸变的恢复过程即将 $t_{k-1} \sim t_k$ 时刻扫描到的所有数据点做后向投影，均投影到单帧雷达点云的采集时刻 t_k 对应的机体坐标系 b_{t_k}。对于基于匀速运动假设的点云畸变校正方法，通常假设雷达在每帧 0.1s 内机体角速度和线速度保持常量，对单帧点云中的每个点进行后向投影，实现点云的畸变校正。显然，当无人机做非匀速运动时，基于匀速运动假设的点云畸变校正方法会产生较大误差。因此，可以借助 IMU 观测数据，将单帧点云中的每个点做后向投影，实现点云的畸变校正。

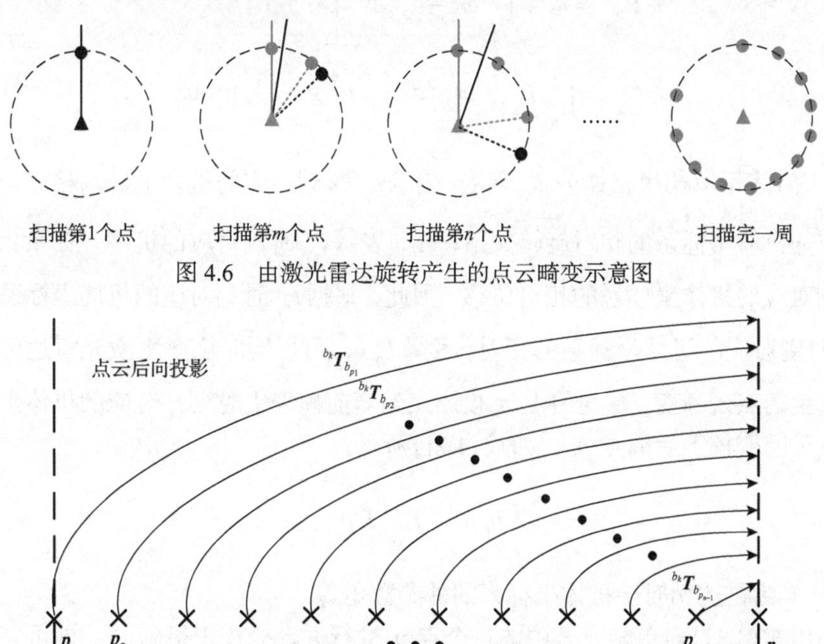

图 4.6　由激光雷达旋转产生的点云畸变示意图

图 4.7　点云畸变校正的机理

由于激光脉冲收发装置是匀速旋转的，对于当前采集到的点云中的任意一个点 $\boldsymbol{p}_i$，通过计算 $\boldsymbol{p}_i$ 水平方向上的夹角在初始角与末尾角之间的比值，可以得出 $\boldsymbol{p}_i$ 在对应的扫描时刻 t_{p_i}，即

$$t_{p_i} = \frac{\omega_i}{2\pi}(t_k - t_{k-1}) \tag{4.18}$$

通常情况下，IMU 的测量频率远高于雷达单帧点云的输出频率，单帧雷达点

云扫描时间内包含多个 IMU 测量信息。结合 IMU 位姿解算得到的高频信息，可以计算 t_{p_i} 时刻对应的机体坐标系，相对于 t_k 时刻对应的机体坐标系的相对位姿 ${}^{b_k}\boldsymbol{T}_{b_{p_i}}$ 如式(4.19)所示：

$$
{}^{b_k}\boldsymbol{T}_{b_{p_i}}=\begin{bmatrix} {}^{b_k}\boldsymbol{R}_{b_{p_i}} & {}^{b_k}\boldsymbol{t}_{b_{p_i}} \\ \boldsymbol{0} & 1 \end{bmatrix} \tag{4.19}
$$

式中

$$
\begin{aligned}
{}^{b_k}\boldsymbol{R}_{b_{p_i}} &= \Gamma\left[\left(\int_{t_{p_i}}^{t_k}\hat{\boldsymbol{\omega}}_s-\hat{\boldsymbol{b}}_{g,s}\mathrm{d}s\right)\right] \\
{}^{b_k}\boldsymbol{t}_{b_{p_i}} &= \int_{t_{p_i}}^{t_k}\int_{t_{p_i}}^{u} {}^{b_{p_1}}\boldsymbol{R}_{b_s}(\hat{\boldsymbol{a}}_s-{}^{w}\boldsymbol{R}_{b_s}^{\mathrm{T}}\boldsymbol{g}-\hat{\boldsymbol{b}}_{a,s})\mathrm{d}s\mathrm{d}u
\end{aligned} \tag{4.20}
$$

式中，$\Gamma(\cdot)$ 表示罗德里格斯公式；${}^{b_k}\boldsymbol{R}_{b_{p_i}}$ 表示 t_{p_i} 时刻对应的机体坐标系相对于 t_k 时刻对应的机体坐标系的相对旋转关系；${}^{b_k}\boldsymbol{t}_{b_{p_i}}$ 表示 t_{p_i} 时刻对应的机体坐标系相对于 t_k 时刻对应的机体坐标系的相对位移。因此，根据 t_{p_i} 时刻对应的机体坐标系相对于 t_{p_1} 时刻对应的机体坐标系的相对位姿 ${}^{b_k}\boldsymbol{T}_{b_{p_i}}$ ，可以同时恢复由激光雷达旋转和平移产生的点云畸变，从而将点 $\boldsymbol{p}_i$ 投影点到当前帧采集时刻 t_k 对应的机体坐标下得到点云畸变校正后的点 $\boldsymbol{p}_i'$ ，如式(4.21)所示：

$$
\boldsymbol{p}_i' = {}^{b_{p_1}}\boldsymbol{T}_{b_{p_i}}\,{}^{b}\boldsymbol{T}_l\,\boldsymbol{p}_i \tag{4.21}
$$

式中，${}^{b}\boldsymbol{T}_l$ 为雷达相对于机体坐标系的外参数矩阵。

利用式(4.21)对单帧点云中的每个点 $\boldsymbol{p}_i$ 进行去畸变校正得到 $\boldsymbol{p}_i'$ ，即可完成点云去畸变过程。单帧点云中所有去畸变点 $\boldsymbol{p}_i'\in\boldsymbol{P}'$ 的集合构成去畸变后的点云 $\boldsymbol{P}'$ 。

4.2.3　点云特征提取

不同于视觉传感器采集的丰富的像素信息，激光雷达只能采集到周围环境中稀疏的点云信息，因此基于雷达的自主导航方法通常从点云的空间几何特征着手寻找可靠的特征提取方法。以 LOAM[4]为代表的基于特征的激光雷达自主导航方法，通过提取空间中的几何特征，有效降低了空间中点云维度，从而提升了基于激光雷达的自主导航方法的实时性。LOAM 中提出激光雷达线面特征提取方法大体可分为两部分：①点云线面特征提取，根据点云中每个点的曲率信息，提取点云中的线面特征；②点云特征外点剔除，剔除线面特征中不可靠的特征。

1. 点云线面特征提取

单帧去畸变点云中的每个点 $\boldsymbol{p}_i' = [x_i, y_i, z_i]^{\mathrm{T}}$，可以按照曲率将其定义为平面特征与线特征。具体而言，定义一个曲率指标 c，c 值大代表当前点可能位于边缘的线特征上，c 值小代表当前点可能位于平面特征上。点 $\boldsymbol{p}_i'$ 曲率 c 的计算公式如式(4.22)所示：

$$c_i = \left[\sum_{j\in S}(x_i - x_j)\right]^2 + \left[\sum_{j\in S}(y_i - y_j)\right]^2 + \left[\sum_{j\in S}(z_i - z_j)\right]^2 \tag{4.22}$$

式中，S 代表 $\boldsymbol{p}_i'$ 的邻域点。可以规定当点 $\boldsymbol{p}_i'$ 对应的曲率指标 c_i 满足 $c_i \leqslant \gamma_p$ 时，$\boldsymbol{p}_i'$ 为平面特征，当 c_i 满足 $c_i \geqslant \gamma_e$ 时，$\boldsymbol{p}_i'$ 为线特征，即

$$\begin{cases} c_i \in \boldsymbol{F}^p, & c_i \leqslant \gamma_p \\ c_i \in \boldsymbol{F}^e, & c_i \geqslant \gamma_e \end{cases} \tag{4.23}$$

式中，γ_p 与 γ_e 分别为平面特征与线特征曲率阈值，在实际应用过程中，通常取 $\gamma_p = 0.1$，$\gamma_e = 1.0$；$\boldsymbol{F}^p$ 与 $\boldsymbol{F}^e$ 分别为平面特征集合与线特征集合。

对于单帧去畸变点云 $\boldsymbol{P}'$，分别对点云 $\boldsymbol{P}'$ 中每根扫描线上的点计算曲率并进行特征点提取操作。为了使提取的特征点均匀分布，把每条扫描线均分为 6 个 60°的扇形区域，将每个区域中的点按曲率 c 从小到大排序，每次排序完成后取曲率最大的 30 个点存入线特征集合 $\boldsymbol{F}^e$ 中；将曲率最小的 80 个点存入平面特征集合 $\boldsymbol{F}^p$ 中。同时为了避免特征点出现的位置过于集中，每次选取完一个特征点就将该点附近的 10 个点标记为不可被选作特征点。

2. 点云特征外点剔除

此外，点云中还存在两类不可靠的点不能被选为特征点，需要进行剔除。第一类是激光与扫描点所在局部平面平行的点，如图 4.8(a)所示，虚线为激光雷达发出的激光束，实线为测量点所在的局部平面。可以看见点 A 所在的局部平面与激光束几乎平行，这会给激光雷达测距带来很大的误差，所以这类点需要被剔除，不能被选为特征点。而点 B 的激光束与所在局部平面夹角较大，测距误差在合理范围内，可以正常被选为特征点。

第二类需要被剔除的点为前方有物体遮挡的点，如图 4.8(b)所示，激光束射出后被 B 点所在物体遮挡，然后再扫到 A 点所在物体。因为点 A 和点 B 的距离发生了突变，由曲率计算式(4.22)可知，点 A 和点 B 的曲率都比较大。但实际上点 B

是一个真实的边缘点，而点 A 很大概率是一个平面点，且随着激光雷达的移动，点 A 的位置也会发生变化，不符合作为特征点的条件。

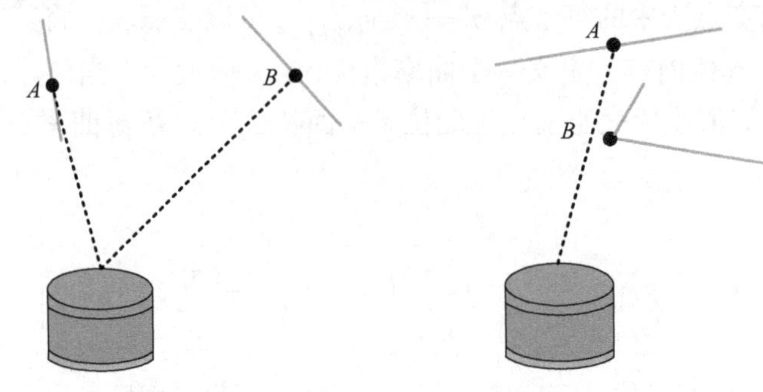

(a) 激光与扫描点所在局部平面平行的点　(b) 前方有物体遮挡的点

图 4.8　点云中的两类不可靠点的示意图

最后，将点云特征的提取方法归纳如下。

根据式(4.22)计算去畸变后的点云 $\boldsymbol{P}'$ 中每个点的曲率，将曲率小于等于阈值 γ_p 的点 $\boldsymbol{p}_i'$ 判断为平面特征 $\boldsymbol{f}^p$。将曲率大于等于阈值 γ_e 的点 $\boldsymbol{p}_i'$ 判断为线特征 $\boldsymbol{f}^e$。同时，将 $\boldsymbol{p}_i'$ 判断为特征点还需进一步满足以下几个条件。

(1) 选取的特征点附近 10 个点不能有已经被选为特征点的点。

(2) 选取的特征点激光束不能与所在局部平面近乎平行。

(3) 选取的特征点前方不能有物体遮挡。

最终，将满足上述条件的线特征 $\boldsymbol{f}^e$ 与平面特征 $\boldsymbol{f}^p$ 分别存入线特征集合 $\boldsymbol{F}^e$ 与平面特征集合 $\boldsymbol{F}^p$ 中，用于支撑无人机自主导航后端特征-地图匹配残差构建，在室内环境中采用 VLP-16 线激光雷达提取的特征效果如图 4.9 和图 4.10 所示。图 4.9 显示的是曲率较大的线特征 $\boldsymbol{f}^e$，图 4.10 显示的是曲率较小的平面特征 $\boldsymbol{f}^p$。从图 4.9 和图 4.10 中特征提取效果可以看出，根据本节介绍的点云特征提取方法，线特征基本分布在环境中物体的几何边缘上，面特征基本分布在环境中物体的平面上，可以为无人机自主导航后端提供稳定的特征信息。

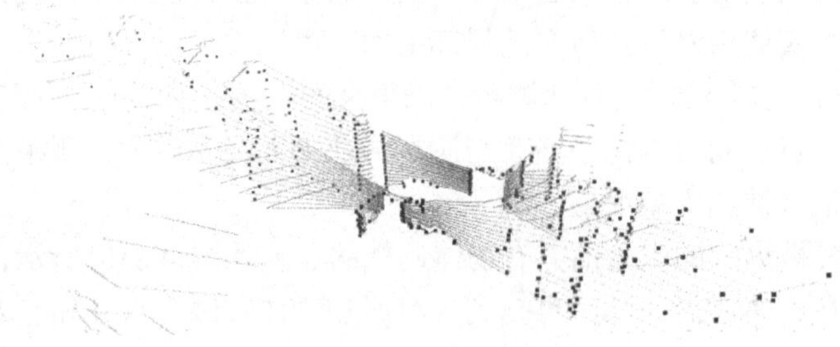

图 4.9　激光雷达线特征提取效果

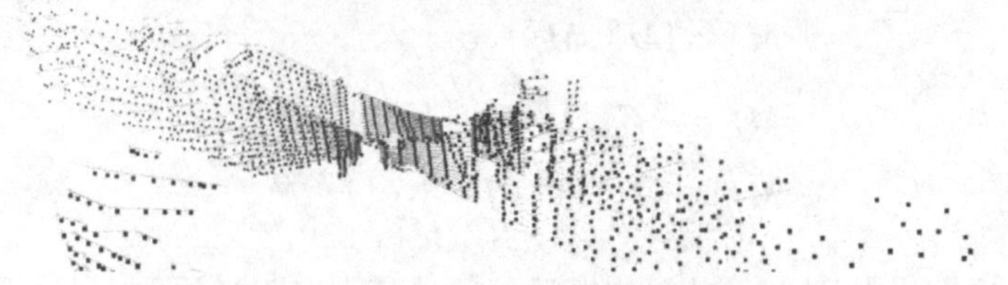

图 4.10 激光雷达平面特征提取效果

4.3 基于激光雷达点云地图后端的无人机自主导航方法

基于激光雷达点云地图的无人机自主导航后端，以激光雷达特征信息与 IMU 采集的角速度与加速度信息作为输入，分别构建 IMU 预测过程残差与雷达特征-地图匹配观测残差，通过非线性优化求解实现对无人机的状态估计，方法结构如图 4.11 所示，由残差函数构建、非线性优化问题求解、点云地图构建三部分组成。①残差函数构建：利用基于激光雷达的无人机自主导航前端提供的 IMU 角速度与加速度信息、激光雷达特征信息分别构建式(4.15)中定义的 IMU 预测过程残差与雷达特征-地图匹配观测残差。②非线性优化问题求解：根据 IMU 预测过程残差与雷达特征-地图匹配观测残差定义，利用高斯-牛顿迭代求解式(4.15)，实现对无人机的状态估计。③点云地图构建：利用无人机的状态估计结果将激光雷达特征由机体坐标系投影到参考坐标系，构成特征点云地图。

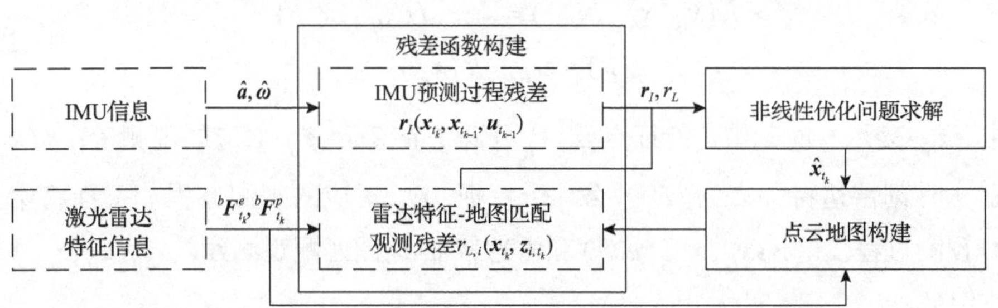

图 4.11 基于激光雷达点云地图后端的无人机自主导航方法结构

4.3.1 特征点云地图构建

特征点云地图构建是利用激光雷达扫描的特征数据构建地图的过程，激光雷达特征与特征点云地图是通过位姿关系进行关联的，即特征地图 $\boldsymbol{M}_{t_k}$ 是 n 个单帧特征点云 ${}^b\boldsymbol{F}_{t_k}=\{{}^b\boldsymbol{F}^e_{t_k},{}^b\boldsymbol{F}^p_{t_k}\}$ 在参考坐标系下投影的集合。其包含两个子集，即线特征地图 $\boldsymbol{M}^e_{t_k}$ 与平面特征地图 $\boldsymbol{M}^p_{t_k}$。

$$\begin{aligned}
\boldsymbol{M}_{t_k} &= \{\boldsymbol{M}_{t_k}^e, \boldsymbol{M}_{t_k}^p\} \\
\boldsymbol{M}_{t_k}^e &= {}^W\boldsymbol{F}_{t_k}^e \cup {}^W\boldsymbol{F}_{t_{k-1}}^e \cup \cdots \cup {}^W\boldsymbol{F}_{t_{k-n}}^e \\
\boldsymbol{M}_{t_k}^p &= {}^W\boldsymbol{F}_{t_k}^p \cup {}^W\boldsymbol{F}_{t_{k-1}}^p \cup \cdots \cup {}^W\boldsymbol{F}_{t_{k-n}}^p
\end{aligned} \tag{4.24}$$

式中，${}^W\boldsymbol{F}_{t_k}^e$ 与 ${}^W\boldsymbol{F}_{t_k}^p$ 分别为 t_k 时刻获得的单帧特征点云 ${}^b\boldsymbol{F}_{t_k}^e$ 与 ${}^b\boldsymbol{F}_{t_k}^p$ 在参考坐标系下的投影，表达式为

$${}^W\boldsymbol{F}_{t_k}^e = \hat{\boldsymbol{T}}_{t_k}\ {}^b\boldsymbol{F}_{t_k}^e, \quad {}^W\boldsymbol{F}_{t_k}^p = \hat{\boldsymbol{T}}_{t_k}\ {}^b\boldsymbol{F}_{t_k}^p \tag{4.25}$$

式中，$\hat{\boldsymbol{T}}_{t_k}$ 为无人机在 t_k 时刻的位姿。无人机在 t_k 时刻的位姿 $\hat{\boldsymbol{T}}_{t_k}$ 是无人机状态向量 $\hat{\boldsymbol{x}}_{t_k}$ 的子集，可以通过求解 4.1.3 节问题定义中描述的无约束优化问题获得。式(4.15)中残差函数的构建与求解方法将在 4.3.2 节与 4.3.3 节中给出。

4.3.2 残差函数构建

根据式(4.15)中对基于激光雷达的无人机自主导航方法的定义，本节介绍 IMU 预测过程残差 $\boldsymbol{r}_I(\boldsymbol{x}_{t_k}, \boldsymbol{x}_{t_{k-1}}, \boldsymbol{u}_{t_{k-1}})$ 和雷达特征-地图匹配观测残差 $r_{L,i}(\boldsymbol{x}_{t_k}, z_{i,t_k})$ 的构建方法。IMU 预测过程残差 $\boldsymbol{r}_I(\boldsymbol{x}_{t_k}, \boldsymbol{x}_{t_{k-1}}, \boldsymbol{u}_{t_{k-1}})$ 和雷达特征-地图匹配观测残差 $r_{L,i}(\boldsymbol{x}_{t_k}, z_{i,t_k})$ 分别与 IMU 预测函数 $f(\boldsymbol{x}_{t_{k-1}}, \boldsymbol{u}_{t_{k-1}})$ 和激光雷达特征-地图匹配观测方程 $h(\boldsymbol{x}_{t_k})$ 相关：

$$\begin{aligned}
\boldsymbol{r}_I(\boldsymbol{x}_{t_k}, \boldsymbol{x}_{t_{k-1}}, \boldsymbol{u}_{t_{k-1}}) &= \boldsymbol{x}_{t_k} - f(\boldsymbol{x}_{t_{k-1}}, \boldsymbol{u}_{t_{k-1}}) \\
r_{L,i}(\boldsymbol{x}_{t_k}, z_{i,t_k}) &= z_{i,t_k} - h_i(\boldsymbol{x}_{t_k})
\end{aligned} \tag{4.26}$$

式中，z_{i,t_k} 表示 t_k 时刻雷达特征点云 ${}^b\boldsymbol{F}_{t_k}$ 中第 i 个特征 ${}^b\boldsymbol{f}_{i,t_k}$ 对应的观测量；$h_i(\boldsymbol{x}_{t_k})$ 表示 t_k 时刻雷达特征点云 ${}^b\boldsymbol{F}_{t_k}$ 中第 i 个特征 ${}^b\boldsymbol{f}_{i,t_k}$ 对应的观测方程。下面将给出 IMU 预测过程残差 $\boldsymbol{r}_I(\boldsymbol{x}_{t_k}, \boldsymbol{x}_{t_{k-1}}, \boldsymbol{u}_{t_{k-1}})$ 和雷达特征-地图匹配观测残差 $r_{L,i}(\boldsymbol{x}_{t_k}, z_{i,t_k})$ 的具体定义。

1. IMU 预测过程残差

IMU 包含加速度计和陀螺仪，能够测得任意时刻无人机的加速度 $\hat{\boldsymbol{a}}$ 和角速度 $\hat{\boldsymbol{\omega}}$ 信息。根据 t_{k-1} 时刻 IMU 测量得到的惯性信息进行积分可以预测 t_k 时刻的无人机位姿，为特征匹配及后端优化提供先验信息。

根据无人机 t_{k-1} 时刻的状态 $\boldsymbol{x}_{t_{k-1}}$ 与 t_{k-1} 时刻和 t_k 时刻之间的所有 IMU 测量数据进行积分，可以预测无人机在 t_k 时刻的状态 $\boldsymbol{x}_{t_k}$，因此可以定义 IMU 预测函数 $f(\boldsymbol{x}_{t_{k-1}}, \boldsymbol{u}_{t_{k-1}})$ 如式(4.27)所示：

$$
\hat{\boldsymbol{x}}_{t_k} = f(\boldsymbol{x}_{t_{k-1}}, \boldsymbol{u}_{t_{k-1}}) = \begin{bmatrix} \boldsymbol{t}_{t_{k-1}} + \boldsymbol{v}_{t_{k-1}} \Delta t_k - \frac{1}{2} \boldsymbol{g} \Delta t_k^{\ 2} + \boldsymbol{R}_{t_{k-1}} \int_{t_{k-1}}^{t_k} \int_{t_{k-1}}^{u} {}^{b_{t_{k-1}}}\boldsymbol{R}_{b_s} (\hat{\boldsymbol{a}}_s - \boldsymbol{b}_{a,s}) \mathrm{d}s \mathrm{d}u \\ \boldsymbol{v}_{t_{k-1}} - \boldsymbol{g} \Delta t_k + \boldsymbol{R}_{t_{k-1}} \int_{t_{k-1}}^{t_k} {}^{b_{t_{k-1}}}\boldsymbol{R}_{b_s} (\hat{\boldsymbol{a}}_s - \boldsymbol{b}_{a,s}) \mathrm{d}s \\ \boldsymbol{R}_{t_{k-1}} \Gamma\left(\int_{t_{k-1}}^{t_k} (\hat{\boldsymbol{\omega}}_s - \boldsymbol{b}_{g,s}) \mathrm{d}s \right) \\ \boldsymbol{b}_{a,t_{k-1}} \\ \boldsymbol{b}_{g,t_{k-1}} \end{bmatrix} \tag{4.27}
$$

式中，$\Delta t_k = t_k - t_{k-1}$；$\boldsymbol{t}$ 、$\boldsymbol{v}$ 表示机体坐标系 b 到参考坐标系 w 的位置、速度；$\boldsymbol{R} \in \mathrm{SO}(3)$ 为机体坐标系 b 到参考坐标系 w 的旋转矩阵；$\boldsymbol{b}_{a,s}$ 与 $\boldsymbol{b}_{g,s}$ 表示 t_s 时刻加速度计与陀螺仪的偏置；$\boldsymbol{g}$ 表示参考坐标系下的重力加速度；$\int_{t_{k-1}}^{t_k} \int_{t_{k-1}}^{u} {}^{b_{t_{k-1}}}\boldsymbol{R}_{b_s} (\hat{\boldsymbol{a}}_s - \boldsymbol{b}_{a,s}) \mathrm{d}s \mathrm{d}u$ 表示以 t_{k-1} 时刻的机体坐标系 $b_{t_{k-1}}$ 为基准，t_{k-1} 至 t_k 时刻所有 IMU 采集的加速度信息的二重积分；$\int_{t_{k-1}}^{t_k} {}^{b_{t_{k-1}}}\boldsymbol{R}_{b_s} (\hat{\boldsymbol{a}}_s - \boldsymbol{b}_{a,s}) \mathrm{d}s$ 表示以 t_{k-1} 时刻的机体坐标系 $b_{t_{k-1}}$ 为基准，t_{k-1} 至 t_k 时刻所有 IMU 采集的加速度信息的一重积分；$\int_{t_{k-1}}^{t_k} (\hat{\boldsymbol{\omega}}_s - \boldsymbol{b}_{g,s}) \mathrm{d}s$ 表示 t_{k-1} 至 t_k 时刻所有 IMU 采集的角速度信息做一重积分得到的旋转向量；$\Gamma(\cdot)$ 表示罗德里格斯公式，用于将旋转向量 $\int_{t_{k-1}}^{t_k} (\hat{\boldsymbol{\omega}}_s - \boldsymbol{b}_{g,s}) \mathrm{d}s$ 映射到 SO(3) 空间。

式 (4.27) 利用无人机 t_{k-1} 时刻的状态 $\boldsymbol{x}_{t_{k-1}}$ 与 t_{k-1} 至 t_k 时刻的 IMU 测量数据 $\boldsymbol{u}_{t_{k-1}}$ 预测 t_k 时刻的状态 $\boldsymbol{x}_{t_k}$。将式 (4.27) 代入式 (4.26) 中，可以得到 IMU 预测过程残差 $\boldsymbol{r}_I(\boldsymbol{x}_{t_k}, \boldsymbol{x}_{t_{k-1}}, \boldsymbol{u}_{t_{k-1}})$ 为

$$
\boldsymbol{r}_I(\boldsymbol{x}_{t_k}, \boldsymbol{x}_{t_{k-1}}, \boldsymbol{u}_{t_{k-1}}) = \boldsymbol{x}_{t_k} - f(\boldsymbol{x}_{t_{k-1}}, \boldsymbol{u}_{t_{k-1}}) = \begin{bmatrix} \boldsymbol{t}_{t_k} - \boldsymbol{t}_{t_{k-1}} - \boldsymbol{v}_{t_{k-1}} \Delta t_k + \frac{1}{2} \boldsymbol{g} \Delta t_k^{\ 2} - \boldsymbol{R}_{t_{k-1}} \int_{t_{k-1}}^{t_k} \int_{t_{k-1}}^{u} {}^{b_{t_{k-1}}}\boldsymbol{R}_{b_s} (\hat{\boldsymbol{a}}_s - \boldsymbol{b}_{a,s}) \mathrm{d}s \mathrm{d}u \\ \boldsymbol{v}_{t_k} - \boldsymbol{v}_{t_{k-1}} + \boldsymbol{g} \Delta t_k - \boldsymbol{R}_{t_{k-1}} \int_{t_{k-1}}^{t_k} {}^{b_{t_{k-1}}}\boldsymbol{R}_{b_s} (\hat{\boldsymbol{a}}_s - \boldsymbol{b}_{a,s}) \mathrm{d}s \\ \boldsymbol{R}_{t_k} \left[\boldsymbol{R}_{t_{k-1}} \Gamma\left(\int_{t_{k-1}}^{t_k} (\hat{\boldsymbol{\omega}}_s - \boldsymbol{b}_{g,s}) \mathrm{d}s \right) \right]^{-1} \\ \boldsymbol{b}_{a,t_k} - \boldsymbol{b}_{a,t_{k-1}} \\ \boldsymbol{b}_{g,t_k} - \boldsymbol{b}_{g,t_{k-1}} \end{bmatrix} \tag{4.28}
$$

2. 雷达特征-地图匹配观测残差

激光雷达通过特征-地图匹配技术构建观测残差。当激光雷达输入一帧点云时，设当前帧扫描开始时刻为 t_{k-1}，结束时刻为 t_k。首先，根据 4.2.2 节介绍的点云畸变校正方法，将该帧点云数据，根据 IMU 预测模型(4.27)进行前向传播，将其投影至 t_k 时刻。其次，根据 4.2.3 节介绍的点云特征提取技术，提取点云中的线特征与面特征，分别记作 ${}^{b}\boldsymbol{F}_{t_k}^{e}$ 与 ${}^{b}\boldsymbol{F}_{t_k}^{p}$。考虑单帧特征点云 ${}^{b}\boldsymbol{F}_{t_k}=\{{}^{b}\boldsymbol{F}_{t_k}^{e},{}^{b}\boldsymbol{F}_{t_k}^{p}\}$ 与特征地图 $\boldsymbol{M}_{t_k}$ 的匹配问题，构建基于特征-地图匹配的观测残差，用于约束 t_k 时刻的无人机状态。

特征-地图匹配通过特征点云 ${}^{b}\boldsymbol{F}_{t_k}$ 与特征地图 $\boldsymbol{M}_{t_k}$ 的匹配关系构建雷达约束残差。对于特征点云 ${}^{b}\boldsymbol{F}_{t_k}$ 中的每个特征点 ${}^{b}\boldsymbol{f}_{i,t_k}\in{}^{b}\boldsymbol{F}_{t_k}$，通过由 IMU 预测得到的无人机位姿初值 $\breve{\boldsymbol{T}}_{t_k}$ 将 ${}^{b}\boldsymbol{f}_{i,t_k}$ 投影至参考坐标系：

$$
{}^{W}\boldsymbol{f}_{i,t_k}=\breve{\boldsymbol{T}}_{t_k}\,{}^{b}\boldsymbol{f}_{i,t_{k-n}} \tag{4.29}
$$

根据特征点在参考坐标系下的投影，通过 KNN（*K*-nearest neighbor，*K* 最近邻）搜索在地图 $\boldsymbol{M}_{t_k}$ 中找到与特征点 ${}^{W}\boldsymbol{f}_{i,t_k}$ 对应的特征点。

对于线特征点集 ${}^{b}\boldsymbol{F}_{t_k}^{e}$ 中的每个点 ${}^{W}\boldsymbol{f}_{i,t_k}^{e}$，找到 $\boldsymbol{M}_{t_k}^{e}$ 中距离 ${}^{W}\boldsymbol{f}_{i,t_k}^{e}$ 最近且不在同一条扫描线上的 n 个点（$n\geqslant 2$）。以 $n=2$ 为例，图 4.12 中 ${}^{W}\boldsymbol{f}_{j,t_k}^{e}$ 与 ${}^{W}\boldsymbol{f}_{m,t_k}^{e}$ 为 $\boldsymbol{M}_{t_k}^{e}$ 中距离 ${}^{W}\boldsymbol{f}_{i,t_k}^{e}$ 最近且不在同一条扫描线上的 2 个点。${}^{W}\boldsymbol{f}_{i,t_k}^{e}$ 与 ${}^{W}\boldsymbol{f}_{j,t_k}^{e}$、${}^{W}\boldsymbol{f}_{m,t_k}^{e}$ 连成的线构成线特征对应关系，参照 LOAM[4]中雷达约束残差的定义形式，定义点到线的匹配的观测方程为

$$
h_i(\boldsymbol{x}_{t_k})=\frac{\left|\left({}^{W}\boldsymbol{f}_{i,t_k}^{e}-{}^{W}\boldsymbol{f}_{j,t_k}^{e}\right)\times\left({}^{W}\boldsymbol{f}_{i,t_k}^{e}-{}^{W}\boldsymbol{f}_{m,t_k}^{e}\right)\right|}{\left|{}^{W}\boldsymbol{f}_{j,t_k}^{e}-{}^{W}\boldsymbol{f}_{m,t_k}^{e}\right|} \tag{4.30}
$$

式(4.30)中的分子为向量$\left({}^{W}\boldsymbol{f}_{i,t_k}^{e}-{}^{W}\boldsymbol{f}_{j,t_k}^{e}\right)$与向量$\left({}^{W}\boldsymbol{f}_{i,t_k}^{e}-{}^{W}\boldsymbol{f}_{m,t_k}^{e}\right)$叉乘的绝对值，其数值等于以两向量为边的平行四边形的面积，即图 4.12 中三角形面积的 2 倍。式(4.30)的分母是向量$\left({}^{W}\boldsymbol{f}_{j,t_k}^{e}-{}^{W}\boldsymbol{f}_{m,t_k}^{e}\right)$的模，其数值等于三角形底边的长。因此，$h_i(\boldsymbol{x}_{t_k})$数值上等于特征点 ${}^{W}\boldsymbol{f}_{i,t_k}^{e}$ 到 ${}^{W}\boldsymbol{f}_{j,t_k}^{e}$、${}^{W}\boldsymbol{f}_{m,t_k}^{e}$ 连成的线的垂直距离。在理想情况下，$h_i(\boldsymbol{x}_{t_k})$应趋近于 0，因此定义第 i 个线特征对应的观测量 $z_i=0$。根

据式(4.26)中对雷达特征点云中第 i 个特征对应的雷达特征-地图匹配观测残差 $r_{L,i}^{e}(\boldsymbol{x}_{t_k},\boldsymbol{z}_{i,t_k})$ 的定义，可以定义雷达线特征-地图匹配的观测残差为

$$r_{L,i}^{e}(\boldsymbol{x}_{t_k},\boldsymbol{z}_{i,t_k})=-\frac{\left|\left({}^{W}\boldsymbol{f}_{i,t_k}^{e}-{}^{W}\boldsymbol{f}_{j,t_k}^{e}\right)\times\left({}^{W}\boldsymbol{f}_{i,t_k}^{e}-{}^{W}\boldsymbol{f}_{m,t_k}^{e}\right)\right|}{\left|{}^{W}\boldsymbol{f}_{j,t_k}^{e}-{}^{W}\boldsymbol{f}_{m,t_k}^{e}\right|} \tag{4.31}$$

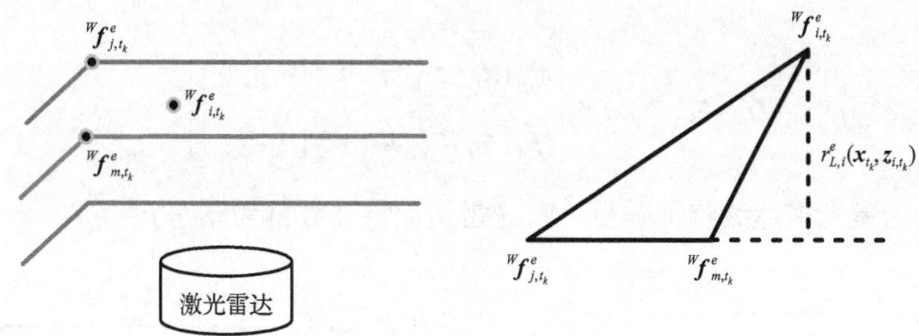

图 4.12　点到线匹配残差示意图

对于面特征点集 ${}^{W}\boldsymbol{F}_{t_k}^{p}$ 中的每个点 ${}^{W}\boldsymbol{f}_{i,t_k}^{p}$，找到特征点云地图 ${}^{W}\boldsymbol{M}_{t_k}^{p}$ 中距离 ${}^{W}\boldsymbol{f}_{i,t_k}^{p}$ 最近的 n 个点 $(n\geqslant 3)$，以张成一个平面。以 $n=3$ 为例，图 4.13 中 ${}^{W}\boldsymbol{f}_{j,t_k}^{p}$、${}^{W}\boldsymbol{f}_{m,t_k}^{p}$、${}^{W}\boldsymbol{f}_{n,t_k}^{p}$ 为 $\boldsymbol{M}_{t_k}^{p}$ 中距离 ${}^{W}\boldsymbol{f}_{i,t_k}^{p}$ 最近的 3 个点。${}^{W}\boldsymbol{f}_{i,t_k}^{p}$ 与 ${}^{W}\boldsymbol{f}_{j,t_k}^{p}$、${}^{W}\boldsymbol{f}_{m,t_k}^{p}$、${}^{W}\boldsymbol{f}_{n,t_k}^{p}$ 张成的平面构成面特征对应关系，定义点到线匹配的观测方程为

$$h_i(\boldsymbol{x}_{t_k})=\frac{\left({}^{W}\boldsymbol{f}_{i,t_k}^{p}-{}^{W}\boldsymbol{f}_{j,t_k}^{p}\right)\left[\left({}^{W}\boldsymbol{f}_{j,t_k}^{p}-{}^{W}\boldsymbol{f}_{m,t_k}^{p}\right)\times\left({}^{W}\boldsymbol{f}_{j,t_k}^{p}-{}^{W}\boldsymbol{f}_{n,t_k}^{p}\right)\right]}{\left|\left({}^{W}\boldsymbol{f}_{j,t_k}^{p}-{}^{W}\boldsymbol{f}_{m,t_k}^{p}\right)\times\left({}^{W}\boldsymbol{f}_{j,t_k}^{p}-{}^{W}\boldsymbol{f}_{n,t_k}^{p}\right)\right|} \tag{4.32}$$

式中，分子为以向量 $\left({}^{W}\boldsymbol{f}_{j,t_k}^{p}-{}^{W}\boldsymbol{f}_{m,t_k}^{p}\right)$ 与向量 $\left({}^{W}\boldsymbol{f}_{j,t_k}^{p}-{}^{W}\boldsymbol{f}_{n,t_k}^{p}\right)$ 为边的平行四边形沿向量 $\left({}^{W}\boldsymbol{f}_{i,t_k}^{p}-{}^{W}\boldsymbol{f}_{j,t_k}^{p}\right)$ 拉伸所构成的三维物体体积，分母是以向量 $\left({}^{W}\boldsymbol{f}_{j,t_k}^{p}-{}^{W}\boldsymbol{f}_{m,t_k}^{p}\right)$ 与向量 $\left({}^{W}\boldsymbol{f}_{j,t_k}^{p}-{}^{W}\boldsymbol{f}_{n,t_k}^{p}\right)$ 为边的平行四边形的面积。因此，式(4.32)中定义的观测方程 $h_i(\boldsymbol{x}_{t_k})$ 在数值上等于特征点 ${}^{W}\boldsymbol{f}_{i,t_k}^{p}$ 到 ${}^{W}\boldsymbol{f}_{j,t_k}^{p}$、${}^{W}\boldsymbol{f}_{m,t_k}^{p}$、${}^{W}\boldsymbol{f}_{n,t_k}^{p}$ 张成的平面的垂直距离。在理想情况下，$h_i(\boldsymbol{x}_{t_k})$ 应趋近于 0，因此定义第 i 个面特征对应的观测量 $\boldsymbol{z}_{i,t_k}=0$。根据式(4.26)中对雷达特征点云中第 i 个特征对应的雷达特征-地图匹配观测残差 $r_{L,i}^{p}(\boldsymbol{x}_{t_k},\boldsymbol{z}_{i,t_k})$ 的定义，可以定义雷达面特征-地图匹配的观测残差为

$$r_{L,i}^{p}(\boldsymbol{x}_{t_k},\boldsymbol{z}_{i,t_k})=-\frac{\left({}^{W}\boldsymbol{f}_{i,t_k}^{p}-{}^{W}\boldsymbol{f}_{j,t_k}^{p}\right)\left[\left({}^{W}\boldsymbol{f}_{j,t_k}^{p}-{}^{W}\boldsymbol{f}_{m,t_k}^{p}\right)\times\left({}^{W}\boldsymbol{f}_{j,t_k}^{p}-{}^{W}\boldsymbol{f}_{n,t_k}^{p}\right)\right]}{\left|\left({}^{W}\boldsymbol{f}_{j,t_k}^{p}-{}^{W}\boldsymbol{f}_{m,t_k}^{p}\right)\times\left({}^{W}\boldsymbol{f}_{j,t_k}^{p}-{}^{W}\boldsymbol{f}_{n,t_k}^{p}\right)\right|} \tag{4.33}$$

根据式(4.31)与式(4.33)中对雷达线特征-地图匹配观测残差与面特征-地图匹配观测残差的定义，可以将雷达特征-地图匹配观测残差 $r_{L,i}(\boldsymbol{x}_{t_k},\boldsymbol{z}_{i,t_k})$ 定义为

$$r_{L,i}(\boldsymbol{x}_{t_k},\boldsymbol{z}_{i,t_k})=\begin{cases}r_{L,i}^{e}(\boldsymbol{x}_{t_k},\boldsymbol{z}_{i,t_k}), & i\in[0,n_e-1]\\ r_{L,i}^{p}(\boldsymbol{x}_{t_k},\boldsymbol{z}_{i,t_k}), & i\in[n_e,n-1]\end{cases} \tag{4.34}$$

式中，n_e 为激光雷达线特征数量。激光雷达面特征数量为 $n_p=n-n_e$。

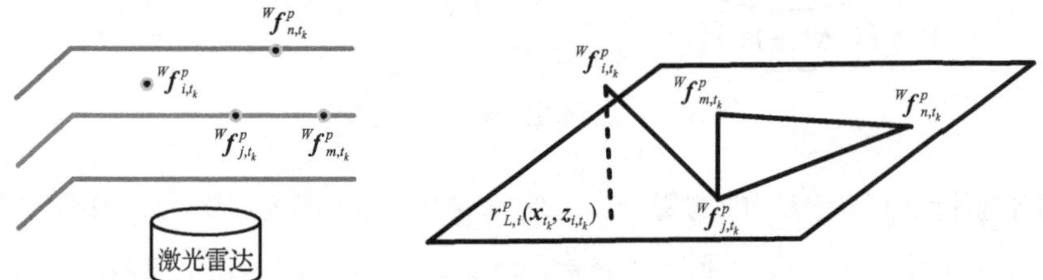

图 4.13　点到面匹配残差示意图

4.3.3　非线性优化问题求解

在 4.1.3 节问题定义中，将基于激光雷达的无人机自主导航问题定义为关于无人机状态向量 $\boldsymbol{x}$ 的无约束优化问题，并在 4.3.2 节中针对基于激光雷达点云地图的无人机导航后端，定义了无约束优化问题的非线性残差函数。因此，通过求解关于无人机状态向量 $\boldsymbol{x}$ 的无约束优化问题，即可实现对无人机的状态估计，从而获得无人机自主导航信息。本节将高斯-牛顿方法应用于基于激光雷达点云地图的无人机导航后端的无约束优化问题求解中，实现基于激光雷达点云地图的无人机自主导航。

根据 4.1.3 节中对基于激光雷达的无人机自主导航方法的问题定义(4.15)，首先，展开式(4.15)中的残差平方项：

$$\begin{aligned}&\left\|\boldsymbol{r}_I(\boldsymbol{x}_{t_k},\boldsymbol{x}_{t_{k-1}},\boldsymbol{u}_{t_{k-1}})\right\|_{\sigma_I}^2+\sum_{i=0}^{n-1}\left\|r_{L,i}(\boldsymbol{x}_{t_k},\boldsymbol{z}_{i,t_k})\right\|_{\sigma_{i,L}}^2\\&=\boldsymbol{r}_I^{\mathrm{T}}(\boldsymbol{x}_{t_k},\boldsymbol{x}_{t_{k-1}},\boldsymbol{u}_{t_{k-1}})\boldsymbol{\sigma}_I^{-1}\boldsymbol{r}_I(\boldsymbol{x}_{t_k},\boldsymbol{x}_{t_{k-1}},\boldsymbol{u}_{t_{k-1}})+\sum_{i=0}^{n-1}r_{L,i}^{\mathrm{T}}(\boldsymbol{x}_{t_k},\boldsymbol{z}_{t_k})\boldsymbol{\sigma}_{L,i}^{-1}r_{L,i}(\boldsymbol{x}_{t_k},\boldsymbol{z}_{i,t_k})\end{aligned} \tag{4.35}$$

对式(4.35)中的协方差矩阵做 Cholesky 分解，可得

$$\boldsymbol{\sigma}_I^{-1}=(\boldsymbol{\Lambda}_I^{-1})^{\mathrm{T}}\boldsymbol{\Lambda}_I^{-1},\quad \boldsymbol{\sigma}_{L,i}^{-1}=(\boldsymbol{\Lambda}_{L,i}^{-1})^{\mathrm{T}}\boldsymbol{\Lambda}_{L,i}^{-1} \tag{4.36}$$

式中，$\boldsymbol{\Lambda}_I$ 为对协方差矩阵 $\boldsymbol{\sigma}_I$ 进行 Cholesky 分解得到的下三角矩阵；$\boldsymbol{\Lambda}_{L,i}$ 为对协方差矩阵 $\boldsymbol{\sigma}_{L,i}$ 进行 Cholesky 分解得到的下三角矩阵。

然后，对式(4.35)中的约束残差在 $\hat{\boldsymbol{x}}_{t_k}$ 处进行一阶线性化：

$$\begin{aligned}
&\left\|\boldsymbol{r}_I(\hat{\boldsymbol{x}}_{t_k}+\Delta\boldsymbol{x}_{t_k},\boldsymbol{x}_{t_{k-1}},\boldsymbol{u}_{t_{k-1}})\right\|_{\boldsymbol{\sigma}_I}^2+\sum_{i=0}^{n-1}\left\|r_{L,i}(\hat{\boldsymbol{x}}_{t_k}+\Delta\boldsymbol{x}_{t_k},\boldsymbol{z}_{i,t_k})\right\|_{\boldsymbol{\sigma}_{i,L}}^2\\
&=\boldsymbol{r}_I^{\mathrm{T}}(\hat{\boldsymbol{x}}_{t_k}+\Delta\boldsymbol{x}_{t_k},\boldsymbol{x}_{t_{k-1}},\boldsymbol{u}_{t_{k-1}})(\boldsymbol{\Lambda}_I^{-1})^{\mathrm{T}}\boldsymbol{\Lambda}_I^{-1}\boldsymbol{r}_I(\hat{\boldsymbol{x}}_{t_k}+\Delta\boldsymbol{x}_{t_k},\boldsymbol{x}_{t_{k-1}},\boldsymbol{u}_{t_{k-1}})\\
&\quad+\sum_{i=0}^{n-1}r_{L,i}(\hat{\boldsymbol{x}}_{t_k}+\Delta\boldsymbol{x}_{t_k},\boldsymbol{z}_{i,t_k})(\boldsymbol{\Lambda}_{L,i}^{-1})^{\mathrm{T}}\boldsymbol{\Lambda}_{L,i}^{-1}r_{L,i}(\hat{\boldsymbol{x}}_{t_k}+\Delta\boldsymbol{x}_{t_k},\boldsymbol{z}_{i,t_k})\\
&=\left(\boldsymbol{\Lambda}_I^{-1}\boldsymbol{r}_I(\hat{\boldsymbol{x}}_{t_k}+\Delta\boldsymbol{x}_{t_k},\boldsymbol{x}_{t_{k-1}},\boldsymbol{u}_{t_{k-1}})\right)^{\mathrm{T}}\boldsymbol{\Lambda}_I^{-1}\boldsymbol{r}_I(\hat{\boldsymbol{x}}_{t_k}+\Delta\boldsymbol{x}_{t_k},\boldsymbol{x}_{t_{k-1}},\boldsymbol{u}_{t_{k-1}})\\
&\quad+\sum_{i=0}^{n-1}\left(\boldsymbol{\Lambda}_{L,i}^{-1}r_{L,i}(\hat{\boldsymbol{x}}_{t_k}+\Delta\boldsymbol{x}_{t_k},\boldsymbol{z}_{i,t_k})\right)^{\mathrm{T}}\boldsymbol{\Lambda}_{L,i}^{-1}r_{L,i}(\hat{\boldsymbol{x}}_{t_k}+\Delta\boldsymbol{x}_{t_k},\boldsymbol{z}_{i,t_k})\\
&\approx\left[\boldsymbol{\Lambda}_I^{-1}\left(\boldsymbol{r}_I(\hat{\boldsymbol{x}}_{t_k},\boldsymbol{x}_{t_{k-1}},\boldsymbol{u}_{t_{k-1}})+\boldsymbol{J}_I(\hat{\boldsymbol{x}}_{t_k})\Delta\boldsymbol{x}_{t_k}\right)\right]^{\mathrm{T}}\\
&\quad\left[\boldsymbol{\Lambda}_I^{-1}\left(\boldsymbol{r}_I(\hat{\boldsymbol{x}}_{t_k},\boldsymbol{x}_{t_{k-1}},\boldsymbol{u}_{t_{k-1}})+\boldsymbol{J}_I(\hat{\boldsymbol{x}}_{t_k})\Delta\boldsymbol{x}_{t_k}\right)\right]\\
&\quad+\sum_{i=0}^{n-1}\left[\boldsymbol{\Lambda}_{L,i}^{-1}\left(r_{L,i}(\hat{\boldsymbol{x}}_{t_k},\boldsymbol{z}_{i,t_k})+\boldsymbol{J}_{L,i}(\hat{\boldsymbol{x}}_{t_k})\Delta\boldsymbol{x}_{t_k}\right)\right]^{\mathrm{T}}\left[\boldsymbol{\Lambda}_{L,i}^{-1}\left(r_{L,i}(\hat{\boldsymbol{x}}_{t_k},\boldsymbol{z}_{i,t_k})+\boldsymbol{J}_{L,i}(\hat{\boldsymbol{x}}_{t_k})\Delta\boldsymbol{x}_{t_k}\right)\right]\\
&\approx\left\|\boldsymbol{r}_I(\hat{\boldsymbol{x}}_{t_k},\boldsymbol{x}_{t_{k-1}},\boldsymbol{u}_{t_{k-1}})\right\|_{\boldsymbol{\sigma}_I}^2+\left(\boldsymbol{\Lambda}_I^{-1}\boldsymbol{r}_I(\hat{\boldsymbol{x}}_{t_k},\boldsymbol{x}_{t_{k-1}},\boldsymbol{u}_{t_{k-1}})\right)^{\mathrm{T}}\boldsymbol{\Lambda}_I^{-1}\boldsymbol{J}_I(\hat{\boldsymbol{x}}_{t_k})\Delta\boldsymbol{x}_{t_k}\\
&\quad+\left(\boldsymbol{\Lambda}_I^{-1}\boldsymbol{J}_I(\hat{\boldsymbol{x}}_{t_k})\Delta\boldsymbol{x}_{t_k}\right)^{\mathrm{T}}\boldsymbol{\Lambda}_I^{-1}\boldsymbol{r}_I(\hat{\boldsymbol{x}}_{t_k},\boldsymbol{x}_{t_{k-1}},\boldsymbol{u}_{t_{k-1}})+\left(\boldsymbol{\Lambda}_I^{-1}\boldsymbol{J}_I(\hat{\boldsymbol{x}}_{t_k})\Delta\boldsymbol{x}_{t_k}\right)^{\mathrm{T}}\boldsymbol{\Lambda}_I^{-1}\boldsymbol{J}_I(\hat{\boldsymbol{x}}_{t_k})\Delta\boldsymbol{x}_{t_k}\\
&\quad+\sum_{i=0}^{n-1}\begin{pmatrix}\left\|r_{L,i}(\hat{\boldsymbol{x}}_{t_k},\boldsymbol{z}_{i,t_k})\right\|_{\boldsymbol{\sigma}_{i,L}}^2+\left(\boldsymbol{\Lambda}_{L,i}^{-1}r_{L,i}(\hat{\boldsymbol{x}}_{t_k},\boldsymbol{z}_{i,t_k})\right)^{\mathrm{T}}\boldsymbol{\Lambda}_{L,i}^{-1}\boldsymbol{J}_{L,i}(\hat{\boldsymbol{x}}_{t_k})\Delta\boldsymbol{x}_{t_k}\\
+\left(\boldsymbol{\Lambda}_{L,i}^{-1}\boldsymbol{J}_{L,i}(\hat{\boldsymbol{x}}_{t_k})\Delta\boldsymbol{x}_{t_k}\right)^{\mathrm{T}}\boldsymbol{\Lambda}_{L,i}^{-1}r_{L,i}(\hat{\boldsymbol{x}}_{t_k},\boldsymbol{z}_{i,t_k})\\
+\left(\boldsymbol{\Lambda}_{L,i}^{-1}\boldsymbol{J}_{L,i}(\hat{\boldsymbol{x}}_{t_k})\Delta\boldsymbol{x}_{t_k}\right)^{\mathrm{T}}\boldsymbol{\Lambda}_{L,i}^{-1}\boldsymbol{J}_{L,i}(\hat{\boldsymbol{x}}_{t_k})\Delta\boldsymbol{x}_{t_k}\end{pmatrix}
\end{aligned} \tag{4.37}$$

式中，$\boldsymbol{J}_I(\hat{\boldsymbol{x}}_{t_k})$ 与 $\boldsymbol{J}_L(\hat{\boldsymbol{x}}_{t_k})$ 分别表示与状态量 $\boldsymbol{x}_{t_k}$ 相关的 IMU 预测过程残差 $\boldsymbol{r}_I(\boldsymbol{x}_{t_k},\boldsymbol{x}_{t_{k-1}},\boldsymbol{u}_{t_{k-1}})$ 与激光雷达特征-点云地图匹配残差 $r_{L,i}(\boldsymbol{x}_{t_k},\boldsymbol{z}_{i,t_k})$ 相对于状态量 $\boldsymbol{x}_{t_k}$ 的雅可比矩阵，表达式为

$$\boldsymbol{J}_I(\hat{\boldsymbol{x}}_{t_k})=\left.\frac{\partial \boldsymbol{r}_I(\boldsymbol{x}_{t_k},\boldsymbol{x}_{t_{k-1}},\boldsymbol{u}_{t_k})}{\partial \boldsymbol{x}_{t_k}}\right|_{\boldsymbol{x}_{t_k}=\hat{\boldsymbol{x}}_{t_k}},\quad \boldsymbol{J}_{L,i}(\hat{\boldsymbol{x}}_{t_k})=\left.\frac{\partial r_{L,i}(\boldsymbol{x}_{t_k},\boldsymbol{z}_{i,t_k})}{\partial \boldsymbol{x}_{t_k}}\right|_{\boldsymbol{x}_{t_k}=\hat{\boldsymbol{x}}_{t_k}} \tag{4.38}$$

其次，求解式(4.37)相对于$\Delta\boldsymbol{x}_{t_k}$的雅可比矩阵，可得

$$\begin{aligned}&\frac{\partial\left\|\boldsymbol{r}_I(\hat{\boldsymbol{x}}_{t_k},\boldsymbol{x}_{t_{k-1}},\boldsymbol{u}_{t_{k-1}})\right\|_{\boldsymbol{\sigma}_I}^2+\sum_{i=0}^{n-1}\left\|r_{L,i}(\hat{\boldsymbol{x}}_{t_k},\boldsymbol{z}_{i,t_k})\right\|_{\boldsymbol{\sigma}_{i,L}}^2}{\partial\Delta\boldsymbol{x}_{t_k}}\\&=2\boldsymbol{J}_I^{\mathrm{T}}(\hat{\boldsymbol{x}}_{t_k})\boldsymbol{\sigma}_I^{-1}\boldsymbol{r}_I(\hat{\boldsymbol{x}}_{t_k},\boldsymbol{x}_{t_{k-1}},\boldsymbol{u}_{t_{k-1}})+2\boldsymbol{J}_I^{\mathrm{T}}(\hat{\boldsymbol{x}}_{t_k})\boldsymbol{\sigma}_I^{-1}\boldsymbol{J}_I(\hat{\boldsymbol{x}}_{t_k})\Delta\boldsymbol{x}_{t_k}\\&\quad+\sum_{i=0}^{n-1}2\boldsymbol{J}_{L,i}^{\mathrm{T}}(\hat{\boldsymbol{x}}_{t_k})\boldsymbol{\sigma}_{L,i}^{-1}r_{L,i}(\hat{\boldsymbol{x}}_{t_k},\boldsymbol{z}_{i,t_k})+2\boldsymbol{J}_{L,i}^{\mathrm{T}}(\hat{\boldsymbol{x}}_{t_k})\boldsymbol{\sigma}_{L,i}^{-1}\boldsymbol{J}_{L,i}(\hat{\boldsymbol{x}}_{t_k})\Delta\boldsymbol{x}_{t_k}\end{aligned} \tag{4.39}$$

最后，令式(4.39)等于零，即可得到高斯-牛顿方程：

$$\begin{aligned}&\left(\boldsymbol{J}_I^{\mathrm{T}}(\hat{\boldsymbol{x}}_{t_k})\boldsymbol{\sigma}_I^{-1}\boldsymbol{J}_I(\hat{\boldsymbol{x}}_{t_k})+\sum_{i=0}^{n-1}\boldsymbol{J}_{L,i}^{\mathrm{T}}(\hat{\boldsymbol{x}}_{t_k})\boldsymbol{\sigma}_{L,i}^{-1}\boldsymbol{J}_{L,i}(\hat{\boldsymbol{x}}_{t_k})\right)\Delta\boldsymbol{x}_{t_k}\\&=-\boldsymbol{J}_I^{\mathrm{T}}(\hat{\boldsymbol{x}}_{t_k})\boldsymbol{\sigma}_I^{-1}\boldsymbol{r}_I(\hat{\boldsymbol{x}}_{t_k},\boldsymbol{x}_{t_{k-1}},\boldsymbol{u}_{t_{k-1}})-\sum_{i=0}^{n-1}\boldsymbol{J}_{L,i}^{\mathrm{T}}(\hat{\boldsymbol{x}}_{t_k})\boldsymbol{\sigma}_{L,i}^{-1}r_{L,i}(\hat{\boldsymbol{x}}_{t_k},\boldsymbol{z}_{i,t_k})\end{aligned} \tag{4.40}$$

通过求解式(4.40)，即可得到状态量增量$\Delta\boldsymbol{x}_{t_k}$。因此，通过高斯-牛顿方法可以迭代求解基于激光雷达的无人机自主导航问题(4.15)，从而实现对无人机的状态估计。采用高斯-牛顿方法求解基于激光雷达点云地图后端的无人机自主导航问题的步骤可以归纳为算法 4.1。

算法 4.1 采用高斯-牛顿方法求解基于激光雷达点云地图后端的无人机自主导航问题

输入：状态量初值 $\hat{\boldsymbol{x}}_{t_k}^0$，最大迭代次数 m

输出：无人机状态的估计值 $\hat{\boldsymbol{x}}_{t_k}$

for $j\leftarrow 0$ **to** $j\leftarrow m$ **do**

根据第 j 次迭代的状态量 $\hat{\boldsymbol{x}}_{t_k}^j$ 计算 IMU 预测过程残差 $\boldsymbol{r}_I(\hat{\boldsymbol{x}}_{t_k}^j,\boldsymbol{x}_{t_{k-1}},\boldsymbol{u}_{t_{k-1}})$

根据第 j 次迭代的状态量 $\hat{\boldsymbol{x}}_{t_k}^j$ 计算雷达观测残差 $\sum_{i=0}^{n-1}r_{L,i}(\hat{\boldsymbol{x}}_{t_k}^j,\boldsymbol{z}_{i,t_k})$

计算 IMU 预测过程残差与雷达观测残差关于第 j 次迭代的状态量 $\hat{\boldsymbol{x}}_{t_k}^j$ 的雅可比矩阵

求解高斯-牛顿方程(4.40)，获得第 j 次迭代的状态量增量 $\Delta\hat{\boldsymbol{x}}_{t_k}^j$

if $\Delta\hat{\boldsymbol{x}}_{t_k}^j\leqslant\gamma$ **or** $j=m$ **then**

$\hat{\boldsymbol{x}}_{t_k} = \hat{\boldsymbol{x}}_{t_k}^j + \Delta \boldsymbol{x}_{t_k}^j$

return $\hat{\boldsymbol{x}}_{t_k}$

else

$\hat{\boldsymbol{x}}_{t_k}^{j+1} = \hat{\boldsymbol{x}}_{t_k}^j + \Delta \boldsymbol{x}_{t_k}^j$

end

end

算法 4.1 中描述了采用高斯-牛顿方法求解基于激光雷达点云地图后端的无人机自主导航问题的方法。首先根据第 j 次迭代的状态量 $\hat{\boldsymbol{x}}_{t_k}^j$ 和 IMU 传感器信息构建 IMU 预测过程残差(4.28)；然后根据特征点云在空间中的分布构建雷达观测残差(4.31)和(4.33)；计算 IMU 预测过程残差与雷达观测残差关于第 j 次迭代的状态量 $\hat{\boldsymbol{x}}_{t_k}^j$ 的雅可比矩阵(4.38)；最后根据残差函数定义，通过求解高斯-牛顿方程(4.40)，获得每次迭代的状态量增量 $\Delta \boldsymbol{x}_{t_k}^j$，从而更新无人机状态 $\hat{\boldsymbol{x}}_{t_k}^{j+1} = \hat{\boldsymbol{x}}_{t_k}^j + \Delta \boldsymbol{x}_{t_k}^j$ 直至收敛，实现对无人机导航信息的求解。从算法 4.1 中可以看出，通过高斯-牛顿方法求解激光雷达点云地图后端的无人机自主导航问题的过程，即迭代求解高斯-牛顿方程(4.40)，从而获得每次迭代的状态量增量 $\Delta \boldsymbol{x}_{t_k}^j$ 的过程。从式(4.40)的形式可以看出，求解高斯-牛顿方程的关键在于求解式(4.38)中定义的残差函数相对于状态量 $\hat{\boldsymbol{x}}_{t_k}$ 的雅可比矩阵。

式(4.28)中 IMU 预测过程残差 $\boldsymbol{r}_I(\boldsymbol{x}_{t_k}, \boldsymbol{x}_{t_{k-1}}, \boldsymbol{u}_{t_{k-1}})$ 关于状态量 $\boldsymbol{x}_{t_k}$ 的雅可比矩阵 $\boldsymbol{J}_I(\hat{\boldsymbol{x}}_{t_k})$ 的详细推导过程在诸多公开文献均有介绍，并集成至开源求解器 GTSAM 中，在此不再赘述其推导过程，感兴趣的读者可参阅文献[13]。这里给出激光雷达特征-点云地图匹配残差 $r_{L,i}(\boldsymbol{x}_{t_k}, \boldsymbol{z}_{i,t_k})$ 相对于状态量 $\boldsymbol{x}_{t_k}$ 的雅可比矩阵 $\boldsymbol{J}_{L,i}(\hat{\boldsymbol{x}}_{t_k})$ 的推导过程。

1. 激光雷达线特征-点云地图匹配残差关于状态量的雅可比矩阵

对于激光雷达线特征-点云地图匹配的观测残差 $r_{L,i}^e(\boldsymbol{x}_{t_k}, \boldsymbol{z}_{i,t_k})$，将其分子展开可得

$$r_{L,i}^e(\boldsymbol{x}_{t_k}, \boldsymbol{z}_{i,t_k}) = -\frac{\left|\left({}^W\boldsymbol{f}_{i,t_k}^e - {}^W\boldsymbol{f}_{j,t_k}^e\right)\times\left({}^W\boldsymbol{f}_{i,t_k}^e - {}^W\boldsymbol{f}_{m,t_k}^e\right)\right|}{\left|{}^W\boldsymbol{f}_{j,t_k}^e - {}^W\boldsymbol{f}_{m,t_k}^e\right|}$$
$$= -\frac{\sqrt{\left[\left({}^W\boldsymbol{f}_{i,t_k}^e - {}^W\boldsymbol{f}_{j,t_k}^e\right)\times\left({}^W\boldsymbol{f}_{i,t_k}^e - {}^W\boldsymbol{f}_{m,t_k}^e\right)\right]^{\mathrm{T}}\left({}^W\boldsymbol{f}_{i,t_k}^e - {}^W\boldsymbol{f}_{j,t_k}^e\right)\times\left({}^W\boldsymbol{f}_{i,t_k}^e - {}^W\boldsymbol{f}_{m,t_k}^e\right)}}{\left|{}^W\boldsymbol{f}_{j,t_k}^e - {}^W\boldsymbol{f}_{m,t_k}^e\right|} \tag{4.41}$$

对式(4.41)求关于状态量 $\boldsymbol{x}_{t_k}$ 的雅可比矩阵：

$$
\begin{aligned}
\boldsymbol{J}_{L,i}^{e}(\boldsymbol{x}_{t_k}) &= \frac{\partial r_{L,i}^{e}(\boldsymbol{x}_{t_k}, \boldsymbol{z}_{i,t_k})}{\partial \boldsymbol{x}_{t_k}} \\
&= -\frac{\left[\left({}^{W}\boldsymbol{f}_{i,t_k}^{e} - {}^{W}\boldsymbol{f}_{j,t_k}^{e}\right)\times\left({}^{W}\boldsymbol{f}_{i,t_k}^{e} - {}^{W}\boldsymbol{f}_{m,t_k}^{e}\right)\right]^{\mathrm{T}}}{\left|\left({}^{W}\boldsymbol{f}_{i,t_k}^{e} - {}^{W}\boldsymbol{f}_{j,t_k}^{e}\right)\times\left({}^{W}\boldsymbol{f}_{i,t_k}^{e} - {}^{W}\boldsymbol{f}_{m,t_k}^{e}\right)\right|\cdot\left|{}^{W}\boldsymbol{f}_{j,t_k}^{e} - {}^{W}\boldsymbol{f}_{m,t_k}^{e}\right|} \\
&\quad \cdot \frac{\partial\left({}^{W}\boldsymbol{f}_{i,t_k}^{e} - {}^{W}\boldsymbol{f}_{j,t_k}^{e}\right)\times\left({}^{W}\boldsymbol{f}_{i,t_k}^{e} - {}^{W}\boldsymbol{f}_{m,t_k}^{e}\right)}{\partial \boldsymbol{x}_{t_k}}
\end{aligned} \tag{4.42}
$$

式中，$\left({}^{W}\boldsymbol{f}_{i,t_k}^{e} - {}^{W}\boldsymbol{f}_{j,t_k}^{e}\right)\times\left({}^{W}\boldsymbol{f}_{i,t_k}^{e} - {}^{W}\boldsymbol{f}_{m,t_k}^{e}\right) = \left(\boldsymbol{T}_{t_k}\,{}^{b}\boldsymbol{f}_{i,t_k}^{e} - {}^{W}\boldsymbol{f}_{j,t_k}^{e}\right)\times\left(\boldsymbol{T}_{t_k}\,{}^{b}\boldsymbol{f}_{i,t_k}^{e} - {}^{W}\boldsymbol{f}_{m,t_k}^{e}\right)$ 仅与无人机状态量 $\boldsymbol{x}_{t_k}$ 中的位置 $\boldsymbol{t}_{t_k}$ 和旋转矩阵 $\boldsymbol{R}_{t_k} \in \mathrm{SO}(3)$ 相关，与速度 $\boldsymbol{v}_{t_k}$、陀螺仪零偏 $\boldsymbol{b}_g$、加速度计零偏 $\boldsymbol{b}_a$ 无关。因此，激光雷达线特征-点云地图匹配的观测残差关于速度 $\boldsymbol{v}_{t_k}$、陀螺仪零偏 $\boldsymbol{b}_g$、加速度计零偏 $\boldsymbol{b}_a$ 的雅可比矩阵均为零矩阵，即

$$
\frac{\partial r_{L,i}^{e}(\boldsymbol{x}_{t_k}, \boldsymbol{z}_{i,t_k})}{\partial \boldsymbol{v}_{t_k}} = \boldsymbol{0}, \quad \frac{\partial r_{L,i}^{e}(\boldsymbol{x}_{t_k}, \boldsymbol{z}_{i,t_k})}{\partial \boldsymbol{b}_{a,t_k}} = \boldsymbol{0}, \quad \frac{\partial r_{L,i}^{e}(\boldsymbol{x}_{t_k}, \boldsymbol{z}_{i,t_k})}{\partial \boldsymbol{b}_{g,t_k}} = \boldsymbol{0} \tag{4.43}
$$

进一步，给出激光雷达线特征-点云地图匹配的观测残差 $r_{L,i}^{e}(\boldsymbol{x}_{t_k}, \boldsymbol{z}_{i,t_k})$ 关于位置 $\boldsymbol{t}_{t_k}$ 的雅可比矩阵为

$$
\begin{aligned}
\frac{\partial r_{L,i}^{e}(\boldsymbol{x}_{t_k}, \boldsymbol{z}_{i,t_k})}{\partial \boldsymbol{t}_{t_k}} &= -\frac{\left[\left({}^{W}\boldsymbol{f}_{i,t_k}^{e} - {}^{W}\boldsymbol{f}_{j,t_k}^{e}\right)\times\left({}^{W}\boldsymbol{f}_{i,t_k}^{e} - {}^{W}\boldsymbol{f}_{m,t_k}^{e}\right)\right]^{\mathrm{T}}}{\left|\left({}^{W}\boldsymbol{f}_{i,t_k}^{e} - {}^{W}\boldsymbol{f}_{j,t_k}^{e}\right)\times\left({}^{W}\boldsymbol{f}_{i,t_k}^{e} - {}^{W}\boldsymbol{f}_{m,t_k}^{e}\right)\right|\cdot\left|{}^{W}\boldsymbol{f}_{j,t_k}^{e} - {}^{W}\boldsymbol{f}_{m,t_k}^{e}\right|} \\
&\quad \cdot \frac{\partial\left(\boldsymbol{R}_{t_k}\,{}^{b}\boldsymbol{f}_{i,t_k}^{e} + \boldsymbol{t}_{t_k} - {}^{W}\boldsymbol{f}_{j,t_k}^{e}\right)\times\left(\boldsymbol{R}_{t_k}\,{}^{b}\boldsymbol{f}_{i,t_k}^{e} + \boldsymbol{t}_{t_k} - {}^{W}\boldsymbol{f}_{m,t_k}^{e}\right)}{\partial \boldsymbol{t}_{t_k}} \\
&= -\frac{\left[\left({}^{W}\boldsymbol{f}_{i,t_k}^{e} - {}^{W}\boldsymbol{f}_{j,t_k}^{e}\right)\times\left({}^{W}\boldsymbol{f}_{i,t_k}^{e} - {}^{W}\boldsymbol{f}_{m,t_k}^{e}\right)\right]^{\mathrm{T}}\left({}^{W}\boldsymbol{f}_{m,t_k}^{e} - {}^{W}\boldsymbol{f}_{j,t_k}^{e}\right)^{\wedge}}{\left|\left({}^{W}\boldsymbol{f}_{i,t_k}^{e} - {}^{W}\boldsymbol{f}_{j,t_k}^{e}\right)\times\left({}^{W}\boldsymbol{f}_{i,t_k}^{e} - {}^{W}\boldsymbol{f}_{m,t_k}^{e}\right)\right|\cdot\left|{}^{W}\boldsymbol{f}_{j,t_k}^{e} - {}^{W}\boldsymbol{f}_{m,t_k}^{e}\right|}
\end{aligned} \tag{4.44}
$$

对于激光雷达线特征-点云地图匹配的观测残差 $r_{L,i}^{e}(\boldsymbol{x}_{t_k}, \boldsymbol{z}_{i,t_k})$ 关于旋转矩阵 $\boldsymbol{R}_{t_k} \in \mathrm{SO}(3)$ 的雅可比矩阵，可以根据 2.3.4 节介绍的李代数扰动模型给出：

$$
\begin{aligned}
&\frac{\partial r_{L,i}^{e}(\boldsymbol{x}_{t_k},\boldsymbol{z}_{i,t_k})}{\partial \delta\boldsymbol{\phi}_{t_k}} \\
&= -\frac{\left[\left({}^{W}\boldsymbol{f}_{i,t_k}^{e}-{}^{W}\boldsymbol{f}_{j,t_k}^{e}\right)\times\left({}^{W}\boldsymbol{f}_{i,t_k}^{e}-{}^{W}\boldsymbol{f}_{m,t_k}^{e}\right)\right]^{\mathrm{T}}}{\left|\left({}^{W}\boldsymbol{f}_{i,t_k}^{e}-{}^{W}\boldsymbol{f}_{j,t_k}^{e}\right)\times\left({}^{W}\boldsymbol{f}_{i,t_k}^{e}-{}^{W}\boldsymbol{f}_{m,t_k}^{e}\right)\right|\cdot\left|{}^{W}\boldsymbol{f}_{j,t_k}^{e}-{}^{W}\boldsymbol{f}_{m,t_k}^{e}\right|} \\
&\quad\times\frac{\partial\left(\boldsymbol{R}_{t_k}{}^{b}\boldsymbol{f}_{i,t_k}^{e}+\boldsymbol{t}_{t_k}-{}^{W}\boldsymbol{f}_{j,t_k}^{e}\right)\times\left(\boldsymbol{R}_{t_k}{}^{b}\boldsymbol{f}_{i,t_k}^{e}+\boldsymbol{t}_{t_k}-{}^{W}\boldsymbol{f}_{m,t_k}^{e}\right)}{\partial\delta\boldsymbol{\phi}_{t_k}} \\
&= -\frac{\left[\left({}^{W}\boldsymbol{f}_{i,t_k}^{e}-{}^{W}\boldsymbol{f}_{j,t_k}^{e}\right)\times\left({}^{W}\boldsymbol{f}_{i,t_k}^{e}-{}^{W}\boldsymbol{f}_{m,t_k}^{e}\right)\right]^{\mathrm{T}}}{\left|\left({}^{W}\boldsymbol{f}_{i,t_k}^{e}-{}^{W}\boldsymbol{f}_{j,t_k}^{e}\right)\times\left({}^{W}\boldsymbol{f}_{i,t_k}^{e}-{}^{W}\boldsymbol{f}_{m,t_k}^{e}\right)\right|\cdot\left|{}^{W}\boldsymbol{f}_{j,t_k}^{e}-{}^{W}\boldsymbol{f}_{m,t_k}^{e}\right|} \\
&\quad\times\begin{pmatrix}
-\left(\boldsymbol{R}_{t_k}{}^{b}\boldsymbol{f}_{i,t_k}^{e}+\boldsymbol{t}_{t_k}-{}^{W}\boldsymbol{f}_{m,t_k}^{e}\right)^{\wedge}\dfrac{\partial\left(\boldsymbol{R}_{t_k}{}^{b}\boldsymbol{f}_{i,t_k}^{e}+\boldsymbol{t}_{t_k}-{}^{W}\boldsymbol{f}_{j,t_k}^{e}\right)}{\partial\delta\boldsymbol{\phi}_{t_k}} \\
+\left(\boldsymbol{R}_{t_k}{}^{b}\boldsymbol{f}_{i,t_k}^{e}+\boldsymbol{t}_{t_k}-{}^{W}\boldsymbol{f}_{j,t_k}^{e}\right)^{\wedge}\dfrac{\partial\left(\boldsymbol{R}_{t_k}{}^{b}\boldsymbol{f}_{i,t_k}^{e}+\boldsymbol{t}_{t_k}-{}^{W}\boldsymbol{f}_{m,t_k}^{e}\right)}{\partial\delta\boldsymbol{\phi}_{t_k}}
\end{pmatrix} \\
&= -\frac{\left[\left({}^{W}\boldsymbol{f}_{i,t_k}^{e}-{}^{W}\boldsymbol{f}_{j,t_k}^{e}\right)\times\left({}^{W}\boldsymbol{f}_{i,t_k}^{e}-{}^{W}\boldsymbol{f}_{m,t_k}^{e}\right)\right]^{\mathrm{T}}\left({}^{W}\boldsymbol{f}_{j,t_k}^{e}-{}^{W}\boldsymbol{f}_{m,t_k}^{e}\right)^{\wedge}\left(\boldsymbol{R}_{t_k}{}^{b}\boldsymbol{f}_{i,t_k}^{e}\right)^{\wedge}}{\left|\left({}^{W}\boldsymbol{f}_{i,t_k}^{e}-{}^{W}\boldsymbol{f}_{j,t_k}^{e}\right)\times\left({}^{W}\boldsymbol{f}_{i,t_k}^{e}-{}^{W}\boldsymbol{f}_{m,t_k}^{e}\right)\right|\cdot\left|{}^{W}\boldsymbol{f}_{j,t_k}^{e}-{}^{W}\boldsymbol{f}_{m,t_k}^{e}\right|}
\end{aligned} \tag{4.45}
$$

至此，激光雷达线特征-点云地图匹配残差关于状态量的雅可比矩阵可以写为

$$
\boldsymbol{J}_{L,i}^{e}(\boldsymbol{x}_{t_k})=\left[\frac{\partial r_{L,i}^{e}(\boldsymbol{x}_{t_k},\boldsymbol{z}_{i,t_k})}{\partial \boldsymbol{t}_{t_k}},\boldsymbol{0},\frac{\partial r_{L,i}^{e}(\boldsymbol{x}_{t_k},\boldsymbol{z}_{i,t_k})}{\partial \delta\boldsymbol{\phi}_{t_k}},\boldsymbol{0},\boldsymbol{0}\right] \tag{4.46}
$$

下面给出激光雷达面特征-点云地图匹配残差关于状态量的雅可比矩阵。

2. 激光雷达面特征-点云地图匹配残差关于状态量的雅可比矩阵

对于激光雷达面特征-点云地图匹配的观测残差 $r_{L,i}^{p}(\boldsymbol{x}_{t_k},\boldsymbol{z}_{i,t_k})$，将其分子展开可得

$$
\begin{aligned}
r_{L,i}^{p}(\boldsymbol{x}_{t_k},\boldsymbol{z}_{i,t_k}) &= -\frac{\left({}^{W}\boldsymbol{f}_{i,t_k}^{p}-{}^{W}\boldsymbol{f}_{j,t_k}^{p}\right)^{\mathrm{T}}\left[\left({}^{W}\boldsymbol{f}_{j,t_k}^{p}-{}^{W}\boldsymbol{f}_{m,t_k}^{p}\right)\times\left({}^{W}\boldsymbol{f}_{j,t_k}^{p}-{}^{W}\boldsymbol{f}_{n,t_k}^{p}\right)\right]}{\left|\left({}^{W}\boldsymbol{f}_{j,t_k}^{p}-{}^{W}\boldsymbol{f}_{m,t_k}^{p}\right)\times\left({}^{W}\boldsymbol{f}_{j,t_k}^{p}-{}^{W}\boldsymbol{f}_{n,t_k}^{p}\right)\right|} \\
&= -\frac{\left[\left({}^{W}\boldsymbol{f}_{j,t_k}^{p}-{}^{W}\boldsymbol{f}_{m,t_k}^{p}\right)\times\left({}^{W}\boldsymbol{f}_{j,t_k}^{p}-{}^{W}\boldsymbol{f}_{n,t_k}^{p}\right)\right]^{\mathrm{T}}\left(\boldsymbol{R}_{t_k}{}^{b}\boldsymbol{f}_{i,t_k}^{p}+\boldsymbol{t}_{t_k}-{}^{W}\boldsymbol{f}_{j,t_k}^{p}\right)}{\left|\left({}^{W}\boldsymbol{f}_{j,t_k}^{p}-{}^{W}\boldsymbol{f}_{m,t_k}^{p}\right)\times\left({}^{W}\boldsymbol{f}_{j,t_k}^{p}-{}^{W}\boldsymbol{f}_{n,t_k}^{p}\right)\right|}
\end{aligned}
\tag{4.47}
$$

对式(4.47)求关于状态量 $\boldsymbol{x}_{t_k}$ 的雅可比矩阵：

$$
\begin{aligned}
\boldsymbol{J}_{L,i}^{p}(\boldsymbol{x}_{t_k}) &= \frac{\partial r_{L,i}^{p}(\boldsymbol{x}_{t_k},\boldsymbol{z}_{i,t_k})}{\partial \boldsymbol{x}_{t_k}} \\
&= -\frac{\left[\left({}^{W}\boldsymbol{f}_{j,t_k}^{p}-{}^{W}\boldsymbol{f}_{m,t_k}^{p}\right)\times\left({}^{W}\boldsymbol{f}_{j,t_k}^{p}-{}^{W}\boldsymbol{f}_{n,t_k}^{p}\right)\right]^{\mathrm{T}}}{\left|\left({}^{W}\boldsymbol{f}_{j,t_k}^{p}-{}^{W}\boldsymbol{f}_{m,t_k}^{p}\right)\times\left({}^{W}\boldsymbol{f}_{j,t_k}^{p}-{}^{W}\boldsymbol{f}_{n,t_k}^{p}\right)\right|}\frac{\partial\left(\boldsymbol{R}_{t_k}{}^{b}\boldsymbol{f}_{i,t_k}^{p}+\boldsymbol{t}_{t_k}-{}^{W}\boldsymbol{f}_{j,t_k}^{p}\right)}{\partial \boldsymbol{x}_{t_k}}
\end{aligned}
\tag{4.48}
$$

式中，$\left(\boldsymbol{R}_{t_k}{}^{b}\boldsymbol{f}_{i,t_k}^{p}+\boldsymbol{t}_{t_k}-{}^{W}\boldsymbol{f}_{j,t_k}^{p}\right)$仅与无人机状态量 $\boldsymbol{x}_{t_k}$ 中的位置 $\boldsymbol{t}_{t_k}$ 和旋转矩阵 $\boldsymbol{R}_{t_k}\in\mathrm{SO}(3)$ 相关，与速度 $\boldsymbol{v}_{t_k}$、陀螺仪零偏 $\boldsymbol{b}_g$、加速度计零偏 $\boldsymbol{b}_a$ 无关。因此，激光雷达面特征-点云地图匹配的观测残差关于速度 $\boldsymbol{v}_{t_k}$、陀螺仪零偏 $\boldsymbol{b}_g$、加速度计零偏 $\boldsymbol{b}_a$ 的雅可比矩阵均为零矩阵，即

$$
\frac{\partial r_{L,i}^{p}(\boldsymbol{x}_{t_k},\boldsymbol{z}_{i,t_k})}{\partial \boldsymbol{v}_{t_k}}=\boldsymbol{0},\quad \frac{\partial r_{L,i}^{p}(\boldsymbol{x}_{t_k},\boldsymbol{z}_{i,t_k})}{\partial \boldsymbol{b}_{a,t_k}}=\boldsymbol{0},\quad \frac{\partial r_{L,i}^{p}(\boldsymbol{x}_{t_k},\boldsymbol{z}_{i,t_k})}{\partial \boldsymbol{b}_{g,t_k}}=\boldsymbol{0}
\tag{4.49}
$$

进一步，给出激光雷达面特征-点云地图匹配的观测残差 $r_{L,i}^{p}(\boldsymbol{x}_{t_k},\boldsymbol{z}_{i,t_k})$ 关于位置 $\boldsymbol{t}_{t_k}$ 的雅可比矩阵为

$$
\frac{\partial r_{L,i}^{p}(\boldsymbol{x}_{t_k},\boldsymbol{z}_{i,t_k})}{\partial \boldsymbol{t}_{t_k}}=-\frac{\left[\left({}^{W}\boldsymbol{f}_{j,t_k}^{p}-{}^{W}\boldsymbol{f}_{m,t_k}^{p}\right)\times\left({}^{W}\boldsymbol{f}_{j,t_k}^{p}-{}^{W}\boldsymbol{f}_{n,t_k}^{p}\right)\right]^{\mathrm{T}}}{\left|\left({}^{W}\boldsymbol{f}_{j,t_k}^{p}-{}^{W}\boldsymbol{f}_{m,t_k}^{p}\right)\times\left({}^{W}\boldsymbol{f}_{j,t_k}^{p}-{}^{W}\boldsymbol{f}_{n,t_k}^{p}\right)\right|}
\tag{4.50}
$$

对于激光雷达面特征-点云地图匹配的观测残差 $r_{L,i}^{p}(\boldsymbol{x}_{t_k},\boldsymbol{z}_{i,t_k})$ 关于旋转矩阵 $\boldsymbol{R}_{t_k}\in\mathrm{SO}(3)$ 的雅可比矩阵，可以根据 2.3.4 节介绍的李代数扰动模型给出：

$$\frac{\partial r_{L,i}^{p}\left(\boldsymbol{x}_{t_k},\boldsymbol{z}_{i,t_k}\right)}{\partial\delta\boldsymbol{\phi}_{t_k}}=\frac{\left[\left({}^{W}\boldsymbol{f}_{j,t_k}^{p}-{}^{W}\boldsymbol{f}_{m,t_k}^{p}\right)\times\left({}^{W}\boldsymbol{f}_{j,t_k}^{p}-{}^{W}\boldsymbol{f}_{n,t_k}^{p}\right)\right]^{\mathrm{T}}}{\left|\left({}^{W}\boldsymbol{f}_{j,t_k}^{p}-{}^{W}\boldsymbol{f}_{m,t_k}^{p}\right)\times\left({}^{W}\boldsymbol{f}_{j,t_k}^{p}-{}^{W}\boldsymbol{f}_{n,t_k}^{p}\right)\right|}\left(\boldsymbol{R}_{t_k}\,{}^{b}\boldsymbol{f}_{i,t_k}^{p}\right)^{\wedge} \tag{4.51}$$

至此，激光雷达面特征-点云地图匹配残差关于状态量的雅可比矩阵可以写为

$$\boldsymbol{J}_{L,i}^{p}\left(\boldsymbol{x}_{t_k}\right)=\left[\frac{\partial r_{L,i}^{p}\left(\boldsymbol{x}_{t_k},\boldsymbol{z}_{i,t_k}\right)}{\partial\boldsymbol{t}_{t_k}},\boldsymbol{0},\frac{\partial r_{L,i}^{p}\left(\boldsymbol{x}_{t_k},\boldsymbol{z}_{i,t_k}\right)}{\partial\delta\boldsymbol{\phi}_{t_k}},\boldsymbol{0},\boldsymbol{0}\right] \tag{4.52}$$

将式(4.46)与式(4.52)中定义的激光雷达特征-点云地图匹配残差关于状态量的雅可比矩阵代入高斯-牛顿方程(4.40)中即可实现对状态量增量 $\Delta\boldsymbol{x}_{t_k}$ 的求解，从而实现基于高斯-牛顿方法的无人机自主导航后端非线性优化求解，最终实现对无人机状态量 $\boldsymbol{x}_{t_k}$ 的迭代估计。

4.4　基于激光雷达体素地图后端的无人机自主导航方法

基于激光雷达体素地图后端的无人机自主导航方法结构设计如图 4.14 所示，由体素地图构建、残差函数构建、非线性优化问题求解三部分组成：①体素地图构建：将空间中的点云聚类成服从高斯分布的体素，结合主成分分析技术与哈希数据结构，增量式地更新与维护体素地图。②残差函数构建：利用基于激光雷达的无人机自主导航前端提供的 IMU 角速度与加速度信息、激光雷达特征信息分别构建 IMU 预测过程残差与雷达特征-地图匹配观测残差。值得注意的是，本节中雷达特征-地图匹配观测残差与 4.3.2 节中的定义不同，本节针对体素地图表达形式，将特征-体素地图的匹配问题定义为极大似然估计问题，通过高斯分布近似建立雷达特征-地图匹配观测残差。③非线性优化问题求解：根据雷达约束残差与

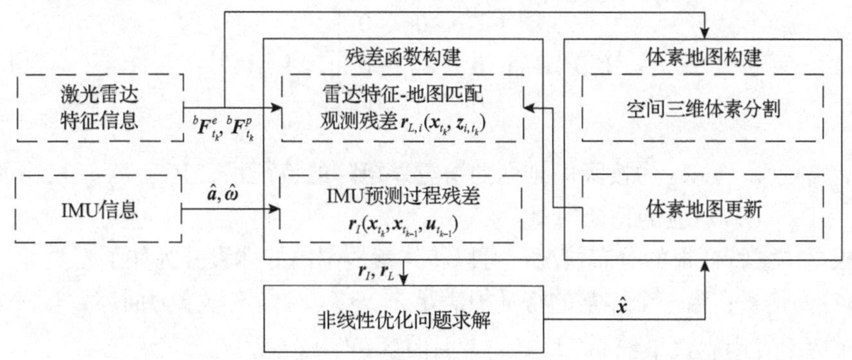

图 4.14　基于激光雷达体素地图后端的无人机自主导航方法结构

IMU 约束残差，迭代估计无人机状态信息，实现激光雷达与 IMU 融合的无人机自主导航。

4.4.1　体素地图构建

激光雷达自主导航系统的计算复杂度与激光雷达点云数量相关。为提升算法实时性，采用基于体素的地图表达形式，通过对大量点云的体素化聚类实现对原始点云数据的降维。体素地图为空间中所有体素的集合，受文献[14]的启发，我们采用了一种基于八叉树与哈希数据结构的自适应体素更新算法，用于维护与更新空间中的体素地图。因此，本节首先介绍体素的定义，然后介绍体素地图的维护方法，从而实现对体素地图的构建。

1. 体素的定义

体素是一个包含多个特征点的立方体，由多帧扫描到的多个位于同一特征（线特征或面特征）上的特征点 ${}^W\boldsymbol{f}_i(i=1,\cdots,n)$ 聚类而成。这里假设体素 $\boldsymbol{m}$ 服从高斯分布 $\boldsymbol{m}\sim N(\boldsymbol{m}^\mu,\boldsymbol{\sigma})$ 。

$$\begin{aligned}\boldsymbol{m}^\mu &= \sum_{i=1}^{n} {}^W\boldsymbol{f}_i \\ \boldsymbol{\sigma} &= \frac{1}{n-1}\sum_{i=1}^{n}({}^W\boldsymbol{f}_i-\boldsymbol{m}^\mu)({}^W\boldsymbol{f}_i-\boldsymbol{m}^\mu)^{\mathrm{T}}\end{aligned} \tag{4.53}$$

式中，假设体素 $\boldsymbol{m}$ 中包含 n 个特征点，$\boldsymbol{m}^\mu$ 与 $\boldsymbol{\sigma}$ 分别表示该体素中所有特征点分布的均值和方差。根据协方差矩阵的特征根，可以将体素地图中的每个体素分为不同的方向。通过奇异值分解（singular value decomposition, SVD）技术计算协方差矩阵 $\boldsymbol{\sigma}$ 的特征根：

$$\boldsymbol{\sigma}=[\boldsymbol{V}_1,\boldsymbol{V}_2,\boldsymbol{V}_3]\begin{bmatrix}\lambda_1 & 0 & 0\\ 0 & \lambda_2 & 0\\ 0 & 0 & \lambda_3\end{bmatrix}[\boldsymbol{V}_1,\boldsymbol{V}_2,\boldsymbol{V}_3]^{\mathrm{T}} \tag{4.54}$$

式中，λ_1、λ_2、λ_3 为按降序排列的协方差矩阵的特征根；$\boldsymbol{V}_1$、$\boldsymbol{V}_2$、$\boldsymbol{V}_3$ 分别为与 λ_1、λ_2、λ_3 对应的特征向量。

根据体素特征根的分布情况，可以将体素地图内的体素分为如下三类。

（1）面体素：当一个体素的特征根满足 $\lambda_2 \gg \lambda_3$ 时，该体素为面体素。一个面体素可以由其中心点坐标 $\boldsymbol{m}^\mu$ 与平面方向向量 $\boldsymbol{m}^{n_p}=\boldsymbol{V}_3$ 表示。

（2）线体素：当一个体素不是面体素，同时满足 $\lambda_1 \gg \lambda_2$ 时，该体素为线体素。

一个线体素可以通过其中心点坐标 $\boldsymbol{m}^{\mu}$ 与线的方向向量 $\boldsymbol{m}^{n_e}=\boldsymbol{V}_1$ 表示。

(3) 候选体素：当一个体素既不是面体素也不是线体素时，该体素为候选体素。候选体素不参与雷达匹配，需要等待更多的特征点从而拟合为面体素或线体素。

2. 体素地图维护

对于体素地图的维护，包含两个步骤：①空间三维栅格化：按照固定的栅格将三维空间分割为多个立方体，其中每个立方体中包含多个位于同一特征上的特征点，以八叉树数据结构进行存储；②增量式体素更新：针对每个栅格中的特征点分布，根据式(4.53)与式(4.54)更新体素的均值与方向向量信息，如图 4.15 所示。

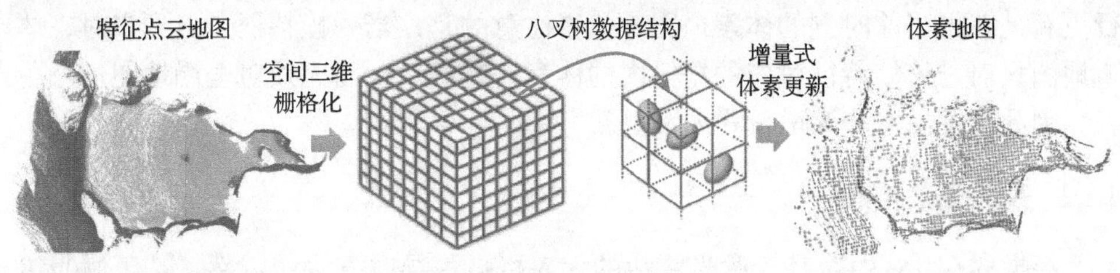

图 4.15　体素地图维护

1) 空间三维栅格化

空间三维栅格化，按照固定的栅格大小对空间进行分割，其中每个栅格以八叉树数据结构存储对应于空间中同一特征的多个特征点，这些特征点通常来自多帧激光雷达扫描。不同于传统固定体素大小的体素分割算法[7,8]，自适应体素分割充分利用了八叉树数据结构的树形结构特性，可以对每个栅格进行递归分割，保证每个体素可以根据环境特性自适应地调整体素栅格的大小。进一步，为了方便后续增量式体素更新，利用哈希数据结构存储空间中的栅格，并为每个栅格分配一个哈希键值。

栅格与体素为两个不同的概念，空间中的每个栅格均为一个八叉树，可以利用八叉树数据结构对每个栅格中的点云进行递归分割，因此一个栅格中可能包含多个体素。以空间中的任意栅格为例，假设该栅格对应空间中的一个平面特征，则首先对栅格内的特征点云利用式(4.53)进行聚类，并判断聚类的结果是否满足面体素条件(特征根满足 $\lambda_2 \gg \lambda_3$)。若满足面体素条件，则该栅格内包含一个面体素；若不满足面体素条件，则利用八叉树数据结构，将该栅格进一步划分为 8 个子栅格，对每个子栅格中的特征点云再次利用式(4.53)进行聚类，并判断每个子栅格聚类的结果是否满足面体素条件，将满足面体素条件的聚类作为一个体素存入栅格中，对不满足面体素条件的子栅格利用八叉树数据结构进行进一步分割。

2) 增量式体素更新

体素地图利用每一帧的特征点云更新空间中对应的体素，对于当前时刻 t_k 提

取的单帧特征点云 ${}^{b}\boldsymbol{F}_{t_k}=\{{}^{b}\boldsymbol{F}_{t_k}^{e},{}^{b}\boldsymbol{F}_{t_k}^{p}\}$，首先，将其投影至参考坐标系：

$$ {}^{W}\boldsymbol{F}_{t_k}=\hat{\boldsymbol{T}}_{t_k}\,{}^{b}\boldsymbol{F}_{t_k} \tag{4.55} $$

式中，$\hat{\boldsymbol{T}}_{t_k}$ 为 t_k 时刻经后端优化求解得到的无人机位姿。

然后，根据 ${}^{W}\boldsymbol{F}_{t_k}$ 中的每个特征点 ${}^{W}\boldsymbol{f}_{i,t_k}\in{}^{W}\boldsymbol{F}_{t_k}$ 的坐标计算哈希键值，找到与其对应的栅格，并将该特征存入对应栅格的八叉树中。若该特征点没有对应的栅格，则在哈希表中创建新的栅格，并将该特征点存入新建栅格的八叉树中。最后，利用八叉树中存储的所有特征信息对加入新特征的栅格利用式(4.53)与式(4.54)进行更新，获得当前时刻的体素地图。值得注意的是，当一帧特征点云到来时，体素地图只对与该帧特征对应的栅格内的体素进行更新，而无须对全局地图进行更新，因此所提出方法为增量式体素更新方法。

4.4.2　残差函数构建

根据式(4.15)中对基于激光雷达的无人机自主导航方法的定义，基于激光雷达体素地图后端的无人机自主导航方法中包含 IMU 预测过程残差与雷达特征-地图匹配观测残差。其中，IMU 预测过程残差与地图表达形式无关，其与 4.3.2 节中定义的 IMU 预测过程残差一致，在此不再赘述。本节介绍面向体素地图表达的雷达特征-地图匹配观测残差函数的构建方法。

为了提升自主导航方法的实时性，本节通过特征-体素地图匹配方法构建雷达约束残差。相比于 4.3 节中采用的特征-点云地图匹配方法，体素地图中的体素数量远小于点云地图中的点云数量，因此基于体素的匹配方法相比于传统方法具有更高的匹配效率。下面介绍基于特征-体素地图匹配的雷达约束残差构建方法。

对于特征点云 ${}^{b}\boldsymbol{F}_{t_k}$ 中的每个特征点 ${}^{b}\boldsymbol{f}_{i,t_k}\in{}^{b}\boldsymbol{F}_{t_k}$，通过由 IMU 预测得到的无人机位姿初值 $\breve{\boldsymbol{T}}_{t_k}$ 将 ${}^{b}\boldsymbol{f}_{i,t_k}$ 投影至参考坐标系。

$$ {}^{W}\boldsymbol{f}_{i,t_k}=\breve{\boldsymbol{T}}_{t_k}\,{}^{b}\boldsymbol{f}_{i,t_{k-n}} \tag{4.56} $$

定义特征点 ${}^{W}\boldsymbol{f}_{i,t_k}$ 属于体素地图 $\boldsymbol{M}_{t_k}$ 的似然函数为 $p(\boldsymbol{M}_{t_k}\mid{}^{W}\boldsymbol{f}_{i,t_k})$。特征-体素地图匹配的目的，是使特征点云中包含的所有特征在体素地图 $\boldsymbol{M}_{t_k}$ 中找到与其对应的体素的可能性最大，即使每个特征点 ${}^{W}\boldsymbol{f}_{i,t_k}$ 属于体素地图的似然值最大。因此，可以将特征-体素地图的匹配问题定义为极大似然估计问题：

$$ \hat{\boldsymbol{T}}_{t_k}=\underset{\boldsymbol{T}_{t_k}}{\arg\max}\prod_{i=0}^{n-1}p(\boldsymbol{M}_{t_k}\mid{}^{W}\boldsymbol{f}_{i,t_k}) \tag{4.57} $$

式中，n为当前帧中特征点的数量。

将式(4.57)定义的极大似然估计问题,转化为求负对数似然函数的极小值问题:

$$\hat{\boldsymbol{T}}_{t_k} = \arg\min_{\boldsymbol{T}_{t_k}} \sum_{i=0}^{n-1} -\log\left(p(\boldsymbol{M}_{t_k} \mid {}^{W}\boldsymbol{f}_{i,t_k}) \right) \tag{4.58}$$

受文献[15]的启发，可以将式(4.58)中的似然函数 $p(\boldsymbol{M}_{t_k} \mid {}^{W}\boldsymbol{f}_{i,t_k})$ 定义为高斯混合模型的形式:

$$p(\boldsymbol{M}_{t_k} \mid {}^{W}\boldsymbol{f}_{i,t_k}) = \sum_{j=0}^{m-1} w_j p(\boldsymbol{m}_{j,t_k} \mid {}^{W}\boldsymbol{f}_{i,t_k}) \tag{4.59}$$

式中，m 为体素地图 $\boldsymbol{M}_{t_k}$ 中包含的体素个数；w_j 为高斯混合模型权重。

由于每个特征点 ${}^{W}\boldsymbol{f}_{i,t_k}$ 均能通过 KNN 搜索在地图 $\boldsymbol{M}_{t_k}$ 中找到与其唯一对应的体素 $\boldsymbol{m}_{j,t_k}$，可以通过特征点 ${}^{W}\boldsymbol{f}_{i,t_k}$ 与体素 $\boldsymbol{m}_{j,t_k}$ 对应的似然函数 $p(\boldsymbol{m}_{j,t_k} \mid {}^{W}\boldsymbol{f}_{i,t_k})$ 近似特征点 ${}^{W}\boldsymbol{f}_{i,t_k}$ 属于体素地图 $\boldsymbol{M}_{t_k}$ 的似然函数 $p(\boldsymbol{M}_{t_k} \mid {}^{W}\boldsymbol{f}_{i,t_k})$:

$$p(\boldsymbol{M}_{t_k} \mid {}^{W}\boldsymbol{f}_{i,t_k}) \approx p(\boldsymbol{m}_{j,t_k} \mid {}^{W}\boldsymbol{f}_{i,t_k}) \tag{4.60}$$

因此，可以将特征-体素地图的匹配问题重新定义为

$$\hat{\boldsymbol{T}}_{t_k} = \arg\min_{\boldsymbol{T}_{t_k}} \sum_{i=0}^{n-1} -\log\left(p(\boldsymbol{m}_{j,t_k} \mid {}^{W}\boldsymbol{f}_{i,t_k}) \right) \tag{4.61}$$

根据高斯分布假设 $p(\boldsymbol{m}_{j,t_k} \mid {}^{W}\boldsymbol{f}_{i,t_k})$ 可以展开为

$$p(\boldsymbol{m}_{j,t_k} \mid {}^{W}\boldsymbol{f}_{i,t_k}) = \underbrace{\left((2\pi)^3 \left| \boldsymbol{\sigma}_{j,t_k} \right| \right)^{-\frac{1}{2}}}_{\text{与}\boldsymbol{T}_{t_k}\text{无关}} \exp\left(-\frac{1}{2} ({}^{W}\boldsymbol{f}_{i,t_k} - \boldsymbol{m}_{j,t_k}^{\mu})^{\mathrm{T}} \boldsymbol{\sigma}_{j,t_k}^{-1} ({}^{W}\boldsymbol{f}_{i,t_k} - \boldsymbol{m}_{j,t_k}^{\mu}) \right) \tag{4.62}$$

忽略式(4.62)中与 $\boldsymbol{T}_{t_k}$ 无关的部分，并代入式(4.61)中可得

$$\hat{\boldsymbol{T}}_{t_k} = \arg\min_{\boldsymbol{T}_{t_k}} \sum_{i=0}^{n-1} ({}^{W}\boldsymbol{f}_{i,t_k} - \boldsymbol{m}_{j,t_k}^{\mu})^{\mathrm{T}} \boldsymbol{\sigma}_{j,t_k}^{-1} ({}^{W}\boldsymbol{f}_{i,t_k} - \boldsymbol{m}_{j,t_k}^{\mu}) \tag{4.63}$$

由于式(4.63)中包含 $\boldsymbol{\sigma}_{j,t_k}^{-1}$ 容易导致求解的不稳定，利用 4.4.1 节中介绍的主成分分析技术对 $\boldsymbol{\sigma}_{j,t_k}^{-1}$ 进行近似。对于线特征 ${}^{W}\boldsymbol{f}_{i,t_k}^{e}$ 与其对应的线体素 $\boldsymbol{m}_{j,t_k}^{e}$，线特征-线体

素地图匹配残差的平方马氏距离(Mahalanobis distance)可以定义为

$$\left\| \boldsymbol{r}_{L,i}^{e}(\boldsymbol{x}_{t_k}, \boldsymbol{z}_{i,t_k}) \right\|_{\boldsymbol{\sigma}_{L,i}^{-1}}^{2} \stackrel{\text{def}}{=\!=} ({}^{W}\boldsymbol{f}_{i,t_k}^{e} - \boldsymbol{m}_{j,t_k}^{\mu_e})^{\mathrm{T}} \left(\boldsymbol{I} - \boldsymbol{m}_{j,t_k}^{n_e} (\boldsymbol{m}_{j,t_k}^{n_e})^{\mathrm{T}} \right) ({}^{W}\boldsymbol{f}_{i,t_k}^{e} - \boldsymbol{m}_{j,t_k}^{\mu_e}) \tag{4.64}$$

对于面特征 ${}^{W}\boldsymbol{f}_{i,t_k}^{p}$ 与其对应的面体素 $\boldsymbol{m}_{j,t_k}^{p}$ ，面特征-面体素地图的匹配残差的平方马氏距离可以定义为

$$\left\| \boldsymbol{r}_{L,i}^{p}(\boldsymbol{x}_{t_k}, \boldsymbol{z}_{i,t_k}) \right\|_{\boldsymbol{\sigma}_{L,i}^{-1}}^{2} \stackrel{\text{def}}{=\!=} ({}^{W}\boldsymbol{f}_{i,t_k}^{p} - \boldsymbol{m}_{j,t_k}^{\mu_p})^{\mathrm{T}} \boldsymbol{m}_{j,t_k}^{n_p} (\boldsymbol{m}_{j,t_k}^{n_p})^{\mathrm{T}} ({}^{W}\boldsymbol{f}_{i,t_k}^{p} - \boldsymbol{m}_{j,t_k}^{\mu_p}) \tag{4.65}$$

4.4.3 非线性优化问题求解

针对式(4.15)定义的非线性优化问题，4.3.3 节已经详细描述了基于高斯-牛顿优化的状态估计方法。与 4.3.3 节不同的是，基于激光雷达体素地图后端的无人机自主导航方法，在残差构建过程通过极大似然估计在式(4.64)与式(4.65)中，直接给出了特征-体素地图匹配残差的平方马氏距离展开 $\left\| \boldsymbol{r}_{L,i}(\boldsymbol{x}_{t_k}, \boldsymbol{z}_{i,t_k}) \right\|_{\boldsymbol{\sigma}_{L}^{-1}}^{2}$ ，而未定义特征-体素地图匹配残差 $\boldsymbol{r}_{L,i}(\boldsymbol{x}_{t_k}, \boldsymbol{z}_{i,t_k})$ 。

根据式(4.64)与式(4.65)的表达形式，可以定义特征-地图匹配观测残差 $\boldsymbol{r}_{L,i}(\boldsymbol{x}_{t_k}, \boldsymbol{z}_{i,t_k})$ 与观测残差方差 $\boldsymbol{\sigma}_{L,i}$ 分别为

$$\begin{aligned} &\boldsymbol{r}_{L,i}(\boldsymbol{x}_k, \boldsymbol{z}_{i,k}) = (\boldsymbol{R}_{t_k}\, {}^{b}\boldsymbol{f}_{i,t_k} + \boldsymbol{t}_{t_k}) - \boldsymbol{m}_{j,t_k}^{\mu} \\ &\boldsymbol{\sigma}_{L,i}^{-1} \stackrel{\text{def}}{=\!=} \begin{cases} \boldsymbol{I} - \boldsymbol{m}_{j,t_k}^{n_e} (\boldsymbol{m}_{j,t_k}^{n_e})^{\mathrm{T}}, & \text{线特征-体素匹配残差协方差} \\ \boldsymbol{m}_{j,t_k}^{n_p} (\boldsymbol{m}_{j,t_k}^{n_p})^{\mathrm{T}}, & \text{面特征-体素匹配残差协方差} \end{cases} \end{aligned} \tag{4.66}$$

根据式(4.66)中对特征-体素地图匹配观测残差 $\boldsymbol{r}_{L,i}(\boldsymbol{x}_{t_k}, \boldsymbol{z}_{i,t_k})$ 的定义，可以推导其关于状态量 $\boldsymbol{x}_{t_k}$ 的雅可比矩阵：

$$\boldsymbol{J}_{L,i}(\boldsymbol{x}_{t_k}) = \frac{\partial \boldsymbol{r}_{L,i}(\boldsymbol{x}_{t_k}, \boldsymbol{z}_{i,t_k})}{\partial \boldsymbol{x}_{t_k}} = \frac{\partial \left((\boldsymbol{R}_{t_k}\, {}^{b}\boldsymbol{f}_{i,t_k} + \boldsymbol{t}_{t_k}) - \boldsymbol{m}_{j,t_k}^{\mu} \right)}{\partial \boldsymbol{x}_{t_k}} \tag{4.67}$$

由特征-体素地图匹配观测残差 $\boldsymbol{r}_{L,i}(\boldsymbol{x}_{t_k}, \boldsymbol{z}_{i,t_k})$ 形式可知，其与无人机状态量 $\boldsymbol{x}_{t_k}$ 中的位置 $\boldsymbol{t}_{t_k}$ 、旋转矩阵 $\boldsymbol{R}_{t_k} \in \mathrm{SO}(3)$ 相关，与速度 $\boldsymbol{v}_{t_k}$ 、陀螺仪零偏 $\boldsymbol{b}_g$ 、加速度计零偏 $\boldsymbol{b}_a$ 无关。因此，激光雷达特征-体素地图匹配的观测残差关于速度 $\boldsymbol{v}_{t_k}$ 、陀螺仪零偏 $\boldsymbol{b}_g$ 、加速度计零偏 $\boldsymbol{b}_a$ 的雅可比矩阵均为零矩阵，即

$$\frac{\partial \boldsymbol{r}_{L,i}(\boldsymbol{x}_{t_k},\boldsymbol{z}_{i,t_k})}{\partial \boldsymbol{v}_{t_k}}=\boldsymbol{0},\quad \frac{\partial \boldsymbol{r}_{L,i}(\boldsymbol{x}_{t_k},\boldsymbol{z}_{i,t_k})}{\partial \boldsymbol{b}_{a,t_k}}=\boldsymbol{0},\quad \frac{\partial \boldsymbol{r}_{L,i}(\boldsymbol{x}_{t_k},\boldsymbol{z}_{i,t_k})}{\partial \boldsymbol{b}_{g,t_k}}=\boldsymbol{0} \tag{4.68}$$

激光雷达特征-体素地图匹配的观测残差 $\boldsymbol{r}_{L,i}(\boldsymbol{x}_{t_k},\boldsymbol{z}_{i,t_k})$ 关于位置 $\boldsymbol{t}_{t_k}$ 的雅可比矩阵为

$$\frac{\partial \boldsymbol{r}_{L,i}(\boldsymbol{x}_{t_k},\boldsymbol{z}_{i,t_k})}{\partial \boldsymbol{t}_{t_k}}=\boldsymbol{I} \tag{4.69}$$

激光雷达特征-体素地图匹配的观测残差 $\boldsymbol{r}_{L,i}(\boldsymbol{x}_{t_k},\boldsymbol{z}_{i,t_k})$ 关于李代数扰动 $\delta\boldsymbol{\phi}_{t_k}\in \mathrm{so}(3)$ 的雅可比矩阵为

$$\frac{\partial \boldsymbol{r}_{L,i}(\boldsymbol{x}_{t_k},\boldsymbol{z}_{i,t_k})}{\partial \delta\boldsymbol{\phi}_{t_k}}=-\left(\boldsymbol{R}_{t_k}{}^{b}\boldsymbol{f}_{i,t_k}\right)^{\wedge} \tag{4.70}$$

由式(4.28)与式(4.66)可知，特征-体素地图匹配观测残差 $\boldsymbol{r}_{L,i}(\boldsymbol{x}_{t_k},\boldsymbol{z}_{i,t_k})$ 关于状态量 $\boldsymbol{x}_{t_k}$ 的雅可比矩阵为

$$\boldsymbol{J}_{L,i}(\boldsymbol{x}_{t_k})=\frac{\partial \boldsymbol{r}_{L,i}(\boldsymbol{x}_{t_k},\boldsymbol{z}_{i,t_k})}{\partial \boldsymbol{x}_{t_k}}=\left[\boldsymbol{I},\boldsymbol{0},-\left(\boldsymbol{R}_{t_k}{}^{b}\boldsymbol{f}_{i,t_k}\right)^{\wedge},\boldsymbol{0},\boldsymbol{0}\right] \tag{4.71}$$

根据式(4.28)与式(4.66)对 IMU 过程残差与特征-地图匹配观测残差的定义，以及式(4.71)中对特征-体素地图匹配观测残差 $\boldsymbol{r}_{L,i}(\boldsymbol{x}_{t_k},\boldsymbol{z}_{i,t_k})$ 关于状态量 $\boldsymbol{x}_{t_k}$ 的雅可比矩阵的定义，即可通过 4.3.3 节介绍的高斯-牛顿方法实现对无人机的状态估计。首先，将残差以及雅可比矩阵代入高斯-牛顿方程(4.40)，从而求解状态量增量 $\Delta\boldsymbol{x}_{t_k}$，即

$$\begin{aligned}\Delta\boldsymbol{x}_{t_k}=&-\left(\boldsymbol{J}_I^{\mathrm{T}}(\hat{\boldsymbol{x}}_{t_k})\boldsymbol{\sigma}_I^{-1}\boldsymbol{J}_I(\hat{\boldsymbol{x}}_{t_k})+\sum_{i=0}^{n-1}\boldsymbol{J}_{L,i}^{\mathrm{T}}(\hat{\boldsymbol{x}}_{t_k})\boldsymbol{\sigma}_{L,i}^{-1}\boldsymbol{J}_{L,i}(\hat{\boldsymbol{x}}_{t_k})\right)^{-1}\\&\times\left(\boldsymbol{J}_I^{\mathrm{T}}(\hat{\boldsymbol{x}}_{t_k})\boldsymbol{\sigma}_I^{-1}\boldsymbol{r}_I(\hat{\boldsymbol{x}}_{t_k},\boldsymbol{x}_{t_{k-1}},\boldsymbol{u}_{t_{k-1}})+\sum_{i=0}^{n-1}\boldsymbol{J}_{L,i}^{\mathrm{T}}(\hat{\boldsymbol{x}}_{t_k})\boldsymbol{\sigma}_{L,i}^{-1}\boldsymbol{r}_{L,i}(\hat{\boldsymbol{x}}_{t_k},\boldsymbol{z}_{i,t_k})\right)\end{aligned} \tag{4.72}$$

随后，利用状态量增量 $\Delta\boldsymbol{x}_{t_k}$ 更新无人机状态量，得到

$$\hat{\boldsymbol{x}}_{t_k}=\hat{\boldsymbol{x}}_{t_k}+\Delta\boldsymbol{x}_{t_k} \tag{4.73}$$

最后，将更新后的无人机状态重新代入式(4.72)，通过式(4.72)与式(4.73)的反复迭代，不断逼近状态量的全局最优解，实现无人机的自主导航。

4.5 实验验证

本节对基于激光雷达的无人机导航方法进行实验验证。该方法在 Intel NUC (i7-10710U 处理器)上，基于 Ubuntu 18.04 ROS 的 C++实现。为验证所提出方法的有效性，分别在公开数据集与真实环境下，对本章描述的激光雷达自主导航方法开展定量与定性实验验证。

1. 定量验证(Kitti 数据集)

为保证实验的公平性，所有定量验证实验均在 Kitti 数据集[16]上进行，Kitti 数据集可以提供丰富的传感器信息，包括激光雷达、IMU、GNSS 等传感器信息，针对典型导航拒止环境下自主导航方法的验证，将基于激光雷达的无人机自主导航方法与目前具有代表性的激光雷达自主导航方法 LOAM[4]进行对比。选取 Kitti 数据集中的 Seq01 和 Seq05 对本章所提方法与目前具有代表性的激光雷达自主导航方法 LOAM 进行对比。其中 Seq01 用于验证方法在高速运动下的定位效果，Seq05 用于验证方法在密集城市环境下的定位效果，结果如表 4.2 所示。

表 4.2 Kitti 数据集上的结果对比

方法	位置均方根误差/m		旋转均方根误差/(°)		时间/ms
	Seq01	Seq05	Seq01	Seq05	
LOAM	21.12	3.50	8.79	3.68	66.81
基于激光雷达点云地图后端的无人机自主导航方法	15.24	2.86	6.37	3.46	68.23
基于激光雷达体素地图后端的无人机自主导航方法	11.05	2.33	6.12	3.10	17.12

从表 4.2 可以看出，得益于对激光雷达提供的观测残差与 IMU 提供的预测过程残差的充分利用，本章设计的基于激光雷达的无人机自主导航方法相比于仅通过 IMU 辅助姿态估计的 LOAM[4]，可以实现更高精度的状态估计。对比 4.3 节中设计的基于激光雷达点云地图后端的无人机自主导航方法与 4.4 节中设计的基于激光雷达体素地图后端的无人机自主导航方法可知，基于激光雷达体素地图后端的无人机自主导航方法可以获得更高的状态估计精度。究其原因，基于激光雷达体素地图后端的无人机自主导航方法通过对大量特征的体素化聚类，可以获得相比于基于激光雷达点云地图后端的无人机自主导航方法更为准确、稳定的空间线段与平面拟合，从而提升状态估计精度。上述方法在 Kitti Seq05 中的建图效果如图 4.16 所示，从图 4.16 中可以看出，受定位精度的影响，LOAM 与基于激光雷达点云地图后端的无人机自主导航方法建图结果中存在由定位误差导致的重影，而基于激光雷达体素地图后端的自主导航方法可以实现对环境中建筑物信息的精

确重建。在方法实时性方面，基于激光雷达体素地图后端的无人机自主导航方法明显优于基于激光雷达点云地图后端的激光雷达自主导航方法。究其原因，基于激光雷达体素地图后端的无人机自主导航方法通过哈希数据结构维护一个增量式体素地图，而基于激光雷达点云地图后端的激光雷达自主导航方法通常需要在每次匹配过程中，通过 KD-Tree 重新构建一个局部地图(重新构建 KD-Tree 的计算复杂度为 $O(n\log n)$[12])。得益于稀疏表高效的数据插入效率(哈希表数据插入的时间复杂度为 $O(1)$)与体素地图对空间中点云的聚类,基于激光雷达体素地图后端的无人机自主导航方法相比于 LOAM 节约了接近 75%的计算时间。实验结果表明，基于激光雷达的无人机自主导航方法通过对 IMU 预测过程残差与雷达观测残差的融合，实现了高精度、实时的自主导航。

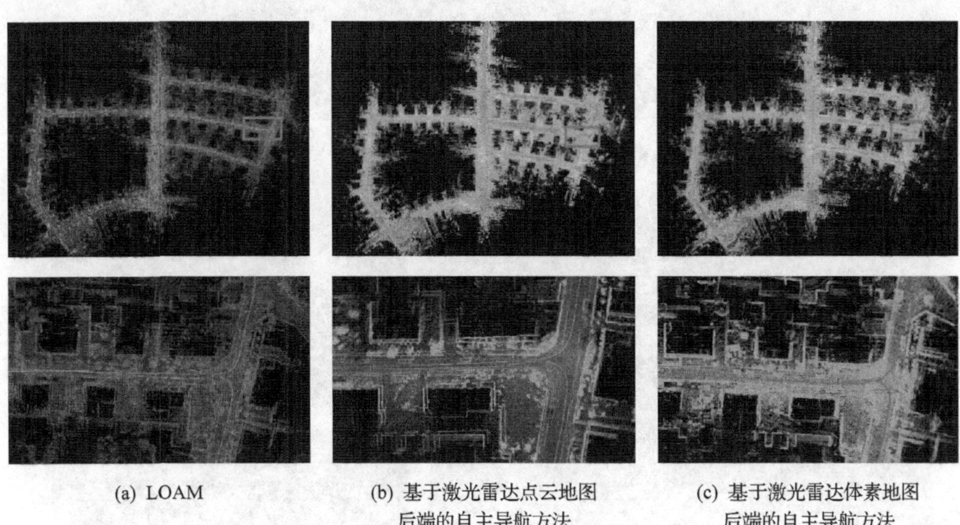

(a) LOAM　(b) 基于激光雷达点云地图后端的自主导航方法　(c) 基于激光雷达体素地图后端的自主导航方法

图 4.16　Kitti Seq05 中的建图效果对比

2. 实物验证(高精度地图重建)

对本章所设计方法通过四旋翼无人机平台进行实物验证，实验中使用的四旋翼无人机实物验证平台如图 4.17 所示，平台搭载了一台 Velodyne VLP-16 型激光雷达与一个 MicroStrain 3DM-GX5-25 型 IMU 作为机载传感器。在实物验证过程中，无人机在楼宇环境下运行一周，并返回起始位置，轨迹总长度为 794m。

为验证基于激光雷达体素地图的无人机自主导航方法，将 4.4 节所提方法的建图效果与 Google Earth 卫星地图进行对比。如图 4.18 所示，4.4 节所提方法获得了与 Google Earth 卫星地图一致的建图结果，证明了 4.4 节所提方法的定位与建图精度。在实验过程中，无人机需要穿越一个位于开阔湖面上的桥，该场景对于基于激光雷达体素地图的无人机自主导航方法极具挑战性。从图 4.18 的结果可以看出，当无人机返回至起点时，基于激光雷达体素地图的无人机自主导航方法在关闭回环的情况下可以实现轨迹闭环。高质量的点云重建结果表明，基于激光雷达体素地图的无人机自主导航方法可以为大范围场景提供稠密、高精度的三维重建。

图 4.17　四旋翼无人机实物验证平台

图 4.18　基于激光雷达体素地图的无人机自主导航方法建图效果

4.6 本 章 小 结

本章针对基于激光雷达的无人机自主导航问题，首先介绍了激光雷达的传感器模型与基于激光雷达的无人机自主导航前端传感器数据预处理方法。然后，针对激光雷达自主导航后端的不同地图表达形式，分别设计了基于激光雷达点云地图与基于激光雷达体素地图后端的无人机自主导航方法。最后，在公开数据集上对上述方法进行了验证，结果表明基于激光雷达体素地图后端的无人机自主导航方法通过对大量特征的体素化聚类，可以获得比基于激光雷达点云地图后端的无人机自主导航方法更为准确、高效的定位与建图结果。本章描述的基于激光雷达的无人机自主导航方法，可以充分利用激光雷达与 IMU 传感器信息，有效提升无人机自主导航精度，支撑后续无人机在导航拒止环境下的自主飞行。

参 考 文 献

[1] Umeyama S. Least-squares estimation of transformation parameters between two point patterns. IEEE Transactions on Pattern Analysis & Machine Intelligence, 1991, 13(4): 376-380.

[2] Segal A, Haehnel D, Thrun S. Generalized-ICP. Robotics: Science and Systems Conference, Seattle, 2009.

[3] Biber P, Strasser W. The normal distributions transform: A new approach to laser scan matching. IEEE/RSJ International Conference on Intelligent Robots and Systems, Las Vegas, 2003: 2743-2748.

[4] Zhang J, Singh S. LOAM: LiDAR odometry and mapping in real-time. Robotics: Science and Systems, Berkeley, 2014.

[5] Shan T X, Englot B, Meyers D, et al. LIO-SAM: Tightly-coupled LiDAR inertial odometry via smoothing and mapping. IEEE/RSJ International Conference on Intelligent Robots and Systems, Las Vegas, 2020: 5135-5142.

[6] Koide K, Miura J, Menegatti E. A portable three-dimensional LiDAR-based system for long-term and wide-area people behavior measurement. International Journal of Advanced Robotic Systems, 2019, 16(2): 1-16.

[7] Yokozuka M, Koide K, Oishi S, et al. LiTAMIN: LiDAR-based tracking and mapping by stabilized ICP for geometry approximation with normal distributions. IEEE/RSJ International Conference on Intelligent Robots and Systems, Las Vegas, 2020: 5143-5150.

[8] Yokozuka M, Koide K, Oishi S, et al. LiTAMIN2: Ultra light LiDAR-based SLAM using geometric approximation applied with KL-divergence. IEEE International Conference on Robotics and Automation, Xi'an, 2021: 11619-11625.

[9] Qin C, Ye H Y, Pranata C E, et al. LINS: A LiDAR-inertial state estimator for robust and efficient navigation. IEEE International Conference on Robotics and Automation, Paris, 2020: 8899-8906.

[10] Xu W, Zhang F. Fast-LIO: A fast, robust LiDAR-inertial odometry package by tightly-coupled iterated Kalman filter. IEEE Robotics and Automation Letters, 2021, 6(2): 3317-3324.

[11] Xu W, Cai Y X, He D J, et al. Fast-LIO2: Fast direct LiDAR-inertial odometry. IEEE Transactions on Robotics, 2022, 38(4): 2053-2073.

[12] Cai Y X, Xu W, Zhang F. iKD-Tree: An incremental K-D tree for robotic applications. arXiv preprint, arXiv:2102.10808, 2021.

[13] Forster C, Carlone L, Dellaert F, et al. IMU preintegration on manifold for efficient

visual-inertial maximum-a-posteriori estimation. Robotics: Science and Systems, Rome, 2015.

[14] Liu Z, Zhang F. BALM: Bundle adjustment for LiDAR mapping. IEEE Robotics and Automation Letters, 2021, 6(2): 3184-3191.

[15] Stoyanov T, Magnusson M, Andreasson H, et al. Fast and accurate scan registration through minimization of the distance between compact 3D NDT representations. The International Journal of Robotics Research, 2012, 31(12): 1377-1393.

[16] Geiger A, Lenz P, Urtasun R. Are we ready for autonomous driving? The KITTI vision benchmark suite. IEEE Conference on Computer Vision and Pattern Recognition, Providence, 2012: 3354-3361.

第 5 章 基于多传感器融合的无人机自主导航方法

在无人机自主导航方法中，基于视觉的无人机自主导航方法和基于激光雷达的无人机自主导航方法是目前自主导航发展的主流方向，第 3 章和第 4 章已经对其进行了详细描述。两种传感器在各自适合的场景中均可以取得较好的状态估计效果，但也有着各自的缺点。基于视觉的无人机自主导航方法对三维环境的深度恢复通常存在较大的误差，且在光线较差或纹理特征较弱的环境下容易出现导航失效的情况，导致位姿估计精度急剧下降。基于激光雷达的无人机自主导航方法在长直走廊、隧道等几何相似环境中会面临退化问题。为了解决上述问题，本章重点设计基于多传感器融合的无人机自主导航方法，研究视觉雷达融合前端数据预处理技术，实现视觉与激光雷达数据的时空同步与特征点深度恢复，并针对松耦合与紧耦合两种多传感器融合形式分别设计基于视觉雷达融合的无人机自主导航方法，提高自主导航系统的鲁棒性和准确性。

本章的主要内容安排如下：5.1 节介绍国内外相关领域研究现状，并设计基于多传感器融合的无人机自主导航方法的结构；5.2 节描述基于视觉雷达融合的无人机自主导航前端数据处理技术，介绍多传感器的时空同步方法和视觉特征的深度恢复方法；5.3 节按照松耦合和紧耦合两类多传感器融合方式，分别设计视觉雷达松耦合自主导航方法及视觉雷达紧耦合自主导航方法；5.4 节在实物数据集上对松耦合和紧耦合两类自主导航方法进行实验验证；5.5 节给出本章小结。

5.1 概 述

在复杂未知环境执行任务的过程中，仅搭载轻量化传感器的小型无人机需要在计算资源受限的情况下具备鲁棒、高精度自主导航的能力，这对无人机的自主导航系统提出了很大挑战。为了进一步提高无人机自主导航的鲁棒性和精确性，基于视觉和激光雷达融合的无人机自主导航方法引起了国内外学者的广泛关注。

5.1.1 相关工作

为了解决单目相机无法恢复尺度的问题，文献[1]和[2]将激光雷达点云投影到相机坐标系中，进行深度提取，之后通过 BA 技术联合优化滑窗中的视觉关键帧来估计无人机状态。文献[3]提出了一种基于视觉直接法的视觉雷达融合方法，使用激光雷达点云对图像中的像素进行深度恢复，然后将成功恢复深度后的像素投影到目标帧，建立光度误差约束来估计无人机状态。虽然图像中的部分特征点或像素利用雷达点云成功恢复了深度，但是雷达点云相对于图像来说较为稀疏，导致大量特征点和像素的深度无法恢复。针对激光雷达点云和相机分辨率不匹配的问题，文献[4]将深度恢复问题转换为基于回归的缺失值预测，使用高斯过程回归方法对缺少深度的像素进行插值恢复深度，最大限度地利用激光雷达点云的稀疏深度信息。这类激光雷达辅助视觉的自主导航方法主要利用激光雷达精确的测距能力作为辅助进行视觉特征的尺度恢复,在视觉里程计或者视觉惯性里程计的 BA 问题求解中提供高精度的视觉深度初值，从而提高里程计的位姿估计精度。为了更加充分地利用视觉和雷达信息，对两种里程计的估计位姿进行耦合处理，这是一种简单直接地增加复杂未知场景下自主导航系统鲁棒性的方法。文献[5]中将高频的视觉里程计作为低频激光雷达里程计的前置信号，通过串联里程计对位姿估计结果进行两步优化。文献[6]中将视觉惯性里程计的状态估计值作为初值提供给雷达惯性里程计，经过优化后再将估计值传回视觉惯性里程计进行修正，然而该方法只在初始化阶段紧密融合视觉和雷达数据，初始化完成后仍然为一个松耦合的视觉雷达里程计。文献[7]也将视觉惯性里程计的状态估计值作为初值提供给雷达惯性里程计，之后在雷达惯性里程计部分通过迭代卡尔曼滤波对状态初值进行精细调整。这类视觉和激光雷达松耦合的自主导航方法主要利用视觉里程计或者视觉惯性里程计的位姿作为无人机当前状态的预测值，然后在雷达里程计部分进行精细优化，最后实现松耦合系统状态估计。除了直接对两种里程计输出位姿进行耦合处理，部分方法也在传感器信息层级直接进行了耦合。文献[8]将雷达点云拆分投影至相机时刻，并统一表示视觉和雷达特征，在因子图中紧密融合视觉雷达 IMU 三种因子，求解无人机状态。文献[9]和[10]利用 iKD-Tree[11]对地图构建进行加速，在帧到地图的匹配中紧密融合视觉约束和雷达约束，最后通过迭代卡尔曼滤波求解状态。这类视觉和激光雷达紧耦合的自主导航方法利用所有的传感器信息共同构建一个状态估计问题，紧密融合多模态传感器信息，联合估计无人机状态。

5.1.2　基于多传感器融合的无人机自主导航方法结构设计

考虑无人机需要具备不同场景下的鲁棒自主导航能力，尤其需要提高在单一传感器退化场景下的适应性，应最大化利用传感器信息进行导航，本章重点介绍视觉和激光雷达松耦合和紧耦合的多传感器融合的无人机自主导航方法，其方法结构设计如图 5.1 所示，主要分为前端数据处理和后端状态估计两部分实现无人机自主导航。

前端数据处理包括 IMU 高频噪声滤除、图像特征提取与匹配、点云特征提取与匹配、传感器时间同步、传感器空间同步和视觉特征深度恢复。其中 IMU

高频噪声滤除、图像特征提取与匹配、点云特征提取与匹配等内容在本书第 3 章与第 4 章中已进行了详细介绍，本章不再赘述。对于激光雷达输入的一帧点云，需要与视觉图像进行时间上与空间上的同步，然后累积连续数帧点云构成局部点云地图，对视觉特征点进行深度恢复；基于多传感器融合的无人机自主导航后端按照视觉与雷达测量的耦合形式分为松耦合的视觉雷达融合后端和紧耦合的视觉雷达融合后端。松耦合指不同的传感器分别进行自身的状态估计，通过退化分析和退化处理，对二者结果进行融合，具有框架简单、计算代价小、可拓展性强等优点。紧耦合则利用所有传感器的约束来构建一个因子图优化问题对无人机的状态进行估计，具有精度高、鲁棒性强的优点。

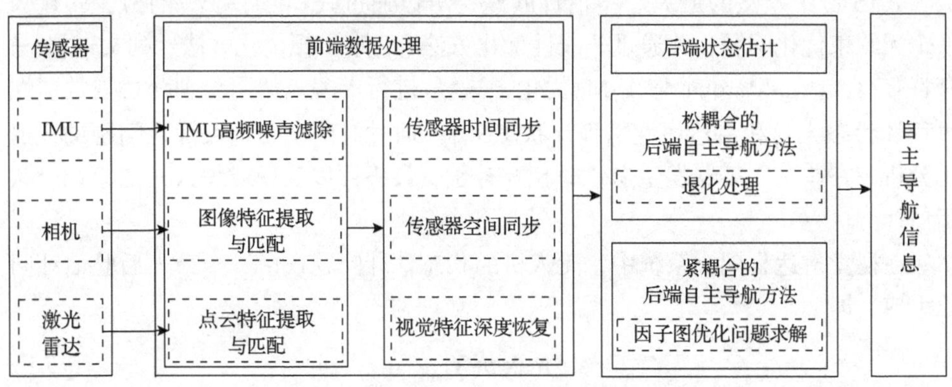

图 5.1　基于多传感器融合的无人机自主导航方法结构图

5.1.3　问题描述

基于视觉雷达融合的无人机自主导航方法通过利用视觉提供的图像信息、IMU 提供的惯性测量信息和激光雷达提供的点云信息，结合多传感器融合方法，实现对无人机的状态估计。

首先，定义无人机状态变量为

$$\boldsymbol{x}=\left[\boldsymbol{t}^{\mathrm{T}},\boldsymbol{v}^{\mathrm{T}},\boldsymbol{R}^{\mathrm{T}},\boldsymbol{b}_a^{\mathrm{T}},\boldsymbol{b}_g^{\mathrm{T}}\right]^{\mathrm{T}} \tag{5.1}$$

式中，$\boldsymbol{t}$ 、$\boldsymbol{v}$ 分别表示机体坐标系 b 在参考坐标系 W 中的位置、速度；$\boldsymbol{R}\in \mathrm{SO}(3)$ 为机体坐标系 b 到参考坐标系 W 的旋转矩阵；$\boldsymbol{b}_a$ 与 $\boldsymbol{b}_g$ 分别表示加速度计与陀螺仪的偏置。

与第 4 章类似，基于多传感器融合的无人机自主导航问题，即无人机的状态估计问题，可以定义为最大后验估计问题。

在视觉雷达松耦合系统中，无人机的状态估计问题由视觉惯性里程计和雷达惯性里程计两部分的最大后验估计问题组成，即

$$
\begin{aligned}
\hat{\boldsymbol{X}}_{\text{vio}} &= \underset{\boldsymbol{X}_{\text{vio}}}{\arg\max}\, p(\boldsymbol{X}_{\text{vio}} \mid \boldsymbol{u}, \boldsymbol{z}_V) \\
\hat{\boldsymbol{x}}_{\text{lio}} &= \underset{\boldsymbol{x}_{\text{lio}}}{\arg\max}\, p(\boldsymbol{x}_{\text{lio}} \mid \boldsymbol{u}, \boldsymbol{z}_L)
\end{aligned} \tag{5.2}
$$

式中，$\boldsymbol{X}_{\text{vio}}$ 和 $\boldsymbol{x}_{\text{lio}}$ 分别表示视觉惯性里程计部分的无人机状态向量(其中包含滑窗内数个状态向量 $\boldsymbol{x}_{t_{k-N}},\cdots \boldsymbol{x}_{t_{k-1}},\boldsymbol{x}_{t_k}$)和雷达惯性里程计部分的无人机状态向量；$\boldsymbol{u}$ 表示运动方程的输入(即 IMU 采集的无人机角速度与加速度信息)；$\boldsymbol{z}_V$ 表示视觉观测(视觉特征点帧间匹配观测)；$\boldsymbol{z}_L$ 表示雷达观测(雷达特征-地图匹配观测)；$p(\cdot)$ 为概率密度函数。

式(5.2)中定义的最大后验估计问题，可以通过式(4.2)～式(4.15)，转化为一个无约束优化问题，并通过非线性优化方法(高斯-牛顿优化方法、列文伯格-马夸特(Levenberg-Marquardt, L-M)优化方法等)进行求解，从而分别获得视觉惯性里程计状态 $\hat{\boldsymbol{X}}_{\text{vio}}$ 和雷达惯性里程计状态 $\hat{\boldsymbol{x}}_{\text{lio}}$。通过对两个无约束优化问题进行退化分析，在单一传感器发生退化时相互补偿，最终可以实现对无人机的松耦合状态估计。

在视觉雷达紧耦合系统中，无人机的状态估计问题仅由一个最大后验估计问题组成，即

$$
\hat{\boldsymbol{X}}_{\text{lvio}} = \underset{\boldsymbol{X}_{\text{lvio}}}{\arg\max}\, p(\boldsymbol{X}_{\text{lvio}} \mid \boldsymbol{u}, \boldsymbol{z}_L, \boldsymbol{z}_V) \tag{5.3}
$$

式中，$\boldsymbol{X}_{\text{lvio}}$ 表示视觉雷达惯性里程计的无人机状态向量；$\hat{\boldsymbol{X}}_{\text{lvio}}$ 表示 $\boldsymbol{X}_{\text{lvio}}$ 的估计值。利用 IMU 输入 $\boldsymbol{u}$ 、视觉观测 $\boldsymbol{z}_V$ 以及雷达观测 $\boldsymbol{z}_L$ 共同构建一个因子图优化问题，利用因子图的批量和增量求解即可得到无人机的紧耦合状态估计。

5.2　基于视觉雷达融合的无人机自主导航前端数据处理

基于视觉雷达融合的无人机自主导航前端用于处理传感器原始数据，本节首先描述视觉与激光雷达融合的时间同步方法；其次，介绍视觉与激光雷达的空间同步方法；最后，介绍使用时间和空间上均进行对齐后的激光雷达点云辅助恢复视觉特征点的方法。

5.2.1　视觉与激光雷达融合的时间同步方法

不同传感器数据之间的时间同步对多传感器融合算法的正常运行起着至关重要的作用。时间同步主要有两种方式：硬同步和软同步。硬同步采用硬件触发器，直接通过物理信号，触发多个传感器同时记录一个数据帧。而软同步提供一个相

同的时间源(一般都是主控计算机世界协调时(universal time coordinated，UTC))给多个传感器，在多个传感器的数据帧中打上时间戳，而由于不同传感器采集数据的周期不同，传感器之间的数据帧在时间上不完全对应，需要利用不同数据间的时间戳来进行数据同步，也就是插值。本章采用无人机搭载的传感器为工业相机(FLIR CM3-U3-13Y3M-S-BD)、激光雷达(Velodyne VLP-16)和 IMU(MicroStrain 3DM-GX5-25)。

1. 相机与激光雷达时间硬同步

无人机使用的三种传感器中，激光雷达的采样频率为 10～20Hz，工业相机的采样频率为 10～150Hz，IMU 的采样频率最高可达 1000Hz。从三种传感器的采样频率上看，应以激光雷达的采样频率作为硬件信号的触发频率，若使用更高频率的触发信号，则低频率工作的传感器在触发信号来临时会无法及时响应，造成数据丢帧。此外，若 IMU 以激光雷达的采样频率进行工作，则会使得融合算法失去高频的运动测量信息。而与 IMU 相比，相机和激光雷达的采样频率相对较低，且二者采样频率相差不大，所以只将相机和激光雷达进行时间硬同步。

使用一个 Arduino 单片机[12]来接收激光雷达信息，当收到激光点云时通过电平触发相机进行曝光，使两个传感器均工作在 10Hz 频率上，过程如图 5.2 所示。

图 5.2　激光雷达和相机的时间硬同步示意图

这种硬件同步方式可以达到非常高的同步精度。因此，对于具有外部触发功能的传感器，可以直接采取硬件同步。若不具备外部触发功能，则可通过 IMU 计算雷达点云时刻到相机时刻的状态变化，将雷达点云通过位姿变换投影到相机时刻，进行时间软同步。

2. IMU 时间软同步

无人机软件系统通过 ROS 给每个传感器的数据帧打上时间戳，然后采用软同步的方式将 IMU 与雷达和视觉的信息进行时间同步。IMU 主要记录加速度和角速度数据，采取线性插值的方法，获得要对准时刻的加速度与角速度数据。此外，部分 IMU 还可以直接记录姿态数据，此时采取球面线性插值的方法来获取要对准时刻的姿态数据。

具体插值方式如下：假设在 t_k 时刻 IMU 测量得到的加速度为 $\boldsymbol{a}_{t_k}$，角速度为 $\boldsymbol{\omega}_{t_k}$，姿态四元数为 $\boldsymbol{q}_{t_k}$，在 t_{k+1} 时刻 IMU 测量得到的加速度为 $\boldsymbol{a}_{t_{k+1}}$，角速度为 $\boldsymbol{\omega}_{t_{k+1}}$，姿态四元数为 $\boldsymbol{q}_{t_{k+1}}$，对于 t_k 到 t_{k+1} 的任一时刻 t，其对应的加速度 $\boldsymbol{a}$、角速度 $\boldsymbol{\omega}$ 可由式(5.4)获得：

$$
\begin{aligned}
\boldsymbol{a} &= \frac{t_{k+1}-t}{t_{k+1}-t_k}\boldsymbol{a}_{t_k} + \frac{t-t_k}{t_{k+1}-t_k}\boldsymbol{a}_{t_{k+1}} \\
\boldsymbol{\omega} &= \frac{t_{k+1}-t}{t_{k+1}-t_k}\boldsymbol{\omega}_{t_k} + \frac{t-t_k}{t_{k+1}-t_k}\boldsymbol{\omega}_{t_{k+1}}
\end{aligned} \tag{5.4}
$$

对应的姿态四元数 $\boldsymbol{q}$ 可由式(5.5)获得：

$$
\boldsymbol{q}=\frac{\sin\left(\dfrac{t_{k+1}-t}{t_{k+1}-t_k}\theta\right)\boldsymbol{q}_{t_k} + \sin\left(\dfrac{t-t_k}{t_{k+1}-t_k}\theta\right)\boldsymbol{q}_{t_{k+1}}}{\sin\theta},\quad \theta>0 \tag{5.5}
$$

式中，θ 可由两时刻的姿态四元数点乘获得：

$$
\theta = \arccos(\boldsymbol{q}_{t_k}\cdot\boldsymbol{q}_{t_{k+1}}) \tag{5.6}
$$

值得注意的是，由于四元数的数学性质，四元数与其相反数表示同一个旋转，当式(5.6)中四元数点积为负时，将其中一个四元数取反，使得 θ 依然为正数。

5.2.2 视觉与激光雷达融合的空间同步方法

5.2.1 节已经对各个传感器采集到的不同数据进行了时间同步，本节介绍各个传感器之间的空间同步。空间同步就是进行传感器之间的空间配准，只有给出两个传感器之间的位姿转换关系(即外参)时才可以将不同传感器的信息统一到同一个坐标系下进行后续状态估计。下面分别对相机和 IMU、相机和激光雷达之间的外参标定方法以及常用软件进行简要描述。

1. 相机和 IMU 的外参标定

对相机和 IMU 之间进行外参标定是为了获得固连在无人机上的相机坐标系和 IMU 坐标系之间的旋转变换关系 ${}^{C}\boldsymbol{R}_b$ 和平移变换关系 ${}^{C}\boldsymbol{t}_b$，下面介绍的方法将相机和 IMU 之间的外参作为视觉惯性里程计的状态变量，通过视觉重投影约束和 IMU 测量约束构建非线性优化问题，最后利用 L-M 方法求解获得相机和 IMU 的外参估计。

苏黎世联邦理工学院自主系统实验室开源的 Kalibr 方法[13,14]可以进行多相机、相机和 IMU、卷帘相机的内参和外参标定。本节使用 Kalibr 方法进行相机和 IMU 之间的空间标定，该方法使用 Aprilgrid 标定板辅助进行相机和 IMU 之间的标定。Kalibr 方法与本书第 3 章中基于优化的视觉惯性里程计的状态求解过程基本一致，将相机和 IMU 之间的外参与相机和 IMU 之间的时延等参数作为额外的优化变量，融入视觉重投影残差与 IMU 观测残差一起构建非线性优化问题，通过 L-M 方法进行优化求解，即可得到相机和 IMU 之间的外参。下面对该方法进行简要介绍。

Kalibr 方法在标定过程中对三种时不变参数进行估计：①参考坐标系 W 中的重力加速度 ${}^{W}\boldsymbol{g}$，在相机和 IMU 外参标定过程中，设定参考坐标系为标定板上的静止坐标系；②相机和 IMU 之间的时延 d；③IMU 坐标系到相机坐标系的外参 ${}^{C}\boldsymbol{T}_b$，表达式为

$$
{}^{C}\boldsymbol{T}_b = \begin{bmatrix} {}^{C}\boldsymbol{R}_b & {}^{C}\boldsymbol{t}_b \\ \boldsymbol{0} & 1 \end{bmatrix} \tag{5.7}
$$

对两种时变参数进行估计：①IMU 坐标系到参考坐标系的位姿变换矩阵 $\boldsymbol{T}_{t_k}$；②加速度计偏置 $\boldsymbol{b}_{a,t_k}$ 和陀螺仪偏置 $\boldsymbol{b}_{g,t_k}$。

首先，t_k 时刻从 IMU 坐标系到参考坐标系的位姿变换矩阵可被构建为

$$
\boldsymbol{T}_{t_k} = \begin{bmatrix} \boldsymbol{R}(\boldsymbol{\Theta}_{t_k}) & \boldsymbol{t}_{t_k} \\ \boldsymbol{0} & 1 \end{bmatrix} \tag{5.8}
$$

式中，$\boldsymbol{\Theta}_{t_k}$ 表示从 IMU 坐标系转换到参考坐标系的欧拉角；$\boldsymbol{R}(\boldsymbol{\Theta}_{t_k})$ 表示欧拉角 $\boldsymbol{\Theta}_{t_k}$ 对应的旋转矩阵；$\boldsymbol{t}_{t_k}$ 表示 IMU 相对于参考坐标系的位置。

由此，无人机在参考坐标系下的速度和加速度分别为

$$
\boldsymbol{v}_{t_k} = \dot{\boldsymbol{t}}_{t_k}, \quad {}^{W}\boldsymbol{a}_{t_k} = \ddot{\boldsymbol{t}}_{t_k} \tag{5.9}
$$

参考坐标系下的角速度为

$$
{}^{W}\boldsymbol{\omega}_{t_k} = \boldsymbol{S}(\boldsymbol{\Theta}_{t_k})\dot{\boldsymbol{\Theta}}_{t_k} = \begin{bmatrix} 1 & 0 & -\sin\theta_{t_k} \\ 0 & \cos\gamma_{t_k} & \cos\theta_{t_k}\sin\gamma_{t_k} \\ 0 & -\sin\gamma_{t_k} & \cos\theta_{t_k}\cos\gamma_{t_k} \end{bmatrix} \begin{bmatrix} \dot{\gamma}_{t_k} \\ \dot{\theta}_{t_k} \\ \dot{\psi}_{t_k} \end{bmatrix} \tag{5.10}
$$

式中，$\boldsymbol{S}(\cdot)$ 为将欧拉角速度与参考坐标系下的角速度关联的标准矩阵[15]；γ_{t_k} 为滚转角；ψ_{t_k} 为偏航角；θ_{t_k} 为俯仰角。

定义 IMU 量测模型为

$$\begin{aligned}\hat{\boldsymbol{a}}_{t_k} &= \boldsymbol{R}^{\mathrm{T}}\left(\boldsymbol{\Theta}_{t_k}\right)\left({}^{W}\boldsymbol{a}_{t_k} + {}^{W}\boldsymbol{g}\right) + \boldsymbol{b}_{a,t_k} + \boldsymbol{n}_a \\ \hat{\boldsymbol{\omega}}_{t_k} &= \boldsymbol{R}^{\mathrm{T}}\left(\boldsymbol{\Theta}_{t_k}\right){}^{W}\boldsymbol{\omega}_{t_k} + \boldsymbol{b}_{g,t_k} + \boldsymbol{n}_{\omega}\end{aligned} \tag{5.11}$$

式中，$\hat{\boldsymbol{a}}_{t_k}$ 和 $\hat{\boldsymbol{\omega}}_{t_k}$ 为测量得到的局部机体坐标系下的加速度值和角速度值；${}^{W}\boldsymbol{a}_{t_k}$ 和 ${}^{W}\boldsymbol{\omega}_{t_k}$ 分别为参考坐标系下的加速度值和角速度值；$\boldsymbol{b}_{a,t_k}$ 和 $\boldsymbol{b}_{g,t_k}$ 分别为加速度计偏置和陀螺仪偏置；$\boldsymbol{n}_a$、$\boldsymbol{n}_{\omega}$ 分别为加速度计和陀螺仪的测量噪声。

对于位于标定板上的一个特征点 ${}^{W}\boldsymbol{p}_m$，定义其在第 j 帧相机中的二维像素坐标为观测量，则观测向量可表示为

$${}^{C_j}\boldsymbol{z}_m = \left[{}^{C_j}u_m, {}^{C_j}v_m\right]^{\mathrm{T}} + \boldsymbol{n}_v \tag{5.12}$$

式中，$\boldsymbol{n}_v$ 为观测噪声。

进一步，定义相机观测方程为

$${}^{C_j}\boldsymbol{z}_m = \pi\left({}^{C}\boldsymbol{T}_b\boldsymbol{T}\left(t_j + d\right)^{-1}{}^{W}\boldsymbol{p}_m\right) + \boldsymbol{n}_v \tag{5.13}$$

式中，$\pi(\cdot)$ 表示相机投影函数，用于将三维特征点投影至二维像素平面；$\boldsymbol{T}\left(t_j + d\right)$ 表示在相机和 IMU 时延影响下，t_j 时刻 IMU 坐标系到参考坐标系的位姿变换矩阵；${}^{W}\boldsymbol{p}_m$ 表示第 m 个特征点在标定板参考坐标系中的位置，可通过预先设定的标定板参数和检测算法获得。

假设在 $t \in \left[t_1, t_k\right]$ 时间段内，共采集到 k 组 IMU 数据、N 帧相机图像以及 M 个特征，根据 $t \in \left[t_1, t_k\right]$ 时间段内采集的相机数据与 IMU 数据，可以构建相机重投影残差 ${}^{C_j}\boldsymbol{r}_m$、加速度残差 $\boldsymbol{r}_{a,t_k}$、角速度残差 $\boldsymbol{r}_{\omega,t_k}$、加速度计偏置残差 $\boldsymbol{r}_{b_a,t_k}$ 和陀螺仪偏置残差 $\boldsymbol{r}_{b_\omega,t_k}$：

$$\begin{aligned}{}^{C_j}\boldsymbol{r}_m &= {}^{C_j}\boldsymbol{z}_m - \pi\left({}^{C}\boldsymbol{T}_b\boldsymbol{T}\left(t_j + d\right)^{-1}{}^{W}\boldsymbol{p}_m\right) \\ \boldsymbol{r}_{a,t_k} &= \hat{\boldsymbol{a}}_{t_k} - \boldsymbol{R}\left(\boldsymbol{\Theta}_{t_k}\right)^{\mathrm{T}}\left({}^{W}\boldsymbol{a}_{t_k} + {}^{W}\boldsymbol{g}\right) - \boldsymbol{b}_{a,t_k} \\ \boldsymbol{r}_{\omega,t_k} &= \hat{\boldsymbol{\omega}}_{t_k} - \boldsymbol{R}\left(\boldsymbol{\Theta}_{t_k}\right)^{\mathrm{T}}{}^{W}\boldsymbol{\omega}_{t_k} - \boldsymbol{b}_{g,t_k} \\ \boldsymbol{r}_{b_a,t_k} &= \dot{\boldsymbol{b}}_{a,t_k} \\ \boldsymbol{r}_{b_\omega,t_k} &= \dot{\boldsymbol{b}}_{\omega,t_k}\end{aligned} \tag{5.14}$$

根据式(5.14)中对残差的定义，可以将相机与 IMU 的标定问题定义为一个最小二乘优化问题：

$$\min \sum_{j=1}^{N}\sum_{m=1}^{M}\left\| {}^{C_j}\boldsymbol{r}_m \right\|_{{}^{C_j}\boldsymbol{\sigma}_m}^2 + \sum_{i=1}^{k}\left\| \boldsymbol{r}_{a,t_i} \right\|_{\boldsymbol{\sigma}_a}^2 + \sum_{i=1}^{k}\left\| \boldsymbol{r}_{\omega,t_i} \right\|_{\boldsymbol{\sigma}_\omega}^2 + \int_{t_1}^{t_k}\left(\left\| \boldsymbol{r}_{b_a,t} \right\|_{\boldsymbol{\sigma}_{b_a}}^2 + \left\| \boldsymbol{r}_{b_\omega,t} \right\|_{\boldsymbol{\sigma}_{b_\omega}}^2 \right)\mathrm{d}t \quad (5.15)$$

式中，${}^{C_j}\boldsymbol{\sigma}_m$、$\boldsymbol{\sigma}_a$、$\boldsymbol{\sigma}_\omega$、$\boldsymbol{\sigma}_{b_a}$、$\boldsymbol{\sigma}_{b_\omega}$ 分别为式(5.14)中定义的残差对应的协方差矩阵。

最后，通过 L-M 方法联合优化求解式(5.15)中的最小二乘问题，即可得到相机和 IMU 之间的标定结果。

2. 相机和激光雷达的外参标定

对相机和激光雷达之间进行外参标定是为了获得固连在无人机上的相机坐标系和雷达坐标系之间的旋转变换关系 ${}^{L}\boldsymbol{R}_C$ 和平移变换关系 ${}^{L}\boldsymbol{t}_C$。下面阐述的相机和激光雷达的外参标定方法主要分为两步：第一步，使用两个传感器各自的信息分别进行位姿求解，即通过第 3 章的视觉惯性里程计和第 4 章的雷达惯性里程计分别求出无人机运动轨迹，然后将两条轨迹进行对齐，即可进行相机和激光雷达外参的初步求解；第二步，利用视觉特征点的重投影误差对初步求解获得的外参初值进一步优化，以获得更加精确的外参值。

1) 初步求解

设 t_i 时刻和 t_j 时刻激光雷达对应的位姿为 ${}^{W}\boldsymbol{T}_{L_i}$ 和 ${}^{W}\boldsymbol{T}_{L_j}$，其中参考坐标系依旧选取标定板上的静止坐标系 W，则这两个时刻之间雷达的相对位姿可以表示为

$${}^{L_i}\boldsymbol{T}_{L_j} = \left({}^{W}\boldsymbol{T}_{L_i}\right)^{-1}\,{}^{W}\boldsymbol{T}_{L_j} = \begin{bmatrix} {}^{L_i}\boldsymbol{R}_{L_j} & {}^{L_i}\boldsymbol{t}_{L_j} \\ \boldsymbol{0} & 1 \end{bmatrix} \quad (5.16)$$

设 t_i 时刻和 t_j 时刻的无尺度信息的相机位姿分别为 ${}^{W}\boldsymbol{T}_{C_i}$ 和 ${}^{W}\boldsymbol{T}_{C_j}$，则这两个时刻之间相机的相对位姿可以表示为

$${}^{C_i}\boldsymbol{T}_{C_j} = \left({}^{W}\boldsymbol{T}_{C_i}\right)^{-1}\,{}^{W}\boldsymbol{T}_{C_j} = \begin{bmatrix} {}^{C_i}\boldsymbol{R}_{C_j} & \lambda\,{}^{C_i}\boldsymbol{t}_{C_j} \\ \boldsymbol{0} & 1 \end{bmatrix} \quad (5.17)$$

式中，$\lambda > 0$ 为单目尺度的不确定性带来的尺度因子。

相机和激光雷达都是固连在无人机平台上的，所以相机和激光雷达的外参 ${}^{L}\boldsymbol{T}_C$ 需要满足如下约束：

$${}^{L_i}\boldsymbol{T}_{L_j}\,{}^{L}\boldsymbol{T}_C = {}^{L}\boldsymbol{T}_C\,{}^{C_i}\boldsymbol{T}_{C_j} \quad (5.18)$$

式中，相机和激光雷达之间的外参为 ${}^{L}\boldsymbol{T}_C$ ，表达式为

$$ {}^{L}\boldsymbol{T}_C = \begin{bmatrix} {}^{L}\boldsymbol{R}_C & {}^{L}\boldsymbol{t}_C \\ \boldsymbol{0} & 1 \end{bmatrix} \tag{5.19} $$

将式(5.16)、式(5.17)和式(5.19)代入式(5.18)有

$$ \begin{bmatrix} {}^{L_i}\boldsymbol{R}_{L_j} & {}^{L_i}\boldsymbol{t}_{L_j} \\ \boldsymbol{0} & 1 \end{bmatrix} \begin{bmatrix} {}^{L}\boldsymbol{R}_C & {}^{L}\boldsymbol{t}_C \\ \boldsymbol{0} & 1 \end{bmatrix} = \begin{bmatrix} {}^{L}\boldsymbol{R}_C & {}^{L}\boldsymbol{t}_C \\ \boldsymbol{0} & 1 \end{bmatrix} \begin{bmatrix} {}^{C_i}\boldsymbol{R}_{C_j} & \lambda {}^{C_i}\boldsymbol{t}_{C_j} \\ \boldsymbol{0} & 1 \end{bmatrix} \tag{5.20} $$

展开可以得到

$$ \begin{gathered} {}^{L_i}\boldsymbol{R}_{L_j} {}^{L}\boldsymbol{R}_C = {}^{L}\boldsymbol{R}_C {}^{C_i}\boldsymbol{R}_{C_j} \\ \left(\boldsymbol{I} - {}^{L_i}\boldsymbol{R}_{L_j}\right) {}^{L}\boldsymbol{t}_C + \lambda {}^{L}\boldsymbol{R}_C {}^{C_i}\boldsymbol{t}_{C_j} = {}^{L_i}\boldsymbol{t}_{L_j} \end{gathered} \tag{5.21} $$

将式(5.21)中第一个式子转换为其对应的四元数表示可得

$$ {}^{L_i}\boldsymbol{q}_{L_j} {}^{L}\boldsymbol{q}_C = {}^{L}\boldsymbol{q}_C {}^{C_i}\boldsymbol{q}_{C_j} \tag{5.22} $$

通过四元数的数学性质，式(5.22)等价于

$$ {}^{L_i}\boldsymbol{q}_{L_j}^{+} {}^{L}\boldsymbol{q}_C = {}^{C_i}\boldsymbol{q}_{C_j}^{-} {}^{L}\boldsymbol{q}_C \tag{5.23} $$

式中， ${}^{L_i}\boldsymbol{q}_{L_j}^{+}$ 表示四元数 ${}^{L_i}\boldsymbol{q}_{L_j}$ 的左乘矩阵； ${}^{C_i}\boldsymbol{q}_{C_j}^{-}$ 表示四元数 ${}^{C_i}\boldsymbol{q}_{C_j}$ 的右乘矩阵。

通过不同时刻的视觉惯性里程计和雷达惯性里程计估计的位姿可构建多个约束方程，如下所示：

$$ \begin{cases} \left({}^{L_0}\boldsymbol{q}_{L_1}^{+} - {}^{C_0}\boldsymbol{q}_{C_1}^{-}\right) {}^{L}\boldsymbol{q}_C = \boldsymbol{0} \\ \qquad \vdots \\ \left({}^{L_i}\boldsymbol{q}_{L_j}^{+} - {}^{C_i}\boldsymbol{q}_{C_j}^{-}\right) {}^{L}\boldsymbol{q}_C = \boldsymbol{0} \end{cases} \tag{5.24} $$

式(5.24)为一个典型的齐次线性方程组，对该方程组进行求解即可获得相机和雷达之间的旋转变换关系的初步求解值，然后将其代入式(5.21)的第二个式子中得到相机和雷达之间平移变换关系的初步求解值。

2)细化求解

通过对两帧之间的位姿构建约束，得到相机和雷达之间外参的初步求解值后，可利用各相机帧中特征点间的匹配关系，构建局部数帧之间重投影约束来细化外

参估计。

第 j 个特征点投影到第 i 帧图像上的重投影误差为

$$ {}^{C_i}\boldsymbol{r}_j = {}^{C_i}\boldsymbol{z}_j - \pi\left({}^{C}\boldsymbol{T}_L\, {}^{W}\boldsymbol{T}_{L_i}^{-1}\, {}^{W}\boldsymbol{p}_j\right) \tag{5.25} $$

式中，${}^{C_i}\boldsymbol{z}_j$ 为第 j 个特征点在第 i 个相机帧中观测到的像素位置；$\pi(\cdot)$ 为相机投影函数；${}^{W}\boldsymbol{T}_{L_i}$ 为雷达位姿；${}^{W}\boldsymbol{p}_j$ 为视觉特征点在参考坐标系 W 中的三维空间位置，同样可通过标定板参数和检测算法获得。首先将 ${}^{W}\boldsymbol{p}_j$ 通过雷达位姿 ${}^{W}\boldsymbol{T}_{L_i}$ 转换到雷达坐标系 L_i 中，再通过外参 ${}^{C}\boldsymbol{T}_L$ 转换到相机坐标系中，通过投影函数 $\pi(\cdot)$ 可得到 ${}^{W}\boldsymbol{p}_j$ 的预测像素位置，与对应的观测到的像素位置 ${}^{C_i}\boldsymbol{z}_j$ 做差即可构成对外参 ${}^{L}\boldsymbol{T}_C$ 的约束：

$$ {}^{C}\hat{\boldsymbol{T}}_L = \underset{{}^{C}\boldsymbol{T}_L}{\arg\min} \sum \left\| {}^{C_i}\boldsymbol{r}_j \right\|^2 \tag{5.26} $$

利用多个特征点的重投影残差构建非线性优化问题(5.26)，使用 L-M 方法求解式(5.26)得到相机和激光雷达的外参估计，即可实现相机和激光雷达的空间同步。

5.2.3　视觉特征点深度恢复

激光雷达点云能够获得稀疏的环境距离信息，可以为部分视觉特征点恢复深度，从而通过视觉反投影模型得到视觉特征点的三维位置，如式(5.27)所示：

$$ \begin{bmatrix} X \\ Y \\ Z \end{bmatrix} = \boldsymbol{K}^{-1} Z \begin{bmatrix} u \\ v \\ 1 \end{bmatrix} \tag{5.27} $$

式中，u、v 为视觉特征点的像素坐标；X、Y、Z 组成的向量为视觉特征点的三维空间位置；Z 为视觉特征点的深度；$\boldsymbol{K}$ 为视觉内参矩阵。

由于视觉特征点没有深度信息，首先将所有三维激光雷达点投影到以相机光心为圆心的单位球上，如图 5.3 所示。当对视觉特征点 P' 进行深度恢复时，先在单位球上找到离特征点最近的三个激光雷达点 A'、B'、C'。接下来，通过这三个激光雷达点在真实尺度中对应的点 A、B、C 之间的距离对 A'、B'、C' 进行有效性判断，若三个点中某两个点之间的距离大于某个阈值，则认为它们来自不同的物体，应该舍弃掉，只有当三个点中任意两个点之间的距离均小于某一阈值，才认为三个点位于同一物体上，是有效的。在找到有效的三个点之后，可以用这三个点拟合一个平面，然后计算从光心出发经过特征点的射线与该平面的交点就能够得到特征点的三维位置，同时也获得了特征点的深度信息。设点 A、B、C 的坐标分别为(a_1,a_2,a_3)、(b_1,b_2,b_3)、(c_1,c_2,c_3)，P'点坐标为(p_1',p_2',p_3')，光心O_C坐标为(o_1,o_2,o_3)。

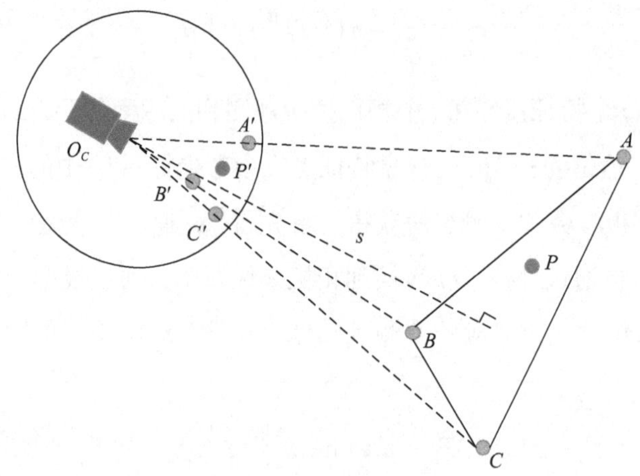

图 5.3 特征点深度恢复示意图

首先，利用$\overrightarrow{BA}$叉乘$\overrightarrow{BC}$得到三角形ABC的面积S和垂直于面ABC的法向量$\boldsymbol{n}$，即

$$S=\frac{1}{2}\left|\overrightarrow{BA}\times\overrightarrow{BC}\right|,\quad \boldsymbol{n}=\frac{1}{2}\overrightarrow{BA}\times\overrightarrow{BC} \tag{5.28}$$

进而可以得到三棱锥O_C - ABC的体积为

$$V=\frac{1}{3}\left|\overrightarrow{O_C A}\cdot\boldsymbol{n}\right| \tag{5.29}$$

同时三棱锥O_C - ABC的体积还可由式(5.30)求得：

$$V=\frac{s}{3}\left|\overrightarrow{O_C P'}\cdot\boldsymbol{n}\right| \tag{5.30}$$

式中，s为尺度因子，通过联立式(5.29)和式(5.30)可以得到s的取值：

$$s=\frac{\left|\overrightarrow{O_C A}\cdot\boldsymbol{n}\right|}{\left|\overrightarrow{O_C P'}\cdot\boldsymbol{n}\right|} \tag{5.31}$$

最终，可得到P点坐标(sp_1',sp_2',sp_3')，由此借助激光雷达点云对特征点的深度进行了恢复。

5.3　基于视觉雷达融合的无人机自主导航方法

基于多传感器融合的无人机自主导航方法，按照其数据融合方式主要分为基于视觉雷达松耦合的无人机自主导航方法和基于视觉雷达紧耦合的无人机自主导航方法。基于视觉雷达松耦合的无人机自主导航方法即分别利用不同传感器的测量数据，构建状态估计问题求解出无人机状态，然后将不同模块求解出的无人机状态进行融合，实现松耦合状态估计。基于视觉雷达紧耦合的无人机自主导航方法则通过所有传感器的测量数据，构建一个状态估计问题，求解得到无人机状态估计。

5.3.1　基于视觉雷达松耦合的无人机自主导航方法

基于视觉雷达松耦合的无人机自主导航方法主要依靠视觉惯性里程计提供无人机状态初值，然后在雷达惯性里程计部分对无人机状态进一步优化，在对雷达惯性里程计部分状态估计问题退化分析的基础上，融合两部分里程计输出的状态作为松耦合系统的状态估计。

基于视觉雷达松耦合的无人机自主导航方法包含深度增强的视觉惯性里程计和雷达惯性里程计两部分，其主要依靠整体框架中的雷达惯性里程计部分进行高精度的状态估计与建图，视觉惯性里程计的主要作用在于为雷达惯性里程计提供一个较为准确的优化初值，以及在其发生退化时对状态变量在退化方向上进行补偿，避免里程计在缺少约束方向上的状态估计发生较大偏移。

基于视觉雷达松耦合的无人机自主导航方法结构如图 5.4 所示，主要由三个部分组成：第一部分构建深度增强的视觉惯性里程计，首先在图像中检测提取特征点并进行匹配，接着利用投影到相机坐标系下的激光雷达点云，恢复视觉特征点的深度信息，然后构建视觉约束、IMU 约束和边缘化约束，求解滑窗中的无人机位姿状态；第二部分构建雷达惯性里程计，对采集到的激光雷达点云进行预处理，校正点云中的运动畸变，然后采用几何特征提取方法，对点云数据中的线面特征进行提取与匹配，以视觉惯性里程计提供的状态估计结果作为初值，估计当前无人机状态；第三部分对雷达惯性里程计中的非线性优化问题进行退化分析与处理，找出退化方向和非退化方向，在解空间中组合视觉和雷达部分的状态估计值作为松耦合系统的状态估计值。其中深度增强的视觉惯性里程计和雷达惯性里程计中的大部分原理已分别在第 3 章和第 4 章中进行了描述，本章重点描述退化分析与处理。

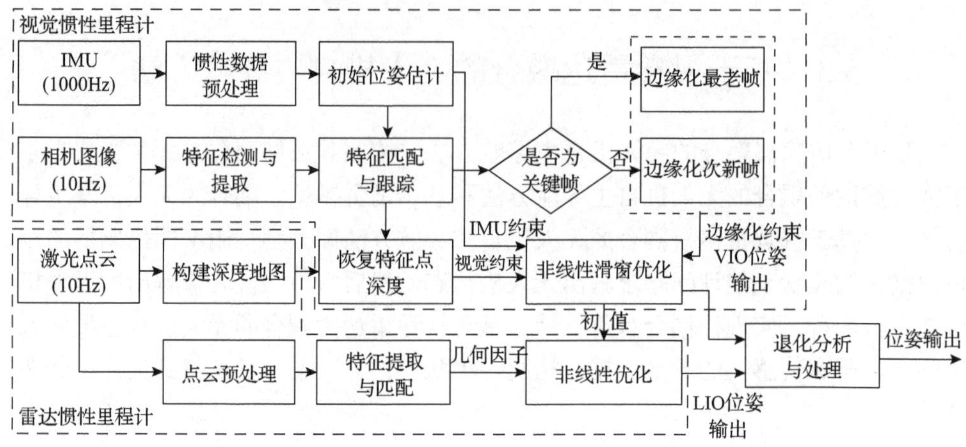

图 5.4　基于视觉雷达松耦合的无人机自主导航方法结构图

1. 视觉惯性里程计

视觉惯性里程计部分的无人机状态变量被定义为包含 $N+1$ 帧滑窗所有无人机估计状态的向量 $\boldsymbol{X}_{\text{vio}}$：

$$
\begin{aligned}
&\boldsymbol{X}_{\text{vio}}=[\boldsymbol{x}_{t_0}^{\mathrm{T}},\boldsymbol{x}_{t_1}^{\mathrm{T}},\cdots,\boldsymbol{x}_{t_N}^{\mathrm{T}},{}^{b}\boldsymbol{x}_{C}^{\mathrm{T}},\lambda_0,\lambda_1,\cdots,\lambda_m]^{\mathrm{T}}\\
&\boldsymbol{x}_{t_{k-n}}=[\boldsymbol{t}_{t_{k-n}}^{\mathrm{T}},\boldsymbol{v}_{t_{k-n}}^{\mathrm{T}},\boldsymbol{R}_{t_{k-n}}^{\mathrm{T}},\boldsymbol{b}_{a,t_{k-n}}^{\mathrm{T}},\boldsymbol{b}_{g,t_{k-n}}^{\mathrm{T}}]^{\mathrm{T}},\quad n\in\{0,1,\cdots,N\}\\
&{}^{b}\boldsymbol{x}_{C}=[{}^{b}\boldsymbol{t}_{C_l}^{\mathrm{T}},{}^{b}\boldsymbol{R}_{C_l}^{\mathrm{T}},{}^{b}\boldsymbol{t}_{C_r}^{\mathrm{T}},{}^{b}\boldsymbol{R}_{C_r}^{\mathrm{T}}]^{\mathrm{T}}
\end{aligned}
\tag{5.32}
$$

式中，$\boldsymbol{x}_{t_k}$ 表示第 k 帧相机时刻的无人机状态，包括 IMU 在参考坐标系下的位置 $\boldsymbol{t}_{t_k}$、速度 $\boldsymbol{v}_{t_k}$、姿态矩阵 $\boldsymbol{R}_{t_k}$、加速度计偏置 $\boldsymbol{b}_{a_{t_k}}$ 和陀螺仪偏移 $\boldsymbol{b}_{g_{t_k}}$；${}^{b}\boldsymbol{x}_C$ 表示相机和 IMU 之间的外参关系；${}^{b}\boldsymbol{t}_{C_l}$、${}^{b}\boldsymbol{R}_{C_l}$ 表示左目相机和 IMU 之间的外参；${}^{b}\boldsymbol{t}_{C_r}$、${}^{b}\boldsymbol{R}_{C_r}$ 表示右目相机和 IMU 之间的外参；$\lambda_i\,(i=0,\cdots,m)$ 表示第 i 个特征点的逆深度。

然后，使用 IMU 预积分残差、视觉重投影残差和边缘化残差构建非线性优化问题：

$$
\begin{aligned}
\hat{X}_{\text{vio}}=\arg\min_{\boldsymbol{X}_{\text{vio}}}&\sum_{k\in\{0,\cdots,N-1\}}\left\|\boldsymbol{r}_I\left({}^{b_k}\boldsymbol{z}_{b_{k+1}},\boldsymbol{X}_{\text{vio}}\right)\right\|_{{}^{b_k}\boldsymbol{\sigma}_{b_{k+1}}}^2\\
&+\sum_{j\in\{0,\cdots,N\},h\in\{0,\cdots,m\}}\rho\left(\left\|\boldsymbol{r}_C\left({}^{C_j}\boldsymbol{z}_h,\boldsymbol{X}_{\text{vio}}\right)\right\|_{{}^{C_j}\boldsymbol{\sigma}_h}^2\right)+\left\|\boldsymbol{r}_M\left(\boldsymbol{X}_{\text{vio}}\right)\right\|_{\boldsymbol{\sigma}_m}^2
\end{aligned}
\tag{5.33}
$$

式中，滑窗内的非线性约束包括 IMU 预积分残差 $\boldsymbol{r}_I\left({}^{b_k}\boldsymbol{z}_{b_{k+1}},\boldsymbol{X}_{\text{vio}}\right)$（式(3.110)），视觉

重投影残差 $\boldsymbol{r}_C\left({}^{C_j}\boldsymbol{z}_h, \boldsymbol{X}_{\text{vio}}\right)$（式(3.112)），以及被边缘化掉的位姿和路标点构建的边缘化残差 $\boldsymbol{r}_M\left(\boldsymbol{X}_{\text{vio}}\right)$（式(3.120)）；${}^{b_k}\boldsymbol{\sigma}_{b_{k+1}}$、${}^{C_j}\boldsymbol{\sigma}_h$、$\boldsymbol{\sigma}_m$ 分别为 $\boldsymbol{r}_I\left({}^{b_k}\boldsymbol{z}_{b_{k+1}}, \boldsymbol{X}_{\text{vio}}\right)$、$\boldsymbol{r}_C\left({}^{C_j}\boldsymbol{z}_h, \boldsymbol{X}_{\text{vio}}\right)$、$\boldsymbol{r}_M\left(\boldsymbol{X}_{\text{vio}}\right)$ 对应的协方差矩阵；$\rho(\cdot)$ 为 Huber 核函数。其中，视觉的重投影残差 $\boldsymbol{r}_C\left({}^{C_j}\boldsymbol{z}_h, \boldsymbol{X}_{\text{vio}}\right)$ 中的部分视觉特征点的深度，由 5.2.3 节中介绍的基于激光雷达辅助的视觉特征点深度恢复方法进行恢复。最后，基于 L-M 方法求解式(5.33)获得视觉惯性里程计部分的无人机状态估计 $\hat{\boldsymbol{X}}_{\text{vio}}$。

2. 雷达惯性里程计

激光雷达惯性里程计首先通过视觉惯性里程计和 IMU 积分提供状态先验，对运动中产生畸变的激光雷达点云进行畸变校正，得到近似无畸变的点云。然后从其中分别提取出包含线特征和面特征的点云，通过点到线和点到面的几何约束构建优化问题。最后经过 L-M 方法优化实现无人机状态估计。

首先，定义无人机状态变量为

$$\begin{aligned} \boldsymbol{x}_{\text{lio},t_k} &= \left[\boldsymbol{t}_{t_k}^{\text{T}}, \boldsymbol{v}_{t_k}^{\text{T}}, \boldsymbol{R}_{t_k}^{\text{T}}, \boldsymbol{b}_{a,t_k}^{\text{T}}, \boldsymbol{b}_{g,t_k}^{\text{T}}, {}^{b}\boldsymbol{x}_L^{\text{T}}\right]^{\text{T}} \\ {}^{b}\boldsymbol{x}_L &= \left[{}^{b}\boldsymbol{t}_L^{\text{T}}, {}^{b}\boldsymbol{R}_L^{\text{T}}\right]^{\text{T}} \end{aligned} \tag{5.34}$$

式中，$\boldsymbol{t}$、$\boldsymbol{v}$ 分别表示机体坐标系在参考坐标系中的位置与速度；$\boldsymbol{R} \in \text{SO}(3)$ 表示机体坐标系到参考坐标系的旋转矩阵；$\boldsymbol{b}_a$ 与 $\boldsymbol{b}_g$ 表示加速度计与陀螺仪的偏置；${}^{b}\boldsymbol{x}_L$ 表示雷达和 IMU 之间的外参关系。

其次，使用雷达几何残差项和当前与上一位姿的 IMU 预积分残差项构建非线性最小二乘优化问题，如式(5.35)所示：

$$\hat{\boldsymbol{x}}_{\text{lio},t_k} = \underset{\boldsymbol{x}_{\text{lio},t_k}}{\arg\min} \left\| \boldsymbol{r}_I\left(\boldsymbol{x}_{\text{lio},t_k}, \boldsymbol{x}_{\text{lio},t_{k-1}}, \boldsymbol{u}_{t_{k-1}}\right) \right\|_{\boldsymbol{\sigma}_I}^2 + \sum_{i=0}^{n_l-1} \left\| r_{L,i}\left(\boldsymbol{x}_{\text{lio},t_k}, \boldsymbol{z}_{i,t_k}\right) \right\|_{\boldsymbol{\sigma}_{L,i}}^2 \tag{5.35}$$

式中，$\boldsymbol{r}_I\left(\boldsymbol{x}_{\text{lio},t_k}, \boldsymbol{x}_{\text{lio},t_{k-1}}, \boldsymbol{u}_{t_{k-1}}\right)$ 为 IMU 预测过程残差(式(4.28))；$r_{L,i}\left(\boldsymbol{x}_{\text{lio},t_k}, z_{i,t_k}\right)$ 为激光雷达特征-地图匹配残差(式(4.34))；n_l 为激光雷达特征数。该优化问题可在视觉惯性里程计提供初值的情况下，通过 L-M 方法求解雷达惯性里程计部分的无人机状态。

3. 面向雷达退化场景的后端非线性优化问题分析与处理

在松耦合系统中，通过对以上两部分非线性优化问题的求解，获得了视觉惯性里程计和雷达惯性里程计对当前无人机状态量的估计。在大多数应用场景下，因视觉更容易受环境纹理、光照变化的影响，其状态估计精度远低于雷达惯性里程计。因而在对两部分里程计的位姿估计值进行处理时，选择以雷达惯性里程计为中心的耦合方案。在雷达状态估计可靠时，采用雷达状态估计作为松耦合方法最终的无人机状态估计值。当雷达状态估计不可靠时(如激光雷达退化场景)，采用视觉状态估计对雷达状态估计进行修正，然后作为松耦合方法最终的无人机状态估计值。

激光雷达退化场景，本质上是雷达观测所提供的某个自由度上的约束缺失或者较为稀少。在构建无人机状态估计问题时，每个雷达观测提供的约束对应优化方程系数矩阵中的若干行，因此可以对优化问题系数矩阵进行退化分析。本节以文献[16]中介绍的方法为基础，利用 Hessian 矩阵的特征值及特征向量，在解空间中对视觉惯性里程计和雷达惯性里程计状态估计值进行组合，得到退化处理后的松耦合无人机状态估计值，其整体流程如图 5.5 所示。

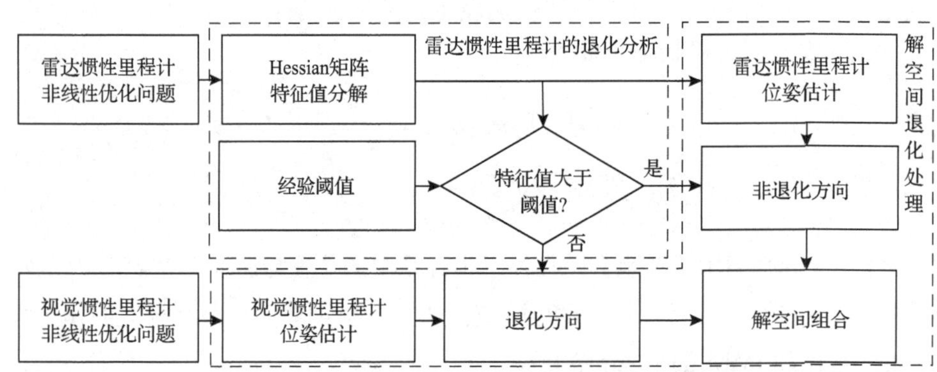

图 5.5　雷达惯性里程计退化分析和处理流程图

面向雷达退化场景的后端非线性优化问题处理，主要分为雷达惯性里程计的退化分析和解空间退化处理两部分内容。第一部分主要对雷达惯性里程计的非线性优化问题进行分析，找到解的退化方向和非退化方向，即针对雷达惯性里程计中非线性优化问题的 Hessian 矩阵，在求解出雷达惯性里程计增量的同时，求解 Hessian 的特征值及其对应的特征向量，根据预先设置的经验阈值找出该优化问题的退化方向和非退化方向。在第二部分中，通过上一部分找到的退化方向和非退化方向对无人机状态进行更新，即分别利用退化方向上的方向向量对视觉惯性里程计的状态估计值进行加权，以及非退化方向上的方向向量对雷达惯性里程计的状态估计增量进行加权，最后在解空间中进行组合得到松耦合系统的无人机状态估计。

1)雷达惯性里程计的退化分析

针对式(5.35)所代表的非线性优化问题，IMU 预测过程残差 $\boldsymbol{r}_I(\boldsymbol{x}_{\text{lio},t_k},$

$\boldsymbol{x}_{\text{lio},t_{k-1}},\boldsymbol{u}_{t_{k-1}}$) 只能提供在当前状态 $\boldsymbol{x}_{\text{lio},t_k}$ 与上一状态 $\boldsymbol{x}_{\text{lio},t_{k-1}}$ 之间的约束，式(5.35)的求解过程主要由激光雷达特征-地图匹配残差 $r_{L,i}(\boldsymbol{x}_{\text{lio}},\boldsymbol{z}_i)$ 主导。因此，针对雷达惯性里程计的退化分析，仅对激光雷达特征-地图匹配残差 $r_{L,i}(\boldsymbol{x}_{\text{lio}},\boldsymbol{z}_i)$ 部分进行退化分析，将非线性优化问题重新定义为

$$\hat{\boldsymbol{x}}_{\text{lio}} = \underset{\boldsymbol{x}_{\text{lio}}}{\arg\min} \sum_{i=0}^{n_l-1} \left\| r_{L,i}(\boldsymbol{x}_{\text{lio}},\boldsymbol{z}_i) \right\|^2 \tag{5.36}$$

首先，对式(5.36)在 $\hat{\boldsymbol{x}}_{\text{lio}}$ 处进行一阶泰勒展开：

$$\Delta\hat{\boldsymbol{x}}_{\text{lio}} = \underset{\Delta\boldsymbol{x}_{\text{lio}}}{\arg\min} \sum_{i=0}^{n_l-1} \left\| r_{L,i}(\hat{\boldsymbol{x}}_{\text{lio}},\boldsymbol{z}_i) + \boldsymbol{J}_{L,i}\Delta\boldsymbol{x}_{\text{lio}} \right\|^2 \tag{5.37}$$

式中，$\boldsymbol{J}_{L,i}$ 为激光雷达特征-地图匹配残差 $r_{L,i}(\boldsymbol{x}_{\text{lio}},\boldsymbol{z}_i)$ 关于状态量 $\boldsymbol{x}_{\text{lio}}$ 的雅可比矩阵。由于激光雷达每个特征点对应的特征-地图匹配残差互不相关，式(5.37)中的各个约束构成优化问题中的若干行，即

$$\sum_{i=0}^{n_l-1} \left\| r_{L,i}(\hat{\boldsymbol{x}}_{\text{lio}},\boldsymbol{z}_i) + \boldsymbol{J}_{L,i}\Delta\boldsymbol{x}_{\text{lio}} \right\|_{\sigma_{L,i}}^2 = \left\| \underbrace{\begin{bmatrix} r_{L,0}(\hat{\boldsymbol{x}}_{\text{lio}},\boldsymbol{z}_0) \\ \vdots \\ r_{L,n_l-1}(\hat{\boldsymbol{x}}_{\text{lio}},\boldsymbol{z}_{n_l-1}) \end{bmatrix}}_{\boldsymbol{b}} - \underbrace{\begin{bmatrix} \boldsymbol{J}_{L,0} \\ \vdots \\ \boldsymbol{J}_{L,n_l-1} \end{bmatrix}}_{\boldsymbol{A}} \Delta\boldsymbol{x}_{\text{lio}} \right\|^2 \tag{5.38}$$

将式(5.38)代入式(5.37)，可以得到一个线性最小二乘优化问题：

$$\Delta\boldsymbol{x}^* = \underset{\Delta\boldsymbol{x}}{\arg\min} \left\| \boldsymbol{A}\Delta\boldsymbol{x} - \boldsymbol{b} \right\|^2 \tag{5.39}$$

进而可通过对线性最小二乘优化问题(5.39)进行数学分析来找到约束退化的方向，式(5.39)中 $\boldsymbol{A}\Delta\boldsymbol{x}-\boldsymbol{b}$ 的每一行可以看成状态空间中的一个超平面，所有的超平面通过对应的方向 $\boldsymbol{A}_i$ 和位置 $\boldsymbol{b}_i$ (其中下标 i 表示 $\boldsymbol{A}$ 和 $\boldsymbol{b}$ 的第 i 行)来构成对 $\Delta\boldsymbol{x}$ 的约束。为了确定非线性优化问题的退化情况，首先定义一个表示退化程度的因子。

如图 5.6 所示，三条黑线($\boldsymbol{A}_1\Delta\boldsymbol{x}=\boldsymbol{b}_1,\boldsymbol{A}_2\Delta\boldsymbol{x}=\boldsymbol{b}_2,\boldsymbol{A}_3\Delta\boldsymbol{x}=\boldsymbol{b}_3$)表示式(5.39)中描述的约束超平面，圆点表示在黑线约束(5.39)下的解 $\Delta\boldsymbol{x}_0$。为了描述非线性优化问题中的退化情况，在式(5.39)原有问题的基础上增加一个额外的约束，该约束对应的超平面穿过解 $\Delta\boldsymbol{x}_0$，如图 5.6 灰色实线所示。则该约束的数学表达为

$$\boldsymbol{c}^{\mathrm{T}}(\Delta\boldsymbol{x}-\Delta\boldsymbol{x}_0)=0, \quad \|\boldsymbol{c}\|^2=1 \tag{5.40}$$

式中，$\boldsymbol{c}$ 是一个 $n\times 1$ 的向量，表示所增加约束的法向量(如图 5.6 灰色箭头所示)。由于增加的约束穿过原问题的解，这一操作并不会导致整个优化问题的解 $\Delta\boldsymbol{x}_0$ 发生改变。令该约束沿其法向量方向移动 δd，这会造成优化问题的解也向同样的方向移动，设 δx_c 为解的偏移量在扰动方向上投影长度的集合。对于给定的 δd，优化问题解的偏移量 δx_c 随着约束的方向 $\boldsymbol{c}$ 变化而变化。设 δx_c^* 为所有方向中最大的偏移量，即

$$\delta x_c^* = \max\{\delta x_c\} \tag{5.41}$$

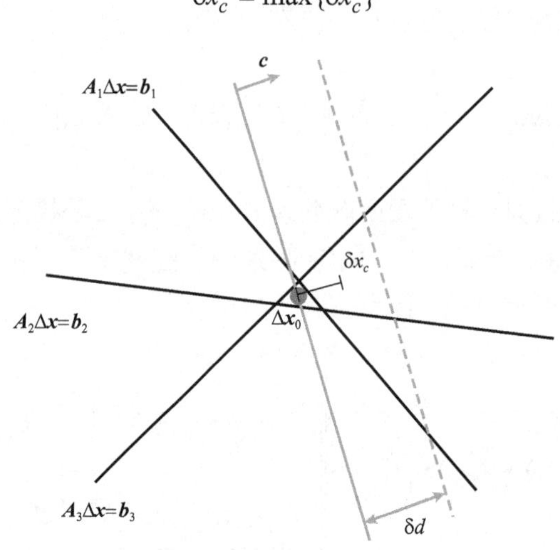

图 5.6　退化因子定义示意图[16]

现在定义退化因子 D，数学表达式如下：

$$D = \delta d / \delta x_c^* \tag{5.42}$$

由退化因子 D 的定义可知，通过扰动对约束的干扰程度可以来衡量该约束的强度，而 δx_c^* 所对应的约束方向正是约束最弱的方向。显然，一个优化问题的退化程度与所有方向中约束最弱的方向有关，因此可以以该方向上的约束强度来衡量优化问题的退化程度。下面对退化因子进行推导，从而得出描述任意非线性优化问题退化程度的具体数学表达形式。

首先，将不带扰动的约束项式(5.40)引入优化问题式(5.39)中，优化问题可表示为

$$\begin{bmatrix} \boldsymbol{A} \\ \boldsymbol{c}^{\mathrm{T}} \end{bmatrix} \Delta\boldsymbol{x} = \begin{bmatrix} \boldsymbol{b} \\ \boldsymbol{c}^{\mathrm{T}}\Delta\boldsymbol{x}_0 \end{bmatrix} \tag{5.43}$$

在式(5.43)中加入一个在法向量 $\boldsymbol{c}$ 方向带有 δd 扰动的约束：

$$\boldsymbol{c}^{\mathrm{T}}\left(\Delta\boldsymbol{x}-\Delta\boldsymbol{x}_0\right)=\delta d,\quad \|\boldsymbol{c}\|^2=1 \tag{5.44}$$

则新的优化问题可以表示为

$$\begin{bmatrix}\boldsymbol{A}\\ \boldsymbol{c}^{\mathrm{T}}\end{bmatrix}\Delta\boldsymbol{x}'=\begin{bmatrix}\boldsymbol{b}\\ \boldsymbol{c}^{\mathrm{T}}\Delta\boldsymbol{x}_0+\delta d\end{bmatrix} \tag{5.45}$$

令 $\delta\boldsymbol{x}$ 表示优化问题的解发生的偏移，则引入扰动后优化问题的解变为了 $\Delta\boldsymbol{x}'=\Delta\boldsymbol{x}_0+\delta\boldsymbol{x}$ 。式(5.45)为一个线性方程，其解可以通过两侧同乘左侧系数矩阵的逆获得，左侧系数矩阵的伪逆为

$$\begin{bmatrix}\boldsymbol{A}\\ \boldsymbol{c}^{\mathrm{T}}\end{bmatrix}^{-1}=\left[\begin{bmatrix}\boldsymbol{A}^{\mathrm{T}} & \boldsymbol{c}\end{bmatrix}\begin{bmatrix}\boldsymbol{A}\\ \boldsymbol{c}^{\mathrm{T}}\end{bmatrix}\right]^{-1}\begin{bmatrix}\boldsymbol{A}^{\mathrm{T}} & \boldsymbol{c}\end{bmatrix} \tag{5.46}$$

在式(5.45)两侧同乘式(5.46)可以获得新优化问题式(5.45)的解 $\Delta\boldsymbol{x}'$ 为

$$\begin{aligned}\Delta\boldsymbol{x}'&=\left[\begin{bmatrix}\boldsymbol{A}^{\mathrm{T}} & \boldsymbol{c}\end{bmatrix}\begin{bmatrix}\boldsymbol{A}\\ \boldsymbol{c}^{\mathrm{T}}\end{bmatrix}\right]^{-1}\begin{bmatrix}\boldsymbol{A}^{\mathrm{T}} & \boldsymbol{c}\end{bmatrix}\begin{bmatrix}\boldsymbol{b}\\ \boldsymbol{c}^{\mathrm{T}}\Delta\boldsymbol{x}_0+\delta d\end{bmatrix}\\&=\left(\boldsymbol{A}^{\mathrm{T}}\boldsymbol{A}+\boldsymbol{c}\boldsymbol{c}^{\mathrm{T}}\right)^{-1}\left(\boldsymbol{A}^{\mathrm{T}}\boldsymbol{b}+\boldsymbol{c}\boldsymbol{c}^{\mathrm{T}}\Delta\boldsymbol{x}_0+\boldsymbol{c}\delta d\right)\end{aligned} \tag{5.47}$$

而原优化问题式(5.43)的解 $\Delta\boldsymbol{x}$ 可通过同样的方式得到

$$\begin{aligned}\Delta\boldsymbol{x}&=\left[\begin{bmatrix}\boldsymbol{A}^{\mathrm{T}} & \boldsymbol{c}\end{bmatrix}\begin{bmatrix}\boldsymbol{A}\\ \boldsymbol{c}^{\mathrm{T}}\end{bmatrix}\right]^{-1}\begin{bmatrix}\boldsymbol{A}^{\mathrm{T}} & \boldsymbol{c}\end{bmatrix}\begin{bmatrix}\boldsymbol{b}\\ \boldsymbol{c}^{\mathrm{T}}\Delta\boldsymbol{x}_0\end{bmatrix}\\&=\left(\boldsymbol{A}^{\mathrm{T}}\boldsymbol{A}+\boldsymbol{c}\boldsymbol{c}^{\mathrm{T}}\right)^{-1}\left(\boldsymbol{A}^{\mathrm{T}}\boldsymbol{b}+\boldsymbol{c}\boldsymbol{c}^{\mathrm{T}}\Delta\boldsymbol{x}_0\right)\end{aligned} \tag{5.48}$$

将式(5.47)与式(5.48)相减，可以得到解的偏移量 $\delta\boldsymbol{x}$ 的表达式为

$$\delta\boldsymbol{x}=\Delta\boldsymbol{x}'-\Delta\boldsymbol{x}=\left(\boldsymbol{A}^{\mathrm{T}}\boldsymbol{A}+\boldsymbol{c}\boldsymbol{c}^{\mathrm{T}}\right)^{-1}\boldsymbol{c}\delta d \tag{5.49}$$

又因为 $\|\boldsymbol{c}\|=1$ ，并且偏移量 $\delta\boldsymbol{x}$ 的方向与 $\boldsymbol{c}$ 相同，δx_c 可由 $\delta\boldsymbol{x}$ 点乘 $\boldsymbol{c}$ 得到，所以 δx_c 的表达式为

$$\delta x_c=\boldsymbol{c}^{\mathrm{T}}\delta\boldsymbol{x}=\boldsymbol{c}^{\mathrm{T}}\left(\boldsymbol{A}^{\mathrm{T}}\boldsymbol{A}+\boldsymbol{c}\boldsymbol{c}^{\mathrm{T}}\right)^{-1}\boldsymbol{c}\delta d \tag{5.50}$$

由式(5.50)可知，δx_c 只与系数矩阵 $\boldsymbol{A}$ 有关，而与 $\boldsymbol{b}$ 无关。为了获得使 δx_c 取得最大值的方向向量 $\boldsymbol{c}$ ，利用 $\boldsymbol{c}$ 的左伪逆和右伪逆对式(5.50)进行化简：

$$
\begin{aligned}
\boldsymbol{c}_{\text{left}}^{-1} &= \left(\boldsymbol{c}^{\mathrm{T}}\boldsymbol{c}\right)^{-1}\boldsymbol{c}^{\mathrm{T}} = \boldsymbol{c}^{\mathrm{T}} \\
\boldsymbol{c}_{\text{right}}^{-\mathrm{T}} &= \boldsymbol{c}\left(\boldsymbol{c}^{\mathrm{T}}\boldsymbol{c}\right)^{-1} = \boldsymbol{c}
\end{aligned}
\tag{5.51}
$$

将式(5.51)代入式(5.50)中整理得到δx_c的表达式：

$$
\begin{aligned}
\delta x_c &= \boldsymbol{c}_{\text{left}}^{-1}\left(\boldsymbol{A}^{\mathrm{T}}\boldsymbol{A}+\boldsymbol{c}\boldsymbol{c}^{\mathrm{T}}\right)^{-1}\boldsymbol{c}_{\text{right}}^{-\mathrm{T}}\delta d \\
&= \left(\boldsymbol{c}^{\mathrm{T}}\left(\boldsymbol{A}^{\mathrm{T}}\boldsymbol{A}+\boldsymbol{c}\boldsymbol{c}^{\mathrm{T}}\right)\boldsymbol{c}\right)^{-1}\delta d \\
&= \left(\boldsymbol{c}^{\mathrm{T}}\boldsymbol{A}^{\mathrm{T}}\boldsymbol{A}\boldsymbol{c}+1\right)^{-1}\delta d
\end{aligned}
\tag{5.52}
$$

由于δd是一个定值，要求δx_c的最大值，则需要使$\boldsymbol{c}^{\mathrm{T}}\boldsymbol{A}^{\mathrm{T}}\boldsymbol{A}\boldsymbol{c}$最小，即

$$
\boldsymbol{c}^* = \arg\min_{\boldsymbol{c}} \boldsymbol{c}^{\mathrm{T}}\boldsymbol{A}^{\mathrm{T}}\boldsymbol{A}\boldsymbol{c}, \quad \text{s.t.} \quad \|\boldsymbol{c}\|^2 = 1 \tag{5.53}
$$

又由于$\|\boldsymbol{c}\|^2 = 1$，式(5.53)等同于

$$
\boldsymbol{c}^* = \arg\min_{\boldsymbol{c}} \frac{\boldsymbol{c}^{\mathrm{T}}\boldsymbol{A}^{\mathrm{T}}\boldsymbol{A}\boldsymbol{c}}{\boldsymbol{c}^{\mathrm{T}}\boldsymbol{c}} \tag{5.54}
$$

式中，$\dfrac{\boldsymbol{c}^{\mathrm{T}}\boldsymbol{A}^{\mathrm{T}}\boldsymbol{A}\boldsymbol{c}}{\boldsymbol{c}^{\mathrm{T}}\boldsymbol{c}}$是一个典型的瑞利熵，由瑞利定理[17]可知：

$$
\lambda_{\min} \leqslant \frac{\boldsymbol{c}^{\mathrm{T}}\boldsymbol{A}^{\mathrm{T}}\boldsymbol{A}\boldsymbol{c}}{\boldsymbol{c}^{\mathrm{T}}\boldsymbol{c}} \leqslant \lambda_{\max} \tag{5.55}
$$

式中，$\lambda_{\min}$是$\boldsymbol{A}^{\mathrm{T}}\boldsymbol{A}$的最小特征值；$\lambda_{\max}$是$\boldsymbol{A}^{\mathrm{T}}\boldsymbol{A}$的最大特征值。此时的$\boldsymbol{c}^*$为特征值$\lambda_{\min}$对应的特征向量。将式(5.54)和式(5.55)代入式(5.52)可得

$$
\delta x_c^* = \frac{\delta d}{\lambda_{\min}+1} \tag{5.56}
$$

最终可以得到退化因子的数学表达式为

$$
D = \delta d / \delta x_c^* = \lambda_{\min} + 1 \tag{5.57}
$$

由式(5.57)可知，优化问题的退化程度由$\boldsymbol{A}^{\mathrm{T}}\boldsymbol{A}$的最小特征值$\lambda_{\min}$决定，而退化方向则是特征值$\lambda_{\min}$对应的特征向量所在的方向。针对雷达惯性里程计中的非线性优化问题，$\boldsymbol{A}^{\mathrm{T}}\boldsymbol{A}$为其 Hessian 矩阵，进一步分析可以知道，Hessian 矩阵的特

征值大小，反映了雷达惯性里程计优化问题在对应方向上的约束强弱，可以通过设定合理的经验阈值来判断其是否出现退化情况以及退化的方向。

2) 解空间退化处理

通过上文所述方法首先确定雷达惯性里程计非线性优化问题中的退化方向，然后在最终解中只使用非线性优化问题在非退化方向上的分量，而退化方向上的分量使用优化初值(即视觉惯性里程计输出)。

设退化阈值为 thres，$\boldsymbol{v}_1,\cdots,\boldsymbol{v}_m$ 为对应 $\boldsymbol{A}^{\mathrm{T}}\boldsymbol{A}$ 特征值小于 thres 的特征向量，由其构成矩阵 $\boldsymbol{A}^{\mathrm{T}}\boldsymbol{A}$ 的特征向量矩阵 $\boldsymbol{V}_f$ 的退化部分 $\boldsymbol{V}_p$，即雷达惯性里程计优化问题中的退化方向；$\boldsymbol{v}_{m+1},\cdots,\boldsymbol{v}_n$ 为对应 $\boldsymbol{A}^{\mathrm{T}}\boldsymbol{A}$ 特征值大于等于 thres 的特征向量，由其构成矩阵 $\boldsymbol{A}^{\mathrm{T}}\boldsymbol{A}$ 的特征向量矩阵 $\boldsymbol{V}_f$ 的非退化部分 $\boldsymbol{V}_u$，即非退化方向。构建如下矩阵：

$$\begin{aligned}\boldsymbol{V}_p&=[\boldsymbol{v}_1,\cdots,\boldsymbol{v}_m,\boldsymbol{0},\cdots,\boldsymbol{0}]^{\mathrm{T}}\\\boldsymbol{V}_u&=[\boldsymbol{0},\cdots,\boldsymbol{0},\boldsymbol{v}_{m+1},\cdots,\boldsymbol{v}_n]^{\mathrm{T}}\\\boldsymbol{V}_f&=[\boldsymbol{v}_1,\cdots,\boldsymbol{v}_m,\boldsymbol{v}_{m+1},\cdots,\boldsymbol{v}_n]^{\mathrm{T}}\end{aligned}\tag{5.58}$$

设 $\boldsymbol{x}_{\mathrm{vio}}$ 为视觉惯性里程计提供的当前时刻优化问题解的初始值。$\Delta\boldsymbol{x}_{\mathrm{lio}}$ 是由式(5.37)的优化问题求解的观测更新量，对优化问题进行退化处理后的解 $\boldsymbol{x}$ 为

$$\boldsymbol{x}=\boldsymbol{x}'_{\mathrm{vio}}+\Delta\boldsymbol{x}'_{\mathrm{lio}}\tag{5.59}$$

式中

$$\begin{aligned}\boldsymbol{x}'_{\mathrm{vio}}&=\boldsymbol{V}_f^{-1}\boldsymbol{V}_p\boldsymbol{x}_{\mathrm{vio}}\\\Delta\boldsymbol{x}'_{\mathrm{lio}}&=\boldsymbol{V}_f^{-1}\boldsymbol{V}_u\Delta\boldsymbol{x}_{\mathrm{lio}}\end{aligned}\tag{5.60}$$

如图 5.7 所示，式(5.60)表示取 $\Delta\boldsymbol{x}_{\mathrm{lio}}$ 的非退化方向 $\vec{v}_2$，并将其投影到解空间中为 $\Delta\boldsymbol{x}'_{\mathrm{lio}}$，同时取 $\Delta\boldsymbol{x}_{\mathrm{lio}}$ 的退化方向 $\vec{v}_1$，并将优化问题解的初始值 $\boldsymbol{x}_{\mathrm{vio}}$ 投影到解空间中为 $\boldsymbol{x}'_{\mathrm{vio}}$。式(5.59)在解空间内完成状态更新值 $\Delta\boldsymbol{x}_{\mathrm{lio}}$ 的非退化方向分量 $\Delta\boldsymbol{x}'_{\mathrm{lio}}$ 与优化初值的退化方向分量 $\boldsymbol{x}'_{\mathrm{vio}}$ 的组合，在雷达非退化方向上使用雷达观测更新量 $\Delta\boldsymbol{x}_{\mathrm{lio}}$ 的非退化方向分量 $\Delta\boldsymbol{x}'_{\mathrm{lio}}$，在雷达退化方向上使用视觉惯性里程计提供的初值分量 $\boldsymbol{x}'_{\mathrm{vio}}$，实现解空间退化处理。

基于视觉雷达松耦合的无人机自主导航方法，首先通过求解视觉惯性里程计部分的非线性优化问题(5.33)得到无人机状态初值，然后通过求解激光雷达惯性里程计部分的非线性优化问题得到无人机状态观测更新值(5.37)，根据退化因

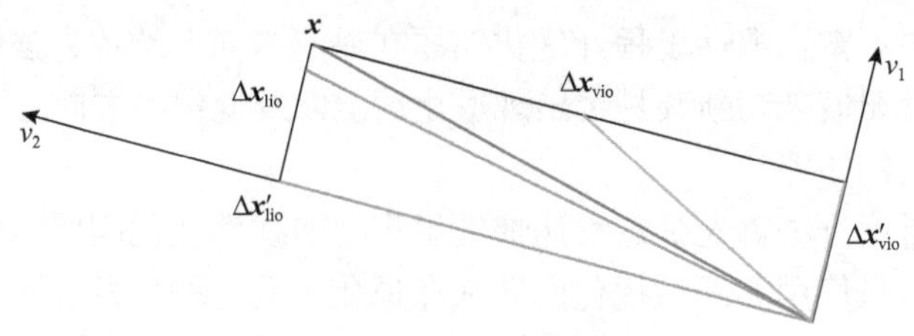

图 5.7　退化重映射示意图[16]

子(5.57)判断出退化方向后,利用式(5.59)进行退化处理实现无人机的松耦合状态估计。

5.3.2　基于视觉雷达紧耦合的无人机自主导航方法

通过 5.3.1 节的分析可知,基于视觉雷达松耦合的无人机自主导航方法使用视觉惯性里程计输出状态作为雷达惯性里程计的状态优化初值，在视觉惯性里程计的初值精度较差的情况下，雷达惯性里程计的状态估计值精度下降，导致松耦合系统的状态估计值精度下降。基于视觉雷达紧耦合的无人机自主导航方法不同于基于视觉雷达松耦合的无人机自主导航方法中视觉和雷达分别进行状态估计的结构，利用视觉、雷达和 IMU 的全部约束共同构建因子图优化问题，通过批量和增量求解对无人机状态进行优化求解，计算消耗虽有提升，但是精度和鲁棒性也大大提高。

基于视觉雷达紧耦合的无人机自主导航方法结构如图 5.8 所示，当传感器数据到来时，首先对三种传感器数据进行处理；然后，对 IMU 数据进行积分得到初始状态估计并构建 IMU 预积分因子；同时，对视觉图像提取特征点并进行匹配与跟踪，利用投影到相机坐标系下的激光雷达点云，恢复视觉特征点的深度信息，

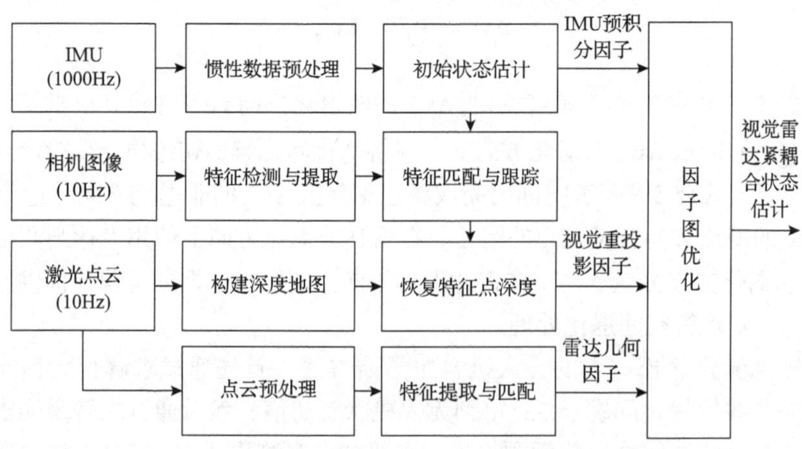

图 5.8　基于视觉雷达紧耦合的无人机自主导航方法结构图

构建视觉重投影因子；进一步，对采集到的激光雷达点云进行畸变校正，采用几何特征提取方法，对点云数据中的线面特征进行提取，与局部地图中的点云进行匹配，构建雷达几何因子。最后，将这几种因子添加到一个因子图中，构建因子图优化问题，求解得到无人机紧耦合状态估计。

1. 无人机状态变量定义

视觉雷达惯性紧耦合里程计的无人机状态变量被定义为包含 $N+1$ 个无人机估计状态的向量 $\boldsymbol{X}_{\text{lvio}}$：

$$
\begin{aligned}
&\boldsymbol{X}_{\text{lvio}} = [\boldsymbol{x}_{t_{k-N}}^{\mathrm{T}}, \cdots, \boldsymbol{x}_{t_{k-1}}^{\mathrm{T}}, \boldsymbol{x}_{t_k}^{\mathrm{T}}, {}^{b}\boldsymbol{x}_{C}^{\mathrm{T}}, {}^{b}\boldsymbol{x}_{L}^{\mathrm{T}}, \lambda_0, \lambda_1, \cdots, \lambda_m]^{\mathrm{T}} \\
&\boldsymbol{x}_{t_{k-n}} = [\boldsymbol{t}_{t_{k-n}}^{\mathrm{T}}, \boldsymbol{v}_{t_{k-n}}^{\mathrm{T}}, \boldsymbol{R}_{t_{k-n}}^{\mathrm{T}}, \boldsymbol{b}_{a,t_{k-n}}^{\mathrm{T}}, \boldsymbol{b}_{g,t_{k-n}}^{\mathrm{T}}]^{\mathrm{T}}, \quad n \in \{0,1,\cdots,N\} \\
&{}^{b}\boldsymbol{x}_{C} = [{}^{b}\boldsymbol{t}_{C_l}^{\mathrm{T}}, {}^{b}\boldsymbol{R}_{C_l}^{\mathrm{T}}, {}^{b}\boldsymbol{t}_{C_r}^{\mathrm{T}}, {}^{b}\boldsymbol{R}_{C_r}^{\mathrm{T}}]^{\mathrm{T}} \\
&{}^{L}\boldsymbol{x}_{C_l} = [{}^{L}\boldsymbol{t}_{C_l}^{\mathrm{T}}, {}^{L}\boldsymbol{R}_{C_l}^{\mathrm{T}}]^{\mathrm{T}}
\end{aligned}
\tag{5.61}
$$

式中，$\boldsymbol{x}_{t_k}$ 表示 k 时刻的无人机状态，包括 IMU 在参考坐标系下的位置 $\boldsymbol{t}_{t_k}$、速度 $\boldsymbol{v}_{t_k}$、姿态四元数 $\boldsymbol{R}_{t_k}$、加速度计偏置 $\boldsymbol{b}_{a,t_k}$ 和陀螺仪偏移 $\boldsymbol{b}_{g,t_k}$；${}^{b}\boldsymbol{x}_C$ 表示相机和 IMU 之间的外参关系；${}^{b}\boldsymbol{t}_{C_r}$、${}^{b}\boldsymbol{R}_{C_r}$ 表示左目相机和 IMU 之间的外参；${}^{b}\boldsymbol{t}_{C_r}$、${}^{b}\boldsymbol{R}_{C_r}$ 表示右目相机和 IMU 之间的外参；${}^{L}\boldsymbol{x}_{C_l}$ 表示激光雷达和左目相机之间的外参；$\lambda_i\left(i=0,\cdots,m\right)$ 表示第 i 个特征点在第一次观察到该特征点的图像上深度的倒数。

从形式上看，因子图由节点和连接节点的边构成，各个节点间的边构成因子为节点提供约束。基于视觉雷达紧耦合的无人机自主导航因子图如图 5.9 所示，包含 IMU 预积分因子 $\phi_I(\boldsymbol{x}_{t_i}, \boldsymbol{x}_{t_{i-1}})(i=1,\cdots,k)$、视觉重投影因子 $\phi_C(\boldsymbol{x}_{t_i})(i=0,\cdots,k)$ 和雷达几何因子 $\phi_L(\boldsymbol{x}_{t_i})(i=0,\cdots,k)$。因子图中的每个因子为其关联的状态和观测的联合概率密度，按贝叶斯公式分解均正比于一个似然概率，各因子表达式如式(5.62)所示：

$$
\begin{aligned}
&\phi_I(\boldsymbol{x}_{t_i}, \boldsymbol{x}_{t_{i-1}}) = p(\boldsymbol{x}_{t_i}, \boldsymbol{x}_{t_{i-1}}, \boldsymbol{u}) \propto p(\boldsymbol{x}_{t_i} \mid \boldsymbol{x}_{t_{i-1}}, \boldsymbol{u}) \\
&\phi_C(\boldsymbol{x}_{t_i}) = p(\boldsymbol{x}_{t_i}, \boldsymbol{z}_V) \propto p(\boldsymbol{x}_{t_i} \mid \boldsymbol{z}_V) \\
&\phi_L(\boldsymbol{x}_{t_i}) = p(\boldsymbol{x}_{t_i}, \boldsymbol{z}_L) \propto p(\boldsymbol{x}_{t_i} \mid \boldsymbol{z}_L)
\end{aligned}
\tag{5.62}
$$

式中，$\boldsymbol{u}$ 表示 IMU 输入；$\boldsymbol{z}_V$ 表示视觉观测；$\boldsymbol{z}_L$ 表示雷达观测。

定义在因子图上的联合概率分布 $\phi(\boldsymbol{X}_{\text{lvio}})$ 表示为所有因子的乘积：

$$
\phi(\boldsymbol{X}_{\text{lvio}}) = \prod_{i=1}^{k} \phi_I(\boldsymbol{x}_{t_i}, \boldsymbol{x}_{t_{i-1}}) \prod_{i=0}^{k} \left(\phi_C(\boldsymbol{x}_{t_i}) \phi_L(\boldsymbol{x}_{t_i})\right) \tag{5.63}
$$

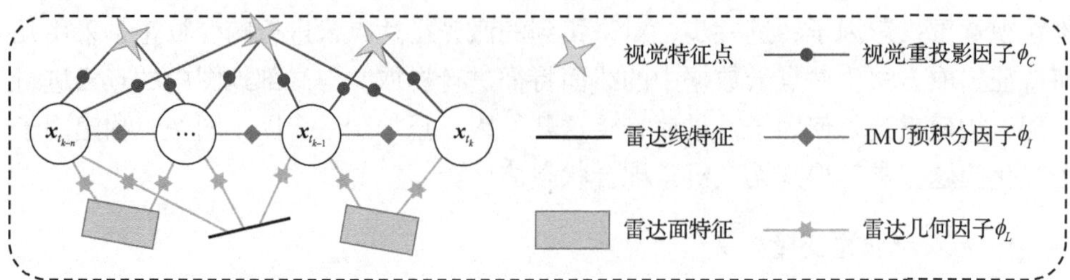

图 5.9　基于视觉雷达紧耦合的无人机自主导航因子图

对因子图求解的过程即对因子图中的变量进行优化，也就是求解最大后验概率的过程(5.3)，即

$$
\begin{aligned}
\hat{\boldsymbol{X}}_{\text{lvio}} &= \arg\max_{\boldsymbol{X}} \phi(\boldsymbol{X}_{\text{lvio}}) = \arg\max_{\boldsymbol{X}_{\text{lvio}}} p(\boldsymbol{X}_{\text{lvio}} \mid \boldsymbol{u}, \boldsymbol{z}_L, \boldsymbol{z}_V) \\
&= \arg\max_{\boldsymbol{X}} \prod_{i=1}^{k} p(\boldsymbol{x}_{t_i} \mid \boldsymbol{x}_{t_{i-1}}, \boldsymbol{u}) \prod_{i=0}^{k} p(\boldsymbol{x}_{t_i} \mid \boldsymbol{z}_C) p(\boldsymbol{x}_{t_i} \mid \boldsymbol{z}_L)
\end{aligned}
\tag{5.64}
$$

针对式(5.64)，根据式(4.9)～式(4.15)过程可将其转化为最小二乘优化的形式：

$$
\begin{aligned}
\hat{\boldsymbol{X}}_{\text{lvio}} = \arg\min_{\boldsymbol{X}_{\text{lvio}}} & \sum_{k\in\{0,\cdots,N-1\}} \left\| \boldsymbol{r}_I \left({}^{b_k}\boldsymbol{z}_{b_{k+1}}, \boldsymbol{X}_{\text{lvio}} \right) \right\|^2_{{}^{b_k}\boldsymbol{\sigma}_{b_{k+1}}} \\
& + \sum_{j\in\{0,\cdots,N\}, h\in\{0,\cdots,m\}} \left\| \boldsymbol{r}_C \left({}^{C_j}\boldsymbol{z}_h, \boldsymbol{X}_{\text{lvio}} \right) \right\|^2_{{}^{C_j}\boldsymbol{\sigma}_h} + \sum_{i=0}^{n_l-1} \left\| r_{L,i}(\boldsymbol{X}_{\text{lvio}}, \boldsymbol{z}_{i,t_k}) \right\|^2_{\boldsymbol{\sigma}_{L,i}}
\end{aligned}
\tag{5.65}
$$

式中，$\boldsymbol{r}_I\left({}^{b_k}\boldsymbol{z}_{b_{k+1}}, \boldsymbol{X}_{\text{lvio}}\right)$为 IMU 预积分残差(式(3.110))；$\boldsymbol{r}_C\left({}^{C_j}\boldsymbol{z}_h, \boldsymbol{X}_{\text{lvio}}\right)$为视觉重投影残差(式(3.112))；$r_{L,i}(\boldsymbol{X}_{\text{lvio}}, \boldsymbol{z}_{i,t_k})$为激光雷达特征-地图匹配残差(式(4.34))；${}^{b_k}\boldsymbol{\sigma}_{b_{k+1}}$、${}^{C_j}\boldsymbol{\sigma}_h$、$\boldsymbol{\sigma}_{L,i}$为 IMU 预积分残差$\boldsymbol{r}_I\left({}^{b_k}\boldsymbol{z}_{b_{k+1}}, \boldsymbol{X}_{\text{lvio}}\right)$、视觉重投影残差$\boldsymbol{r}_C\left({}^{C_j}\boldsymbol{z}_h, \boldsymbol{X}_{\text{lvio}}\right)$以及激光雷达特征-地图匹配残差$r_{L,i}(\boldsymbol{X}_{\text{lvio}}, \boldsymbol{z}_{i,t_k})$对应的协方差。通过求解式(5.65)中定义的非线性最小二乘问题，即可求得无人机状态变量的极大似然解。

2. 因子图优化求解

构建因子图优化问题之后，接下来对其进行求解，由于每次新增约束关联的状态数量不同，即因子图中需要调整的节点数量不同。为了节约计算量，根据需要调整的节点数量，对因子图优化问题分别采用批量求解和增量求解两种方式。

若大量节点需要进行调整，则对因子图中的所有节点(即无人机所有状态)采用批量求解的方式进行求解，通过一阶线性化与合并将其转换为标准线性最小二乘形式，然后利用 QR 分解对其系数矩阵进行分解，简化求解方程，进一步减少计算消耗；若只有少量节点需要调整，则只利用少量节点的新增约束进行增量求解，即在原有 QR 分解式中添加新约束行，通过增量 QR 分解的方式求解无人机状态。

针对因子图优化问题式(5.65)，求解流程如图 5.10 所示。判断其是否需要对因子图中的大量节点进行调整，若需要，则基于 Householder 反射变换[18]对其代价函数的系数矩阵进行 QR 分解，然后通过求解一个上三角矩阵方程得到紧耦合系统无人机状态估计值，即为因子图优化问题的批量求解过程；若不需要对因子图中的大量节点进行调整，则说明此时因子图大部分结构与之前的因子图基本一致，不需要重新求解整个因子图优化问题，只需在上一次求解的基础上对原有系数矩阵进行增广，然后利用基于 Givens 旋转变换的 QR 更新对增广后的系数矩阵进行分解，最后同样求解一个上三角矩阵方程得到此时紧耦合系统无人机状态估计值，即为因子图优化问题的增量求解过程。

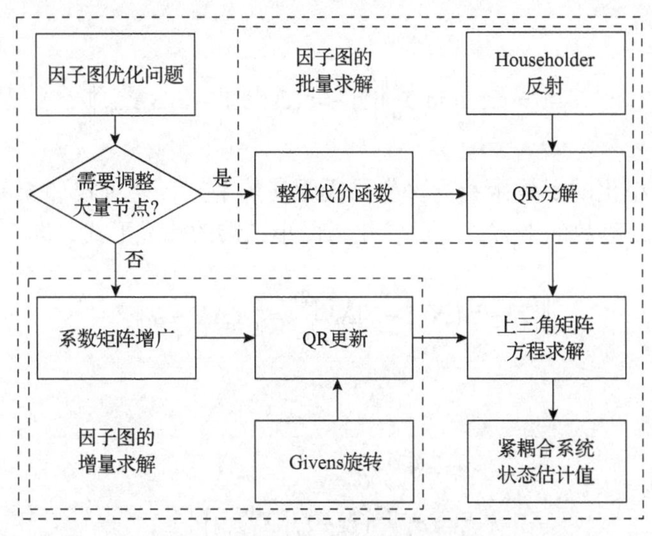

图 5.10　因子图优化问题求解流程图

1) 因子图的批量求解

通过前端处理过的传感器数据分别构建 IMU 预积分残差、视觉重投影残差和激光雷达特征-地图匹配残差，从而建立因子图优化问题如式(5.65)所示，然后对该问题进行批量求解。值得注意的是，在无人机运动过程中，因子图中新增的因子通常只和最新的数个无人机状态相关，为了减少计算消耗，此时不采用批量求解的方式，而是采取下面要介绍的增量求解方式。只有当无人机运动到之前经过的地点使当前观测与之前的状态产生关联，进而需要重新调整因子图中大量节点状态时，才重新进行问题的批量求解。下面介绍因子图的批量求解过程，为方便理解将式(5.65)写为如下形式：

$$\hat{\boldsymbol{X}}_{\mathrm{lvio}} = \underset{\boldsymbol{X}_{\mathrm{lvio}}}{\arg\min} \sum_i \left\| \boldsymbol{z}_i - h_i\left(\boldsymbol{X}_{\mathrm{lvio}}\right) \right\|_{\boldsymbol{\sigma}_i}^2 \tag{5.66}$$

式中，$\boldsymbol{z}_i$ 表示优化问题中第 i 个残差对应的观测向量；$h_i\left(\boldsymbol{X}_{\mathrm{lvio}}\right)$ 表示 $\boldsymbol{z}_i$ 对应的观测函数；$\boldsymbol{\sigma}_i$ 表示观测协方差矩阵。

首先，对式(5.66)中的各观测函数 $h_i\left(\boldsymbol{X}_{\mathrm{lvio}}\right)$ 在 $\boldsymbol{X}_{\mathrm{lvio}}^0$ 处进行线性化处理：

$$h_i\left(\boldsymbol{X}_{\mathrm{lvio}}\right) = h_i\left(\boldsymbol{X}_{\mathrm{lvio}}^0 + \Delta\boldsymbol{X}_{\mathrm{lvio}}\right) \approx h_i\left(\boldsymbol{X}_{\mathrm{lvio}}^0\right) + \boldsymbol{J}_i \Delta\boldsymbol{X}_{\mathrm{lvio}} \tag{5.67}$$

式中，$\boldsymbol{J}_i$ 是函数关于状态 $\boldsymbol{X}_{\mathrm{lvio}}$ 的雅可比矩阵；$\Delta\boldsymbol{X}_{\mathrm{lvio}}$ 是状态变量更新增量。

将式(5.67)代入非线性最小二乘表达式(5.66)中，可以得到一个线性最小二乘问题，即

$$\Delta\hat{\boldsymbol{X}}_{\mathrm{lvio}} = \underset{\Delta\boldsymbol{X}}{\arg\min} \sum_i \left\| \left\{ \boldsymbol{z}_i - h_i\left(\boldsymbol{X}_{\mathrm{lvio}}^0\right) \right\} - \boldsymbol{J}_i \Delta\boldsymbol{X}_{\mathrm{lvio}} \right\|_{\boldsymbol{\sigma}_i}^2 \tag{5.68}$$

式中，需要最小化的目标函数为多个马氏距离的平方，通过式(5.69)将马氏距离的平方转化为二范数的平方，进而转化为最小二乘的标准形式，即

$$\left\| \left\{ \boldsymbol{z}_i - h_i\left(\boldsymbol{X}\right) \right\} - \boldsymbol{J}_i \Delta\boldsymbol{X} \right\|_{\boldsymbol{\sigma}_i}^2 = \left\| \boldsymbol{A}_i \Delta\boldsymbol{X} - \boldsymbol{b}_i \right\|^2 \tag{5.69}$$

式中

$$\begin{aligned}
\boldsymbol{A}_i &= \boldsymbol{\sigma}_i^{-1/2} \boldsymbol{J}_i \\
\boldsymbol{b}_i &= \boldsymbol{\sigma}_i^{-1/2} \left(\boldsymbol{z}_i - h_i\left(\boldsymbol{X}_{\mathrm{lvio}}^0\right) \right) \\
\boldsymbol{e}_i &= \boldsymbol{A}_i \Delta\boldsymbol{X}_{\mathrm{lvio}} - \boldsymbol{b}_i
\end{aligned} \tag{5.70}$$

然后将最小二乘问题中的不同行合并至一个代价函数中，即

$$\Delta\hat{\boldsymbol{X}}_{\mathrm{lvio}} = \underset{\Delta\boldsymbol{X}_{\mathrm{lvio}}}{\arg\min} \sum_i \left\| \boldsymbol{A}_i \Delta\boldsymbol{X}_{\mathrm{lvio}} - \boldsymbol{b}_i \right\|^2 = \underset{\Delta\boldsymbol{X}_{\mathrm{lvio}}}{\arg\min} \left\| \boldsymbol{A} \Delta\boldsymbol{X}_{\mathrm{lvio}} - \boldsymbol{b} \right\|^2 \tag{5.71}$$

式中，合并后的 $\boldsymbol{A}_i$ 和观测残差 $\boldsymbol{b}_i$ 分别形成了一个整体的矩阵 $\boldsymbol{A}$ 和向量 $\boldsymbol{b}$。这样就

得到了一个标准的线性最小二乘问题。矩阵 $\boldsymbol{A}$ 的维度和状态量的维度与观测量的维度有关，当观测量的数量较多时，直接对矩阵 $\boldsymbol{A}$ 求逆运算量较大，因此通过 QR 分解来降低运算过程中的计算量。

矩阵 $\boldsymbol{A}$ 的 QR 分解形式如下：

$$\boldsymbol{A}=\boldsymbol{Q}\begin{bmatrix}\boldsymbol{U}_R\\ \boldsymbol{0}\end{bmatrix} \tag{5.72}$$

设 $\boldsymbol{A}$ 是一个 $m\times n$ 的矩阵，则式(5.72)中 $\boldsymbol{Q}$ 为一个 $m\times m$ 的正交矩阵，$\boldsymbol{U}_R$ 为 $n\times n$ 的上三角矩阵。为了得到矩阵 $\boldsymbol{A}$ 分解出的正交矩阵 $\boldsymbol{Q}$ 和上三角矩阵 $\boldsymbol{U}_R$，首先对矩阵 $\boldsymbol{A}$ 采用从左到右、按列计算的方式计算得到 $\boldsymbol{U}_R$。即对于任意列 j，在 $\boldsymbol{A}$ 上左乘一个 Householder 反射矩阵 $\boldsymbol{H}_j$，将第 j 列在 $\boldsymbol{A}$ 矩阵主对角线下方的非零元素置零，最终把所有对角线下方的非零元素都置零后，得到矩阵 $\boldsymbol{A}$ 的 QR 分解形式的 $\boldsymbol{U}_R$ 矩阵，同时在此过程中所有 Householder 反射矩阵的乘积构成了正交矩阵 $\boldsymbol{Q}$ 的转置：

$$\boldsymbol{H}_n\cdots\boldsymbol{H}_2\boldsymbol{H}_1\boldsymbol{A}=\boldsymbol{Q}^{\mathrm{T}}\boldsymbol{A}=\begin{bmatrix}\boldsymbol{U}_R\\ \boldsymbol{0}\end{bmatrix} \tag{5.73}$$

由式(5.73)可得 QR 分解的上三角矩阵 $\boldsymbol{U}_R$ 和正交矩阵 $\boldsymbol{Q}$ 为

$$\begin{aligned}\boldsymbol{U}_R&=\left(\boldsymbol{H}_n\cdots\boldsymbol{H}_2\boldsymbol{H}_1\boldsymbol{A}\right)_n\\ \boldsymbol{Q}&=\left(\boldsymbol{H}_n\cdots\boldsymbol{H}_2\boldsymbol{H}_1\right)^{\mathrm{T}}\end{aligned} \tag{5.74}$$

式(5.74)中的下角标 n 表示取矩阵前 n 行，将 QR 分解式(5.74)代入式(5.71)，可得

$$\begin{aligned}&\underset{\Delta\boldsymbol{X}_{\mathrm{lvio}}}{\arg\min}\left\|\boldsymbol{A}\Delta\boldsymbol{X}_{\mathrm{lvio}}-\boldsymbol{b}\right\|^2=\underset{\Delta\boldsymbol{X}_{\mathrm{lvio}}}{\arg\min}\left\|\boldsymbol{Q}\begin{bmatrix}\boldsymbol{U}_R\\ \boldsymbol{0}\end{bmatrix}\Delta\boldsymbol{X}_{\mathrm{lvio}}-\boldsymbol{b}\right\|^2\\ &=\underset{\Delta\boldsymbol{X}_{\mathrm{lvio}}}{\arg\min}\left\|\begin{bmatrix}\boldsymbol{U}_R\\ \boldsymbol{0}\end{bmatrix}\Delta\boldsymbol{X}_{\mathrm{lvio}}-\begin{bmatrix}\left(\boldsymbol{Q}^{\mathrm{T}}\boldsymbol{b}\right)_n\\ \left(\boldsymbol{Q}^{\mathrm{T}}\boldsymbol{b}\right)_{m-n}\end{bmatrix}\right\|^2=\underset{\Delta\boldsymbol{X}_{\mathrm{lvio}}}{\arg\min}\left\|\begin{bmatrix}\boldsymbol{U}_R\\ \boldsymbol{0}\end{bmatrix}\Delta\boldsymbol{X}_{\mathrm{lvio}}-\begin{bmatrix}\boldsymbol{d}\\ \boldsymbol{f}\end{bmatrix}\right\|^2\\ &=\underset{\Delta\boldsymbol{X}_{\mathrm{lvio}}}{\arg\min}\left\|\boldsymbol{U}_R\Delta\boldsymbol{X}_{\mathrm{lvio}}-\boldsymbol{d}\right\|^2+\left\|\boldsymbol{f}\right\|^2\end{aligned} \tag{5.75}$$

式中，$\boldsymbol{d}$ 为 n 维常数向量 $\boldsymbol{d}=(\boldsymbol{Q}^{\mathrm{T}}\boldsymbol{b})_n$；$\boldsymbol{f}$ 为 $m-n$ 维常数向量 $\boldsymbol{f}=(\boldsymbol{Q}^{\mathrm{T}}\boldsymbol{b})_{m-n}$。

因此，式(5.71)的最小二乘解可以通过求解上三角形矩阵方程组得到：

$$\boldsymbol{U}_R \Delta \boldsymbol{X}_{\text{lvio}} = \boldsymbol{d} \tag{5.76}$$

至此，可以求得状态变量的最佳增量 $\Delta \boldsymbol{X}_{\text{lvio}}$，叠加在原始状态上并不断迭代至收敛即可求得因子图优化问题的解。

2)因子图的增量求解

前面介绍了针对视觉雷达紧耦合系统因子图优化问题的批量求解方法，当无人机运动时，新构建的观测因子通常只建立与最新数个状态的关联，如视觉重投影因子通常只影响连续成功跟踪匹配到的数个无人机状态，雷达几何因子通常只影响当前无人机状态，IMU 预积分因子影响相邻两帧的无人机状态，与原系统相比，新系统中的大部分数据不需要进行调整。因此，在原系统批量求解的基础上，利用之前的计算过程进行增量调整和问题求解，可以减少不必要的重复计算消耗，即因子图的增量求解，下面给出因子图的增量求解过程。

针对式(5.75)，当一个新的观测到达时，不需要重新构建与分解矩阵 $\boldsymbol{A}$，而是直接通过 QR 更新在之前的 QR 分解的基础上得到新的分解形式。设 $\boldsymbol{A}'$ 是在矩阵 $\boldsymbol{A}$ 的底部增加一个新的观测量行 $\boldsymbol{a}^{\text{T}}$ 形成的，$\boldsymbol{b}'$ 是在 $\boldsymbol{b}$ 的底部同样增加了对应的元素 $\boldsymbol{\beta}$ 形成的，即

$$\boldsymbol{A}' = \begin{bmatrix} \boldsymbol{A} \\ \boldsymbol{a}^{\text{T}} \end{bmatrix}, \quad \boldsymbol{b}' = \begin{bmatrix} \boldsymbol{b} \\ \boldsymbol{\beta} \end{bmatrix} \tag{5.77}$$

QR 更新过程如下所示：向式(5.74)的矩阵 $\boldsymbol{U}_R$ 中增加对应的新的观测量行 $\boldsymbol{a}^{\text{T}}$，同时向之前的向量 $\boldsymbol{d}$ 中增加元素 $\boldsymbol{\beta}$，得到

$$\boldsymbol{U}_{Ra} = \begin{bmatrix} \boldsymbol{U}_R \\ \boldsymbol{a}^{\text{T}} \end{bmatrix} = \begin{bmatrix} \boldsymbol{Q}^{\text{T}} & \boldsymbol{0} \\ \boldsymbol{0} & \boldsymbol{I} \end{bmatrix} \begin{bmatrix} \boldsymbol{A} \\ \boldsymbol{a}^{\text{T}} \end{bmatrix}, \quad \boldsymbol{d}_a = \begin{bmatrix} \boldsymbol{d} \\ \boldsymbol{\beta} \end{bmatrix} \tag{5.78}$$

为了得到矩阵 $\boldsymbol{A}'$ 的 QR 分解形式的正交矩阵 $\boldsymbol{Q}'$ 和上三角矩阵 $\boldsymbol{U}'_R$，首先需要对式(5.78)中的 $\boldsymbol{U}_{Ra}$ 使用 Givens 旋转矩阵[19]对新加入行中的非零元素进行消元，从而将矩阵 $\boldsymbol{U}_{Ra}$ 变成一个上三角矩阵，也就是将矩阵变换成上三角矩阵 $\boldsymbol{U}'_R$。与直接使用 Householder 反射矩阵消元相比，使用 Givens 旋转矩阵进行消元更适合于消除单独行中含有少量非零元素的矩阵主对角线以下的非零元素，旋转消元过程一般从对角线下最左边的非零元素开始，Givens 旋转矩阵通过式(5.79)定义：

$$\boldsymbol{G}=\begin{bmatrix} 1 & & & & & & \\ & \ddots & & \cdots & & & \\ & & \cos\phi & & \sin\phi & & \\ & & & 1 & & & \\ & & \vdots & \ddots & \vdots & & \\ & & & & 1 & & \\ & & -\sin\phi & & \cos\phi & & \\ & & & \cdots & & \ddots & \\ & & & & & & 1 \end{bmatrix} \tag{5.79}$$

如图 5.11 所示，通过选择合适参数 ϕ 使得 $\boldsymbol{U}_{Ra}$ 中第 (i,j) 元素变成 0。

图 5.11 中，$\boldsymbol{U}_{Ra}$ 中第 (i,j) 元素 X 被消除，其中矩阵中深灰色部分被改变。通过一系列这样的 Givens 矩阵，可以将加入了新观测的矩阵转换为上三角矩阵 $\boldsymbol{U}_R'$，进而可以得到与之对应的矩阵 $\boldsymbol{Q}'$：

$$\begin{gathered} \boldsymbol{G}_k\cdots\boldsymbol{G}_2\boldsymbol{G}_1\boldsymbol{U}_{Ra}=\begin{bmatrix}\boldsymbol{U}_R'\\ \boldsymbol{0}\end{bmatrix} \\ \boldsymbol{Q}'^{\mathrm{T}}=\boldsymbol{G}_k\cdots\boldsymbol{G}_2\boldsymbol{G}_1\begin{bmatrix}\boldsymbol{Q}^{\mathrm{T}} & \boldsymbol{0}\\ \boldsymbol{0} & \boldsymbol{I}\end{bmatrix} \end{gathered} \tag{5.80}$$

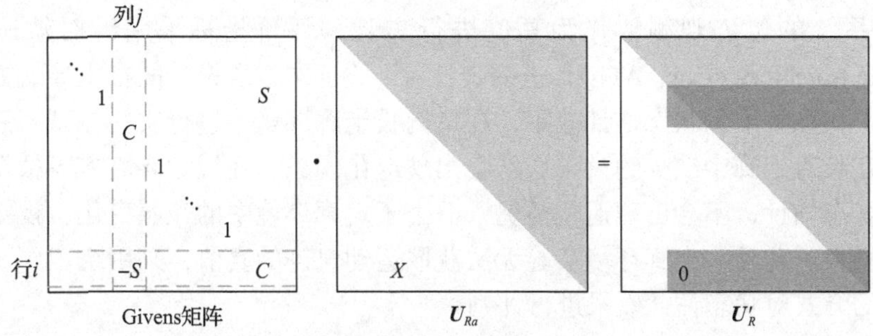

图 5.11　通过 Givens 旋转矩阵转为上三角矩阵

得到式(5.80)后，即可得到此时的正交矩阵 $\boldsymbol{Q}'$ 和上三角矩阵 $\boldsymbol{U}_R'$，如式(5.81)所示：

$$\begin{gathered} \boldsymbol{U}_R'=\left(\boldsymbol{G}_k\cdots\boldsymbol{G}_2\boldsymbol{G}_1\boldsymbol{U}_{Ra}\right)_n \\ \boldsymbol{Q}'=\left(\boldsymbol{G}_k\cdots\boldsymbol{G}_2\boldsymbol{G}_1\begin{bmatrix}\boldsymbol{Q}^{\mathrm{T}} & \boldsymbol{0}\\ \boldsymbol{0} & \boldsymbol{I}\end{bmatrix}\right)^{\mathrm{T}} \end{gathered} \tag{5.81}$$

利用矩阵 $\boldsymbol{A}'$ 的 QR 分解形式的正交矩阵 $\boldsymbol{Q}'$ 和上三角矩阵 $\boldsymbol{U}_R'$，即可按式(5.75)

和式(5.76)构建上三角矩阵进行后续求解。通过这种方式，可以不用重新进行 QR 分解，即可对新加入的观测量进行处理，实现因子图的增量求解，大大减小了计算量。

至此，针对多传感器融合的无人机自主导航问题，首先通过约束构建非线性优化问题(式(5.64))，对其进行线性化(式(5.67)～式(5.71))，然后基于 QR 分解(式(5.72)～式(5.74))得到求解状态的上三角矩阵方程组(式(5.75)和式(5.76))，进行批量求解得到无人机状态增量 $\Delta\boldsymbol{X}_{\mathrm{lvio}}$，叠加在通过 IMU 预测得到的无人机状态初值 $\boldsymbol{X}_{\mathrm{lvio}}^{0}$ 上；新约束到来之后，基于 QR 更新(式(5.77)～式(5.81))求解此时状态的上三角矩阵方程组(式(5.75)和式(5.76))，对其进行因子图增量求解，得到此时的无人机状态增量，叠加在无人机状态量上，从而可以得到此时的无人机状态 $\boldsymbol{X}_{\mathrm{lvio}}$。

5.4 实验验证

本节对基于多传感器融合的无人机自主导航方法进行实验验证。该方法在 Intel NUC(i7-10710U 处理器)上，基于 Ubuntu 18.04 ROS 的 C++实现。将基于多传感器融合的无人机自主导航方法与目前具有代表性的基于视觉和基于激光雷达的无人机自主导航方法进行对比，验证本章所提方法的有效性。

实验场景分为室内环境实验和走廊环境实验两部分，室内环境实验的场景中部署了一套 Optitrack 运动捕捉系统，该系统的位姿估计误差可达毫米级，本章将使用该系统的位姿观测值作为真值进行实验。评价指标采用绝对轨迹误差(absolute trajectory error，ATE)。进一步，为了验证本章所设计的自主导航方法在传感器退化场景下的状态估计效果，在室内长走廊环境中进行实验测试。激光雷达由于在长直走廊中缺少约束，通常会出现退化现象。而视觉导航方案根据特征点进行状态估计，不会出现退化情况，但由于走廊环境中的光照变化，视觉导航误差会增大。此外，走廊环境实验无法获取运动轨迹的真值，采用绕走廊一圈回到原点的方式对状态估计效果进行评判。

5.4.1 基于视觉雷达松耦合的无人机自主导航方法实验验证

1. 室内环境实验

将本章所述基于视觉雷达松耦合的无人机自主导航方法(以下简称松耦合方法)分别与视觉惯性里程计 VINS-Fusion[20](以下简称 VINS)和雷达惯性里程计 LIO-SAM[21]进行比较，使用室内运动捕捉系统获取真值，计算绝对轨迹误差来定量分析精度，三种方法效果对比图如表 5.1 所示。在室内环境中，三种方法均能正常工作。从表 5.1 的结果可以看出，VINS、LIO-SAM 和松耦合方法均能提供较高精度的自主导航信息。松耦合方法相比于 VINS 与 LIO-SAM 获得了更高的自主导航精度。究其原因，室内环境能够为激光雷达里程计提供充分的约束，不存在几何退化的情况。得益于对激光雷达高精度点云信息的充分利用，松耦合方法获得了相比于 VINS 更高的自主导航精度。松耦合方法利用视觉惯性里程计估计状态作为雷达惯性里程计初值，相比于 LIO-SAM 具有精确的优化初值，从而实现了更高精度的自主导航。

表 5.1　三种方法的绝对轨迹误差的统计数据对比结果　（单位：m）

误差指标	VINS	LIO-SAM	松耦合方法
最大值	0.4868	0.6663	0.5590
平均值	0.1154	0.1170	0.0903
中位数	0.1082	0.0924	0.0741
最小值	0.027	0.0217	0.0049
均方根误差	0.1262	0.1463	0.1095
标准差	0.0510	0.0879	0.0619

2. 走廊环境实验

同样地，在走廊环境将松耦合方法分别与 VINS 和 LIO-SAM 进行比较，三种方法状态估计效果如图 5.12 所示。从实验结果可以看出，VINS 和松耦合方法都能够完成自主导航任务。由于楼道内光照的明暗变化及白墙难以捕捉特征点等，VINS 产生了较大的状态估计误差，导致视觉状态估计结果没有回到起点，最终漂移 20m 左右。而雷达惯性里程计 LIO-SAM 由于退化问题出现了严重的漂移，里程计状态估计精度大幅下降。得益于面向退化场景的非线性优化退化处理，松耦合方法分离出了退化的方向，使用视觉惯性里程计的状态估计值进行补偿，实现

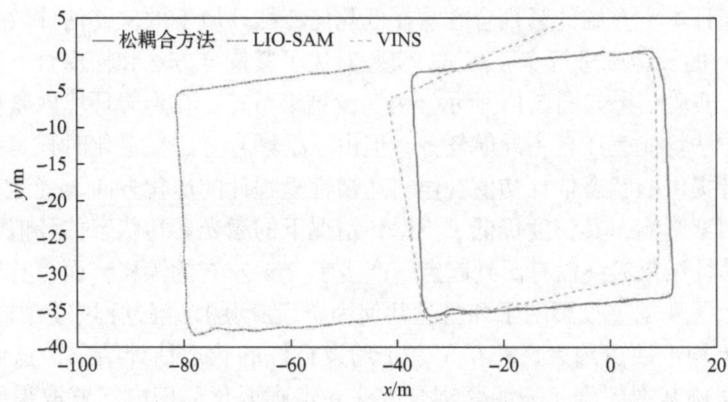

图 5.12　走廊环境三种方法实验结果对比图

了楼道长走廊场景下的鲁棒准确导航。

5.4.2　基于视觉雷达紧耦合的无人机自主导航方法实验验证

1. 室内环境实验

室内环境的真值依旧使用 Optitrack 运动捕捉系统获取,实验使用的视觉图像、激光雷达点云和 IMU 数据与 5.4.1 节室内实验一致。将本章设计的基于视觉雷达紧耦合与松耦合的无人机自主导航方法进行对比，绝对轨迹误差统计数据对比如表 5.2 所示。由实验结果可以看出，在室内环境下，紧耦合方法和松耦合方法均能正常工作。相比于松耦合方法，紧耦合方法导航的均方根误差和标准差均有明显下降，但是紧耦合同时考虑视觉和雷达因子，在两种传感器均正常工作时引入了更多的观测噪声，使得误差平均值略有提高，从整体来看，紧耦合方法能够在一定程度上提高状态估计精度。

表 5.2　两种方法的绝对轨迹误差的统计数据对比结果　　（单位：m）

误差指标	松耦合方法	紧耦合方法
最大值	0.5590	0.4731
平均值	0.0903	0.0965
中位数	0.0741	0.0893
最小值	0.0049	0.0007
均方根误差	0.1095	0.1081
标准差	0.0619	0.0487

2. 走廊环境实验

为了验证本章介绍的紧耦合方法在低几何特征环境下的位姿估计效果，在与 5.4.1 节相同的长走廊进行实验测试，实验对比了紧耦合方法和松耦合方法的状态估计效果，实验结果如图 5.13 所示。由实验结果可知，在走廊环境内紧耦合方法和松耦合方法均能完成自主导航任务，但由于松耦合方法在退化时只是使用视觉惯性里程计提供的状态估计初值补偿雷达惯性里程计的退化方向，受走廊环境光照变化等因素影响，其精度仍低于不退化情况下的激光雷达状态估计值，使得松耦合方法估计结果最终没有回到起点，产生了 3m 左右的漂移。而得益于因子图中同时考虑了视觉重投影因子和雷达几何因子,在问题求解过程中紧耦合方法在所有方向上均不缺少约束，获得了一个约束良好的状态估计结果，这使得紧耦合方法的轨迹基本闭合，表明紧耦合方法在走廊退化环境内能够取得更好的状态估计效果。

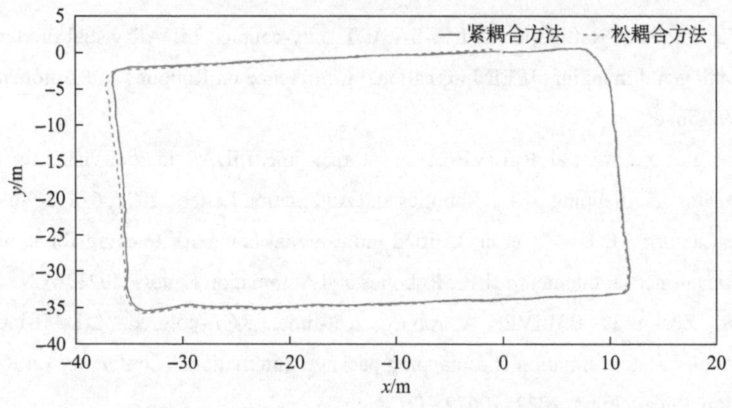

图 5.13　紧耦合和松耦合方法走廊轨迹对比

5.5　本章小结

本章针对基于多传感器融合的无人机自主导航问题，首先设计了基于多传感器融合的无人机自主导航方法结构，详细描述了前端数据处理相机、激光雷达、IMU 三种传感器数据时空同步的方法及基于激光雷达辅助的视觉特征点深度恢复技术。然后，针对视觉雷达松耦合与紧耦合传感器融合特点，分别设计了基于视觉雷达松耦合及紧耦合的无人机自主导航方法。最后，对上述方法进行了验证，实验结果表明所设计的基于多传感器融合的无人机自主导航方法，可以充分利用视觉、激光雷达和 IMU 三种传感器信息，有效提升无人机自主导航的精度与鲁棒性。得益于紧耦合方法对传感器观测信息的充分利用，在传感器退化场景下紧耦合方法可以获得较松耦合方法更好的状态估计结果。

参考文献

[1] Zhang J, Kaess M, Singh S. A real-time method for depth enhanced visual odometry. Autonomous Robots, 2017, 41(1): 31-43.

[2] Graeter J, Wilczynski A, Lauer M. Limo: LiDAR-monocular visual odometry. IEEE/RSJ International Conference on Intelligent Robots and Systems, Madrid, 2018: 7872-7879.

[3] Shin Y S, Park Y S, Kim A. Direct visual SLAM using sparse depth for camera-LiDAR system. IEEE International Conference on Robotics and Automation, Brisbane, 2018: 5144-5151.

[4] De Silva V, Roche J, Kondoz A. Fusion of LiDAR and camera sensor data for environment sensing in driverless vehicles. arXiv preprint, arXiv:1710.06230, 2017.

[5] Zhang J, Singh S. Visual-LiDAR odometry and mapping: Low-drift, robust, and fast. IEEE International Conference on Robotics and Automation, Seattle, 2015: 2174-2181.

[6] Shan T X, Englot B, Ratti C, et al. LVI-SAM: Tightly-coupled LiDAR-visual-inertial odometry via smoothing and mapping. IEEE International Conference on Robotics and Automation, Xi'an, 2021: 5692-5698.

[7] Lin J, Zheng C, Xu W, et al. R2LIVE: A robust, real-time, LiDAR-inertial-visual tightly-coupled state estimator and mapping. IEEE Robotics and Automation Letters, 2021, 6(4): 7469-7476.

[8] Wisth D, Camurri M, Das S, et al. Unified multi-modal landmark tracking for tightly coupled LiDAR-visual-inertial odometry. IEEE Robotics and Automation Letters, 2021, 6(2): 1004-1011.

[9] Lin J R, Zhang F. R3LIVE: A robust, real-time, RGB-colored, LiDAR-inertial-visual tightly-coupled state estimation and mapping package. International Conference on Robotics and Automation, Philadelphia, 2022: 10672-10678.

[10] Zheng C R, Zhu Q Y, Xu W, et al. FAST-LIVO: Fast and tightly-coupled sparse-direct LiDAR-inertial-visual odometry. IEEE/RSJ International Conference on Intelligent Robots and Systems, Kyoto, 2022: 4003-4009.

[11] Cai Y X, Xu W, Zhang F. iKD-Tree: An incremental K-D tree for robotic applications. arXiv preprint, arXiv:2102.10808, 2021.

[12] Badamasi Y A. The working principle of an Arduino. International Conference on Electronics, Computer and Computation, Abuja, 2014: 1-4.

[13] Rehder J, Nikolic J, Schneider T, et al. Extending Kalibr: Calibrating the extrinsics of multiple IMUs and of individual axes. IEEE International Conference on Robotics and Automation, Stockholm, 2016: 4304-4311.

[14] Furgale P, Rehder J, Siegwart R. Unified temporal and spatial calibration for multi-sensor systems. IEEE/RSJ International Conference on Intelligent Robots and Systems, Tokyo, 2013: 1280-1286.

[15] Hughes P C. Spacecraft Attitude Dynamics. New York: John Wiley & Sons, 1986.

[16] Zhang J, Kaess M, Singh S. On degeneracy of optimization-based state estimation problems. IEEE International Conference on Robotics and Automation, Stockholm, 2016: 809-816.

[17] Horn R A, Johnson C R. Matrix Analysis. Cambridge: Cambridge University Press, 2012.

[18] Householder A S. Unitary triangularization of a nonsymmetric matrix. Journal of the ACM, 1958, 5(4): 339-342.

[19] Golub G H, van Loan C F. Matrix Computations. 4th ed. Baltimore: Johns Hopkins University Press, 2013.

[20] Qin T, Shen S J. Online temporal calibration for monocular visual-inertial systems. IEEE/RSJ International Conference on Intelligent Robots and Systems, Madrid, 2018: 3662-3669.

[21] Shan T X, Englot B, Meyers D, et al. LIO-SAM: Tightly-coupled LiDAR inertial odometry via smoothing and mapping. IEEE/RSJ International Conference on Intelligent Robots and Systems, Las Vegas, 2020: 5135-5142.

第 6 章　感知受限条件下的无人机实时局部运动规划方法

要实现无人机在复杂多障碍环境下的自主飞行，无人机需要具备生成安全避障且动态可行的轨迹的能力，这一轨迹生成过程称为运动规划。实际上在无人机自主飞行过程中，通常将无人机规划分为前端路径规划与后端运动规划两部分。其中，无人机前端路径规划利用已构建的环境地图，通过采样与搜索等策略生成一条几何学上可行的初始路径，实现全局路径引导；无人机后端运动规划以前端引导作为初值，结合无人机动力学与运动学模型等多种约束，求解符合所有约束条件的最优轨迹，实现无人机的自主飞行轨迹生成。考虑到目前小型多旋翼无人机在复杂多障碍未知环境下前端轨迹规划技术已趋于成熟，但感知受限条件下的后端运动规划仍是一个开放性问题。本章首先描述后端运动规划问题所需的地图构建方法，然后针对运动规划问题设计基于模型预测路径积分(model predictive path integral，MPPI)的无人机局部运动规划方法，推导 MPPI 相关理论，并给出其具体实现。在实际应用中，针对两类具有挑战性的场景，分别设计有限视场范围约束与稀疏特征约束以实现无人机安全规划。

本章的主要内容安排如下：6.1 节设计无人机局部运动规划方法的结构，6.2 节给出 MPPI 的轨迹规划理论推导与具体实现；6.3 节展开有限视场角范围约束下的无人机自主飞行与实验验证；6.4 节展开稀疏特征场景下的无人机自主感知飞行与实验验证；6.5 节给出本章小结。

6.1　概　　述

无人机实时局部运动规划用于解决无人机未知环境下点对点自主飞行、避碰避障问题。首先通过地图构建，将传感器接收到的环境信息转换为地图数据，然后基于安全、飞行速度等指标要求构建约束并求解优化问题，从而生成最优轨迹。为增加轨迹求解效率，近年来，基于机载计算机的无人机实时局部规划方法受到了广泛关注。

6.1.1　相关工作

为确保无人机生成轨迹安全且符合动力学等多种约束，无人机局部运动规划通常被总结为最小化包含轨迹安全性及可行性约束的目标函数形式。文献[1]开创性地引入了多旋翼无人机的微分平坦特性，将无人机轨迹由一条平滑的多项式函数表示，通过求解 QP 问题得到使加速度的二阶导数(snap)最小的轨迹。在该工作的基础上，文献[2]采用一种去约束化策略取代求解轨迹中参数的方式，实现了闭式求解，同时提出多项式轨迹段的时间分配方法提升了轨迹的光滑度。文献[3]通过基于半正定规划的迭代化域膨胀(IRIS)方法计算安全域的凸空间，再通过混合整形优化方法在安全凸空间内进行多项式轨迹求解。受该方法启发，文献[4]将跳点搜索(JPS)方法拓展到三维空间路径搜索问题中，提出了一种新的飞行安全域的计算方法，通过迭代膨胀椭球空间得到一系列重叠的凸多边形，以该空间为安全空间进行约束。此类规划方法通常设定硬约束条件，通过不等式约束严格限制无人机运动空间与运动状态实现无人机规划始终处于安全域内。然而在实际求解时，这类不等式约束难以求解而且不够灵活，最终解出符合约束的轨迹也不保证安全性、平滑性最优。因此，一种将硬约束转化为目标函数的软约束轨迹求解方法被广泛采纳。文献[5]提出基于方差哈密顿优化的运动规划(CHOMP)方法，通过梯度的优化方法实现局部优化。文献[6]提出随机轨迹优化的运动规划(STOMP)方法，选取了一种并行无梯度的基于采样的求解方法，加快了优化问题的求解速度。针对上述方法缺少合理的初始轨迹引导这一问题，文献[7]提出一种基于采样的初始路径优化策略，从而提升初始轨迹的求解质量。文献[8]提出一种局部轨迹重规划方法，应对动态变化障碍物的同时，保证与全局轨迹的偏差较小，该方法选择均值 B 样条作为轨迹表示形式，通过优化局部轨迹控制点的状态实现重规划轨迹的实时求解。

6.1.2 无人机局部运动规划方法结构设计

通过对相关工作的介绍可知，无人机局部运动规划方法可以分为基于严格边界条件的硬约束与基于代价函数的软约束两种方法。由于小型无人机自主飞行的任务场景多处于复杂多障碍环境，硬约束求解时间长甚至难以求解出合适轨迹。针对无人机局部运动规划问题，本章重点研究基于代价函数的软约束方法，所以设计如图 6.1 所示的无人机局部运动规划方法结构。

基于 MPPI 控制的无人机局部运动规划，通常认为状态估计可由无人机自主定位程序直接给出，目标点由人为给定。在得到状态估计后，整体局部运动规划分为地图构建、轨迹规划、控制输出优化三部分。其中，地图构建接收状态估计信息与传感器感知信息，通过并行建图的方法给出可用于运动规划的欧氏距离转换(Euclidean distance transform，EDT)地图；轨迹规划主要基于 MPPI 控制方法，通过采样与加权生成最优轨迹对应的控制序列；控制输出优化主要基于模型预测控制，包含输出平滑滤波器与一类鲁棒模型预测控制器(tube-model predictive controller，Tube-MPC)，负责将控制序列平滑化，并转换为高频控制信号输入到实际系统中实现轨迹跟踪。考虑在实际飞行过程中，无人机搭载有限视场范围传感器面临的视场角约束问题、未知区域安全性问题，以及由环境特征稀疏引起的视觉定位不准确问题，本章分别给出了相关约束构建方法与运动规划方法。

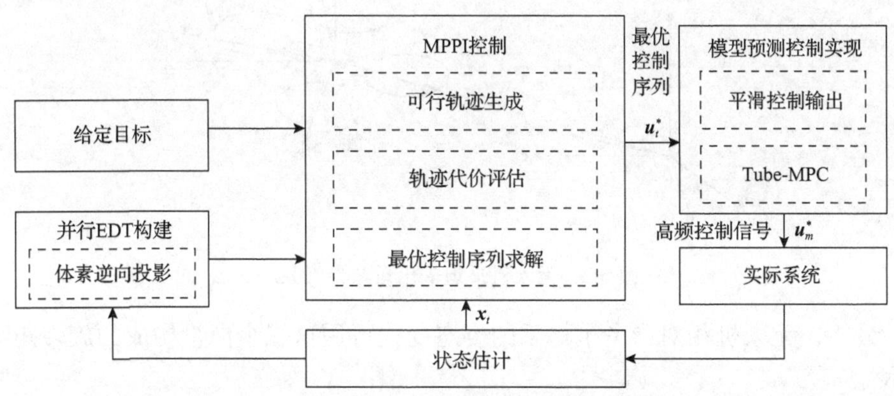

图 6.1　无人机局部运动规划方法结构图

6.1.3　无人机局部运动规划问题广义表达形式

小型多旋翼无人机系统可被考虑为一微分平坦系统[1]，即无人机状态 $\boldsymbol{x}=[\boldsymbol{p}^{\mathrm{T}}, \boldsymbol{v}^{\mathrm{T}},\boldsymbol{a}^{\mathrm{T}},\psi]^{\mathrm{T}}\in\mathcal{X}$（包含三维位置 $\boldsymbol{p}=\left[p_x,p_y,p_z\right]^{\mathrm{T}}$ 、速度 $\boldsymbol{v}=\left[v_x,v_y,v_z\right]^{\mathrm{T}}$ 、加速度 $\boldsymbol{a}=\left[a_x,a_y,a_z\right]^{\mathrm{T}}$ 及偏航角 ψ ）、姿态 $\boldsymbol{R}$ 和角速度 $\boldsymbol{\omega}=[\omega_x,\omega_y,\omega_z]^{\mathrm{T}}$ 均可由系统平坦输出 $\left[\boldsymbol{p}^{\mathrm{T}},\psi\right]^{\mathrm{T}}$ 及其微分描述。其中，速度、加速度与位置的微分关系已经确定，姿态与角速度关于系统平坦输出的微分描述推导如下。

由于无人机运动过程中的加速度由旋翼给出的推力产生，无人机运动加速度方向与机体 z 轴指向相同，可以根据无人机运动加速度求得机体坐标系的 z 轴朝向 $\boldsymbol{z}_b$ 与中间量 $\boldsymbol{x}_m$ ：

$$\boldsymbol{z}_b=\frac{\boldsymbol{a}+\boldsymbol{g}}{\|\boldsymbol{a}+\boldsymbol{g}\|},\quad \boldsymbol{x}_m=[\cos\psi,\sin\psi,0]^{\mathrm{T}} \tag{6.1}$$

式中，$\boldsymbol{z}_b$ 表示无人机由俯仰产生的 z 轴偏转；$\boldsymbol{x}_m$ 表示由偏航产生的 x 轴偏转；$\boldsymbol{g}$ 为重力矢量。

由图 6.2 可以看出，$\boldsymbol{y}_b$ 与 $\boldsymbol{z}_b$ 、$\boldsymbol{x}_m$ 张成的平面相垂直，而由于无人机为一固连的系统，$\boldsymbol{x}_b$ 必然与 $\boldsymbol{y}_b$ 、$\boldsymbol{z}_b$ 张成的平面垂直，即

$$\boldsymbol{y}_b = \frac{\boldsymbol{z}_b \times \boldsymbol{x}_m}{\|\boldsymbol{z}_b \times \boldsymbol{x}_m\|}, \quad \boldsymbol{x}_b = \boldsymbol{y}_b \times \boldsymbol{z}_b \tag{6.2}$$

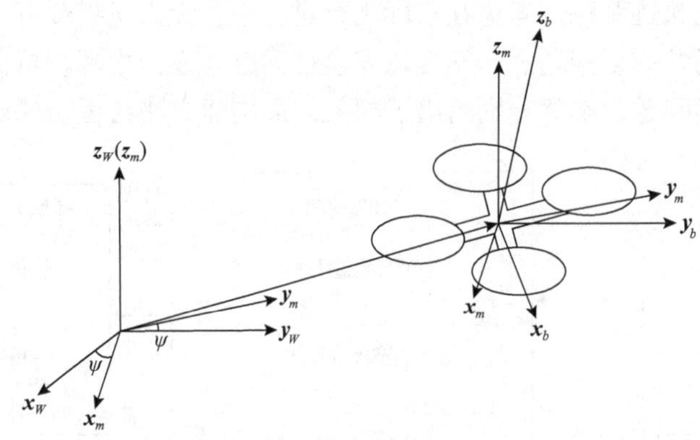

图 6.2　无人机平坦输出量与参考系

最终，无人机相对参考坐标系的姿态变化可用这三个向量构成的旋转矩阵表示：

$$\boldsymbol{R} = [\boldsymbol{x}_b, \boldsymbol{y}_b, \boldsymbol{z}_b] \tag{6.3}$$

无人机角速度同样可由位置 $\boldsymbol{p}$ 与偏航角 ψ 的微分形式表示。根据无人机动力学方程有

$$m\boldsymbol{a} = -mg\boldsymbol{z}_W + u_1\boldsymbol{z}_b \tag{6.4}$$

式中，u_1 表示四个旋翼给出的推力之和；$\boldsymbol{z}_W$ 表示参考坐标系的 z 轴朝向。

对方程两边求导，由于 $-mg\boldsymbol{z}_W$ 为常向量，可得

$$\begin{aligned} m\dot{\boldsymbol{a}} &= \dot{u}_1\boldsymbol{z}_b + u_1\dot{\boldsymbol{z}}_b \\ \dot{\boldsymbol{z}}_b &= {}^W\boldsymbol{\omega} \times \boldsymbol{z}_b, \quad {}^W\boldsymbol{\omega} = \omega_x\boldsymbol{x}_b + \omega_y\boldsymbol{y}_b + \omega_z\boldsymbol{z}_b \end{aligned} \tag{6.5}$$

式中，${}^W\boldsymbol{\omega}$ 表示无人机的姿态角度变化率。

根据四旋翼无人机动力学模型，有

$$\dot{u}_1 = \boldsymbol{z}_b \cdot m\dot{\boldsymbol{a}} \tag{6.6}$$

将式(6.6)代入式(6.5)中，得到

$$m\dot{\boldsymbol{a}} - \boldsymbol{z}_b \cdot m\dot{\boldsymbol{a}} \cdot \boldsymbol{z}_b = u_1 {}^W\boldsymbol{\omega} \times \boldsymbol{z}_b \tag{6.7}$$

将式(6.7)左右两端同时除以推力 u_1，同时定义中间参数 $\boldsymbol{h}_\omega = {}^W\boldsymbol{\omega} \times \boldsymbol{z}_B$，可得

$$\boldsymbol{h}_{\omega} = \frac{m}{u_1}(\dot{\boldsymbol{a}} - \boldsymbol{z}_b \cdot \dot{\boldsymbol{a}} \cdot \boldsymbol{z}_b) \tag{6.8}$$

从式(6.8)中可以看出，中间参数 $\boldsymbol{h}_{\omega}$ 可以由 $\dot{\boldsymbol{a}}$ 与 $\boldsymbol{z}_B$ 表示，而这两项均可通过无人机位置的微分形式及部分常量得出。因此，只需要证明 ω_x、ω_y、ω_z 均可由中间参数 $\boldsymbol{h}_{\omega}$ 与平坦量表示，即可证明这三个量可由平坦量与常量表示。此处根据式(6.5)中 ${}^{W}\boldsymbol{\omega}$ 的定义，易知其叉乘 $\boldsymbol{z}_b$ 后有

$$\boldsymbol{h}_{\omega} = {}^{W}\boldsymbol{\omega} \times \boldsymbol{z}_b = -\omega_x \boldsymbol{y}_b + \omega_y \boldsymbol{x}_b \tag{6.9}$$

对于角速度而言，根据文献[1]的推导，有

$$\omega_x = -\boldsymbol{h}_{\omega} \cdot \boldsymbol{y}_b, \quad \omega_y = \boldsymbol{h}_{\omega} \cdot \boldsymbol{x}_b, \quad \omega_z = [0,0,\dot{\psi}] \cdot \boldsymbol{z}_b \tag{6.10}$$

式(6.10)为系统平坦输出及其微分状态的代数式。

通过上述推导，分别证明了姿态 $\boldsymbol{R}$ 与角速度 ω_x、ω_y、ω_z 可由平坦输出量 $[\boldsymbol{p},\psi]^{\mathrm{T}}$ 表示，即要实现对无人机所有状态的控制，只需要对这四个平坦输出变量进行控制即可，因此多旋翼无人机的动态描述如下：

$$\begin{gathered}\dot{\boldsymbol{x}}_t = \boldsymbol{A}\boldsymbol{x}_t + \boldsymbol{B}\boldsymbol{u}_t + \boldsymbol{B}\boldsymbol{\xi}_t \\ \boldsymbol{A} = \begin{bmatrix} \boldsymbol{A}_{\mathrm{Tran}} & \boldsymbol{0} \\ \boldsymbol{0} & 0 \end{bmatrix}, \quad \boldsymbol{B} = \begin{bmatrix} \boldsymbol{0} \\ \boldsymbol{I}_4 \end{bmatrix}, \quad \boldsymbol{A}_{\mathrm{Tran}} = \begin{bmatrix} \boldsymbol{0} & \boldsymbol{I}_6 \\ \boldsymbol{0} & \boldsymbol{0} \end{bmatrix}\end{gathered} \tag{6.11}$$

式中，$\boldsymbol{x}_t$ 和 $\boldsymbol{u}_t$ 分别表示系统于 t 时刻的状态和控制。状态包含无人机的三维位置、速度、加速度以及偏航角 $\boldsymbol{x} = [\boldsymbol{p},\boldsymbol{v},\boldsymbol{a},\psi]^{\mathrm{T}}$，控制输入 $\boldsymbol{u} = [\boldsymbol{u}_p^{\mathrm{T}}, u_{\psi}]^{\mathrm{T}} \in \boldsymbol{U}$ 包含上述推导的四个平坦输出量，分别控制三个方向的位置平坦量 $\boldsymbol{u}_p = \left[u_x, u_y, u_z\right]^{\mathrm{T}}$ 与偏航角平坦量 u_{ψ}。随机控制输入 $\boldsymbol{\xi}_t \sim \mathcal{N}(0,\boldsymbol{\sigma})$ 用于表示控制噪声。

在路径积分控制框架中，采样固定时域长度为 T 的控制序列 $\boldsymbol{U} = \{\boldsymbol{u}_t, \cdots, \boldsymbol{u}_{t+T}\}$ 用于产生预测轨迹。另取终端代价 (terminal cost) 函数 $\phi(\boldsymbol{x},t)$ 以及运行代价 (running cost) 函数 $q(\boldsymbol{x},t)$ 用于评估采样得到的预测轨迹。由此得到该最优控制问题的值函数(value function)可定义为如下形式：

$$V(\boldsymbol{x}_t,t) = \min_{\boldsymbol{U}} \boldsymbol{E}_Q \left[\phi(\boldsymbol{x}_{t+T}, t+T) + \int_t^{t+T} \left(q(\boldsymbol{x}_{\tau},\tau) + \frac{1}{2}\boldsymbol{u}_{\tau}^{\mathrm{T}}\boldsymbol{H}_{\tau}\boldsymbol{u}_{\tau}\right)\mathrm{d}\tau \right] \tag{6.12}$$

式中，$\boldsymbol{H}_{\tau}$ 是正定矩阵；$\frac{1}{2}\boldsymbol{u}_{\tau}^{\mathrm{T}}\boldsymbol{H}_{\tau}\boldsymbol{u}_{\tau}$ 用于提供对无人机达到控制代价最小的限制。定义 $\boldsymbol{E}_Q[\cdot]$ 为采样得到的多条预测轨迹代价函数对于动态系统(6.11)的期望。终端

代价 $\phi(\boldsymbol{x}_{t+T}, t+T)$ 与运行代价 $q(\boldsymbol{x}, t)$ 的具体形式说明如下。

对于终端代价 $\phi(\boldsymbol{x}_{t+T}, t+T)$，在局部规划中，由于规划轨迹长度或时域有限，难以保证到达目标点。因此，需加入值函数(6.12)中的终端代价 $\phi(\boldsymbol{x}_{t+T}, t+T)$ 用于约束局部轨迹指向目标点方向。通常无人机自主飞行目标点被设定为空间中速度与加速度均为零，仅包含位置信息的点。因此，以无人机状态与该目标点状态重合为运动规划目标，可以通过预测终端状态与目标点的误差来表述：

$$\phi(\boldsymbol{x}_{t+T}, t+T) = k_{\phi_p} \left\| \boldsymbol{p}_{t+T} - \boldsymbol{p}_g \right\| + k_{\phi_v} \left\| \boldsymbol{v}_{t+T} \right\|, \quad t \geqslant 0 \tag{6.13}$$

式中，$\boldsymbol{p}_g$ 为目标点；$\boldsymbol{p}_{t+T}$ 与 $\boldsymbol{v}_{t+T}$ 分别为局部轨迹终端状态的位置与速度；参数 k_{ϕ_p} 与 k_{ϕ_v} 分别为对应位置和速度误差的惩罚项权重。

不考虑感知受限场景，小型多旋翼无人机局部运动规划运行代价 $q(\boldsymbol{x}, t)$ 通常可以描述为如下约束指标产生的代价加和。

1. 动态约束指标 q_d

为保障最优轨迹的动态可行性，通常需要保证其运动的速度以及加速度在多旋翼无人机的动力学允许范围内。由此，需要引入如下形式的速度以及加速度约束：

$$\left\| \boldsymbol{v}_t \right\| < v_{\max}, \quad \left\| \boldsymbol{a}_t \right\| < a_{\max} \tag{6.14}$$

动态约束转化为如下形式的非连续代价函数：

$$q_d(\boldsymbol{x}_t) = \begin{cases} k_d, & \boldsymbol{x}_t \notin C_d \\ 0, & \boldsymbol{x}_t \in C_d \end{cases} \tag{6.15}$$

式中，C_d 表示满足式(6.14)约束的状态空间；参数 k_d 用于惩罚不可行的预测状态。

2. 目标点跟踪约束指标 q_t

考虑局部规划当目标点距离较远或超出局部地图时，为了防止无人机陷入局部极小，首先通过前端路径搜索获得一条全局引导路径，然后在该路径附近进行进一步的局部规划，从而保证局部规划的全局性。本章不对前端路径搜索方法进行设计，因此给出一类通用的目标点跟踪指标如下：

$$q_t(\boldsymbol{x}_t) = k_{t_p} \left\| \boldsymbol{p}_t - \boldsymbol{p}_{\text{des},t} \right\| + k_{t_v} \left\| \boldsymbol{v}_t - \boldsymbol{v}_{\text{des},t} \right\|, \quad k_t \geqslant 0 \tag{6.16}$$

式中，$\boldsymbol{p}_t$ 和 $\boldsymbol{v}_t$ 表示 t 时刻位置状态及速度状态；$\boldsymbol{p}_{\text{des},t}$ 与 $\boldsymbol{v}_{\text{des},t}$ 分别表示 t 时刻引导路径的期望位置与速度，对于采用多项式轨迹或节点等形式表示的引导路径，可以通过代入 t 简单地得出；参数 k_{t_p} 和 k_{t_v} 表示代价函数中的权重。

3. 避障约束指标 q_c

为实现无人机自主飞行过程中的安全避障，在此处根据轨迹与障碍物的距离设计避障代价函数。具体避障代价函数形式如下：

$$q_c(\boldsymbol{x}_t)=\begin{cases}0, & d(\boldsymbol{x}_t)>d_{\max}^{\text{thr}}\\ f_p(d(\boldsymbol{x}_t)), & d_{\min}^{\text{thr}}<d(\boldsymbol{x}_t)\leqslant d_{\max}^{\text{thr}}\\ k_{\text{crash}}, & d(\boldsymbol{x}_t)\leqslant d_{\min}^{\text{thr}}\end{cases} \tag{6.17}$$

式中，$d(\boldsymbol{x}_t)$ 为多旋翼无人机与最近障碍物的距离；$d_{\max}^{\text{thr}}$ 为最大安全距离，当无人机与障碍物距离大于该距离时，认为该状态是安全的，因此避障代价取 0；$d_{\min}^{\text{thr}}$ 为最小距离，当无人机预测状态与障碍距离小于最小距离时，认为发生碰撞，因此给该状态一个较大的碰撞代价 k_{crash}，并停止该次采样的前向传播；而当无人机与障碍物距离位于域 $(d_{\min}^{\text{thr}},d_{\max}^{\text{thr}}]$ 时，将代价函数设计为一个非负的、随距离增加代价单调递减的函数，如式(6.18)中的指数函数所示：

$$f_p(d(\boldsymbol{x}_t))=k_{\text{crash}}\left(\frac{d_{\max}^{\text{thr}}-d(\boldsymbol{x}_t)}{d_{\max}^{\text{thr}}-d_{\min}^{\text{thr}}}\right)^k \tag{6.18}$$

考虑上述指标后，将值函数引入随机控制输入得到无人机的局部运动规划问题，表述为如下广义优化问题的形式：

$$\begin{aligned}\tilde{\boldsymbol{U}}^* &= \arg\min_{\tilde{\boldsymbol{U}}}\ V(\boldsymbol{x}_t,t)\\ \text{s.t.}\ \dot{\boldsymbol{x}}_t &= \boldsymbol{A}\boldsymbol{x}_t+\boldsymbol{B}\tilde{\boldsymbol{u}}_t\end{aligned} \tag{6.19}$$

式中，$\tilde{\boldsymbol{u}}_t$ 表示系统控制输入 $\boldsymbol{u}_t$ 与采样得到的输入 $\boldsymbol{\xi}_t$ 的和；$\tilde{\boldsymbol{U}}$ 表示随机控制输入序列 $\{\tilde{\boldsymbol{u}}_t,\cdots,\tilde{\boldsymbol{u}}_{t+T}\}$；$\tilde{\boldsymbol{U}}^*$ 表示最优的随机控制输入序列。

利用上述过程，小型多旋翼无人机的局部运动规划问题被转化为固定时域的最优控制问题。此过程为实现局部运动规划提供了便利条件，即通过求解最优控制序列，从而实现对局部运动规划问题的快速有效求解。

值得一提的是，上述三类指标仅为无人机局部运动规划的基本约束。考虑特殊感知任务或感知受限场景，还需要设计感知代价函数，用于评估预测轨迹是否满足该场景下自主飞行要求或能满足感知目标要求。其挑战在于往往设计出的感知代价函数具备非线性且不连续的形式，使得应用传统方法难以求解。针对上述问题，6.2 节设计基于 MPPI 控制的轨迹规划方法，该方法具备无需梯度求解的特性，可以有效处理由感知约束产生的不连续代价。此外，针对不同场景，不同约束设计将分别在 6.3 节与 6.4 节中进行详细介绍。

6.1.4　并行化地图更新

在先验未知环境下，无人机局部运动规划方法需要利用带有有限视场角约束的传感器，构建可用于运动规划的环境地图，如何快速生成有效精准的环境地图，对于运动规划方法的有效性至关重要。在建图的过程中提出两项假设条件：①机载感知设备深度相机可以直接提供稠密的深度量测信息；②机载感知设备的位姿信息可直接由第 3、4 章介绍的自主导航方法提供。构建占据地图的主要目的是为运动规划实时提供障碍物信息。本章以一类三维体素地图对环境信息进行描述，每个体素中储存占据概率信息与欧氏距离场信息。其中占据概率表征体素描述的空间中是否有障碍物，若占据概率大于某个阈值，则认为该体素为障碍物，即栅格为占据状态。欧氏距离场信息表征该体素与最近的障碍物之间的欧氏距离，通过占据地图计算获得。

传统占据概率地图生成过程中，往往采用光线追踪策略，由传感器所在体素位置出发，基于数字差分方法沿射线传播方向顺次迭代更新。以图 6.3(a)中射线为例，沿射线传播方向，栅格 1～8 中存储的环境信息将被顺次更新。更新过程中，遇到量测点所在的体素前的体素将被判定为空闲体素(如栅格 1～7)，而量测点所在体素被认为是占据体素。光线追踪过程到该体素终止，在射线上量测点后的体素被认定为不可观测体素，不进行更新。这一光线追踪策略被广泛应用于环境感知系统中。然而，可以看出当传感器分辨率较高时，同一个体素将被多条射线同时更新(如图 6.3(a)中的栅格 1)，造成大量重复运算。同时，该过程若并行化会导致同一内存空间的访问冲突，因此无法加速计算过程，在无人机上难以实时。

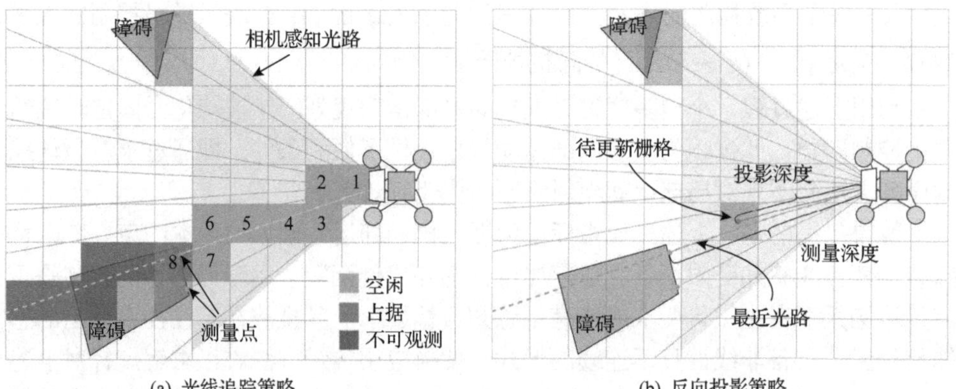

(a) 光线追踪策略　　(b) 反向投影策略

图 6.3　两种占据地图更新策略

并行化反向投影策略，将体素反向映射至深度图像平面的方式，使得每个体素可以被单独更新，解决内存冲突的问题。如图 6.3(b)所示，考虑其中一个待更新体素，首先计算该体素到传感器的距离 d_p，将其作为投影深度；之后，根据深度相机观测模型，将该体素的中心位置坐标映射到深度相机的图像像素平面上，找到像素平面中该体素对应的像素坐标，与该像素对应的射线即为距离待更新体素最近的光路，在这个像素内存储的距离信息即为深度相机量测得到的障碍物距离 d_m。

若体素中心投影到深度图像中无法找到对应像素，则认为无射线对该体素进行观测，不进行更新。除此之外，将对比量测深度 d_m 与映射深度 d_p，根据以下原则对体素内存储的信息进行更新。

$$P_{\text{new}} = \begin{cases} \eta P_{\text{old}}, & d_m - d_p \geqslant d_{\max} \\ \eta P_{\text{old}} + (1-\eta), & -d_{\max} < d_m - d_p < d_{\max} \\ P_{\text{old}}, & d_m - d_p \leqslant -d_{\max} \end{cases} \tag{6.20}$$

式中，P_{old} 为更新前的体素占据概率；P_{new} 为更新后的体素占据概率；$\eta \in (0,1)$ 为人为给定的滤波参数，该值越大说明该次更新对占据概率影响越小。式(6.20)可以看成一低通滤波过程，描述如下。

(1) 当量测深度减去映射深度大于阈值 $d_{\max}$ 时，认为无人机到障碍物的距离远大于到该体素的距离，即体素位于障碍物与无人机之间，为空闲体素，占据概率减小。

(2) 当量测深度与映射深度的差异处于某个范围之间时，认为无人机到障碍物的距离与无人机到体素的距离相似，且体素与障碍物处于同一条射线，则认定该体素与障碍物重合，为占据体素，对应占据概率增大。

(3) 当映射深度大于量测深度时，认为该体素已被障碍物遮挡，其存储的占据信息不予更新。

考虑到上述反向映射过程及更新过程都不会引起对同一内存的写入冲突，该算法可以通过为地图中每个体素分配独立线程的方式进行计算，从而以大规模并行计算的形式部署于 GPU 计算平台上，实现实时占据地图构建。

完成占据地图计算后，需要在地图中存储各体素距离最近障碍物的距离，即将占据概率地图转换为 EDT 地图。为了通过并行化提升计算效率，采用文献[9]中提到的沿地图 x、y、z 方向上，进行一维滚动迭代更新的算法，迭代地计算每个体素中存储的距离值，该迭代更新算法同样可并行化进行。最终建图效果与时间消耗如图 6.4 所示，可以看出本节所提出方法可以提供准确的 EDT 地图信息，且时间消耗稳定且确保实时。该地图信息是后续局部轨迹规划的重要前提条件。

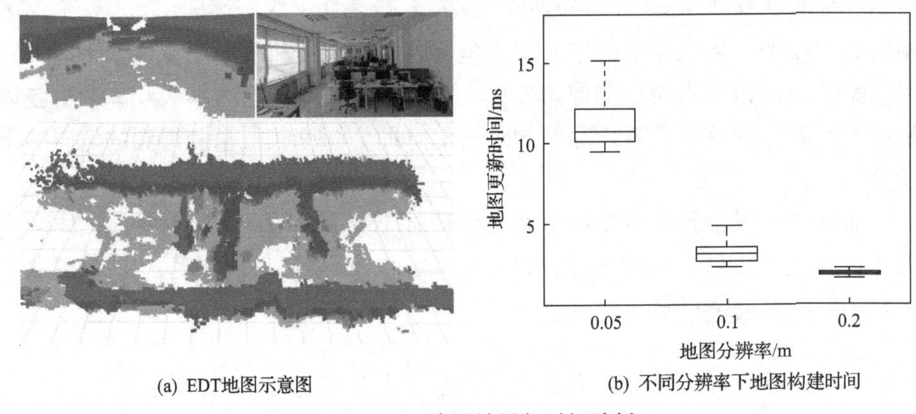

(a) EDT地图示意图　(b) 不同分辨率下地图构建时间

图 6.4　EDT 建图效果与时间消耗

6.2　基于模型预测路径积分控制的轨迹规划

基于 MPPI 控制的轨迹规划方法是通过采样、评估与加权生成最优轨迹对应的控制序列；然后对输出的控制序列进行平滑处理，并基于 Tube-MPC 将该控制序列转换为高频控制信号输入到实际系统中进行轨迹跟踪。

为了更清晰地描述 MPPI 方法，首先进行路径积分控制理论推导，获得路径积分优化问题的表达方式；然后描述路径积分控制方法的具体实现步骤；最后设计模型预测控制具体实现，通过对控制序列平滑滤波及 Tube-MPC 实现实际系统的控制。

6.2.1　路径积分控制理论推导

为了求解式(6.19)所示的问题，本节提出一种最优解的规划框架，该框架的理论推导分为以下三步：①构造随机 HJB[10,11]偏微分方程(stochastic Hamilton-Jacobi-Bellman partial differential equation)来描述优化问题；②利用目标函数的指数变换，并结合随机采样与控制输入的关系实现对该偏微分方程的线性化；③基于 Feynman-Kac 理论，构建线性偏微分方程与路径积分表达的转换关系，从而根据路径积分控制方法，得到该优化问题的最优解。

1. 随机 HJB 偏微分方程构造

将无人机规划问题视为随机优化问题求解，需要根据动态系统(6.11)及值函数(6.12)构造 HJB 方程的随机方程形式：

$$\frac{\partial V}{\partial t}+(\boldsymbol{A}\boldsymbol{x}_t+\boldsymbol{B}\boldsymbol{u}_t)^{\mathrm{T}}\frac{\partial V}{\partial \boldsymbol{x}}+q(\boldsymbol{x}_t,t)+\frac{1}{2}\mathrm{tr}\left(\frac{\partial^2 V}{\partial \boldsymbol{x}^2}\boldsymbol{B}\boldsymbol{B}^{\mathrm{T}}\right)+\frac{1}{2}\boldsymbol{u}_t^{\mathrm{T}}\boldsymbol{H}_t\boldsymbol{u}_t=0 \tag{6.21}$$

其值函数具备边界条件 $V(\boldsymbol{x}_{t+T},t+T)=\phi(\boldsymbol{x}_{t+T},t+T)$，则在式(6.21)左右两边同时对 $\boldsymbol{u}_t$ 求偏导，可得该优化问题的最优控制解定义如下：

$$\begin{gathered}\boldsymbol{B}^{\mathrm{T}}\frac{\partial V}{\partial \boldsymbol{x}}+\boldsymbol{H}_t\boldsymbol{u}_t=0\\ \boldsymbol{u}^*(\boldsymbol{x}_t,t)=-\boldsymbol{H}_t^{-1}\boldsymbol{B}^{\mathrm{T}}\frac{\partial V}{\partial \boldsymbol{x}}\end{gathered} \tag{6.22}$$

将 $\boldsymbol{u}^*(\boldsymbol{x}_t,t)$ 代入 HJB 方程(6.21)中，可得方程关于值函数 V 的偏微分形式[12]：

$$-\frac{\partial V}{\partial t}=q(\boldsymbol{x}_t,t)+(\boldsymbol{A}\boldsymbol{x}_t)^{\mathrm{T}}\frac{\partial V}{\partial \boldsymbol{x}}-\frac{1}{2}\left(\frac{\partial V}{\partial \boldsymbol{x}}\right)^{\mathrm{T}}\boldsymbol{B}\boldsymbol{H}_t^{-1}\boldsymbol{B}^{\mathrm{T}}\frac{\partial V}{\partial \boldsymbol{x}}+\frac{1}{2}\mathrm{tr}\left(\boldsymbol{B}\boldsymbol{B}^{\mathrm{T}}\frac{\partial^2 V}{\partial \boldsymbol{x}^2}\right) \tag{6.23}$$

采用经典方法求解此类偏微分方程将受到系统状态维度影响，对于小型多旋翼无人机这类包含多个状态变量的动态系统，传统方法难以实现对最优控制解的实时求解。而应对此类问题，路径积分控制框架得以应用，该方法将偏微分方程转化为路径积分的形式，即动态系统所有可行状态轨迹的期望，该期望可通过随机动态的前向采样进行蒙特卡罗近似求解。

2. 偏微分方程线性化

为了通过路径积分方法求解该问题，需要先通过 Feynman-Kac 定理构建线性偏微分方程与路径积分的联系，因此，式(6.23)需要转化为线性偏微分方程。首先，对值函数(6.12)进行指数变换，得到期望函数 $\Psi(\boldsymbol{x}_t)$ 如下：

$$V(\boldsymbol{x}_t,t)=-\lambda\log(\Psi(\boldsymbol{x}_t,t)) \tag{6.24}$$

式中，λ 为给定的参数，该参数决定了方程能否简化为线性偏微分方程。可以看出对于具备较低代价的采样轨迹将具有较高的 Ψ 值，反之亦然。接着，原始偏微分方程中代价函数 $V(\boldsymbol{x}_t,t)$ 的偏导可以转换为期望函数 $\Psi(\boldsymbol{x}_t,t)$ 的偏导形式，定义如下形式：

$$\begin{gathered}\frac{\partial V}{\partial t}=-\frac{\lambda}{\Psi}\frac{\partial \Psi}{\partial t},\quad \frac{\partial V}{\partial \boldsymbol{x}}=-\frac{\lambda}{\Psi}\frac{\partial \Psi}{\partial \boldsymbol{x}}\\ \frac{\partial^2 V}{\partial \boldsymbol{x}^2}=-\frac{\lambda}{\Psi}\frac{\partial^2 \Psi}{\partial \boldsymbol{x}^2}+\frac{\lambda}{\Psi^2}\frac{\partial \Psi}{\partial \boldsymbol{x}}\left(\frac{\partial \Psi}{\partial \boldsymbol{x}}\right)^{\mathrm{T}}\end{gathered} \tag{6.25}$$

将式(6.25)代入偏微分方程(6.23)中，可将关于代价函数$V(\boldsymbol{x}_t,t)$的方程转换为关于期望函数$\varPsi(\boldsymbol{x}_t,t)$的方程：

$$\begin{aligned}\frac{\lambda}{\varPsi}\frac{\partial \varPsi}{\partial t}&=q-\frac{\lambda}{\varPsi}(\boldsymbol{A}\boldsymbol{x}_t)^{\mathrm{T}}\frac{\partial \varPsi}{\partial \boldsymbol{x}}+\frac{\lambda}{2\varPsi}\left(\frac{\partial \varPsi}{\partial \boldsymbol{x}}\right)^{\mathrm{T}}\boldsymbol{B}\boldsymbol{H}_t^{-1}\boldsymbol{B}^{\mathrm{T}}\frac{\lambda}{\varPsi}\frac{\partial \varPsi}{\partial \boldsymbol{x}}\\&\quad-\frac{1}{2}\mathrm{tr}\left(\boldsymbol{B}\boldsymbol{B}^{\mathrm{T}}\frac{\lambda}{\varPsi}\frac{\partial^2 \varPsi}{\partial \boldsymbol{x}^2}\right)+\frac{\lambda}{2\varPsi^2}\mathrm{tr}\left(\boldsymbol{B}\boldsymbol{B}^{\mathrm{T}}\frac{\partial \varPsi}{\partial \boldsymbol{x}}\left(\frac{\partial \varPsi}{\partial \boldsymbol{x}}\right)^{\mathrm{T}}\right)\end{aligned}\tag{6.26}$$

式中，矩阵迹可通过矩阵迹的性质进行转换：

$$\mathrm{tr}\left(\boldsymbol{B}\boldsymbol{B}^{\mathrm{T}}\frac{\partial \varPsi}{\partial \boldsymbol{x}}\left(\frac{\partial \varPsi}{\partial \boldsymbol{x}}\right)^{\mathrm{T}}\right)=\mathrm{tr}\left(\left(\frac{\partial \varPsi}{\partial \boldsymbol{x}}\right)^{\mathrm{T}}\boldsymbol{B}\boldsymbol{B}^{\mathrm{T}}\frac{\partial \varPsi}{\partial \boldsymbol{x}}\right)\tag{6.27}$$

由于此时$\left(\frac{\partial \varPsi}{\partial \boldsymbol{x}}\right)^{\mathrm{T}}\boldsymbol{B}\boldsymbol{B}^{\mathrm{T}}\frac{\partial \varPsi}{\partial \boldsymbol{x}}$是标量而非矩阵，易得该标量的迹同该标量相等，即

$$\mathrm{tr}\left(\left(\frac{\partial \varPsi}{\partial \boldsymbol{x}}\right)^{\mathrm{T}}\boldsymbol{B}\boldsymbol{B}^{\mathrm{T}}\frac{\partial \varPsi}{\partial \boldsymbol{x}}\right)=\left(\frac{\partial \varPsi}{\partial \boldsymbol{x}}\right)^{\mathrm{T}}\boldsymbol{B}\boldsymbol{B}^{\mathrm{T}}\frac{\partial \varPsi}{\partial \boldsymbol{x}}\tag{6.28}$$

将式(6.28)代入偏微分方程(6.26)中得到

$$\begin{aligned}\frac{\partial \varPsi}{\partial t}&=\frac{\varPsi}{\lambda}q-(\boldsymbol{A}\boldsymbol{x}_t)^{\mathrm{T}}\frac{\partial \varPsi}{\partial \boldsymbol{x}}-\underline{\frac{\lambda}{2\varPsi}\left(\frac{\partial \varPsi}{\partial \boldsymbol{x}}\right)^{\mathrm{T}}\boldsymbol{B}\boldsymbol{H}_t^{-1}\boldsymbol{B}^{\mathrm{T}}\frac{\partial \varPsi}{\partial \boldsymbol{x}}}\\&\quad-\frac{1}{2}\mathrm{tr}\left(\boldsymbol{B}\boldsymbol{B}^{\mathrm{T}}\frac{\partial^2 \varPsi}{\partial \boldsymbol{x}^2}\right)+\underline{\frac{1}{2\varPsi}\left(\frac{\partial \varPsi}{\partial \boldsymbol{x}}\right)^{\mathrm{T}}\boldsymbol{B}\boldsymbol{B}^{\mathrm{T}}\frac{\partial \varPsi}{\partial \boldsymbol{x}}}\end{aligned}\tag{6.29}$$

从式(6.29)可以看出，若条件$\boldsymbol{B}\boldsymbol{B}^{\mathrm{T}}=\lambda\boldsymbol{B}\boldsymbol{R}_t^{-1}\boldsymbol{B}^{\mathrm{T}}$成立，式中两个带有下划线的项可相消，则该偏微分方程可被简化为一线性偏微分方程。该假设条件在动态系统(6.11)有效的情况下可以通过调节参数λ来实现，则该线性偏微分方程表述如下：

$$\frac{\partial \varPsi}{\partial t}=\frac{\varPsi}{\lambda}q-(\boldsymbol{A}\boldsymbol{x}_t)^{\mathrm{T}}\frac{\partial \varPsi}{\partial \boldsymbol{x}}-\frac{1}{2}\mathrm{tr}\left(\boldsymbol{B}\boldsymbol{B}^{\mathrm{T}}\frac{\partial^2 \varPsi}{\partial \boldsymbol{x}^2}\right)\tag{6.30}$$

可以看出式(6.30)为关于$\varPsi$的线性偏微分方程。

3. 基于 Feynman-Kac 理论求解方程

由式(6.30)可知，关于值函数的 HJB 方程可被转换为关于期望函数$\varPsi(\boldsymbol{x}_t,t)$

的线性偏微分方程，通过应用 Feynman-Kac 定理，可推出该线性偏微分方程的最优解：

$$\Psi = \boldsymbol{E}_P\left[\exp\left(-\frac{1}{\lambda}\int_t^{t+T} q(\boldsymbol{x}_t, t)\mathrm{d}t\right)\Psi_T\right] \tag{6.31}$$

式中，$\boldsymbol{E}_P[\cdot]$ 定义为对不受控动态系统(描述形式为式(6.11)且 $\boldsymbol{U} \equiv \boldsymbol{0}$ 的系统)的期望；Ψ_T 为指数变化后的终端代价项 $\mathrm{e}^{-\frac{1}{\lambda}\phi(x_T, T)}$，则式(6.31)可表述为

$$\begin{aligned} \Psi &\approx \boldsymbol{E}_P\left[\exp\left(-\frac{1}{\lambda}S(t)\right)\right] \\ S(t) &= \phi(\boldsymbol{x}_{t+T}, t+T) + \int_t^{t+T} q(\boldsymbol{x}_t, t)\mathrm{d}t \end{aligned} \tag{6.32}$$

式中，$S(t)$ 为采样轨迹的状态相关代价。该式对最优控制序列的计算隐含在受扰动的动态系统产生的前向生成轨迹的代价计算中，通过求解所有轨迹的期望对最优控制序列进行求解，这就是值函数(6.12)的路径积分表达。对于求解该值函数的最优解，传统方法需要该值函数相对于状态 $\boldsymbol{x}$ 的梯度，如式(6.22)所示。可根据上述推导，将式(6.22)中最优控制解关于值函数 V 的表达形式转换为关于期望函数 Ψ 的形式。根据式(6.25)，可得

$$\boldsymbol{u}^*(\boldsymbol{x}_t, t) = -\boldsymbol{H}_t^{-1}\boldsymbol{B}^{\mathrm{T}}\left(-\frac{\lambda}{\Psi}\frac{\partial \Psi}{\partial \boldsymbol{x}}\right) = \boldsymbol{H}_t^{-1}\boldsymbol{B}^{\mathrm{T}}\left(\frac{\lambda\dfrac{\partial \Psi}{\partial \boldsymbol{x}}}{\boldsymbol{E}_P\left[\exp\left(-\dfrac{1}{\lambda}S(t)\right)\right]}\right) \tag{6.33}$$

因此，可直接通过计算指数变换后的期望函数 Ψ 对于当前状态 $\boldsymbol{x}$ 的解析梯度来求解最优解。根据文献[13]和[14]中的推导以及式(6.32)，梯度 $\dfrac{\partial \Psi}{\partial \boldsymbol{x}}$ 可以用每条可行轨迹所受扰动 $\boldsymbol{\xi}$ 对时间的微分量进行表示，即

$$\frac{\partial \Psi}{\partial \boldsymbol{x}} = \frac{1}{\lambda}(\boldsymbol{B}\boldsymbol{H}_t^{-1}\boldsymbol{B}^{\mathrm{T}})^{-1}\boldsymbol{E}_P\left[\exp\left(-\frac{1}{\lambda}S(t)\right)\boldsymbol{B}\frac{\mathrm{d}\boldsymbol{\xi}}{\mathrm{d}t}\right] \tag{6.34}$$

式中，$\dfrac{1}{\lambda}(\boldsymbol{B}\boldsymbol{H}_t^{-1}\boldsymbol{B}^{\mathrm{T}})^{-1}$ 部分为控制矩阵与正定矩阵构成的参数矩阵；$\boldsymbol{E}_P\left[\exp\left(-\dfrac{1}{\lambda}S(t)\right)\boldsymbol{B}\dfrac{\mathrm{d}\boldsymbol{\xi}}{\mathrm{d}t}\right]$ 表示所有可行轨迹中所受扰动 $\boldsymbol{\xi}$ 的梯度加和。将该解析梯

度代入式(6.33)后，可得最优控制输入在 dt 内相对原有控制序列的增量为

$$\boldsymbol{u}^{*}\mathrm{d}t=\boldsymbol{H}_t^{-1}\boldsymbol{B}^{\mathrm{T}}(\boldsymbol{B}\boldsymbol{H}_t^{-1}\boldsymbol{B}^{\mathrm{T}})^{-1}\boldsymbol{E}_P\left[\frac{\exp\left(-\frac{1}{\lambda}S(t)\right)\boldsymbol{B}\mathrm{d}\boldsymbol{\xi}}{\boldsymbol{E}_P\left[\exp\left(-\frac{1}{\lambda}S(t)\right)\right]}\right] \tag{6.35}$$

式中，$\boldsymbol{\xi}$ 是式(6.11)中定义的随机控制量，该式可进行进一步化简。由于控制矩阵 $\boldsymbol{B}$ 为常矩阵，在本章将其设为可逆矩阵的情况下，可以将其从期望 $\boldsymbol{E}_P[\cdot]$ 中直接提取出来，化简得到如下形式：

$$\boldsymbol{u}^{*}\mathrm{d}t=\boldsymbol{H}_t^{-1}\boldsymbol{B}^{\mathrm{T}}\boldsymbol{B}^{-\mathrm{T}}\boldsymbol{H}_t\,\boldsymbol{B}^{-1}\boldsymbol{B}\boldsymbol{E}_P\left[\frac{\exp\left(-\frac{1}{\lambda}S(t)\right)\mathrm{d}\boldsymbol{\xi}}{\boldsymbol{E}_P\left[\exp\left(-\frac{1}{\lambda}S(t)\right)\right]}\right]=\boldsymbol{E}_P\left[\frac{\exp\left(-\frac{1}{\lambda}S(t)\right)\mathrm{d}\boldsymbol{\xi}}{\boldsymbol{E}_P\left[\exp\left(-\frac{1}{\lambda}S(t)\right)\right]}\right] \tag{6.36}$$

式(6.35)为最优控制的路径积分表达形式，且式(6.35)中需要的期望值可以通过微分动态方程的前向随机采样近似获得。

依据文献[12]的推导，可以将离散化的最优控制解转化为初始控制序列与增量的加和形式。用 $\boldsymbol{\xi}_t$ 表示此处的随机控制微分量 d$\boldsymbol{\xi}$，代入最终得到的离散化路径积分最优控制解形式如下：

$$\boldsymbol{u}_t^{*}=\boldsymbol{u}_t+\boldsymbol{E}_P\left[\frac{\exp\left(-\frac{1}{\lambda}S(t)\right)\boldsymbol{\xi}_t}{\boldsymbol{E}_P\left[\exp\left(-\frac{1}{\lambda}S(t)\right)\right]}\right] \tag{6.37}$$

$$S(t)=\phi(\boldsymbol{x}_{t+T},t+T)+\sum_{i=1}^{m}q(\boldsymbol{x}_{t+i},i)\Delta t$$

式中，m 表示离散化后路径中的状态数，对应模型预测中的前向预测次数。根据式(6.37)最优控制输入 $\boldsymbol{u}^{*}$ 可通过计算所有轨迹的代价期望及控制扰动得出。在路径积分框架中，这一代价期望可以通过求解多条轨迹代价近似得出。6.2.2 节将对这一近似过程进行具体说明。

6.2.2 路径积分控制具体步骤

根据 6.2.1 节的推导，通过路径积分控制框架对原有的值函数最小化问题进行转换后，最优控制输入的求解问题可以转变为可行轨迹的期望计算问题。而根据

式(6.37)，可行轨迹的期望将通过轨迹离散化后每个状态的运行代价与终端代价加和求得。

在这里，通过随机采样多个扰动 ξ_t 进行前向生成，得出多条轨迹。轨迹生成完成后，首先根据式(6.37)的描述完成所有轨迹代价 $S(t)$ 的求取，然后将代价与轨迹对应的随机扰动量 ξ_t 代入式(6.37)中进行加权，最终得到最优的控制输入序列。具体步骤如图 6.5 所示。

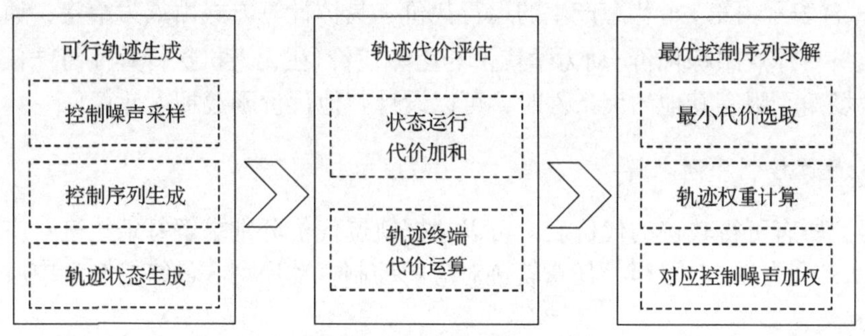

图 6.5　路径积分控制实现流程图

1. 可行轨迹生成

以当前状态为初始位置，生成多条可行轨迹，首先需要采样多组控制噪声。设需求的可行轨迹总数为 N，每条轨迹离散步长为 T，则生成的控制噪声序列可表示为

$$\boldsymbol{D}_n = \{\xi_0^n, \xi_1^n, \cdots, \xi_{T-1}^n\}, \quad n \in \{0,1,\cdots,N\} \tag{6.38}$$

式中，ξ_0^n 表示对应第 n 条轨迹在第 1 步的随机采样。

随后，根据式(6.38)中的控制噪声序列进行控制序列生成。令无人机当前状态 $\boldsymbol{x}_t$ 为可行轨迹初始状态，上一次规划中生成的最优控制序列为初始控制序列 $\boldsymbol{U}_{\text{init}} = [\boldsymbol{u}_t, \boldsymbol{u}_{t+1}, \cdots, \boldsymbol{u}_{t+T-1}]$。则生成轨迹的控制序列表示为

$$\boldsymbol{U}_n = \boldsymbol{U}_{\text{init}} + \boldsymbol{D}_n = [\boldsymbol{u}_t + \xi_0^n, \boldsymbol{u}_{t+1} + \xi_1^n, \cdots, \boldsymbol{u}_{t+T-1} + \xi_{T-1}^n], \quad n \in \{0,1,\cdots,N\} \tag{6.39}$$

式中，$\boldsymbol{U}_n$ 为初始控制序列和第 n 个控制噪声序列的叠加。通过式(6.39)可生成 N 个不同的控制序列 $\boldsymbol{U}_n$。对于每个控制序列，由于无人机系统初始状态 $\boldsymbol{x}_t$ 与动力学模型已知，可根据式(6.11)依次传播生成 T 个状态量。将这 T 个状态量视为一条轨迹，最终可得到 N 条不同的可行轨迹。

2. 轨迹代价评估

由可行轨迹生成步骤可知，实际算法运行时轨迹以离散的状态量表示。因此，

轨迹代价计算采用式(6.37)中所示的离散代价轨迹求解形式。即对于任意轨迹，其代价为

$$S(n)=\phi(\boldsymbol{x}_{n,t+T},t+T)+\sum_{i=1}^{T}q(\boldsymbol{x}_{n,t+i},i),\quad n\in\{0,1,\cdots,N\} \tag{6.40}$$

式中，$\phi(\boldsymbol{x}_{n,t+T},t+T)$ 表示轨迹末端状态与终点状态的差异产生的终端代价；$q(\boldsymbol{x}_{n,t+i},i)$ 表示由第 i 个状态产生的运行代价，具体计算方式由人为给定，通常包含无人机目标点跟踪代价、动力学代价与避障代价(在无人机执行其他特殊任务或包含视场角受限等其他约束条件时，可以设计其他代价函数加入计算)。

3. 最优控制序列求解

得到所有可行轨迹的代价后，可以根据轨迹代价分别求解每条轨迹对应的权重 $w(n)$ 。由式(6.37)可得，任意轨迹对应的控制扰动序列在最终控制量中所占的权重为

$$w(n)=\frac{1}{\sum_{i=0}^{N}\exp\left(-\frac{1}{\lambda}S(i)\right)}\exp\left(-\frac{1}{\lambda}S(n)\right) \tag{6.41}$$

式中，通过多条轨迹的代价加和 $\sum_{i=0}^{N}\exp\left(-\frac{1}{\lambda}S(i)\right)$ 代替式(6.37)中分母部分的可行轨迹期望 $\boldsymbol{E}_P\left[\exp\left(-\frac{1}{\lambda}S(t)\right)\right]$。此外，为了增强算法稳定性，确保算法在运行时代价过大的项不被忽略，在式(6.41)权重项分子分母同乘一个系数 $\mathrm{e}^{\frac{1}{\lambda}S_{\min}}$ 进行放大，最终得到

$$w(n)=\frac{1}{\sum_{i=0}^{N}\exp\left(-\frac{1}{\lambda}(S(i)-S_{\min})\right)}\exp\left(-\frac{1}{\lambda}(S(n)-S_{\min})\right) \tag{6.42}$$

式中，$S_{\min}$ 为所有轨迹代价中最小的代价。

求得每条轨迹的权重后，最终求得的最优控制序列 $\boldsymbol{U}^*$ 中每一步的控制输入 $\boldsymbol{u}_{t+i}^*$ 为

$$\boldsymbol{u}_{t+i}^*=\boldsymbol{u}_{t+i}+\sum_{n=1}^{N}w(n)\xi_i^n,\quad i\in\{1,2,\cdots,T\} \tag{6.43}$$

利用上述过程，路径积分求解过程化为可并行的多条轨迹预测、评估与对应

控制序列加权过程。整体算法流程可以归纳为算法 6.1。

算法 6.1　MPPI 算法流程

输入：初始状态 $\boldsymbol{x}_t$，初始控制序列 $\boldsymbol{U}_{\text{init}}$，采样数量 N，预测步长 T

输出：最优控制序列 $\boldsymbol{U}^*$

```
for n ← 0 to n ← N−1 do
    Sample{ξ_0^n, ξ_1^n, …, ξ_{T−1}^n}                 //采样控制扰动序列
    for i ← 1 to i ← T do
        x_{t+i} = A x_{t+i−1} + B(u_{t+i−1} + ξ_{i−1}^n)   //前向传播生成轨迹状态
        S(n) += q(x_{t+i}, t+i)                         //计算状态对应运行代价(6.40)
    end
    S(n) += φ(x_{t+T}, t+T)                             //计算轨迹整体代价(6.40)
end
    S_min ← min[S(1), S(2), …, S(n)]                    //寻找最小代价
    η ← Σ_{n=0}^{N−1} exp(−(1/λ)(S(n) − S_min))
for n ← 0 to N−1 do
    w(n) ← (1/η) exp(−(1/λ)(S(n) − S_min))              //求解控制扰动权重(6.42)
end
for i ← 0 to T−1 do
    u_{t+i} += Σ_{n=0}^{N−1} w(n) ξ_i^n                 //迭代更新控制序列(6.43)
end
    u_t^* = u_t
for i ← 0 to T−1 do
    u_t = u_{t+1}
end
return U^* = [u_0, u_1, …, u_T]
```

6.2.3　模型预测控制实现

通过路径积分控制算法可以无梯度地快速求解控制输入序列 $\boldsymbol{u}_t^*$，然而与其他基于采样的方法一样，通过随机前向传播采样计算最优控制序列的结果，往往会给系统带来显著颤振。同时，轨迹生成方法难以与后端轨迹跟踪达到相仿频率，会导致蒙特卡罗前向传播过程中，由于无人机位置发生变化，预测的轨迹与实际生成的轨迹不相符。为了克服这些问题，在原有基础上引入了平滑滤波器与模型预测控制方法，实现平滑轨迹实时输出。整体模型预测控制结构框架如图 6.6 所

示，得到最优序列 $\boldsymbol{u}_t^*$ 后，首先通过输出平滑滤波器，将该序列转换为更平滑的控制序列 $\boldsymbol{u}_m^*$，然后采用 Tube-MPC 的思路，将这一控制序列输入到标称系统中，通过积分得到高频期望轨迹状态信息 $\boldsymbol{x}_p^*$，最后将这一信息输入到实际控制器中，再由实际控制器输出控制指令，从而使无人机完成期望轨迹跟踪。接下来将分别介绍平滑滤波器与 Tube-MPC 的实现原理。此外，由于本章主要介绍内容为局部运动规划，实际控制器原理在此不作说明。

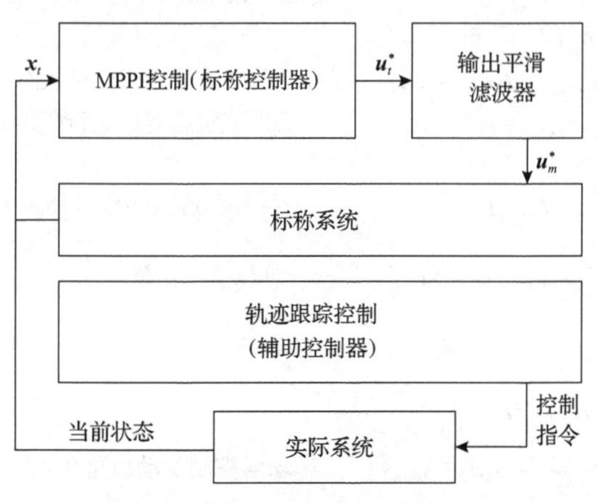

图 6.6　模型预测控制结构框图

1. 平滑控制输出

利用 MPPI 算法计算将得到最优控制输入序列，该最优控制序列可驱使动态系统运动，从而形成代价最低的轨迹。通过理论分析可知，大量的采样可使该算法得到足够平滑且更优的结果，但对实际系统有限的机载计算资源来说，这明显是难以实现的。考虑到计算资源问题，通过阶次为 n 具有固定时域 $[t_0, t_f]$ 的多项式函数拟合控制序列，得以实现对控制序列的平滑滤波，则得到优化问题如下：

$$\begin{aligned} &\boldsymbol{u}_m^* = \arg\min(\boldsymbol{u}_t^* - \boldsymbol{u}_m^*)^{\mathrm{T}}(\boldsymbol{u}_t^* - \boldsymbol{u}_m^*) \\ &\text{s.t.} \quad \boldsymbol{u}_m^*(0) = \boldsymbol{u}_t^*(t_0) \end{aligned} \tag{6.44}$$

式中，$\boldsymbol{u}_t^*$ 为滤波前的最优控制输入序列；$\boldsymbol{u}_m^*$ 为平滑滤波后的控制输入序列，该序列定义如下：

$$\begin{gathered} \boldsymbol{u}_m^*(t) = \boldsymbol{u}_t^*(t_0) + \sigma_1 t + \cdots + \sigma_k t^k = \boldsymbol{u}_t^*(t_0) + \boldsymbol{\sigma}^{\mathrm{T}}\boldsymbol{t} \\ \boldsymbol{\sigma} = [\sigma_1, \sigma_2, \cdots, \sigma_k]^{\mathrm{T}}, \quad \boldsymbol{t} = [t, t^2, \cdots, t^k]^{\mathrm{T}} \end{gathered} \tag{6.45}$$

平滑滤波后的控制序列 $\boldsymbol{u}_m^*$ 为 $\boldsymbol{u}_t^*$ 与一个关于时间的多项式的加和；$\boldsymbol{\sigma}$ 为时间多项式的参数；$\boldsymbol{u}_t^*(t_0)$ 为控制序列的初始输入。

问题(6.44)可以视为误差为 $\boldsymbol{e} = \boldsymbol{u}_t^* - \boldsymbol{u}_m^*$ 的标准最小二乘问题，且待优化变量为 $\boldsymbol{\sigma}$。将 $\boldsymbol{e}$ 中的常数部分与待优化变量分离，化为标准形式为

$$\begin{aligned} &\boldsymbol{e} = (\boldsymbol{u}_t^*(t) - \boldsymbol{u}_t^*(t_0)) - \boldsymbol{\sigma}^{\mathrm{T}}\boldsymbol{t} = \boldsymbol{y} - \boldsymbol{H}\boldsymbol{\sigma} \\ &\text{s.t.} \quad \boldsymbol{y} = (\boldsymbol{u}_t^*(t) - \boldsymbol{u}_t^*(t_0)), \quad \boldsymbol{H} = \boldsymbol{t}^{\mathrm{T}} \end{aligned} \tag{6.46}$$

该最小形式有形式固定的解析解，即

$$\boldsymbol{\sigma}^* = (\boldsymbol{H}^{\mathrm{T}}\boldsymbol{H})^{-1}\boldsymbol{H}^{\mathrm{T}}\boldsymbol{y} \tag{6.47}$$

将式(6.44)及式(6.46)中的条件代入解析解后，具体形式如下：

$$\boldsymbol{\sigma} = \left(\sum_{t=0}^{T}\boldsymbol{t}\boldsymbol{t}^{\mathrm{T}}\right)^{-1}\left(\sum_{t=0}^{T}(\boldsymbol{u}_t^*(t)\boldsymbol{t}^{\mathrm{T}} - \boldsymbol{u}_t^*(t_0)\boldsymbol{t}^{\mathrm{T}})\right)^{\mathrm{T}} \tag{6.48}$$

整体优化框架视优化问题(6.48)为平滑滤波器，完整过程为通过 MPPI 算法计算出的最优控制 $\boldsymbol{u}_t^*$，并通过该滤波器计算平滑输出 $\boldsymbol{u}_m^*$。基于该平滑滤波器对控制信号进行处理后，在保证滤波前后轨迹差距较小的前提下，可以将原有的有颤振的信号拟合成更平滑的控制曲线，实现最终轨迹的平滑化。

2. Tube-MPC

MPPI 的计算过程可以通过其并行计算特性进行计算加速，但仍很难利用有限的机载计算资源实时（100Hz）进行数千条轨迹的采样。而 MPPI 的蒙特卡洛罗近似过程是随时间前向传播过程，因此本书采用 Tube-MPC[15,16]的思想来保证系统的实时性和鲁棒性。如图 6.6 所示，整体系统包含标称控制器(nominal controller)及辅助控制器(associate controller)两部分，标称控制器用于针对理想的标称状态解决考虑动态约束以及感知约束的运动规划问题，辅助控制器则旨在驱使实际系统状态跟踪标称状态。

在本框架中，规定其标称系统忽略系统扰动，通过 MPPI 控制器以较低的控制频率（10Hz）进行控制。MPPI 规划完成后生成一组最优控制序列，将这组最优控制序列作为 MPPI 控制器的输入量输入标称系统，即可根据标称模型求得预测轨迹上的多个预测状态。此后，将标称系统的状态作为实际系统的参考输入，以较高的更新频率（100Hz）进行更新，通过轨迹控制器实现对参考输入的跟踪。此处，由于跟踪对象为高频状态信息，可直接应用无人机实际外环控制器作为辅助

控制器以实现高频跟踪。

在实际实现过程中，MPPI 控制器给出的控制序列经过平滑滤波器处理后，得到的平滑控制信号 $\boldsymbol{u}_m^*$ 将输入标称系统，按照较高的更新频率对标称系统进行离散积分，更新标称系统的状态并将得到的高频期望状态 $\boldsymbol{x}_p^* = \left[\boldsymbol{p}_{t+1/T_f}^{\mathrm{T}}, \boldsymbol{v}_{t+1/T_f}^{\mathrm{T}}, \boldsymbol{a}_{t+1/T_f}^{\mathrm{T}}, \psi_{t+1/T_f}\right]^{\mathrm{T}}$ 发送给外环控制器。设更新频率为 T_f ，即离散积分时间为 $1/T_f$ 。考虑到本框架中输入量为加速度的导数与偏航角的导数，即 $\boldsymbol{u}_m^* = \left[\boldsymbol{u}_p^{\mathrm{T}}, u_\psi\right]^{\mathrm{T}}$ ，其离散积分形式如下：

$$
\begin{aligned}
\boldsymbol{p}_{t+1/T_f} &= \boldsymbol{p}_t + \boldsymbol{v}_t \frac{1}{T_f} + \frac{1}{2}\boldsymbol{a}_t \left(\frac{1}{T_f}\right)^2 + \frac{1}{6}\boldsymbol{u}_p \left(\frac{1}{T_f}\right)^3 \\
\boldsymbol{v}_{t+1/T_f} &= \boldsymbol{v}_t + \boldsymbol{a}_t \frac{1}{T_f} + \frac{1}{2}\boldsymbol{u}_p \left(\frac{1}{T_f}\right)^2 \\
\boldsymbol{a}_{t+1/T_f} &= \boldsymbol{a}_t + \boldsymbol{u}_p \frac{1}{T_f} \\
\psi_{t+1/T_f} &= \psi_t + u_\psi \frac{1}{T_f}
\end{aligned}
\tag{6.49}
$$

式(6.49)中得到的积分量即为标称系统轨迹以更新频率 T_f 采样得到的状态量。将该高频状态量输入到外环控制器中，可实现控制器的高频跟踪效果。该过程结合输出滤波平滑器，最终可为无人机飞行提供有效的控制信号，实现约束条件下的安全、平滑、高速飞行。

6.3　有限视场角范围约束的自主飞行

基于 MPPI 控制的轨迹规划方法的典型应用是有限视场范围约束情况下的自主飞行。由于无人机平台搭载的传感器感知范围与角度受限，多旋翼无人机运动规划方法需要保证机体位移运动在机载视觉系统的视场范围内，并尽可能约束传感器水平前视，以保证尽可能准确高效地收集地图信息，从而实现自主避障。6.1 节介绍了三种通用的多旋翼无人机约束指标及其表达形式。通过求解满足这三类约束的轨迹，可以保证无人机在地图先验已知情况下实现避障，安全地点对点飞行。然而在有限视场范围场景，大部分地图先验未知的条件下这三类约束并不能满足无人机的局部规划要求。

在实际飞行过程中，将无人机传感器覆盖范围设为 R_s ，出于安全考虑一般要求无人机轨迹规划在 R_s 内进行。这一要求可通过两种方式满足：①通过约束轨迹运动方向与无人机偏航 ψ 之间的夹角，确保无人机在运动过程中传感器始终朝向轨迹运动方向；②前向生成无人机运动轨迹时，依据过去时刻运动状态产生的视场角，判断该轨迹是否位于 R_s 内，并以此生成代价。

另外，视觉传感器的垂直视场角同样受约束，在剧烈运动的情况下，过大的俯仰角会导致 R_s 受到较大影响。为保证传感器信息的正常获取，还需针对无人机垂直视场角加以约束。因此，最终有限视场角约束表现为传感器水平覆盖范围约束与垂直视场约束之和。

当无人机在未知复杂区域执行自主飞行任务时，考虑到占据地图与 EDT 地图先验未知，依赖在线建图为运动规划提供环境感知信息。受障碍物遮挡，传感器感知范围影响，已知地图覆盖范围通常无法满足规划要求，当无人机进行前向采样时，难以避免的采样区域将落入未知空间内，对轨迹安全性造成影响。因此，面向未知区域的飞行应用，还需要加入面向未知环境的安全约束以提高轨迹安全性。

总的无人机轨迹运行代价可定义为如下的加和形式：

$$q = q_d + q_t + q_c + q_{\mathrm{FOV}} + q_s \tag{6.50}$$

式中，q_d、q_t、q_c 为 6.1.3 节中定义的动态约束、目标点跟踪约束与避障约束；q_{FOV} 为有限视场角约束；q_s 为针对无人机在未知复杂环境飞行时产生的安全约束。

6.3.1　有限视场角约束

无人机在线飞行过程中，视场角外的环境信息通常是初始未知的。为保证无人机始终在已知安全的环境下运动，对于预测到 t 时刻的状态 $\boldsymbol{x}_t$，需考虑其是否满足有限视场角约束。有限视场角约束由偏航约束 $q_\psi(\boldsymbol{x}_t, \boldsymbol{x}_{t_p})$、水平视场角约束 $q_{\mathrm{FOV}_h}(\boldsymbol{x}_t, \boldsymbol{x}_{t_p})$、垂直视场角约束 $q_{\mathrm{FOV}_v}(\boldsymbol{x}_t)$ 三部分构成，其具体表达形式如下：

$$q_{\mathrm{FOV}}(\boldsymbol{x}_t) = \min\left(q_\psi(\boldsymbol{x}_t, \boldsymbol{x}_{t_p}) + q_{\mathrm{FOV}_h}(\boldsymbol{x}_t, \boldsymbol{x}_{t_p})\right) + q_{\mathrm{FOV}_v}(\boldsymbol{x}_t) \tag{6.51}$$

式中，$\boldsymbol{x}_{t_p}$ 表示轨迹中在 t 时刻之前的各个离散状态；偏航约束 $q_\psi(\boldsymbol{x}_t, \boldsymbol{x}_{t_p})$ 与水平视场角约束 $q_{\mathrm{FOV}_h}(\boldsymbol{x}_t, \boldsymbol{x}_{t_p})$ 均与无人机偏航角相关，因此难以同时满足这两类约束。然而在无人机运动过程中，通常满足偏航约束与水平视场角约束中的一项即可保证无人机安全。因此，在式(6.51)中仅取两类代价中最小的代价与垂直视场角代价的加和作为总的有限视场角约束代价函数。

1. 偏航约束

以最小化传感器朝向 ψ_{t_p} 以及位移运动方向之间的夹角为目标构建约束，对传感器朝向与轨迹运动方向偏差较大的规划结果进行惩罚：

$$q_{\psi}(\boldsymbol{x}_t, \boldsymbol{x}_{t_p}) = K_{\psi}^{c} \left| \psi_{t_p} - \arctan\left(\frac{p_{x,t} - p_{x,t_p}}{p_{y,t} - p_{y,t_p}} \right) \right| \tag{6.52}$$

式中，$p_{x,t}$、$p_{y,t}$ 表示当前时刻无人机在参考系下的 x、y 坐标；p_{x,t_p}、p_{y,t_p} 表示无人机在过去时刻下的 x、y 坐标。这两个坐标所成的角度即为当前时刻相对于过去 t_p 时刻的航向。考虑到无人机运动是连续且符合动力学约束的，这一航向可以近似用于代替当前无人机航向，传感器朝向即为无人机偏航角，通常通过无人机导航系统给出。K_{ψ}^{c} 为偏航约束给定的参数，K_{ψ}^{c} 越大，传感器朝向偏离产生的惩罚越大，无人机方向约束越严格。

2. 水平视场角约束

除了通过限制无人机偏航使得无人机飞行方向始终在已知空间内，另一种保证规划轨迹位于已知安全空间的方法是通过查询当前状态是否被过去状态的视场范围覆盖。其约束形式定义如下：

$$q_{\text{FOV}_h}(\boldsymbol{x}_t, \boldsymbol{x}_{t_p}) = \begin{cases} K_{\text{FOV}_h}^{c}, & \boldsymbol{p}_t \notin C_{\text{FOV}}(\boldsymbol{x}_{t_p}) \\ 0, & \boldsymbol{p}_t \in C_{\text{FOV}}(\boldsymbol{x}_{t_p}) \end{cases} \tag{6.53}$$

式中，$C_{\text{FOV}}(\boldsymbol{x}_{t_p})$ 是过去时刻运动状态 $\boldsymbol{x}_{t_p}$ 产生的视场角，其视场角覆盖区域与视觉传感器的配置(水平视场角 θ_{FOV} 以及感知区域 d_s)直接相关，如图 6.7(a)所示。其查询方式如图 6.7(b)所示，若 $\boldsymbol{x}_t$ 位于 $C_{\text{FOV}}(\boldsymbol{x}_p)$ 视场范围内，则认为该状态是安

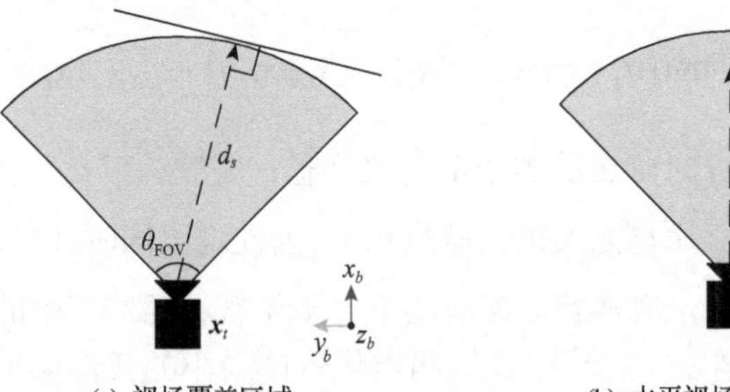

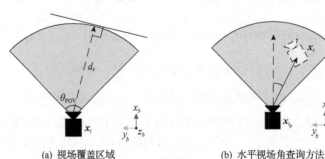

(a) 视场覆盖区域　　(b) 水平视场角查询方法

图 6.7　有限视场角约束

全的。$K_{\text{FOV}_h}^c$ 是一个惩罚项，通常无人机在复杂多障碍环境下运动时，由于观测具有不确定性、未知空间的安全性较差等，认为在视场角覆盖范围外运动是十分危险的，该惩罚项会取较大的值。

3. 垂直视场角约束

为保证视觉传感器尽可能水平，防止过于激烈的机动导致感知范围失效，为目标构建垂直视场角约束：

$$q_{\text{FOV}_v}(\boldsymbol{x}_t) = K_{\text{FOV}_v}^c \left| \begin{bmatrix} \cos\psi_t & \sin\psi_t & 0 \end{bmatrix} (\boldsymbol{a}_t + \boldsymbol{g}) \right| \tag{6.54}$$

式中，参数 $K_{\text{FOV}_v}^c$ 为垂直视场角约束权重。

至此，完成了对有限视场角约束(6.51)的定义。在无人机运动规划过程中，通过构建查询策略对预测时域内不满足有限视场角约束的状态进行惩罚。查询策略如图 6.8 所示，对于 t 时刻的无人机状态 $\boldsymbol{x}_t$，当 $\boldsymbol{x}_t$ 处于图 6.8 中 $\boldsymbol{x}_{t_p}$ $\left(t_p \in [0, t-1]\right)$ 的传感器视场范围内(图 6.8 中灰色区域)时，无人机状态 $\boldsymbol{x}_t$ 满足有限视场角约束。

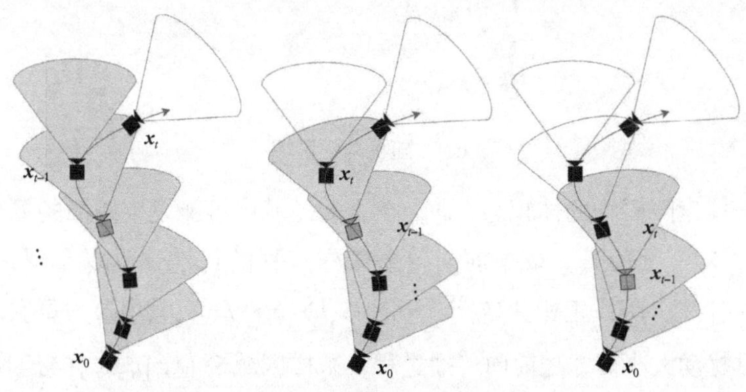

图 6.8　有限视场查询策略

6.3.2　未探索区域安全性约束

基于 MPPI 轨迹规划的最优控制序列的求解，是以上一次更新得到的最优控制序列作为本次更新过程中的初值，随机采样过程中预测控制序列作为采样的期望值。得到的采样区域(random sample area, RSA)通常由初始位置 $\boldsymbol{p}_0$ 开始，随前向传播而不断扩张，如图 6.9 所示。t 时刻的随机采样区域为一个空间中具备曲率半径为 d_t^s 的椭球 S_t^s，体积为 V_t^{RSA}。

在有限视场应用场景中，运动过程中无法获取所需的 EDT 地图的先验信息，需要通过在线建图的过程对环境进行描述。然而在线建图往往受传感器感知范围限制呈现较大的局限性。当无人机面向未知区域 C_{unknown} 进行运动时，采样区域 S_t^s 将不可避免地落到未知区域 C_{unknown} 中，使得其中未被探索到的障碍物直接威胁局部运动规划的安全性。考虑传感器特性及建图方法难以直接补偿，所以设计运动规划约束方式，惩罚可能出现的具有危险性的采样行为。

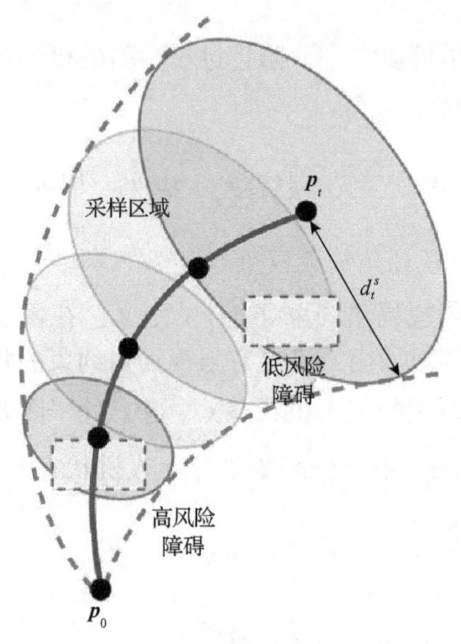

图 6.9 随机采样区域

假设未探索障碍物的体积为 V_{obs}，在未知区域中可能发生碰撞的概率粗略地估计为 $V_{\text{obs}}/V_t^{\text{RSA}} \in [0,1]$。根据前向传播采样过程的特性，可以发现 S_t^s 的体积 V_t^{RSA} 与前向传播时间 t 正相关（$V_t^{\text{RSA}} \propto d_t^s = \sqrt{\sum \xi_t} t^4 / 6$），其中 ξ_t 为每次前向传播时的控制量扰动大小。即随前向传播过程，采样区域 $S_t^s \left(t \in [t_0, t_f]\right)$ 与未知障碍物发生碰撞的风险逐渐降低，而在初始时刻 t_0 采样区域 $S_t^s \left(t \in [t_0, t_0 + \epsilon]\right)$ 内出现未探索的障碍物，则将面临极大的碰撞风险。为避免此类情况，设计安全约束为：通过惩罚在安全时间域 T_s 内，脱离已探索空间 C_{known} 的采样轨迹，来提升局部运动规划的安全性，如图 6.10 所示，代价函数表达形式如下：

$$
\begin{gathered}
q_s(\boldsymbol{x}_t, t) = \begin{cases} 0, & \boldsymbol{p}_t \in C_{\text{known}} \\ k_{\text{crash}}, & \boldsymbol{p}_t \notin C_{\text{known}} \end{cases}, \quad t \in [0, T_s] \\
T_s \geqslant \frac{2d_s}{v_{\max}}, \quad d_s = \frac{v_{\max}^2}{2a_{\max}} + \frac{a_{\max}^3}{3j_{\max}^2}
\end{gathered} \tag{6.55}
$$

式中，安全时域 T_s 与动态约束的配置有关，敏捷的动态配置具备快速的反应机动

以及更小的 T_s 。对于在时域范围 $t \in [0, T_s]$ 内逃离出已知空间的采样轨迹，规划算法以等同于发生碰撞的情况来惩罚该采样。

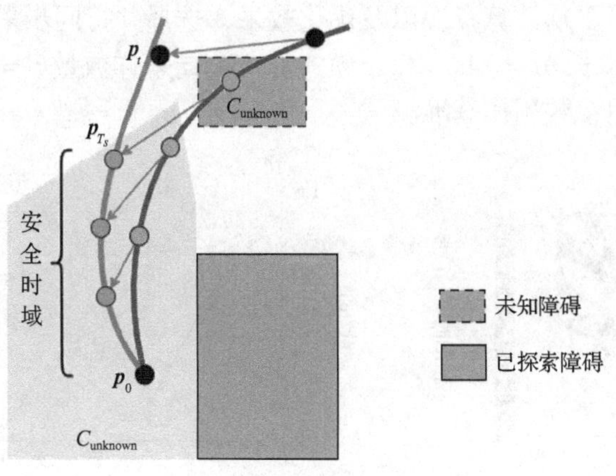

图 6.10 安全约束

至此，式(6.50)提及的约束形式已经说明完毕。将这些约束通过式(6.37)转换为每条轨迹的代价指标，通过 6.2.2 节中介绍的路径积分控制实现方法即可实现对满足这一系列约束的最优控制序列的求解。为了证明该算法及提出约束的可行性，接下来在有限视场角范围约束环境下展开实验验证。

6.3.3 实验验证

针对 MPPI 控制的无人机局部运动规划方法，通过无人机视场角受限条件下的实验验证方法有效性。实验基于 Ubuntu 18.04 ROS 的 C++实现。首先，通过 MATLAB 仿真测试，得到正常场景下采用 6.1.3 节提出的三类通用约束下不同参数的轨迹规划效果。依据该效果，可以验证得出正常情况下基于 MPPI 的无人机运动规划原理成立，并比对选取效果与时间消耗相对最优的参数。此后，本节在 Gazebo 仿真环境下与实际飞行环境下分别对视场角受限下的无人机自主飞行进行验证，证实了有限视场角约束下方法的有效性。

1. 参数选择

MPPI 的效果与前向采样过程密切相关，因此前向采样的预测时域以及采样数量对于应用效果十分重要。选择合适的配置参数可以有效提升方法的实际应用效果，对四旋翼无人机导航避障飞行实验中不同参数下的表现进行对比分析，仿真结果如图 6.11 与图 6.12 所示。

图 6.11(a)为不同预测时域参数下无人机的飞行轨迹，图中圆点为空间中的柱状障碍物，飞行轨迹为图 6.11(a)中的曲线，无人机的飞行任务被设定为从起始点(0,0,1.5)飞至目标点(38,38,1.5)；图 6.11(b)为代价值的变化曲线。从实验结果可

看出，选取更长的预测时域，可以使无人机更容易逃逸局部极小值点。然而，较长的预测时域、更大的采样数量意味着需要考虑更大的状态维度[12]，以致消耗大量计算资源。为了平衡计算资源以及优化效果，选择并行同步采样轨迹数量 $N=1280$，前向采样步长 $\Delta t=0.1\text{s}$，每条轨迹对应前向采样数量 $T=35$，即预测时域长度为3.5s 的一组参数用作基准测试。

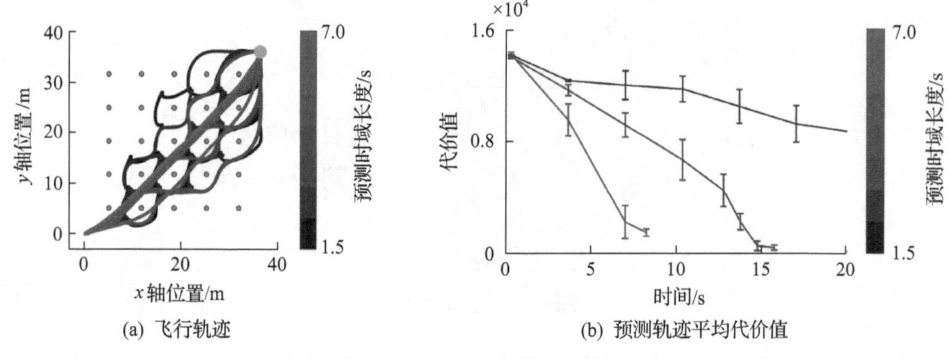

(a) 飞行轨迹　　(b) 预测轨迹平均代价值

图 6.11　不同预测时域参数下的 MPPI 应用效果

2. 仿真分析

为验证局部运动规划方法的有效性，在如图 6.12 所示复杂场景下，针对有限视场角范围的自主飞行进行测试，该场景分为三个不同的障碍区域(包含柱状障碍区域、箱型障碍区域以及三维混合障碍区域)，在该环境中无人机将执行从起始点到目标点的自主导航飞行。

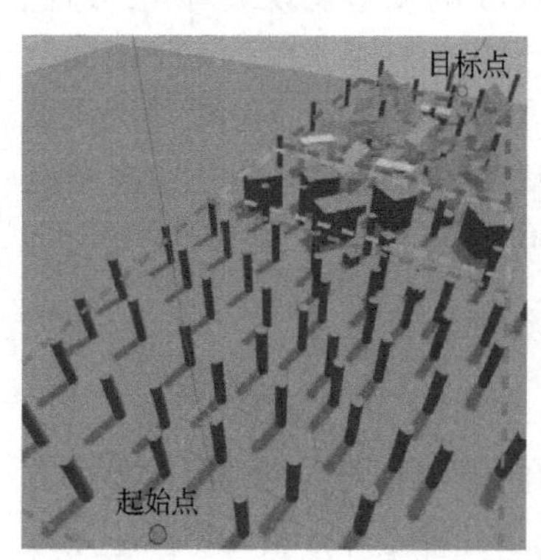

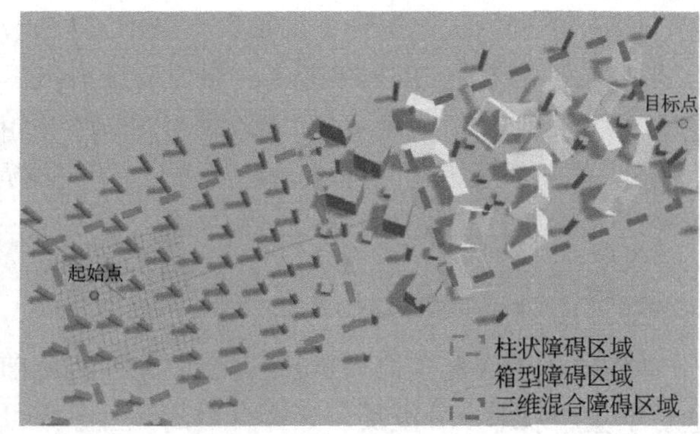

图 6.12　复杂仿真场景

首先，动态约束设定为 $v_{\max}=4.5\text{m/s}$，$a_{\max}=5\text{m/s}^2, j_{\max}=5\text{m/s}^3$，控制量采样协方差 $\boldsymbol{\sigma}$ 设定为 diag(3.4,3.4,1.5,4.8)，采样轨迹数量设定为 $N=1280$，仿真飞行测试结果如图 6.13 所示。

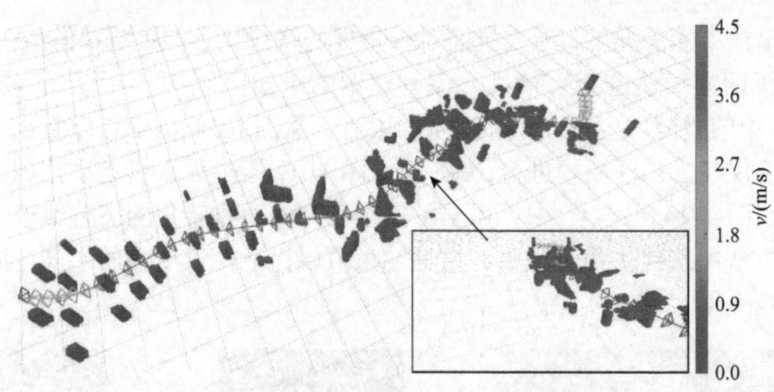

图 6.13　复杂仿真场景下的运动规划效果

仿真结果显示：无人机在该复杂环境中可达的最大飞行速度为4.01m/s，平均飞行速度达到3.27m/s。此外，为验证方法在高速高动态飞行过程中的有效性，考虑机载计算资源的极限，设置较高的动态配置：$v_{\max}=7\text{m/s}$，$a_{\max}=8\text{m/s}^2$，$j_{\max}=38\text{m/s}^3$，相应地调整采样的协方差以及采样数量（$\boldsymbol{\sigma}=\text{diag}(78,78,27,4.8)$，$N=10240$）。在仿真中本章方法实现了平均速度为5.21m/s的自主规划飞行，最高航速可达6.74m/s。轨迹的平滑度以$\dfrac{1}{T_{\text{total}}}\displaystyle\int \dot{\boldsymbol{a}}^2(t)\mathrm{d}t$的方式进行计算，其中$T_{\text{total}}$为由起始点抵达终点的飞行总时间。本章方法在所有的仿真测试中都实现了实时在线规划出可行轨迹，并在平均速度v_{mean}、总飞行时长T_{total}以及轨迹平滑度等指标上均达到目前较高水平，与运动规划领域具有代表性的 FASTER 方法[17]对比如表 6.1 所示。

表 6.1　仿真对比结果

方法	T_{total} / s	v_{mean} / (m/s)	$v_{\max}$ / (m/s)	平滑度 /(m^2/s^5)
FASTER ($j_{\max}=28\text{m/s}^3$)	28.37	2.91	5.24	209.17
FASTER ($j_{\max}=38\text{m/s}^3$)	24.45	3.93	5.46	282.86
FASTER ($j_{\max}=48\text{m/s}^3$)	22.63	4.65	6.92	310.77
本章方法	21.79	5.21	6.74	20.72

值得注意的是，与 FASTER 中同时规划两条轨迹（一条为保证在已知的安全空间中的安全轨迹，另外一条为无已知空间约束，可更快抵达目标的备用轨迹）来保证轨迹的安全可行性，所设计的方法仅需要规划一条轨迹就可实现相同的效果。其得益于 6.3.1 节中的安全约束(6.55)的作用，局部规划方法可以限制规划轨迹在安全已知时域内，仿真对比效果如图 6.14(a)与(b)展示了在没

有设置安全约束的情况下，无人机面对转角处的飞行状态。从图 6.14(a)中可以看出，无人机的规划轨迹会直接进入没有建图的未知区域(图中圆形区域)，导致图 6.14(b)中的碰撞发生。而添加安全约束后，从图 6.14(c)中可以看出，无人机的规划轨迹仅在已知区域内进行，在图 6.14(d)中，通过无人机运动拓展了已知区域，最终在图 6.14(e)与(f)中，得出了安全已知的通过转角的飞行轨迹。因此，在 MPPI 方法的迭代优化过程中，这种约束可以保证探索更多的未知空间，实时规避高风险障碍。

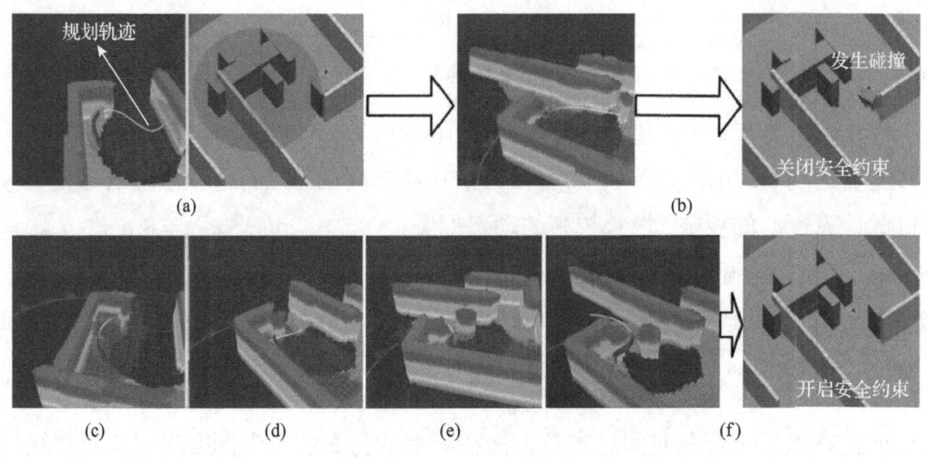

图 6.14　安全约束对比效果

3. 实物验证

设计实物验证平台对该方法的有效性进行实际飞行应用验证，实物飞行平台如图 6.15 所示，实物平台搭载了用于获取环境深度信息的深度相机 Intel Realsense D435i、飞行控制器 Pixhawk 及机载计算单元 NVIDIA Jetson NX。其涉及的所有相关方法都运行于 NX 计算机中。机载的深度相机具有 87°×58°×95° 的有效视场角范围，应用该类传感器必须考虑有限视场角约束的运动规划问题。实物飞行验证是在复杂室内环境中，无人机从起点到终点实现自主避障飞行，实验过程见图 6.16(a)～(d)。图 6.16 中，黑色实曲线表示无人机前端给出的全局轨迹，虚线表示由后端规划给出的期望轨迹，圆形虚线为标称系统的期望运动轨迹，较粗的曲线表示无人机实际运动轨迹，地图中方块表示占据体素，其颜色随高度变化而加深。图 6.16(a)展示了无人机起始时的局部目标点选取(图 6.16(a)中圆点)、全局路径规划与后端轨迹规划结果，可以看出，由于此时视野内并没有障碍物，无人机规划结果为飞行效率较高的直线。

图 6.16(b)中，网状障碍进入深度相机视场范围内，因此地图实现了更新，后端轨迹开始下一次迭代规划。规划结果如图 6.16(c)所示，可以看出在全局路径未

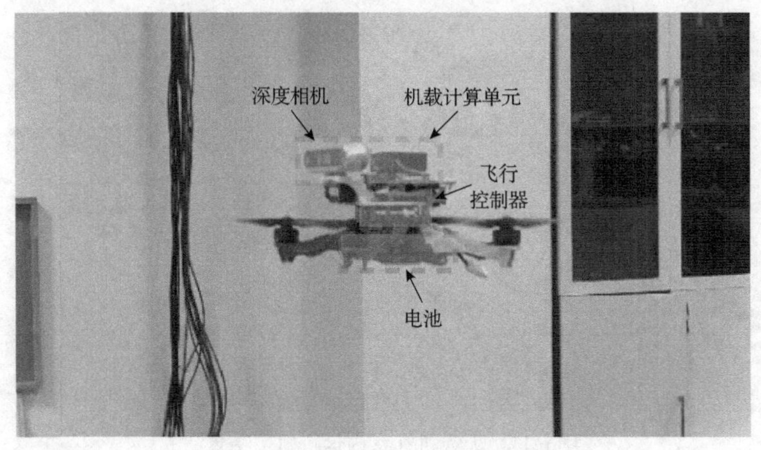

图 6.15　小型多旋翼无人机测试平台

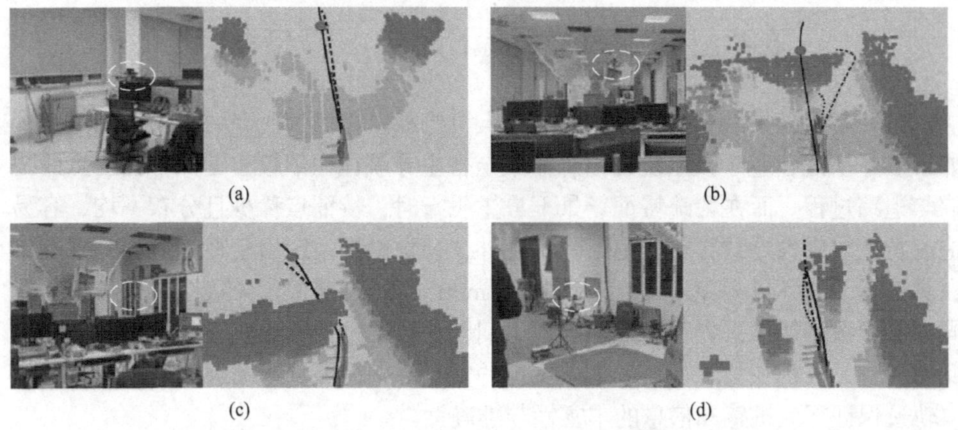

图 6.16　小型无人机室内飞行过程

能及时更新的情况下，本章提出的 MPPI 规划后端输出的期望轨迹和标称系统期望运动轨迹均实现了避障，且经过轨迹平滑化处理后，标称系统期望运动轨迹的折角更小、更易于无人机进行轨迹跟踪。最后，图 6.16(d)展示了无人机避过网状障碍后，针对多个柱状障碍物的规避结果。可以看出，由于避障代价的存在，无人机期望路径倾向于与障碍物保持距离，而非像全局轨迹那样靠近障碍物，这一选择同样增加了无人机自主飞行的安全性。

最终，无人机在室内复杂环境下从起点到终点的运行轨迹如图 6.17 所示。其中，坐标轴序列为标称系统的期望运动轨迹，另一轨迹为无人机实际运动轨迹。可以看出，应用本章提出的运动规划方法后，无人机可以在感知受限的多障碍复杂场景下实现自主避障飞行，且平均速度达到1.03m/s，最大速度达到了1.61m/s，满足大多数任务场景需求。

图 6.17　无人机在室内运行轨迹结果

6.4　稀疏特征场景下的自主感知飞行

感知范围受限最典型的情况就是无人机搭载以相机为代表的视觉感知系统。如第 3 章所述，基于该系统的信息搜集与自主导航往往依赖于图像中特征点的提取与追踪过程。而在稀疏特征场景下自主飞行时，特征点稀少且分布不均，容易造成特征点丢失导致导航能力下降。另外，视觉感知系统由于曝光过程的限制，在高速运动时不可避免地存在运动模糊(motion blur)现象，导致图像质量下降，同样会导致特征点丢失带来危险。此类问题难以通过视觉导航方法加以补偿，因此为保证无人机在稀疏特征场景下飞行的安全性，需要从运动规划角度，考虑约束轨迹保证无人机感知信息的丰富性与准确性。

一般情况下，视觉感知方法需要对图像中突出的特征信息进行提取，然后通过计算，为小型多旋翼无人机的自主导航提供可靠里程计信息。因此，可靠的特征信息是影响里程计有效性的重要因素。将视觉惯性里程计特征中心点作为规划结构中的兴趣点，其主要需求有如下两方面。

(1)视觉特征兴趣点的可观测度：兴趣点往往是环境中的路标(landmark)或所需规避的障碍物，所设计的运动规划方法需在无人机的运动过程中实现对路标的避障，同时保证这些兴趣点可以被观测。

(2)最小化视觉特征兴趣点在相机平面投影的移动速度：为保证兴趣点是可以被清晰识别的，机载视觉系统的运动需保证视觉感知的鲁棒性。

在局部规划方法中设定合适的约束，使兴趣点更容易满足以上需求，防止导航问题的出现。本节将以提升小型多旋翼无人机在稀疏特征场景下的自主导航能力为指标，基于 6.2 节提出的基于 MPPI 控制的轨迹规划方法，对兴趣点观测约束进行推导与设计，并加入无人机轨迹规划过程。

6.4.1　兴趣点观测约束

根据需求定义参考坐标系 W 、小型多旋翼无人机体坐标系 b ，以及相机坐标 C ，图 6.18 给出了各坐标系间关系的示意图。

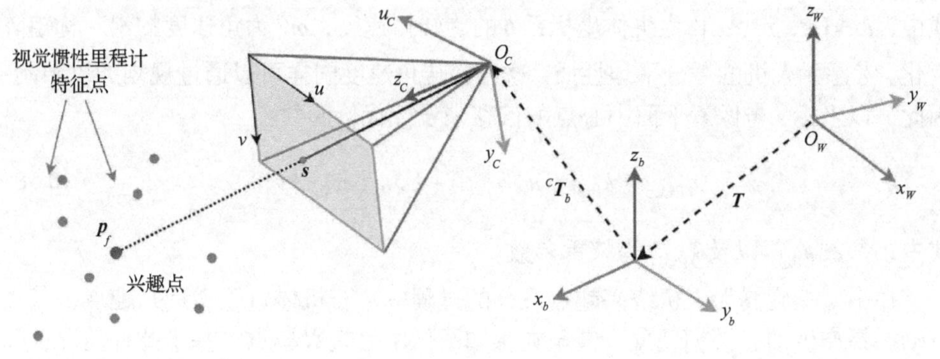

图 6.18　感知飞行坐标系示意图

为便于描述该问题，首先定义 $\boldsymbol{p}_f$ 为参考坐标系下兴趣点的三维位置信息，已知机体与相机的固连关系 ${}^C\boldsymbol{T}_b = \begin{bmatrix} {}^C\boldsymbol{R}_b & {}^C\boldsymbol{t}_b \\ 0 & 1 \end{bmatrix}$，其中 ${}^C\boldsymbol{t}_b$ 和 ${}^C\boldsymbol{R}_b$ 分别表示相机坐标系 C 相对于体坐标系 b 的位移以及旋转关系，坐标 ${}^C\boldsymbol{p}_f = [{}^Cp_{f_x}, {}^Cp_{f_y}, {}^Cp_{f_z}]^{\mathrm{T}}$ 为特征点 $\boldsymbol{p}_f$ 在相机坐标系 C 中的位置：

$$
\begin{gathered}
{}^C\boldsymbol{p}_f = ({}^W\boldsymbol{R}_b \, {}^b\boldsymbol{R}_C)^{-1}(\boldsymbol{p}_f - ({}^W\boldsymbol{R}_b \, {}^C\boldsymbol{t}_b + \boldsymbol{p}_b)) \\
u = f_x \frac{{}^C\boldsymbol{p}_{f_x}}{{}^C\boldsymbol{p}_{f_z}}, \quad v = f_y \frac{{}^C\boldsymbol{p}_{f_y}}{{}^C\boldsymbol{p}_{f_z}}
\end{gathered}
\tag{6.56}
$$

式中，$\boldsymbol{p}_b$ 表示当前无人机机体系坐标；u、v 为兴趣点投影到无人机当前相机图像系上的坐标。当该坐标位于像素平面中心 (0,0) ，即当所有特征点与当前相机中点重合时，可以推断当前图像包含的特征点最多，视觉定位效果最好。因此，视觉惯性里程计特征点的观测问题可以表达为兴趣点在相机平面上的坐标 $\boldsymbol{s}$ 相对像素平面中心点偏移的最小化问题。

以兴趣点坐标的偏移设计代价函数，除了考虑当前兴趣点坐标 u、v 相对中心距离外，为保证稳定性可以引入该距离变化率 $\dot{u}$ 以及 $\dot{v}$ 。为计算 $\dot{u}$ 与 $\dot{v}$ ，将式(6.56)对时间进行求导：

$$\dot{u} = f_x \frac{{}^C\dot{\boldsymbol{p}}_{f_x}\ {}^C\boldsymbol{p}_{f_z} - {}^C\boldsymbol{p}_{f_x}\ {}^C\dot{\boldsymbol{p}}_{f_z}}{{}^C\boldsymbol{p}_{f_z}^2},\quad \dot{v} = f_y \frac{{}^C\dot{\boldsymbol{p}}_{f_y}\ {}^C\boldsymbol{p}_{f_z} - {}^C\boldsymbol{p}_{f_y}\ {}^C\dot{\boldsymbol{p}}_{f_z}}{{}^C\boldsymbol{p}_{f_z}^2}$$
$${}^C\dot{\boldsymbol{p}}_f = ({}^W\boldsymbol{R}_b \boldsymbol{\omega}^{\wedge\, b}\boldsymbol{R}_C)^{-1}(\boldsymbol{p}_f - \boldsymbol{p}_b) - ({}^W\boldsymbol{R}_b\, {}^b\boldsymbol{R}_C)^{-1}\boldsymbol{v} \tag{6.57}$$

式中，$\boldsymbol{\omega}=[\omega_x,\omega_y,\omega_z]^{\mathrm{T}}$ 为机体坐标系 b 的旋转角速度，$\boldsymbol{\omega}^{\wedge}$ 为角速度的斜对称矩阵变化。考虑无人机的微分平坦性质，这一旋转角速度同样可以通过规划加以限制。因此，以坐标 $\boldsymbol{s}$ 与像素平面中心点的偏移来设计代价函数：

$$q_{\mathrm{POI}_c} = k_{\mathrm{POI}_1}(|u|+|v|) + k_{\mathrm{POI}_2}(|\dot{u}|+|\dot{v}|) \tag{6.58}$$

式中，参数 k_{POI_1} 以及 k_{POI_2} 为权重参数。

在小型多旋翼无人机绕兴趣点飞行的过程中，若机体过于靠近兴趣点，其飞行动态易产生动态模糊现象，甚至在感知图像中丢失兴趣点，基于此种情况，除在保证兴趣点的坐标向像素平面中心收敛外，同时将兴趣点视为空间中一个已知障碍，采用与式(6.17)一致的形式，将兴趣点作为障碍物设计代价函数 q_{POI_d}，以距兴趣点的距离来惩罚过于靠近兴趣点的采样轨迹，即

$$q_{\mathrm{POI}_d}(\boldsymbol{x}_t) = \begin{cases} 0, & d(\boldsymbol{x}_t) > d_{\max}^{\mathrm{thr}} \\ f_p(d(\boldsymbol{x}_t)), & d_{\max}^{\mathrm{thr}} \geqslant d(\boldsymbol{x}_t) > d_{\min}^{\mathrm{thr}} \\ k_{\mathrm{crash}}, & d(\boldsymbol{x}_t) \leqslant d_{\min}^{\mathrm{thr}} \end{cases}$$
$$f_p(d) = k_{\mathrm{crash}}\left(\frac{d_{\max}^{\mathrm{thr}} - d}{d_{\max}^{\mathrm{thr}} - d_{\min}^{\mathrm{thr}}}\right)^k \tag{6.59}$$

式中，$d(\boldsymbol{x}_t)$ 表示当前状态与兴趣点的距离；k_{crash} 与式(6.17)一致，均为较大的惩罚代价，用于惩罚离兴趣点过近，可能导致动态模糊的运动轨迹。

最终，针对稀疏特征场景下感知飞行规划问题的运行代价函数可被重定义为如下形式：

$$q(\boldsymbol{x}_t,t) = q_d + q_t + k_{\mathrm{POI}_1}(|u|+|v|) + k_{\mathrm{POI}_2}(|\dot{u}|+|\dot{v}|) + q_{\mathrm{POI}_d} \tag{6.60}$$

式中，每个状态兴趣点的坐标 u、v 与 $\dot{u}$、$\dot{v}$ 可通过预测状态的相机位置与相机模型求出。通过求解该运行代价，并根据该代价对轨迹进行加权，传感器视场(field of view, FOV)中存在兴趣点的轨迹将具备更高的权重，整体规划将引导无人机朝向兴趣点方向运动，从而避免稀疏特征环境下出现的特征丢失导致定位失效的问题。

6.4.2　实验验证

为验证兴趣点观测约束的有效性，在 Gazebo 仿真环境下搭建稀疏特征场景，开展稀疏特征场景下的无人机自主感知飞行实验验证。实验过程中，设定 MPPI 采样轨迹数量 $N = 1280$，前向采样步长 $\Delta t = 0.1\text{s}$，每条轨迹对应前向采样数量 $T = 35$，选用 VINS-Fusion[18]作为仿真中的视觉惯性里程计为无人机提供状态估计。

1. 稀疏特征场景下的无人机自主感知飞行

考虑空间中仅有少量物体可以为无人机视觉慢性里程计提供特征的稀疏特征场景，搭建 Gazebo 仿真环境，仿真环境中仅在中间区域放几个箱型物体，且仅在箱型物体上存在特征纹理。设计航迹点跟踪飞行实验，设置两个航迹点 $\boldsymbol{p}_1 = (0,0,1.5)$ 和 $\boldsymbol{p}_2 = (8,0,1.5)$，无人机在两个航迹点间飞行。在不考虑兴趣点观测约束的情况下，为快速抵达目标点，运动规划方法以运动目标代价最优进行无人机运动规划，这使得无人机在机动过程中存在丢失特征点的可能。而丢失特征点会导致视觉惯性里程计系统产生显著的漂移现象，进而使无人机系统的安全可靠性降低(如图 6.19 中虚线)。加入兴趣点观测约束后，运动规划方法在规划过程中不仅考虑运动目标代价，同时考虑兴趣点观测约束，能够保证兴趣点始终位于视场范围内，进而观测到足够多的视觉跟踪特征，故此提升了视觉惯性里程计的性能。图 6.20(a)中，无人机从起点 $\boldsymbol{p}_1$ 出发，此时无人机相机中的图像信息如图 6.20(a)所示。图 6.20(b)中，无人机到达图中虚线圆圈所示区域，此时无人机通过改变偏航角，始终保持其相机面向箱型特征物体，因此始终能提

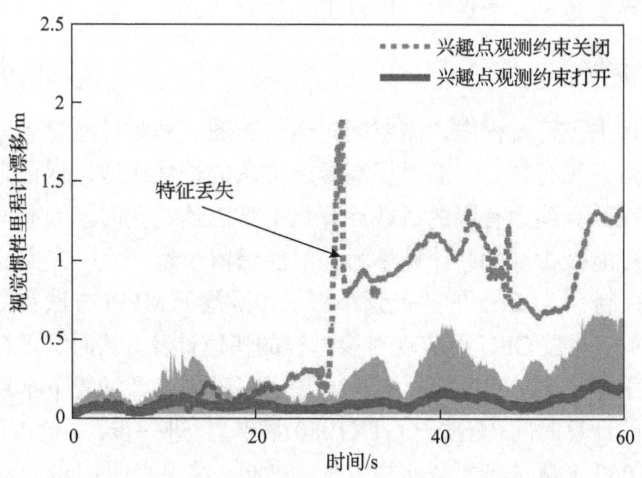

图 6.19　航迹点飞行实验中视觉惯性里程计漂移对比

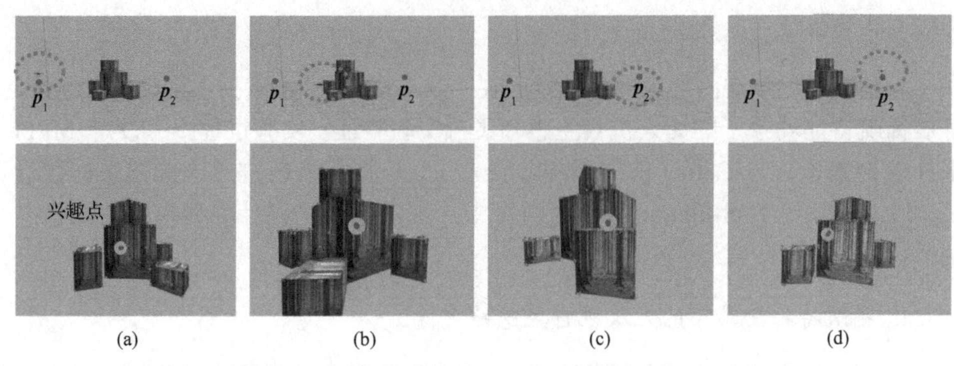

图 6.20　航迹点飞行实验结果图

取出特征点(图中小圆点)与一个兴趣点。最后，无人机经由图 6.20(c)中的航迹点到达终端航迹点 $\boldsymbol{p}_2$，从图中可以看出在这个过程中无人机视场范围内始终存在可提取特征点。图 6.19 中的阴影区域表示 10 次航迹点跟踪飞行仿真测试中视觉里程计漂移的最大值，其实验结果表明在兴趣点观测约束的保障下，通过视觉里程计估计到的轨迹状态，其均方根误差为 0.094m，对比未加入兴趣点观测约束的运动规划方法结果有显著提升。为进一步验证兴趣点观测约束的有效性，设计圆形轨迹跟踪实验(无人机被设定为跟踪圆形轨迹，该圆形轨迹半径为 4m)、航迹点跟踪实验与多兴趣点跟踪实验(具有两组箱型物体以及一面不具备任何特征的墙体作为实验场景，无人机被设定为跟踪圆形轨迹)，仿真结果如图 6.21 所示，从图 6.21 中可以看出尽管在所有的仿真环境中都仅具备少量特征点，但通过所提出方法调整无人机运动姿态，无人机视觉里程计系统的视觉信息获取量将得以提升，从而保证自主导航稳定，增强无人机自主飞行安全性。

2. 实时性分析

在无人机自主飞行过程中，需要同时运行建图、视觉导航与运动规划程序，在稀疏特征场景下飞行时，还需要提高导航方法的迭代次数以保证定位精度，这使得传统框架在计算能力有限的机载计算机上难以达到实时。因此，局部规划方法一方面应尽可能减少 CPU 计算量为导航法保留余量，另一方面应加快计算速度，满足标称控制系统 10Hz 的迭代频率需求。得益于 MPPI 方法在前向采样过程中是完全并行的，通过 GPU 可实现对该过程的快速计算，从而实现在机载计算资源上的实时应用。计算时间方面，图 6.22 展示了不同参数配置下本章所提方法单步迭代所消耗的计算时间(测试于 GTX1060 显卡)。进一步，在 NVIDIA TX2 和 NVIDIA GTX1060 上测试了本章所提方法的效果，结果表明：同时运行 6.1.4 节所示的并行化地图更新与考虑稀疏特征场景的无人机局部运动规划方法，运动规划方法计算耗时仍远低于标称控制系统10Hz的迭代频率，在 NVIDIA TX2 的测试中平均耗时37.93ms，而在 NVIDIA GTX1060 中仅耗时6.24ms。因此，本章所提出的局部规划方法可以用于支撑无人机在典型稀疏特征场景下的自主飞行。

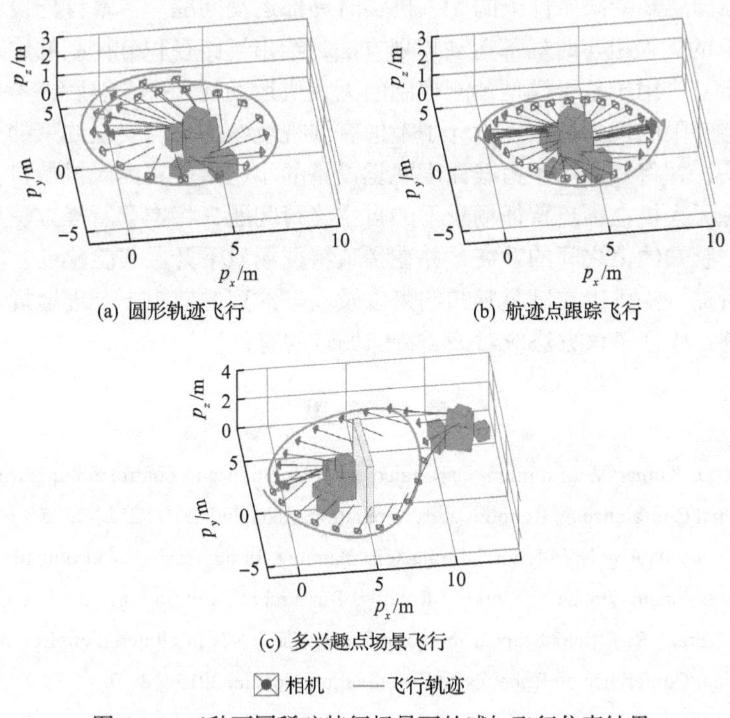

图 6.21　三种不同稀疏特征场景下的感知飞行仿真结果

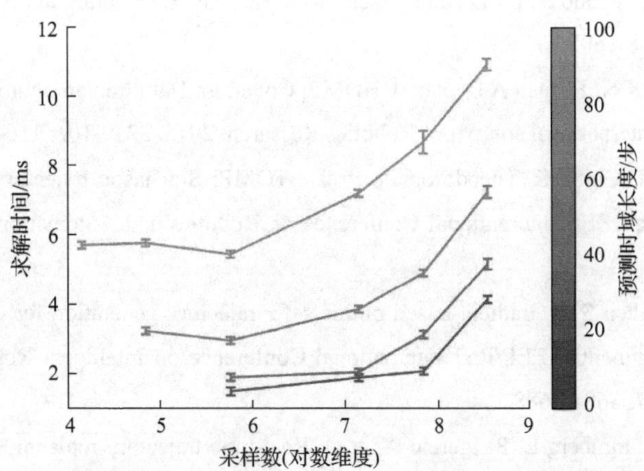

图 6.22　计算耗时分析结果(不同参数配置下计算消耗时长)

6.5 本章小结

针对面向感知受限条件下的无人机实时局部运动问题，本章首先设计了一套基于 MPPI 的无人机实时局部运动规划方法，给出了路径积分控制的原理与推导过程，并将其应用于基于模型预测控制的无人机运动规划中。然后，考虑无人机机载传感器有限的视场范围，设计了考虑有限视场角约束与安全约束的无人机运动规划方法，并将其应用于搭载深度视觉设备的小型多旋翼无人机的自主飞行。最后，考虑无人机在稀疏特征场景下的自主飞行问题，将本章所提方法用于处理运动规划与感知约束之间的冲突，并在稀疏特征场景下开展实验验证，实验结果表明本章所提方法可以在满足感知约束以及动态约束的前提下合理地规划无人机的运动轨迹，验证了该方法应对该类特殊场景的有效性。

参考文献

[1] Mellinger D, Kumar V. Minimum snap trajectory generation and control for quadrotors. IEEE International Conference on Robotics and Automation, Shanghai, 2011: 2520-2525.

[2] Richter C, Bry A, Roy N. Polynomial trajectory planning for aggressive quadrotor flight in dense indoor environments//Inaba M, Corke P. Robotics Research. Cham: Springer, 2016: 649-666.

[3] Deits R, Tedrake R. Efficient mixed-integer planning for UAVs in cluttered environments. IEEE International Conference on Robotics and Automation, Seattle, 2015: 42-49.

[4] Liu S K, Watterson M, Mohta K, et al. Planning dynamically feasible trajectories for quadrotors using safe flight corridors in 3-D complex environments. IEEE Robotics and Automation Letters, 2017, 2(3): 1688-1695.

[5] Zucker M, Ratliff N, Dragan A D, et al. CHOMP: Covariant Hamiltonian optimization for motion planning. The International Journal of Robotics Research, 2013, 32(9-10): 1164-1193.

[6] Kalakrishnan M, Chitta S, Theodorou E, et al. STOMP: Stochastic trajectory optimization for motion planning. IEEE International Conference on Robotics and Automation, Shanghai, 2011: 4569-4574.

[7] Gao F, Lin Y, Shen S J. Gradient-based online safe trajectory generation for quadrotor flight in complex environments. IEEE/RSJ International Conference on Intelligent Robots and Systems, Vancouver, 2017: 3681-3688.

[8] Usenko V, von Stumberg L, Pangercic A, et al. Real-time trajectory replanning for MAVs using uniform B-splines and a 3D circular buffer. IEEE/RSJ International Conference on Intelligent Robots and Systems, Vancouver, 2017: 215-222.

[9] Fabbri R, Costa L D F, Torelli J C, et al. 2D Euclidean distance transform algorithms: A

comparative survey. ACM Computing Surveys, 2008, 40(1): 1-44.

[10] Stengel R F. Optimal Control and Estimation. London: Springer, 1994.

[11] Fleming W H, Soner H M. Controlled Markov Processes and Viscosity Solutions. New York: Springer, 2004.

[12] Williams G, Aldrich A, Theodorou E A. Model predictive path integral control: From theory to parallel computation. Journal of Guidance, Control, and Dynamics, 2017, 40(2): 344-357.

[13] Theodorou E, Buchli J, Schaal S. A generalized path integral control approach to reinforcement learning. Journal of Machine Learning Research, 2010, 11: 3137-3181.

[14] Theodorou E A. Nonlinear stochastic control and information theoretic dualities: Connections, interdependencies and thermodynamic interpretations. Entropy, 2015, 17(5): 3352-3375.

[15] Yu S, Maier C, Chen H, et al. Tube MPC scheme based on robust control invariant set with application to Lipschitz nonlinear systems. Systems & Control Letters, 2013, 62(2): 194-200.

[16] Marruedo D L, Alamo T, Camacho E F. Input-to-state stable MPC for constrained discrete-time nonlinear systems with bounded additive uncertainties. IEEE Conference on Decision and Control, Las Vegas, 2002: 4619-4624.

[17] Tordesillas J, Lopez B T, How J P. FASTER: Fast and safe trajectory planner for flights in unknown environments. IEEE/RSJ International Conference on Intelligent Robots and Systems, Macau, 2019: 1934-1940.

[18] Qin T, Pan J, Cao S, et al. A general optimization-based framework for local odometry estimation with multiple sensors. arXiv preprint, arXiv:1901.03638, 2019.

第7章　面向未知环境的无人机自主探测运动规划方法

第 6 章设计的无人机局部运动规划方法可以实现复杂环境下点到点的运动规划，但其高度依赖人为给定目标点。面向环境勘探、灾后搜救等任务，无人机需要以最高的效率将环境中的待探测未知空间全部变为已知空间。因此，需要设计一种方法，使无人机根据目前已知环境，持续自主运算得出新的目标点，引导无人机不断朝向未知空间运动，从而达到高效探测未知空间的效果，这种方法称为自主探测方法。针对无人机的自主探测问题，本章通过前端探测引导结合后端局部规划，实现无人机对未知环境的高效探测。前端探测引导通过设计增量式的边界更新方法，将更新后的边界进行聚类作为优化对象，结合旅行商方法求解前端引导轨迹。为进一步提升探测效率，后端局部规划在考虑避障、无人机动力学等约束的基础上加入边界探测约束，结合 MPPI 方法的无梯度求解特性，实现高效的探测轨迹生成。

本章的主要内容安排如下：7.1 节设计基于边界的自主探测总体结构；7.2 节研究基于前端边界的探测引导生成方法具体实现；7.3 节设计基于边界增益约束的后端局部运动规划方法；7.4 节进行无人机自主探测方法实验验证；7.5 节给出本章小结。

7.1　概　　述

无人机自主探测方法主要用于实现面向未知环境的自主探测，通过前端方法分析地图得出最优探测引导，并根据前端引导，通过后端局部运动规划生成满足各项约束的轨迹，从而确保无人机在运动过程中实现信息的高效获取。近年来，国内外学者对自主探测方法展开了广泛研究。

7.1.1　相关工作

苏黎世联邦理工学院的 Bircher 等[1]提出了基于 NBV 的快速拓展随机树(RRT)采样方法，并通过改进全局 RRT 的维护策略[2]提升了采样方法的全局性。该方法利用 RRT 更倾向于向未知空间拓展的特性，通过分析前向采样在全局地图上能探测的未知区域大小，选择更优的探测方向，在机载计算机上实现了实时前端引导生成。文献[3]针对更复杂的大范围隧道式场景，用快速随机图(rapidly-exploring random graph，RRG）代替RRT采样，从而得以直接通过Dijkstra算法，提取随机图中的最短无碰撞引导路径。为进一步增加探索过程中的未知空间覆盖率，卡内基·梅隆大学的Cao等[4,5]提出了一种结合均值采样与旅行商问题的方法，并分别在无人车与无人机上验证了方法的有效性。然而，此类基于采样的方法在求解过程中往往基于贪婪策略以最大化短期的探测效率，造成了全局探测效率低下，甚至面对复杂场景时无法完成探测任务。因此，基于边界的探测算法由于其全局性方面的优异表现，成为目前无人机探测方法的主流。美国海军研究院的Yamauchi[6]首先提出了边界探测方法，该方法首先对全局地图进行处理分析，通过图像处理提取已知区域边界构建边界地图，并以拓展该边界为目的，实现了用于主动探测的无人机探测引导策略自主生成。在这一框架基础上，文献[7]针对前端引导方向与速度方向不符的问题，提出了基于边界的快速引导策略。该策略同时考虑了多旋翼无人机动力学模型及速度保持，有效提升了前端引导的有效性。为提高此类框架的局部探测效率，文献[8]与文献[9]引入采样方法到边界判断和引导轨迹生成过程中，减少了传统方法的运算量，并为局部探测提供了更详细的引导路径。为了增强引导策略的全局性，新加坡国立大学的Meng等[10]设计了基于二阶优化的引导策略。通过k-均值聚类方法提取若干边界目标点，将原本的引导生成问题转换为目标点间的非对称旅行商问题，从而求解全局遍历顺序，进一步增强了生成引导的全局最优性，然而仍未考虑无人机动力学，难以达到全局最优。

后端运动规划通常对前端给出的引导进行优化或轨迹生成。文献[11]中就直接应用了第6章相关工作中提到的B样条表达后端轨迹，并通过优化控制点完成优化。文献[12]中采用基于边界的方法生成全局引导后，采用图优化的方法，对全局路径进行二次优化后，再输入到B样条中，实现更全局的优化。然而，大多数规划方法后端均直接沿用局部规划方法，即点对点地生成一条动力学可行的安全避障轨迹，不考虑探测效率。而且随着感知技术与计算水平的发展，基于视觉设备的感知技术在小型多旋翼无人机平台上被越来越多地广泛应用。但由于体积与功耗限制，此类传感器的感知范围往往受视场限制约束，且感知范围与无人机平台自身运动轨迹息息相关，形成了更为复杂的约束。如何在计算效率较低的机载平台上实时求解这些复杂约束，也渐渐成为学术研究热点问题。

7.1.2　无人机自主探测方法结构设计

自主感知系统通过图像传感器不断大范围采样收集环境信息，实现状态估计与建图，通过分析地图并生成边界，然后求解节点对未知空间的探测效率，实现无人机自主探测。自主探测方法可以分为：选取最佳节点的采样法与拓展已知边界的边界法。由于采样法要求计算多个节点，对计算量要求大，且难以实时求得最优解。因此，针对无人机探测问题，本章重点研究基于边界的无人机自主探测方法，其方法结构如图 7.1 所示。

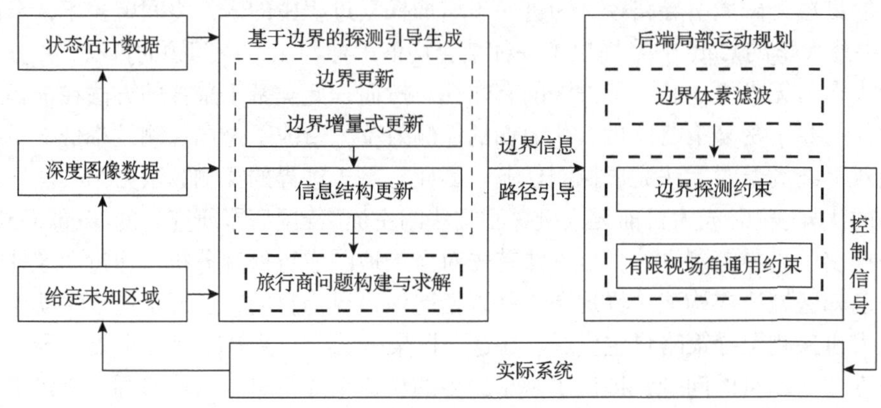

图 7.1　基于边界的无人机自主探测方法结构图

基于边界的无人机自主探测方法整体结构通常由前端与后端组成，前端分析地图并生成边界，然后基于边界生成引导路径。后端进行局部运动规划，将前端生成的引导路径优化为可直接被控制器跟踪的轨迹。面对一个初始未知的区域，小型无人机通过深度图像传感器不断收集环境信息，实现状态估计与建图。在得到状态估计和深度图像数据后，前端边界探测引导路径生成分为三部分：①在当前地图基础上完成边界增量式更新；②对每个边界聚类中储存的信息结构进行同步更新，如边界导航点、导航点间路径等；③根据信息结构，构建全局旅行商矩阵并求解，得出全局最优前端路径引导。将生成的边界地图与前端路径引导均发送到后端，对边界体素地图进行滤波处理，根据场景的不同选用不同的滤波方式，并将保留下的边界体素作为边界探测约束；同时，考虑到在实际飞行过程中，无人机面临的视场角约束问题、边界探测问题等，结合通用约束求解最优轨迹。

7.2　基于前端边界的探测引导路径生成

基于地图已知区域与未知区域的交界定义的边界自主探测方法是目前引导生成的研究热点问题。无人机在朝这些边界飞行时，传感器接收边界后的未探知区域信息，将新的信息存入地图中，从而增加已知范围并拓展边界。该方法的关键在于通过分析地图实现快速的边界更新，根据更新后的边界更新信息结构，构建旅行商问题并生成最优的探测引导。基于前端边界的探测引导路径生成方法具体流程如图 7.2 所示，无人机在维护障碍地图的基础上，额外保存全局边界地图。接收到环境信息并更新障碍栅格地图后，根据当前定位信息判断传感器位置与感知范围，移除感知范围内边界，然后采用图像处理中常用的区域生长方法实现新的边界聚类的生成[6]。考虑到区域生长方法最终划分出的边界属于同一聚类，聚类过大时不利于计算，且难以发挥边界方法的优势，采用主成分分析(principal component analysis，PCA)算法对聚类进行分割。得到更新后的边界聚类后，选用在每一边界聚类附近可达区域，选取一偏航角指向边界聚类导航点。当无人机到达导航点时，传感器可探知对应边界聚类。因此，导航点可代替边界聚类用于生成引导，保证引导轨迹的可达性。随后，为了保证引导方法具有全局最优性，利用 L-K(Lin-Kernighan)求解器求解无人机当前位置与所有导航点间的开环旅行商问题，得出全局最优引导路径，通过该路径可遍历所有导航点并使得路程最短。最后，由于无人机探测过程实质上是一个滚动优化过程，随着边界拓展，当前全局最优引导路径会很快地失去全局最优性。因此，采取 NBV 策略，选定引导路径的第一个节点作为给到后端的目标点，而非跟踪整个引导路径。

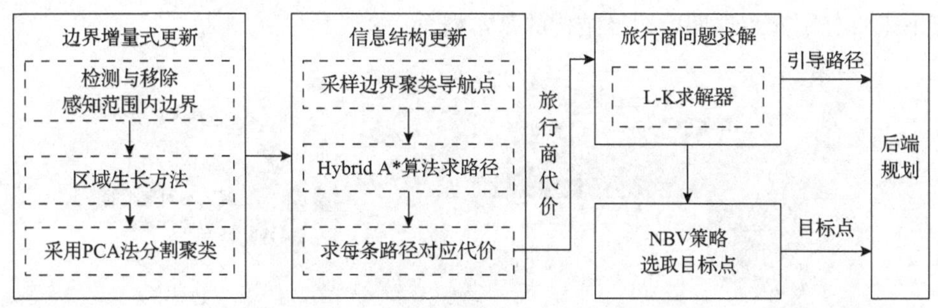

图 7.2　基于前端边界的探测引导路径生成方法

7.2.1　相关概念定义

在探测系统中，往往采用与后端运动规划相同的地图框架，即占据栅格地图作为探索任务的地图表示方式。相比点云地图等常用地图，占据概率地图更新更为简单，并且便于快速提取所需的环境信息。然而单纯的占据概率地图无法满足探测需求，无人机自主探测过程中需在占据概率地图中标记已知体素、未知体素、边界体素。在地图初始化阶段，认为所有体素都是未知体素。此后，在每次地图更新时，将空闲体素与占据体素均判定为已知体素。最后将未知体素附近的空闲体素判定为边界体素。

然而，每次更新时如果对全局地图的所有空闲体素都进行一次判断，需要消耗大量的运算资源，且该计算量随探测范围扩大将不断增长。另外，若仅依靠边界体素及聚类难以生成全局最优前端引导路径。因此，本节定义了多种存储于边界聚类中的边界信息结构，并描述了这些信息结构的增量式更新方式。通过增量式更新这些信息结构，可以实时构建更新旅行商代价矩阵，将前端引导问题转化为开环旅行商问题求解，得到全局最优解。

如 7.1.1 节中介绍的，通常采用传统边界探测方法求出边界体素后，对边界进行聚类，然后根据聚类生成引导。因此，传统方法的边界聚类信息仅包含聚类中心位置与每一聚类中边界的数量，无法进一步进行详细决策，如针对大部分未知的空间无法给出无人机安全可达的目标点、针对视场角受限的无人机无法给出能探测最大范围的偏航角等。因此，考虑定义一种包含多种信息的边界信息结构。

边界信息结构需要通过边界体素聚类计算得出，存储了对应边界聚类的相关信息。具体如图 7.3 所示，每个边界聚类 F_i 中将包含若干边界体素 C_i，如 F_3 包含了若干体素，这些体素统称为 C_3。取同一聚类中所有体素 C_i 的平均坐标后，可得到对应的聚类中心位置信息 $\boldsymbol{p}_i$。除了这几类基本信息，为了便于旅行商问题构造与求解，对应每个边界聚类额外引入四类不同的信息结构，包括轴对齐包围盒(axis-aligned bounding box，AABB)、无人机导航点、导航点间路径以及路径代价。接下来将分别介绍这四类边界结构的基本概念。

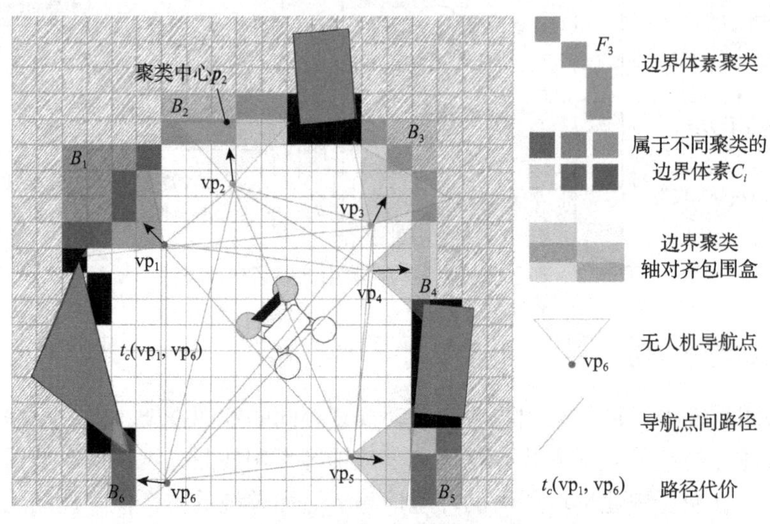

图 7.3　边界信息结构示意图

1. 轴对齐包围盒

轴对齐包围盒表现为一个比边界聚类体积更大，与坐标轴对齐且特性简单的几何体(包围盒)。在判断两个不规则区域是否有重合部分时，可以通过判断两个区域的包围盒是否重合进行近似的判断，从而简化计算与判断过程。

实际应用中，边界聚类 F_i 的轴对齐包围盒将创建一个每一个面均与坐标轴平面平行的长方体 B_i，且 B_i 完全包围聚类中所有边界体素。考虑轴对齐的特殊性质，通过求解两个端点即可确定 B_i：

$$\begin{aligned} \boldsymbol{p}_{\min} &= [x_{\min}, y_{\min}, z_{\min}] \\ \boldsymbol{p}_{\max} &= [x_{\max}, y_{\max}, z_{\max}] \end{aligned} \tag{7.1}$$

式中，$\boldsymbol{p}_{\min}$ 表示包围盒左下端点，是 C_i 中三个轴坐标最小值的集合；$\boldsymbol{p}_{\max}$ 表示包围盒右上端点，为坐标最大值的集合。这一最大最小值信息可通过遍历一次 C_i 中所有体素坐标快速得出。

2. 无人机导航点

无人机导航点在图 7.3 中表现为带有偏航角度和视场范围的点 vp_i。传统边界方法中，往往直接根据边界中心位置 $\boldsymbol{p}_i$ 生成目标点。一方面，在复杂环境中，$\boldsymbol{p}_i$ 存在落入未知空间或障碍物中的可能性，影响无人机自主飞行安全性。另一方面，由于边界与未知空间相邻，不同边界中心位置之间的轨迹也需要考虑避障及规避未知区域，导致最终生成的引导轨迹效率下降。因此，对于每个边界聚类，需要生成关于该聚类的导航点用于代替该聚类生成引导轨迹。

3. 导航点间路径

导航点间路径为图 7.3 中连接各个导航点间的线段。为了计算一条可遍历所有边界导航点的全局最优路径，需要构建并求解一个包含当前无人机位置与所有边界导航点的旅行商问题以计算出最优的导航点访问顺序。因此，需要计算每一对边界导航点和每个导航点与无人机当前位置之间的可行路径及该路径的代价。考虑无人机动力学约束，采用 Hybrid-A*算法[13]搜索导航点间的路径。同时，考虑到同时更新多个边界聚类时，对计算资源消耗过大难以实时，规定若路径搜索时间超过某个阈值则放弃搜索，以直线作为两点之间的大概估计路径。

4. 路径代价

求得导航点间的路径后，为了构建旅行商问题，需要为每条路径分配代价，在图 7.3 中，导航点 vp_1 与 vp_6 之间路径的代价为 $t_c(\mathrm{vp}_1, \mathrm{vp}_6)$。该代价的准确性直接影响后续求解出的前端路径的最优性。考虑到两导航点间偏航角变化需要时间，且 Hybrid-A*算法搜索的路径速度不尽相同，将路径长度作为代价会带来一定的误差。因此，选用导航点间运动消耗的时间代价作为路径代价。在有路径的情况下，该代价为无人机位置运动消耗的时间与偏航变化需要的时间中的最大值。在以直线作为两点之间的估计路径的情况下，通过两导航点间的欧氏距离与无人机运动的最大速度对时间代价进行大致估算。

在这四类信息结构中，仅 AABB 直接参与边界增量式更新过程，并且由于其结构较为简单，在边界增量式更新完成时，新边界对应的 AABB 也可以随之完成更新。而其他三类信息结构均依赖更新后的边界聚类完成计算，因此接下来先介绍边界增量式更新方法，然后根据更新后的边界聚类，分别介绍这三类信息结构的更新方法。

7.2.2　边界增量式更新

传统方法中为了完成边界更新，往往需要遍历所有已知空闲体素并加以判断，造成极大的计算资源损耗。然而实际运行时，由于视场范围有限，每次地图只需要更新部分边界即可。受文献[12]中提出的方案启发，采用边界增量式更新方式对边界地图进行更新，步骤如图 7.4 所示。首先，根据 AABB 与更新范围的交集检测位于更新区域内的原有边界(图 7.4(a))；其次，将这些原有边界及其边界信息移除(图 7.4(b))；再次，采用区域生长算法完成新边界的分割与体素聚类(图 7.4(c))；最后，对于过大的聚类，采用 PCA 算法判断出主轴，并对聚类进行分割(图 7.4(d))。接下来将分别描述每一步骤的详细过程。

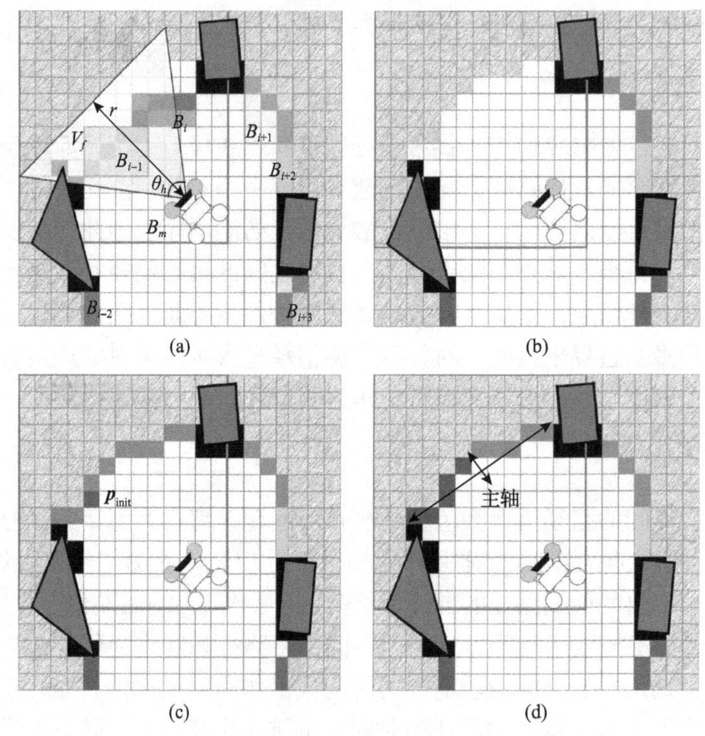

图 7.4　边界增量式更新过程

1. 更新区域内边界检测

无人机自主运动与主动规划均为较上层的功能，高度依赖无人机自主定位的结果。在此假设无人机状态准确已知，在得到无人机状态信息后，可以根据这一状态信息及传感器基本参数信息（水平视场角 θ_h、最大感知距离 r）预测出对应该状态的视场范围 V_f，这一视场范围即为边界地图需要更新的部分。为了便于运算得出哪些体素是需要更新的，此处用一个略大于 V_f 的轴对齐包围盒 B_m（如图 7.4(a) 中方框）作为更新区域。

求得更新区域 B_m 后，需要更有效率地查找哪些边界体素或边界聚类位于该区域内。根据先前边界信息结构的定义，对于任意边界体素聚类，均有一个轴对齐包围盒 B_i 正好包围该聚类。且当 B_i 与 B_m 有重合部分时，可认为该边界聚类与更新区域存在交集，需要更新。

2. 移除更新区域内边界

完成感知区域内的边界检测后，需要对这些边界进行更新。考虑到视场遮挡、视角限制等因素，难以直接确定边界聚类的变化，因此采取移除 B_m 内的全部旧边界，重新分割聚类的方式完成更新过程，如图 7.4(b) 所示。

边界移除时，首先需要将边界对应的信息结构，如 AABB、导航点、路径全部删除，然后遍历这一边界聚类，将聚类中的所有体素在地图中置为已知空闲状态，并从存储边界体素的数组中移出。最后，在存储聚类的数组中删除该边界聚类信息。

3. 采用区域生长算法生成新边界

删除旧的边界聚类后，需要根据更新后的栅格地图添加新的边界体素。由于边界体素具有性质相同、易于判断的特性，而且一个区域内的边界体素往往是相连的，因此可以采用经典的区域生长算法完成边界聚类分割。该算法最初被应用于图像处理过程中的图像分割，可以在没有先验知识时以比较简单的方式，将复杂的图像联通区域分割出来。

实际应用该算法完成边界分割时，首先需要指定一个初始拓展位置 $\boldsymbol{p}_{\text{init}}$。这一位置可通过遍历与采样的方式得到。为了将所有边界都准确地划分出来，采用遍历的方式，具体过程如下。

(1) 将更新区域内的所有已知空闲体素都存入待处理队列 C 中（图 7.4(c) 中方框内的所有白色体素），每次取一个体素对其进行判断。若该体素的相邻体素中包含未知体素，则认为它属于边界体素，可以从该体素进行区域生长。

(2) 开始生长后，将该体素安排到一个新的聚类中，并将它的所有相邻体素加入另一个待判断队列 Q 中。迭代地遍历队列 Q 并判断其中的体素是否为边界，若某一体素为边界则将其相邻体素也加入 Q 中，并在队列 C 中将该边界体素移除，表示这一体素完成处理。

(3) 判断过程结束后将体素从 Q 中移除。这一过程持续到 Q 中的所有元素均被移除，此时所有判断出的边界体素均为相邻的，因此可以聚为同一类。

(4) 当这一聚类过程结束后，从 C 中另取一个体素作为生长的初始点，直到 C 中所有体素均被处理完成。

4. 采用 PCA 算法分割聚类

区域生长算法会将所有相邻边界聚为一类，导致无人机探索较空旷的场景时会产生过大边界聚类，这些过大的边界聚类会影响计算效率，同时不利于更精细的引导生成。因此，需要进行聚类分割。若边界聚类大小在 $\{x, y, z\}$ 三个维度中的任意一个方向超过阈值，则认为该聚类过大需要分割。首先，对过大的体素聚类采用 PCA 算法求出该聚类最长的主轴，然后遍历聚类内的体素，根据主轴对体素进行分割把聚类平分为两个不同聚类。最后，重新对两个聚类进行判断，迭代地进行分割，直到最终新生成的边界聚类大小均在规定范围内。

7.2.3　信息结构更新

新生成的边界聚类仅包含边界体素信息与聚类中点信息，因此需要通过信息结构更新方法补充上述定义的信息结构，如图 7.5 所示。通常，边界聚类对应的 AABB 在聚类分割完成时就已经确定，此处不再赘述。首先，在边界聚类附近采样多个位姿点，其位姿均指向边界聚类中点，以能覆盖最多聚类体素的位姿点作为导航点(图 7.5(a))。然后，通过 Hybrid-A*算法求解所有导航点间路径(图 7.5(b))，该算法会同时保存确定集合与候选集合，通过在控制空间中每次采样一组控制量 $\boldsymbol{U}_{\text{set}}$，结合当前搜索到的状态，前向生成多个不同的新状态，然后通过评估每个状态的运行代价(图 7.5(b) 中实线轨迹对应的代价 G_c) 和启发式代价(图 7.5(b) 中虚线轨迹对应的预测代价 H_c) 选出代价最小的新状态，将其存入确定集合中，并把它的邻近状态存入候选集合中等待判断。将确定集合中每次得到的最优状态相

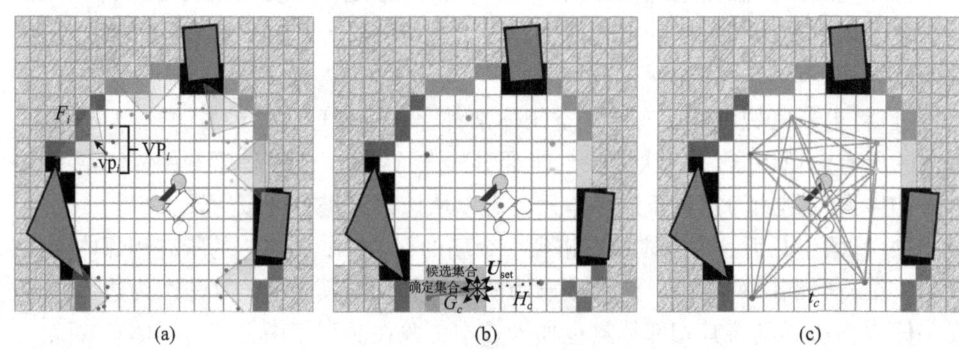

图 7.5　边界信息结构更新与引导生成过程

连，就得到了目前的最优轨迹。最后，求解所有路径的代价 t_c (图 7.5(c))，用于构造后续的旅行商问题。

1. 采样获取导航点

对于新生成的边界聚类 F_i，考虑到小型四旋翼无人机有限视场角约束，选择在四维空间 $\{x,y,z,\psi\}$ 上进行采样取得一组位姿点 VP_i 并选取其中最优的一个位姿作为导航点 vp_i。位姿点 $\mathrm{vp}_i=\{x,y,z,\psi_i\}$ 包含的位置信息与偏航角信息将分两步求得。首先，针对位置信息，在边界聚类 F_i 的中心点 $\boldsymbol{p}_i$ 周围一定空间内进行 $\{x,y,z\}$ 空间的采样，并删除位于占据栅格附近的采样点，将得到的多个采样位置作为候选的位置信息，如图 7.5(a)所示。然后，根据候选位置与聚类中心 $\boldsymbol{p}_i$ 之间的角度关系，计算得出每个候选位置对应的最佳偏航角 ψ_i，使无人机位于该采样位置时，通过该偏航角能使传感器最大限度地覆盖 F_i 中的边界体素，具体采样方法如图 7.5(a)所示。根据该采样方法得到一组采样点后，选取其中可达且能覆盖最多边界体素的一个采样点作为最终边界导航点，如图 7.5(a)中的 vp_i 所示。

2. 采用 Hybrid-A*算法求解导航点间路径

求出导航点后，求解全局最优引导轨迹的过程就变为求一条遍历所有导航点的最优旅行商路径的过程。而要求解这一旅行商问题，首先需要明确每两个导航点之间的路径与该路径对应的代价。对于路径的搜索，考虑到求解旅行商问题需求解每个导航点间的路径，为了兼顾计算时间与路径效果，应用一种改进后的 Hybrid-A*算法搜索两两导航点间动力学可行且无碰撞的最佳路径。

与标准 A*算法类似，Hybrid-A*算法是一种利用候选集合与确定集合实现节点访问与判断的搜索算法。标准 A*算法通常在状态空间内对节点进行采样，例如将栅格地图的体素中心作为节点，通过相邻节点间的拓展达到终点位置。为了满足动力学约束，Hybrid-A*算法考虑在控制空间采样，将无人机根据运动学模型前向生成得到的状态作为节点。

完成此类上述定义后，Hybrid-A*算法的主要流程可以总结如下。

(1) 初始化，产生一系列固定的控制基元，对候选集合与确定集合进行初始化。

(2) 前向生成，对于当前节点，根据控制基元可生成一系列新的状态。通过求解状态代价，选出其中最优的状态。

(3) 节点更新，利用最优状态及其邻近状态对候选集合与确定集合进行更新。

(4) 从候选集合中再次进行前向生成，迭代地完成路径搜索。

接下来对每个流程进行详细介绍。首先，实现运动基元与集合的初始化。本章中采用 Hybrid-A*算法对无人机位置与速度同时进行规划，可以将控制基元设

定为加速度，如

$$\begin{aligned}&\boldsymbol{U}_{\text{set}}=\{\boldsymbol{u}_0,\boldsymbol{u}_1,\cdots,\boldsymbol{u}_k\}\\&\boldsymbol{u}_i=\{u_{xi},u_{yi},u_{zi}\}=\boldsymbol{a}_i=\{a_{xi},a_{yi},a_{zi}\},\quad i=0,1,\cdots,k\end{aligned}\tag{7.2}$$

式中，k 为规定的相邻节点的数量，k 越大，控制基元采样越多，搜索出的轨迹越精细，但计算所需资源越大；u_{xi}、u_{yi}、u_{zi} 分别为运动基元拆分到三个方向的控制输入量，通常环境下进行平面路径搜索时可将 u_z 置为 0。

将确定集合置为空集，将起点 vp_i 放入候选集合中。根据起点 vp_i 状态，从 $\boldsymbol{U}_{\text{set}}$ 中任意选择一个控制基元，进行步长为 T 的前向生成，进而生成一个不同的状态，这些状态即为起点 vp_i 的相邻节点。将其中所有可达的节点均放入候选集合中，把 vp_i 设置为这些节点的父节点。随后，将 vp_i 从候选集合中移除，加入到确定集合中。确定集合中的节点都是已经确定父系关系，且可保证总体代价最小，不需要再进行其他优化或选取的。

初始化完成后，从候选集合中再选取代价最小的节点，继续进行前向生成以及代价求解。与其他搜索算法不同，A*算法每个节点的代价 F_c 定义为：从起点出发到当前节点的运动代价 G_c 与当前节点到终点的预测代价 H_c 的加和，接下来将分别描述 G_c 与 H_c 的求解过程。

为了寻找时间消耗及控制代价均最优的轨迹，参照文献[14]，将无人机各个节点之间运动的动力学代价定义为

$$\begin{aligned}&C=\sum_{d\in\{x,y,z\}}C_d\\&C_d(\tau)=\int_0^{\tau}u_d^2(t)\mathrm{d}t+\omega_t\tau\end{aligned}\tag{7.3}$$

式中，ω_t 表示人为给定的时间参数；τ 表示该轨迹的无人机运动时长。

由于相邻节点间采用的运动基元在步长 T 时间内固定不变，在邻近节点间运动时式(7.3)可离散化为

$$C_{\text{nei}}=\sum_{d\in\{x,y,z\}}u_d^2T+\omega_tT=T\sum_{d\in\{x,y,z\}}u_d^2+\omega_t\tag{7.4}$$

假设从起点到当前节点的最优路径经过 N 个节点，该节点的总运动代价 G_c 可由 N 个节点之间运动代价简单加和得到

$$G_c=\sum_{i=1}^{N}C_{\text{nei},n}=\sum_{i=1}^{N}T\sum_{d\in\{x,y,z\}}u_{di}^2+\omega\tag{7.5}$$

式中，u_{di} 为第 i 步节点到最优邻近节点的控制量。

节点的预测代价 H_c 是一个启发式代价，在 Hybrid-A*算法中，该代价旨在预测当前节点到目标状态的最优闭式轨迹的代价。首先，定义闭式轨迹中待优化的状态为 $\boldsymbol{s}=\left[p_d,v_d\right]^{\mathrm{T}}$，则系统状态方程为 $\dot{\boldsymbol{s}}=f(\boldsymbol{s},u_d)=\left[v_d,a_d\right]^{\mathrm{T}}$。根据庞特里亚金最小值原理[15]，引入协变量 $\boldsymbol{\lambda}=\left[\lambda_1,\lambda_2\right]^{\mathrm{T}}$，可建立哈密顿方程：

$$\begin{aligned} H(\boldsymbol{s},u_d,\boldsymbol{\lambda}) &= u_d(t)^2+\boldsymbol{\lambda}^{\mathrm{T}} f(\boldsymbol{s},u_d) \\ &= a_d^2+\lambda_1 v_d+\lambda_2 a_d \end{aligned} \tag{7.6}$$

式中，协变量 $\boldsymbol{\lambda}$ 对时间的导数与哈密顿方程对状态的偏导有关，且 λ_1、λ_2 的导数分别对应哈密顿方程对位置、速度的偏导，即

$$\begin{gathered} \dot{\boldsymbol{\lambda}}(t)=\begin{bmatrix} -\dfrac{\partial H(\boldsymbol{s},u_d,\boldsymbol{\lambda})}{\partial p_d} \\ -\dfrac{\partial H(\boldsymbol{s},u_d,\boldsymbol{\lambda})}{\partial v_d} \end{bmatrix}=\begin{bmatrix} 0 \\ -\lambda_1 \end{bmatrix} \\ \boldsymbol{\lambda}=\begin{bmatrix} \lambda_1 \\ \lambda_2 \end{bmatrix}=2\begin{bmatrix} \alpha \\ -\alpha t-\beta \end{bmatrix} \end{gathered} \tag{7.7}$$

式中，α 、β 为常数。

确定协变量 $\boldsymbol{\lambda}$ 后，可代入式(7.6)求解 a_d。对式(7.6)中的哈密顿方程，求关于 a_d 的偏导，已知在导数等于零时取得最小值，即此时

$$0=2a_d+\lambda_2 \tag{7.8}$$

即 $u_d^*(t)=a_d^*(t)=\alpha t+\beta$ 时，闭式轨迹具有最优性。接下来，求解常数 α、β 即可得到最优轨迹及该轨迹对应的预测代价。

已知起点状态与终点状态的情况下，闭式轨迹可由关于时间的函数表示，即

$$p_d^*(t)=\iint u_d^*(t)\mathrm{d}t^2+v_d^0 t+p_d^0=\frac{1}{6}\alpha t^3+\frac{1}{2}\beta t^2+v_d^0 t+p_d^0 \tag{7.9}$$

式中，p_d^0 、v_d^0 为当前节点的状态；$p_d^*(t)$ 为该闭式最优轨迹上任意时刻 t 对应的无人机 $d\in\{x,y,z\}$ 轴位置。由于路径搜索目标点 vp_j 位置已知，速度通常设为 0，可以根据式(7.9)的边界条件得到另一组等式：

$$\mathrm{vp}_j^d=\begin{bmatrix} p_d^*(T_a) \\ v_d^*(T_a) \end{bmatrix}=\begin{bmatrix} \dfrac{1}{6}\alpha {T_a}^3+\dfrac{1}{2}\beta {T_a}^2+v_d^0 T_a+p_d^0 \\ \dfrac{1}{2}\alpha {T_a}^2+\beta T_a+v_d^0 \end{bmatrix} \tag{7.10}$$

式中，vp_j^d 表示目标点的第 $d\in\{x,y,z\}$ 维分量 vp_j；T_a 表示无人机从当前节点运

动到目标点的时间。将α、β移到等式左边，可求得该参数关于T_a的表达式如下：

$$\begin{bmatrix}\alpha\\ \beta\end{bmatrix}=\frac{1}{T_a^3}\begin{bmatrix}-12 & 6T_a\\ 6T_a & -2T_a^2\end{bmatrix}\begin{bmatrix}p_d^*(T_a)-p_d^0-v_d^0T\\ v_d^*(T_a)-v_d^0\end{bmatrix} \tag{7.11}$$

根据时间的不同可计算得出多组不同参数，从而产生多条多项式轨迹，因此需要求解最优的T_a，使运动代价最小的轨迹作为最优轨迹，根据最优轨迹得到预测代价。将时间T_a代入式(7.3)中，从而得到预测的多条多项式轨迹代价关于轨迹时间的函数为

$$\begin{aligned}C&=\sum_{d\in\{x,y,z\}}C_d\\ C_d(T_a)&=\int_0^{T_a}u_d^2(t)\mathrm{d}t+\omega_t T_a\\ &=\frac{1}{3}\alpha^2T_a^3+\alpha\beta T_a^2+\beta^2T_a+\omega_t T_a\end{aligned} \tag{7.12}$$

求该函数取极小值，即$\dfrac{\partial C_d(T_a)}{\partial T_a}=0$时的最优时间$T_a$，即可确定此时的最优轨迹参数$\alpha$、$\beta$与最优轨迹代价$C_d^*(T_a)$，该代价即为节点预测代价$H_c$。

最终，候选集合中任意节点的总代价为$F_c=G_c+H_c=G_c+C^*(T_a)$，即该节点的运动代价与预测代价的和。

得到各新节点的代价后，对两类集合中的节点进行更新。从候选集合中选取F_c最小的节点n^*，对该节点进行如下操作。

(1)将n^*从候选集合中取出，放入确定集合并保存该节点与父节点的关系。

(2)根据n^*节点状态及事先规定的$\boldsymbol{U}_{\text{set}}$，再生成一组相邻节点，$n^*$为这些节点的父节点。检查这些相邻节点状态，剔除其中不可达的节点及位于确定集合中的节点，将其余节点全部加入候选集合中计算代价并排序。

(3)考虑到Hybrid-A*算法的完备性，对n^*的相邻节点进行路径重构：若相邻节点与之前存在的节点距离小于一定阈值，则将两节点进行合并；对合并后的节点进行判断，若将父节点重设为n^*可减少总体运动代价，则修改该节点的父节点关系，然后重新计算该节点代价并加入候选集合。

通过重复进行上述操作，每次从候选集合中取代价最小的节点加入确定集合并拓展候选集合，最终可以搜索出一条完整的节点路径，从起点vp_i出发并不断拓展。借由启发式函数的引导，拓展过程始终朝向终点vp_j方向。此外，为了节约计算量，每一次拓展过程中都会计算当前节点与终点间是否存在直线路径，如果存在，直接将当前节点存入确定集合，并结束搜索过程。

搜索过程结束后，将确定集合内所有节点，按父子关系连接即可得到一条满足动力学约束的优化路径。考虑到该路径搜索过程需要在每两个导航点间执行一次，若导航点总数为 N，有 n 个新导航点需要进行路径搜索，则需要进行 $\frac{(n-1)(n-2)}{2}+n(N+1)$ 次运算。为了避免该步骤时间消耗过多，设定 Hybrid-A* 算法路径搜索时间上限 $t_{\max}$，若搜索时间超过该时间仍未得到可行路径，则两导航点间路径用直线代替。

3. 求解导航点间路径代价 t_c

得到任意两个导航点间的路径后，计算路径产生的代价，即可通过旅行商代价矩阵描述所有导航点之间的旅行商问题，继而通过 L-K 方法根据代价矩阵快速求解该问题，得到最优导航点访问序列。此处，考虑到无人机在执行探索任务中的首要制约因素是飞行时间，选用路径消耗的时间作为路径代价 t_c。对于 Hybird-A*算法，由于该算法仅在某一节点到终点间存在直线路径时停止搜索，因此 Hybird-A*路径总是由几段前向路径与一段直线路径构成的，且每段前向路径的运行时间为一个固定值 T_a，因此时间消耗代价设定为路径节点数量与 T_a 的乘积加上最后直线路径的时间消耗估计，如式(7.13)所示：

$$t_c(\mathrm{vp}_i,\mathrm{vp}_j)=\max\left\{T_a n_{\mathrm{num}}+\frac{1.5\left\|\boldsymbol{p}_{\mathrm{vp}_j}-\boldsymbol{p}_n\right\|}{\boldsymbol{v}_{\max}},\frac{\min\left(\left|\psi_{\mathrm{vp}_j}-\psi_{\mathrm{vp}_i}\right|,2\pi-\left|\psi_{\mathrm{vp}_j}-\psi_{\mathrm{vp}_i}\right|\right)}{\dot{\psi}_{\max}}\right\} \tag{7.13}$$

式中，n_{num} 表示 Hybird-A*节点数目；$\boldsymbol{p}_n$ 表示路径中最后一个节点的位置，根据它与终点的距离及最大速度可大致估算最后一段直线路径的时间消耗；ψ_{vp_i} 和 ψ_{vp_j} 分别表示导航点 vp_i 和 vp_j 的偏航角；$\dot{\psi}_{\max}$ 表示人为规定的最大偏航角变化率。该时间代价体现了符合最大速度与最大偏航变化率约束情况下，按照导航点间路径运动所需的一般时间消耗。若两导航点间路径搜索超出时间上限，未能得到可行路径，则根据导航点间欧氏距离可求得另一类路径代价：

$$t_c(\mathrm{vp}_i,\mathrm{vp}_j)=\max\left\{\frac{2\left\|\boldsymbol{p}_{\mathrm{vp}_j}-\boldsymbol{p}_{\mathrm{vp}_i}\right\|}{\boldsymbol{v}_{\max}},\frac{\min\left(\left|\psi_{\mathrm{vp}_j}-\psi_{\mathrm{vp}_i}\right|,2\pi-\left|\psi_{\mathrm{vp}_j}-\psi_{\mathrm{vp}_i}\right|\right)}{\dot{\psi}_{\max}}\right\} \tag{7.14}$$

通过式(7.13)或式(7.14)计算求得导航点间路径代价后，可以构建旅行商问题并求解。

7.2.4　旅行商问题构建与求解

在传统边界探测方法中，实现边界聚类更新后，通常直接根据边界聚类与当前无人机的距离，将无人机引导向最近的边界进行探测[6]。然而一方面，这类基于贪婪思想的方法难以得到全局最优引导，在探测过程中往往出现某些区域被多次重复访问的现象，使得探测效率大幅下降；另一方面，在无人机视场范围(field of view, FOV)受限的情况下，为了保证对边界体素的覆盖需要偏航变化，此时距离最近的边界聚类可能需要做较大的偏航转动，时间消耗并非最优且带来了控制上的风险。

受文献[10]的启发，全局最优路径的求解可描述为以下问题：

$$\begin{aligned}&\min Z=\sum_{i=1}^{N_f}\sum_{j=1}^{N_f}t_c(\mathrm{vp}_i,\mathrm{vp}_j)\\&\text{s.t.}\quad \sum_{j=1}^{N_f}(\mathrm{vp}_i,\mathrm{vp}_j)=1,\quad \sum_{k=1}^{N_f}(\mathrm{vp}_k,\mathrm{vp}_i)=1,\quad j\neq k,\quad i=1,2,\cdots,N_f\end{aligned}\tag{7.15}$$

式中，Z 表示全局路径代价；N_f 表示目前的边界聚类总数，同时也是导航点总数。式(7.15)中的等式约束只对于每个导航点而言，且仅有两个导航点与其相连，所有节点间不构成子回路。该问题描述与常规旅行商问题一致，因此可以将根据边界聚类生成引导路径的过程，重构为边界导航点间的旅行商问题求解过程。

如图 7.6(a)所示，图中实线线段为所有导航点间的轨迹，利用这些轨迹及对应代价求解出访问顺序后，即可得到虚线折线，即最优旅行商路径。然后，结合 NBV 算法从访问序列中选取第一个导航点作为局部目标点，送到后端局部规划中，如图 7.6(b)所示生成后端轨迹。接下来详细描述旅行商问题构建及求解过程。

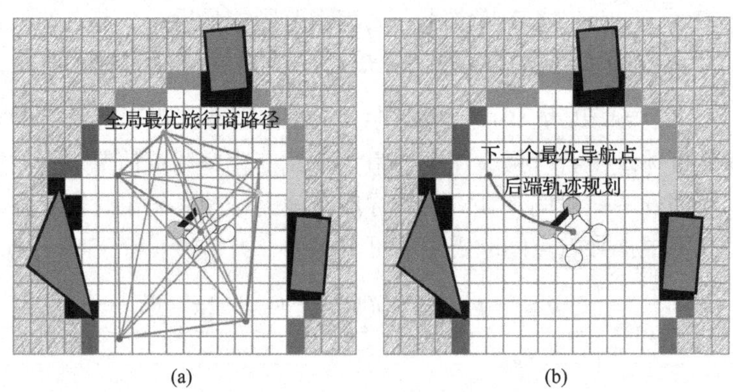

图 7.6　最优旅行商路径与 NBV 算法

1. 构建非对称旅行商问题

为了便于 L-K 求解库[16]的求解，将旅行商问题构建为代价矩阵形式，即矩阵中的第(i,j)个元素表示第i个节点与第j个节点间的代价，全局路径代价为矩阵每一行取一个列数不重复元素的加和。对于目前的N_f个边界聚类，相应地可构造一个N_f+1维代价矩阵$\boldsymbol{M}_{\text{tsp}}$。该矩阵主要由三部分组成：①所有导航点间的代价矩阵，矩阵维度为$N_f \times N_f$；②当前位置到任意导航点的代价向量，矩阵维度为$1\times N_f$；③代价矩阵补充部分，矩阵维度为$\left(N_f+1\right)\times 1$。接下来将分别介绍这三部分元素组成及含义。

(1) 导航点间的代价矩阵：对于任意两个导航点vp_i、vp_j间代价，由于路径搜索时，将两个导航点速度状态均设为0，最终得到的路径可视为可逆的，故从导航点vp_i到导航点vp_j的代价等同于vp_j到vp_i的代价，且均为边界信息结构中定义的导航点间路径代价t_c，即

$$\boldsymbol{M}_{\text{tsp}}(i,j)=\boldsymbol{M}_{\text{tsp}}(j,i)=t_c(\text{vp}_i,\text{vp}_j),\quad i,j=1,2,\cdots,N_f \tag{7.16}$$

(2) 当前位置到任意导航点的代价向量：考虑到期望的旅行商路径均从无人机当前状态$\boldsymbol{s}_0=\{\boldsymbol{p}_0,\psi_0\}$出发，需要将当前无人机位置$\boldsymbol{p}_0$也作为旅行商问题的一个节点加入计算。因此，采用边界信息结构中提到的 Hybrid-A*算法搜索当前状态$\boldsymbol{s}_0$到各个导航点的路径及产生的路径代价。最终，将这些代价填充到代价矩阵顶部，即

$$\boldsymbol{M}_{\text{tsp}}(0,i)=C_{0i}=t_c(\boldsymbol{s}_0,\text{vp}_i)+\omega_s\cdot\arccos\frac{(\boldsymbol{p}_i-\boldsymbol{p}_0)\cdot\boldsymbol{v}_0}{\left\|\boldsymbol{p}_i-\boldsymbol{p}_0\right\|\left\|\boldsymbol{v}_0\right\|} \tag{7.17}$$

边界导航点速度均设为0，而当前无人机速度往往不为0，因此需要在式(7.17)中引入运动一致性代价。式(7.17)中，ω_s是人为给定的参数，后半段为引入的运动一致性代价，需要改变速度大小与方向所需的控制代价。

(3) 代价矩阵补充部分：将以上代价均填入代价矩阵后，矩阵中仍然缺少一个$(N_f+1)\times 1$的维度。引起该问题的原因是当前构建的旅行商形式为开环旅行商形式，即不要求无人机回到旅行商起始点(当前位置)的旅行商。由于开环旅行商问题难以解决，考虑补充代价矩阵，将开环旅行商问题转换成非对称的闭环旅行商问题。

闭环旅行商问题要求最终回到起始点，这意味着需要新加入导航点到当前节点的代价，从而实现这一问题的构造。考虑到最终所需的序列是不包含返回当前节点的，为了不对旅行商求解的结果造成影响，将从所有导航点到当前节点的代价均设为 0。加入这一 0 值代价后，旅行商路线可形成闭环，但当前节点到导航点的代价$\boldsymbol{M}_{\text{tsp}}(0,i)$与导航点到当前节点的代价$\boldsymbol{M}_{\text{tsp}}(i,0)$不相等，因此此类问题被

转换为非对称闭环旅行商问题，即

$$\boldsymbol{M}_{\mathrm{tsp}}(i,0)=0,\quad i=0,1,\cdots,N_f \tag{7.18}$$

最终，构建得出一个非对称旅行商问题，该问题通过如图 7.7 所示的旅行商矩阵表示。图中用 i 表示被省略的多个元素中所有可能出现的元素，白色部分为导航点间代价，阴影部分为当前位置到导航点的代价，灰色部分为代价矩阵补充部分。得到该代价矩阵后，可以借助 L-K 旅行商问题求解库对该旅行商矩阵进行求解。

	$\boldsymbol{p}_0$	vp_1	vp_2	$\cdots$	vp_{N_f}
$\boldsymbol{p}_0$	0	C_{01}	C_{02}	C_{0i}	C_{0N_f}
vp_1	0	0	$t_{c(1,2)}$	$t_{c(1,i)}$	$t_{c(1,N_f)}$
vp_2	0	$t_{c(2,1)}$	0	$t_{c(2,i)}$	$t_{c(2,N_f)}$
$\vdots$	0	$t_{c(i,1)}$	$t_{c(i,2)}$	0	$t_{c(i,N_f)}$
vp_{N_f}	0	$t_{c(N_f,1)}$	$t_{c(N_f,2)}$	$t_{c(N_f,i)}$	0

图 7.7　包含 N_f 个导航点的旅行商矩阵

2. 求解旅行商问题

对于旅行商问题这一经典组合优化中的 NP 难问题(即多项式复杂程度的非确定性问题)，在问题达到一定规模的情况下往往难以高效地得到其全局最优解。因此，为了在求解效率与解的有效性之间取得均衡，此处采用 L-K 算法对旅行商问题进行求解。

L-K 算法属于一种 λ-opt 算法，其中 λ 为可变量。该方法为一种基于路径调换思路的启发式算法。对 n 个节点之间的旅行商问题，路径调换的基本思路通常是先随机取得一个解，将该 n 个节点全部连接起来。此后，每次调换该解中的 $i(i=2,3,\cdots,n)$ 条路径，构造出与之前不同的全局路径，然后比较调换前后的全局路径代价，保留代价较小的一个，通过多次迭代获得更好的路径，其过程示例如图 7.8 所示。

通常，λ 值越大，最终迭代出的路径越有可能是全局最优解。当 $\lambda=n$ 时，算法每次迭代时都尝试交换所有路径，该算法必然能取得最优解。然而，随着 λ 值

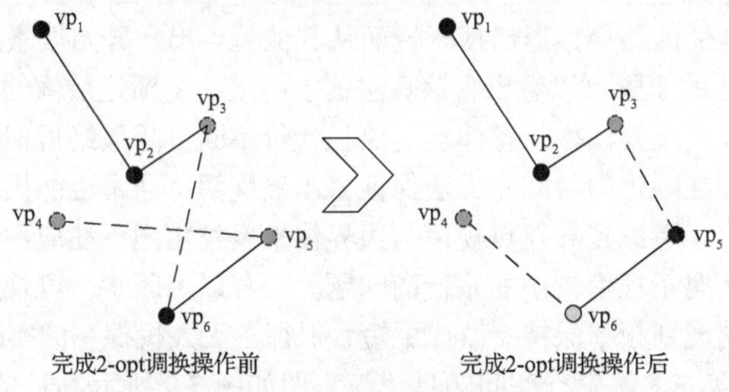

图 7.8　2-opt 路径调换示例

的增加，交换路径所需的运算次数也呈指数形式上升。对于最原始的 λ-opt 算法，完成一整轮调换操作的时间复杂度为 $O(n^{\lambda})$，在节点数 n 与 λ 值较大时，该复杂度会变得无法承受。因此，通常只能限制 $\lambda=2$ 或 $\lambda=3$，这严重影响了算法的性能。另外，由于 λ 的大小必须在算法开始运行前给定，面对本节构造的每个规划周期都不同的旅行商问题，很难有一个合适的参数达到解的质量与运行时间的平衡。

为了解决这一问题，L-K 算法在原有路径调换算法的基础上进行了改进。实现时，该算法将动态地调整每次路径调换的数量，具体流程如下。

对于没有经过优化的节点，将尝试进行 2-opt 调换操作。如图 7.8 所示，首先确定两个需要优化的节点 vp_3 与 vp_4，然后分别找出与它们相连的路径(如图 7.8(a)中虚线路径所示)以及该路径连接的节点(对应图 7.8(a)中的 vp_5 与 vp_6)。然后，在这四个节点间尝试进行路径调换。调换后的新路径应满足以下条件：

(1)不属于原有全局路径；

(2)组成的新的全局路径与之前尝试的没有完全重复。

对于满足该条件的路径，比对调换后的路径代价之和与原有的路径代价之和的大小，若此时路径调换后，整体代价变小，即符合公式：

$$t_c(\mathrm{vp}_1,\mathrm{vp}_2)+t_c(\mathrm{vp}_3,\mathrm{vp}_4)-\left(\left(t_c(\mathrm{vp}_2,\mathrm{vp}_3)+t_c(\mathrm{vp}_1,\mathrm{vp}_4)\right)>0 \tag{7.19}$$

则将原有的两条路径删除，用新产生的路径替代，完成一次 2-opt 调换操作。

若不满足式(7.19)，L-K 算法并不会像传统方法一样立刻开启下一次 2-opt 调换的选取，而是继续搜索下一条可供替代的路径，从 2-opt 拓展到 3-opt。即从 vp_4 的邻近节点出发，再次搜索一条可调换边 $(\mathrm{vp}_5,\mathrm{vp}_6)$。此时，可选择的待添加边数量将从 2-opt 时的两条拓展为 3！条，从中选取总代价最小且可以使旅行商路径闭环的三条轨迹作为替代轨迹，完成一次 3-opt 操作。值得一提的是，该拓展过程不会一直进行。当拓展到 5-opt 仍无法找到代价更小的替代轨迹时，通常认为从 vp_1

出发找不到更合适的路径，退出搜索转而从其他节点出发开始搜索。

从 L-K 算法的步骤可以看出，该算法的求解是一个渐近最优的过程，通过对不同节点间路径的反复调换，整体全局路径代价不断下降最终近似全局最优。因此，该算法即便在限定的时间内无法保证得出最优解，通常也能提供一个优化后的较优解。同时，考虑到导航点规模与边界体素聚类相同，在应用中导航点数量通常在 5～40，属于规模较小的旅行商问题。综合以上因素，可规定旅行商最大求解时间与前端规划频率保持一致或更短，保证了无人机探测的实时性。

采用 L-K 算法求解旅行商问题具体流程图如图 7.9 所示，通过输入旅行商问题中各节点间的路径代价对随机生成的初始路径进行迭代求解，最终将得到优化后的访问序列 S_{tsp} 作为程序输出。实际程序借助旅行商求解算法库实现上述推导过程，将构建非线性旅行商问题中构建的旅行商代价矩阵直接输入算法库即可得出优化后序列。

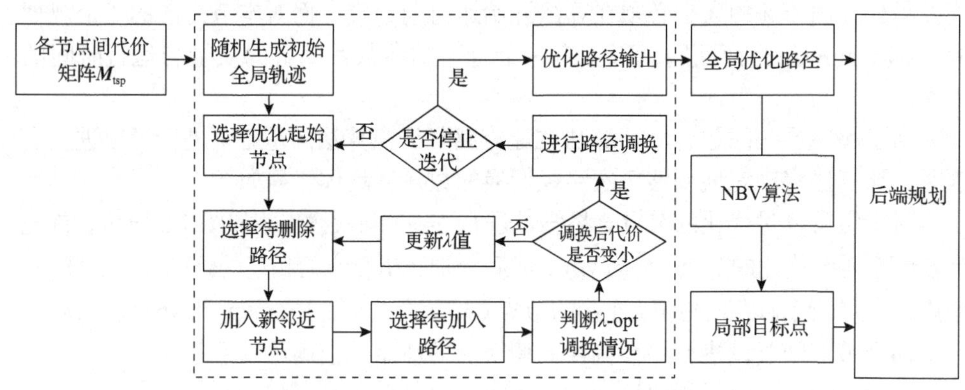

图 7.9　求解旅行商问题生成探测引导过程

经过优化后，L-K 库将输出一条优化后的全局路径，包含节点顺序信息及之前计算得出的节点间 Hybrid-A*算法路径信息。然而，考虑到随着无人机运动，边界地图会拓展，当前规划的全局最优路径也会很快失去最优性。因此，为了防止探测效率下降，此处不能直接将全局路径作为前端引导路径。因此，采用主动视觉中的 NBV 算法，在得到的边界导航点序列中选取第一个导航点作为后端目标点，以当前位置到第一个导航点的 Hybrid-A*算法路径作为引导路径并开始下一次前端引导生成迭代。这一滚动优化过程使得无人机前往的目标点始终是当前规划周期的全局最优目标点，有助于提升无人机探测效率。

7.3　基于边界增益约束的后端局部运动规划

自主探测是在前端边界探测引导生成后，通过考虑边界探测效率后端的局部运动规划方法实现的。传统的方法，即 FUEL (fast UAV exploration)[12]中，通常会在前端与后端之间进行二次优化，将前端路径通过图优化的策略，进一步求得在访问顺序确定的情况下，动力学上更优的细化前端引导轨迹，从而使得后端能有更好的初值，提高探测效率。然而，这种方法将导致较大的计算资源损耗，难以满足实时性。同时，对探测效率的提升也有限。本节设计的方法将探测约束推导为与轨迹相关的离散约束并直接合并到后端运动规划中，借助 MPPI 方法无需梯度求解，可处理非线性不连续约束的特性，与其他动力学代价及安全约束一同求解，得到可行的高效探测轨迹。如图 7.10 所示，该方法在前往局部目标点时，仍会考虑路径附近可探测的区域，对其进行观测从而最大化探测效率，并减少出现遗漏少量边界造成重复访问的情况。值得一提的是，由于这一方法中边界探测约束与其他速度约束、目标跟踪约束共同作为软约束求解，该过程在参数设定得当的情况下，不会过多影响无人机飞行速度或增加其运行距离。

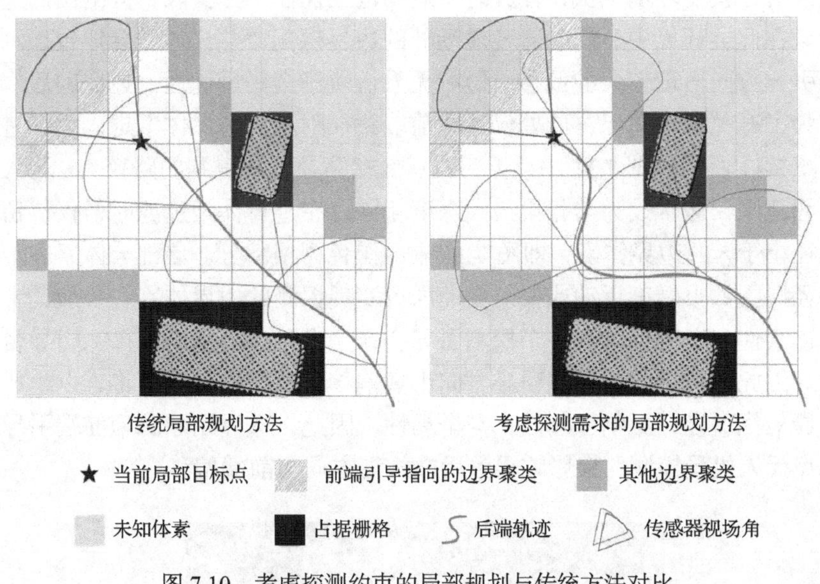

图 7.10　考虑探测约束的局部规划与传统方法对比

实际飞行过程中，考虑无人机计算能力，首先需要对所有边界体素进行滤波，将位于引导轨迹附近一定范围内、可能在本次规划迭代中被观测的边界体素送入后端。然后，考虑到后端轨迹表现为前向生成的多个状态，为避免同一轨迹上前向生成的不同状态对同一边界体素进行多次观测，选择从每个边界体素角度进行判断，通过 ray-cast 算法[17]判断轨迹上是否有状态可观测到该体素。最后，将轨迹得到的边界增益加和到轨迹代价上，通过加权得出最优轨迹。

7.3.1 边界体素滤波

为了保证前端引导具备全局性，前端算法中保存的边界地图为全局地图，而实际进行后端规划时，当前位置到探测目标点的规划往往只需要在局部地图上进行。因此，可以通过滤波方式仅保留局部地图上有可能被探知的边界体素，避免出现后端规划时待判断边界过多导致的计算量过大问题。

针对不同场景，边界体素可以有不同的过滤方式。考虑到无人机导航拒止环境下自主探测的任务场景，可大体分为隧道、楼宇类型的具有大量不可达区域的狭窄环境，以及森林类型的大多数区域可达的稀疏障碍环境。接下来将分别对应这两类环境进行具体分析。

1. 狭窄环境

无人机在狭窄环境中执行任务时，运动范围往往十分受限，分割出的边界体素较少。在此类环境中，后端若考虑远处的边界探测增益，通常会导致运动方向与全局引导方向出现较大的偏移，影响无人机轨迹全局最优性，造成前后端轨迹冲突。为了避免这种情况，此处仅选取前端路径附近的边界体素送入后端进行判断，如图 7.11 所示。图 7.11 中，折线表示前端路径搜索得到的路径，r_c为人为规定的探测范围，通常设为与相机最大深度相同。在进行体素过滤时，仅保留距离前端路径小于r_c的边界体素，即图 7.11 中的黑色栅格部分。该部分体素表示仅在前端路径周围做小幅度运动或偏航变动即可实现探测的边界体素。一般，考虑到探测的连续性与实时性，下一个探测引导会在无人机接近当前的探测引导目标点时生成。因此，若后端与前端引导方向出现偏移导致引导失效，将难以生成下一步的全局最优引导，影响探测效率与全局性。因此，选择删除原理前端引导的体素，避免无人机受探测约束影响导致后端规划方向与前端偏移。

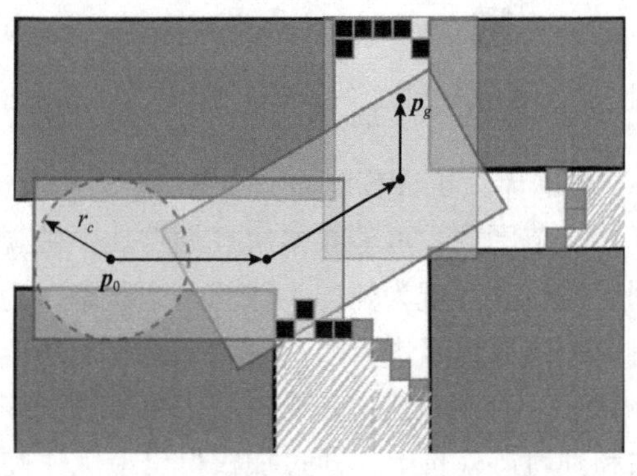

图 7.11　狭窄环境下边界体素选取策略

2. 稀疏障碍环境

在树林、平原等场景飞行时，虽然环境中障碍物较多，但由于障碍物体积通常较小，场景空间大多数可达，边界体素相对较多，且到目标点通常也可以有多种不同的拓扑路径。在这种情况下，为了提升探测效率，考虑给后端更高的自由度。因此，在起始点与目标点分别取探测范围 r_c，利用该范围构建 AABB，仅选取 AABB 中的体素送入后端判断，如图 7.12 所示。可将送入后端的条件表述为

$$\min(p_{g\mu}-r_c, p_{0\mu}-r) < C_{i\mu} < \max(p_{g\mu}+r_c, p_{0\mu}+r_c),\quad \mu=\{x,y,z\} \tag{7.20}$$

式中，$C_{i\mu}$ 表示边界体素在 x、y、z 轴上的坐标；$p_{g\mu}$ 与 $p_{0\mu}$ 同样分别表示图 7.12 中的 $\boldsymbol{p}_g$、$\boldsymbol{p}_0$ 在 x、y、z 轴上的坐标。在这种环境中，保留整个 AABB 内的边界体素意味着无人机后端会考虑更大范围的探测，有时会偏移前端轨迹。但由于终端约束引导，且场景中障碍物易于规避，无人机通常不需要做锐角或折返运动即可从其他方向运动到目标点，不会对无人机探测整体过程造成太大影响。

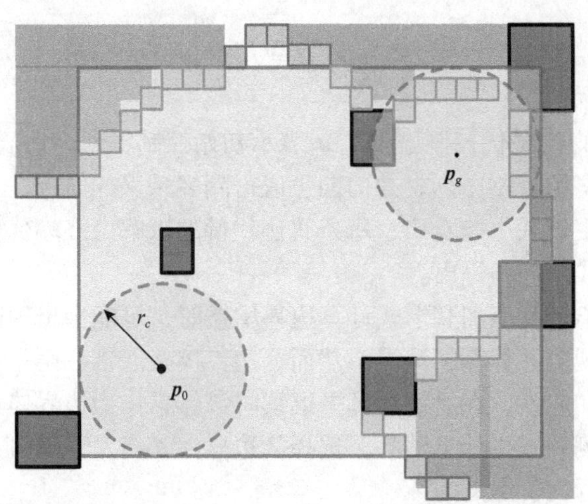

图 7.12　稀疏障碍环境下的边界体素选取策略

7.3.2　边界约束设计

在 6.1.3 节中，定义了运动规划问题的广义表达形式，并规定 MPPI 框架求解规划问题时，待优化的值函数为

$$V(\boldsymbol{x}_t,t)=\min_{U} E_Q\left[\phi(\boldsymbol{x}_{t+T},t+T)+\int_t^{t+T}\left(q(\boldsymbol{x}_\tau,\tau)+\frac{1}{2}\boldsymbol{u}_\tau^{\mathrm{T}}R_\tau\boldsymbol{u}_\tau\right)\mathrm{d}\tau\right] \tag{7.21}$$

式中，$\phi(\boldsymbol{x}_{t+T},t+T)$为终端代价，由局部轨迹终点和目标点的距离求得；$q(\boldsymbol{x}_\tau,\tau)$为运动代价，在 MPPI 框架中表现为一条轨迹中每个离散状态的运行代价的加和，即

$$q(\boldsymbol{x}_\tau,\tau)=\sum_{i=0}^{T}q_i \tag{7.22}$$

式中，q_i表示第i个状态各类运行代价之和。

根据第 6 章中的公式推导，可以得出 MPPI 框架最终将该值函数的优化问题转换为一个随机最优问题，通过计算多条采样轨迹的代价，并通过这一代价的期望加权得出最终最优的控制序列，如式(7.23)所示：

$$\begin{gathered}\boldsymbol{u}_t^*=\boldsymbol{u}_t+\boldsymbol{E}_P\left[\frac{\exp\left(-\dfrac{1}{\lambda}S(t+\Delta t)\right)\boldsymbol{\xi}_t}{\boldsymbol{E}_P\cdot\exp\left(-\dfrac{1}{\lambda}S(t+\Delta t)\right)}\right]\\ S(t+\Delta t)=\phi(\boldsymbol{x}_{t+T},t+\Delta t)+\sum_{i=1}^{m}q(\boldsymbol{x}_{t+i},i)\Delta t\end{gathered} \tag{7.23}$$

式中，$\boldsymbol{u}_t^*$表示求得的最优控制序列；$\boldsymbol{u}_t$表示初始控制序列；$\boldsymbol{\xi}_t$表示生成的扰动。根据该扰动产生多组控制序列，并前向生成得到多条采样轨迹；$S(t)$表示每条轨迹对应的代价。由该式可以看出，每条轨迹代价的求解由终端代价与轨迹中每个离散状态的运行代价加和得出。

按照原有的离散状态加和形式计算边界增益时，可能会出现同一个边界体素被不同状态反复观测并计算的情况。然而，边界体素通常在第一次被观测到时就被拓展更新为已知体素，在后续计算中继续将该体素作为边界体素会导致错误。为了避免重复观测并减少计算消耗，选择从边界体素出发，以轨迹为单位计算边界约束，即将运行代价定义为

$$q(\boldsymbol{x}_\tau,\tau)=-G_f+\sum_{i=0}^{m}q_i \tag{7.24}$$

式中，G_f表示每条轨迹的边界约束；m表示轨迹中的离散状态数量。将该约束定义为负数表示将此类约束作为增益形式，即探测到的边界数量越多，轨迹总体运行代价越小。

对于每条轨迹，具体边界增益定义为

$$G_f=K_g N_C^l \tag{7.25}$$

式中，N_C 表示发送到后端的边界体素中轨迹上各个状态能观测到的边界体素总和；l 由人为给定，用于避免 N_C 过大导致其他约束失效或无人机飞行速度过慢，因此通常设为小于 1 的数作为 N_C 的幂，用于限制 N_C^l 的总体大小；K_g 同样为人为给定的增益系数。这两个系数共同决定了边界探测增益在整体代价中的权重。

从边界体素出发，求解轨迹能探测的边界体素数量时，需要遍历所有过滤后的体素，依次判断体素是否被轨迹上任意状态观测。每个体素 C_i 的判断过程如下。

首先，对轨迹上前向生成的 m 个离散状态进行大致判断。若某个状态与当前体素 C_i 距离大于探测距离 r_c，则说明该状态离边界体素过远，无法实现观测，直接跳过该状态；另外，求该体素中心与当前无人机位置在 xy 平面上所成的夹角 θ_{xy}，并与状态偏航角 ψ 进行对比。若不符合 $\left|\theta_{xy}-\psi\right|<\frac{1}{2}\theta_{\text{FOV}}$ 条件，则说明该状态偏航角与体素方向不符，无法对体素进行有效观测。

完成大致判断后，剩余的状态均偏航朝向体素 C_i，且距离在观测范围内，有机会对该体素进行观测。此时，采用射线追踪(ray-casting)方法依次判断观测是否成立。若从状态到体素 C_i 之间无障碍物遮挡，则认为 C_i 可被轨迹上的状态观测，直接跳出该体素的判断程序，进行下一个体素的判断，否则认为无法形成有效观测，选取下一个状态进行射线追踪。整体算法流程可以归纳为算法 7.1。

算法 7.1　边界体素检测流程

输入：初始控制序列 $\boldsymbol{u}_t$，随机控制扰动 $\boldsymbol{\xi}_t$，后端边界体素 C，探测距离 r_c，水平偏航角 θ_{FOV}

输出：轨迹观测到的边界体素数 N_C

$\boldsymbol{J} \leftarrow$ 根据控制扰动 $\boldsymbol{\xi}_t$ 生成对应采样轨迹

$\boldsymbol{J}=\{\boldsymbol{s}_0,\boldsymbol{s}_1,\cdots,\boldsymbol{s}_{T-1}\},\boldsymbol{s}_i=(\boldsymbol{p}_i,\psi_i)$　　//分解轨迹为离散状态

for $i\leftarrow 0$ **to** $i\leftarrow N$ **do**　　//遍历每个边界体素

　for $n\leftarrow 0$ **to** $n\leftarrow T-1$ **do**　　//检查边界体素能否被任意状态观测到

　if $\left\|\boldsymbol{p}_n-\boldsymbol{p}_{C_i}\right\|>r_c$ or $\left|\theta_{xy}-\psi_n\right|>\frac{1}{2}\theta_{\text{FOV}}$ **then**

　　continue

　end

　if RayCasting$(\boldsymbol{p}_n,\boldsymbol{p}_{C_i})$ **then**

　　$N_C+=1$

　end

```
        end
    end
    return N_C
```

从算法 7.1 中可以看出，通过将式(7.25)中定义的边界增益、式(7.24)运行代价代入式(7.23)的代价求解中，与第 6 章所定义的安全约束、动力学约束、视场角范围约束等一同构建软约束条件，通过 MPPI 方法求解即可实现无人机安全快速自主探测。由于该项约束的大小受限，且可通过给定参数调节，保证在不对无人机运行速度与路径全局最优性造成影响的基础上最大化覆盖效率，其具体效果将在 7.4 节的实验验证中进行充分测试。

7.4 实验验证

本节对无人机自主探测框架进行实验验证。算法基于 Ubuntu1 8.04 ROS 的 C++与 CUDA 实现。在仿真对比分析环节，本章基于配置 i7-9700 核心处理器及 NVIDIA GeForce GTX 1650 图形处理器的计算机实现；实际飞行时，测试数据为 NVIDIA NX 处理器上运行的结果。首先，在 Gazebo 仿真环境下分别对小范围精密探测建图和大范围复杂场景下的探测两类任务进行了测试与分析，证实了在视场角受限条件下，基于边界与模型预测路径积分相结合的自主探测方法的效率高于目前绝大多数算法。此后，设计了地下室环境的实际飞行实验，验证了该方法的有效性、探测效率及实时性。

7.4.1 仿真分析

为验证自主探测方法的有效性，在桥梁环境与大型复杂环境两类场景下进行有限视场角范围的自主探测测试。在两类场景中，无人机的最大飞行速度均设为 1.5m/s，最大偏航变化率设为 0.9，深度相机范围给定为 $90°\times 60°$，最大深度为 4.5m。为了证实自主探测方法的探测效率，在两类场景中将本章所提方法与主动探测领域最新提出的基于采样的 RRT*方法、基于边界的 FUEL 方法[12]进行对比，仿真结果如下所示。

1. 桥梁环境

桥梁环境为一类典型的三维重建场景，大小为$10\text{m}\times 20\text{m}\times 5\text{m}$，整体环境如图 7.13 所示。通过对该场景的三维重建，可以体现无人机避障能力、视场角覆盖能力及探测能力。在该环境中无人机执行从起始点出发，直到完成桥体三维重建的自主飞行。最终三种探测方法的运行轨迹如图 7.14 所示。可以看出，得益于在后端加入的边界探测约束，避免了对少量体素的重复探测过程，本章所提方法生成的轨迹显著短于其他两种方法。同时由于前端考虑了动力学可行性以及后端轨迹的平滑处理，该方法生成轨迹曲线的平滑性也更好。

图 7.13　Gazebo 典型桥梁场景

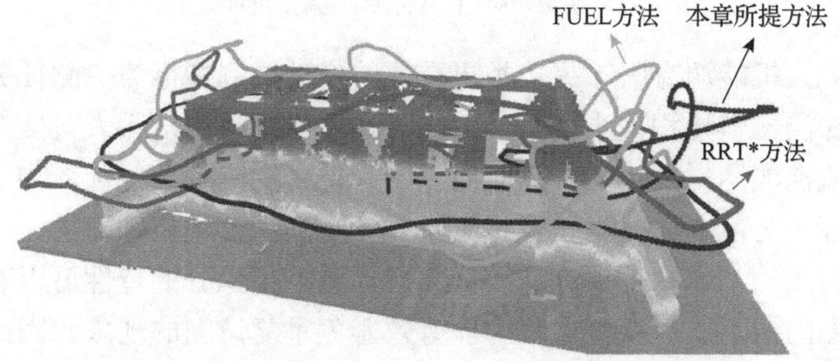

图 7.14　桥梁环境下三种探测方法运行轨迹

三种方法探测具体过程的对比如图 7.15 所示。不难看出，本章所提方法与 FUEL 方法都具备在 70s 左右大致完成桥梁重建工作的能力，建图效率显著高于基于采样的 RRT*探测方法。在这两种建图方法中，虽然它们前端采用类似的基于边界的探测，但 FUEL 方法的后端处理方式与传统方法类似，仅考虑无人机飞行动力学与到达局部目标点的距离最短，而本章所提方法额外加入边界探测增益作为一类约束，同时考虑了飞行过程的平滑性。因此，在实际探测过程中 FUEL 方法更接近贪婪算法，在起始的局部探测效率比本章所提方法更高(如 10s 时，FUEL 方法重建的桥梁部分比本章所提方法更多)，相对的，本章所提方法由于后端轨迹同样考虑探测，有时会导致后端轨迹具备较慢的飞行速度或较长的飞行距离。然而，本章所提方法可以显著避免出现无人机遍历过的场景仍有未探知区域，进而导致二次访问的情况，从而保证探测效率恒定，总路程更优(如 50s 时，FUEL 方法的重建体积比本章所提方法更大，但其重建过的地图左上与左下区域仍有部分未知区域，而本章所提方法已完成的部分重建精确度与完整性显然更优)。同样地，本章所提方法将每个边界体素都在后端加以考虑，地图重建的精细度也更高，这在 70s 时的重建地图中可以体现出来。

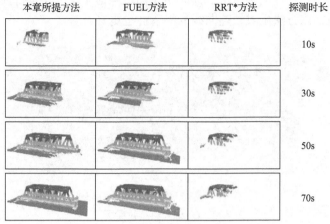

本章所提方法　FUEL方法　RRT*方法　探测时长

10s

30s

50s

70s

图 7.15　桥梁环境下三种方法探测具体过程

考虑到无人机能源有限，另一类更重要的主动探测指标为探测任务的执行时间与无人机探测覆盖体积大小之间的关系。在单位时间内，无人机能探测的范围越大或无人机探测同样的体积所需时间越少，说明探测方法越优。为了定量分析探测效率指标，三种方法探测效率对比如图 7.16 所示。值得注意的是，如上面定性分析中所介绍的，本章所提方法结合模型预测路径积分的特性可以有效避免无人机重复探测的情况，在探测过程中能有效避免重复访问的现象，因此探测效率始终趋向于一个恒定值，不会随探测区域扩大而减慢，也可以避免出现由多个遗留边界导致的运算速度降低的问题，这在图 7.16 中同样有所体现。

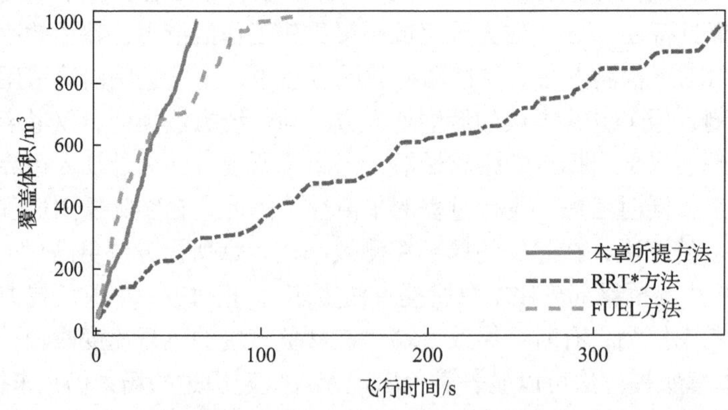

图 7.16　桥梁环境下三种方法探测效率对比

无人机自主探测方法的另一个重要指标是算法实时性。一方面，对计算资源要求较高的方法在机载计算机上的时间消耗将达到秒级，导致无人机会出现到达目标点后，经过一段时间悬停等待才能计算得出下一个导航目标点，这对无人机的能源、运行速度造成极大损耗。另一方面，探测框架占用资源过多将导致无人机其他模块(定位、控制等)难以运行，对无人机安全性造成不良影响。此处将探测方法分为建图、前端、后端三个部分，其中建图部分采用第 6 章提出的并行地图更新方法。三种方法运行时间消耗对比如表 7.1 所示。

表 7.1　桥梁环境下三种方法运行时间消耗对比　(单位：ms)

方法	建图耗时		规划耗时		总时间
	最大耗时	平均耗时	前端平均耗时	后端平均耗时	
FUEL 方法	70.8	40.7	40.1	12.1	92.9
RRT*方法	181.2	86.1	4553.2	300.0	4973.3
本章所提方法	19.1	10.3	23.7	14.7	48.7

通过时间消耗对比表可以看出，本章所提方法建图时间消耗远低于其他两种方法，且最大耗时也在 20ms 以内。而规划耗时中，本章所提方法前端平均耗时同样比其他两种方法更快，而后端由于需要求解多种非线性无梯度约束，需要同时采样多条轨迹，平均耗时相对优势较小，但也和 FUEL 直接优化求解的方法耗时相近。最终，本章所提方法在桥梁环境下迭代一次仅需 48.7ms，远低于其他两种方法，可以保证10Hz 的运行频率。

2. 大型复杂环境

为进一步验证探测本章所提方法的有效性，进行在如图 7.17 所示的大型复杂环境下有限视场角范围的自主探测测试。该环境包含了几类典型室内飞行场景，如空旷的客厅场景、多折角的廊道场景及类似于房间的死角场景，在该环境中无人机将执行从起始点出发，探测覆盖 45m×30m×4m 大小区域的任务。最终，三种探测方法的运行轨迹如图 7.18 所示。在大型复杂环境中，边界探测约束与模型

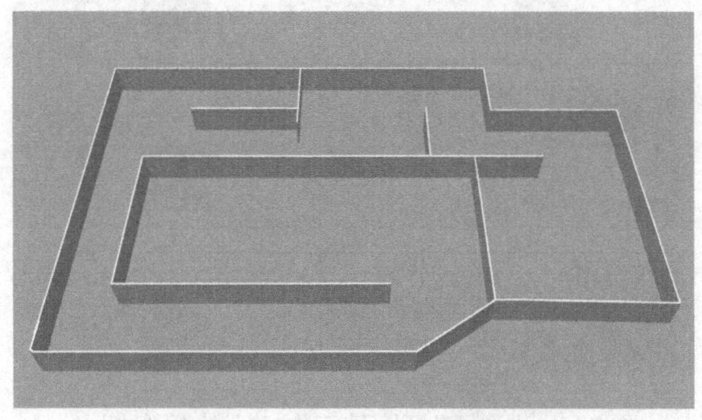

图 7.17　Gazebo 大型复杂环境场景

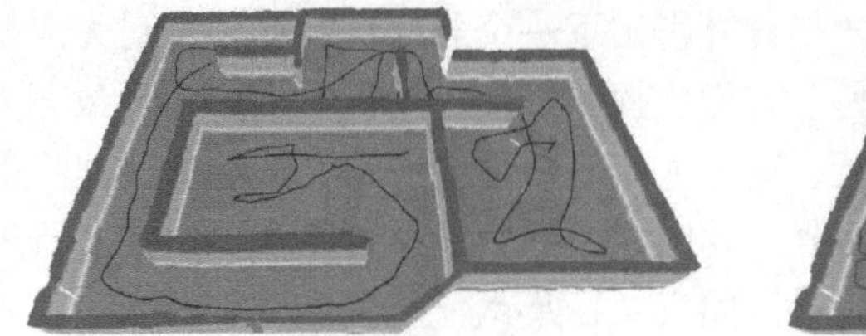

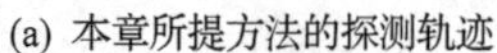

(a) 本章所提方法的探测轨迹

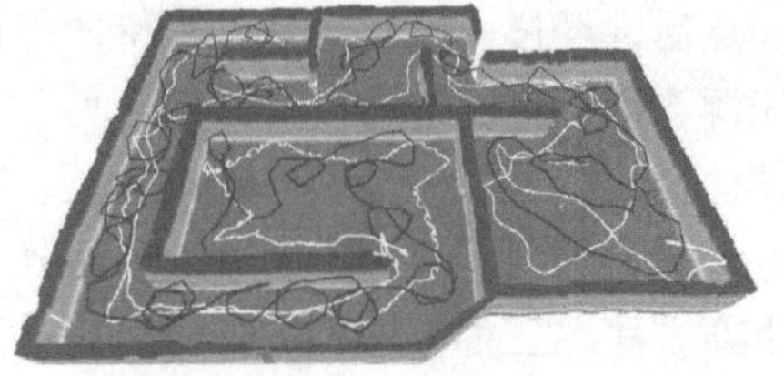

(b) FUEL方法(白色)与RRT*方法(深色)的探测轨迹

图 7.18 大型复杂环境下三种方法探测轨迹

预测路径积分的结合使无重复访问的优势体现得更明显。从运行轨迹中可以看出，本章所提方法引导的探测轨迹显然更平滑，且面对死角、廊道等狭长环境时只需要一次遍历即可完成，而其他方法大多需要反复探测，导致消耗大量时间。

大型复杂环境下三种方法具体探测过程如图 7.19 所示。通过这一具体过程示意图可以看出，边界与模型预测路径积分结合的方法，在大型复杂场景中具有的优势更为明显。在探测前期(70s 时)，本章所提方法与 FUEL 方法具备类似的探测进度，但 FUEL 方法由于后端轨迹仅考虑路程等因素，不分析每个边界体素能否被探测，导致无人机的已知地图中有多处未知区域遗留(如 70s 时，FUEL 方法

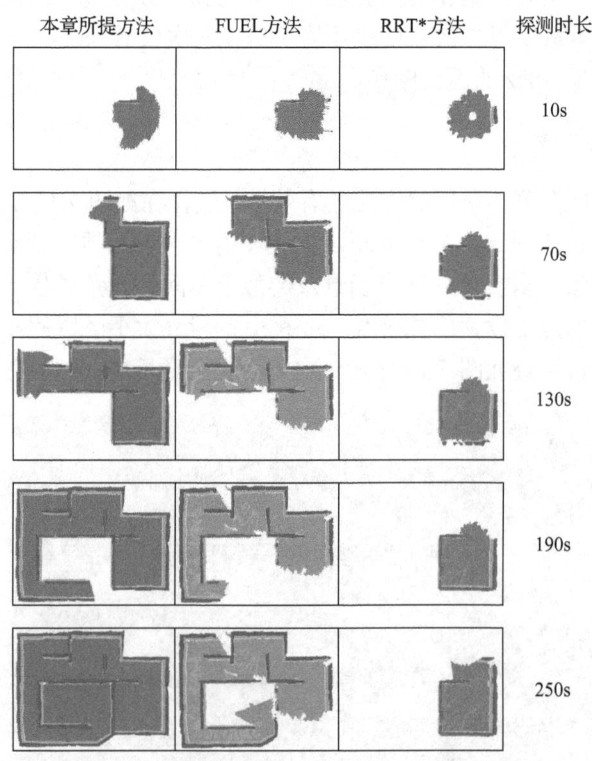

图 7.19 大型复杂环境下三种方法具体探测过程

的墙面、角落等多个区域均未完成建图)。而模型预测路径积分方法可以考虑每个边界体素能否被探测到，使得本章所提方法的探测与建图更完善。同时，可以看出 FUEL 方法在运行一段时间后出现明显的效率下降，甚至探测进度停滞的现象。对于传统边界方法，随着探测区域的拓展，遗留的待探测边界增多，需要计算的边界间路径数量增加，方法更难以达到实时性。同时，回访遗留的边界意味着经过的都是已知区域，难以达到较高的探测效率。最终可以看出，边界与模型预测路径积分结合的方法可在 250s 时完成整个地图探测，而且能够保证探测的准确性与均匀性，而 FUEL 方法会有多处角落遗留，RRT*方法的探测效率则更低。

同样，无人机三种探测方法在大型复杂环境中的探测效率对比如图 7.20 所示。可以看出，本章所提方法整体效率显著高于其他两种方法，且曲线斜率始终保持在一定范围内，这说明该方法很少出现重复探测导致效率降低。

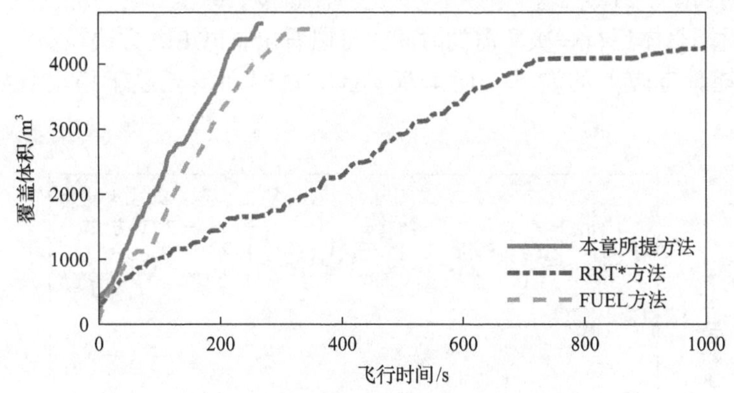

图 7.20　大型复杂环境下三种方法探测效率对比

三种方法在探测过程中的运行时间消耗如表 7.2 所示。可以看出，受到探测范围提升、场景复杂化的影响，FUEL 方法与 RRT*方法的建图耗时与前端耗时都明显较长。建图方面，由于这两种方法均采用串行式更新结构，地图更新受场景复杂度、传感器输入信息及地图大小影响较大。尤其当地图变大时，更新 EDT 地图(即欧氏距离转换地图，在本书 6.1 节中介绍)所需的计算量将变得难以承受。而在前端规划方面，当地图更大、已知未知体素变多时，RRT*方法需要进行更多的采样，才能选择更优的局部目标点，同时每个采样点的探测增益计算也变得更复杂，因此 RRT*方法受到的影响更大。而 FUEL 方法虽然同样基于边界的前端采样，但从图 7.19 中可以看出，FUEL 方法会遗留许多未知区域，这些区域都会加入前端运算，导致前端计算效率在探测过程进行一段时间后急剧下降。而边界与模型预测路径积分相结合的方法遗留的未知区域更少，这意味着每次前端中信息结构更新与旅行商问题求解步骤耗时更少。同时，该方法省略了前端对探测路径的进一步优化过程，将动力学与边界探测约束均放到后端，通过并行方式对其求解，因此环境复杂度对方法效率的影响较小，时间消耗相对稳定。

表 7.2　大型复杂环境三种方法运行时间消耗对比　　(单位：ms)

方法	建图耗时		规划耗时		总时间
	最大耗时	平均耗时	前端平均耗时	后端平均耗时	
FUEL 方法	302.1	60.5	373.3	11.4	445.2
RRT*方法	171.2	93.1	4991.8	282.4	5367.3
本章所提方法	24.5	11.0	28.7	14.9	54.6

为了更具体地体现探测过程中的运算时间消耗，三种方法在探测过程中的整体运行时间如图 7.21 所示。其中横坐标为探测进度，纵坐标为每一时间节点上探测方法前后端整体运行一次所需的时间。可以看出，FUEL 方法在探测一段时间后时间消耗具有较大的波动，而本章所提方法时间消耗趋于稳定且始终低于 100ms。

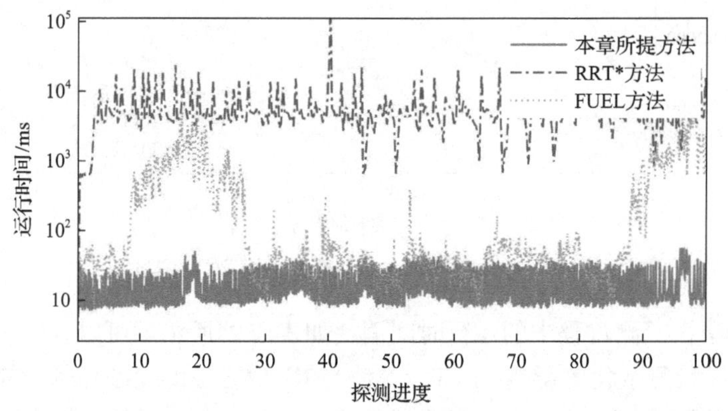

图 7.21　探测过程中三种方法运行时间消耗对比

7.4.2　实物验证

设计实物验证平台对本章所提方法有效性进行进一步的应用和验证，实验平台如图 7.22 所示，平台搭载了视觉跟踪相机 Intel Realsense T265(用于实现自主导航)、深度相机 Intel Realsense L515(用于获取环境深度信息)、定高雷达(用于获取高度信息)、飞行控制器 Pixhawk 和机载计算单元 NVIDIA Jetson NX，其涉及的所有相关方法都运行于 NX 计算机中。机载的深度相机视场角范围约为 70°×55°，具备典型的视场角有限问题。实物验证设计为大小约为 20m×8m×2m 的地下室场景，场景为不规则的长方形房间，内部分布有椅子、消防栓等障碍物，属于一类典型的室内场景。在这一场景中，通过地面站远程操控无人机起飞与开启探测程序，在线完成建图、前端引导生成、后端优化等过程，将数据记录在本地。无人机检测到探测结束后，在结束处悬停并降落。

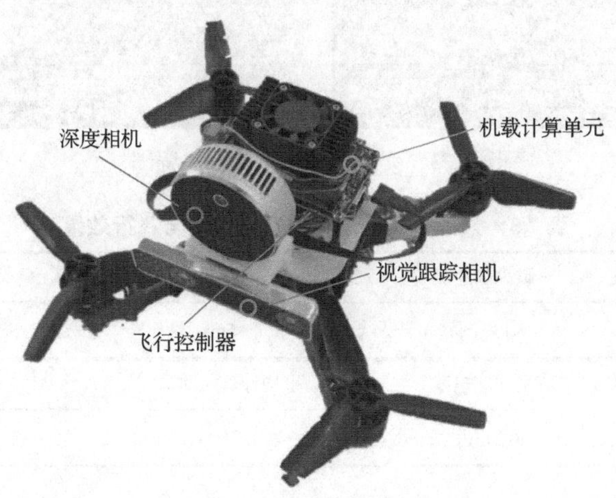

图 7.22　小型无人机实验平台

通过小型无人机对地下室采用边界与模型预测路径积分结合的方法进行探测的具体过程如图 7.23 所示。图 7.23 中曲线为无人机运行历史轨迹，锥形框表明了无人机视场角，而左侧的图像是无人机当前时刻通过深度相机接收到的环境信息。可以看出，在飞行过程中无人机轨迹与障碍物始终保持一定距离，保证了飞行安全性。同时，在探测完成后，在地下室角落的椅子、人物等障碍物均在构建的地图中有所体现，说明了无人机探测的精确性。无人机飞行过程中的参数设定与飞行效果如表 7.3 所示。

根据表 7.3，可以看出无人机在飞行过程中满足事先给定的最大速度与加速度限制，且在给定参数的条件下，该方法可以实现在 NX 平台上以平均 81ms 的计算时间消耗运行，可以满足 10Hz 的规划频率要求。最终，无人机完成整个地下室探测任务耗费时间 116s，并完成了大部分细节的构造，验证了本章所提方法在实物平台上的可行性和有效性。

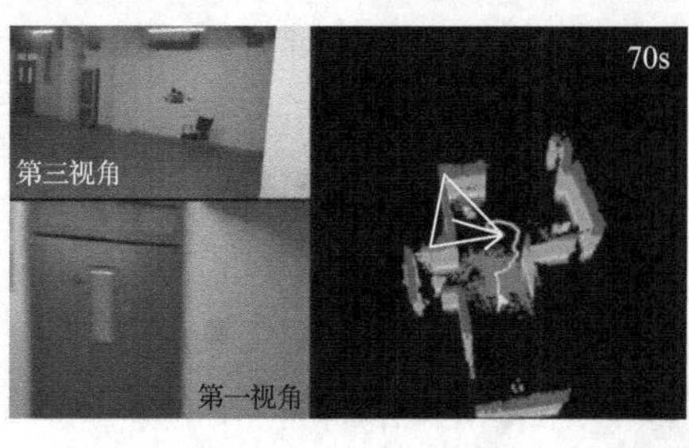

图 7.23 无人机地下室探测过程图

表 7.3 无人机飞行过程的参数设定与飞行效果

参数	最大速度	最大加速度	前端导航点间路径搜索时间上限	后端轨迹采样数量
数值	1.0m/s	0.8m/s^2	5ms	1260
参数	平均飞行速度	平均加速度	平均计算时间消耗	完成探测时间
数值	0.59m/s	0.31m/s^2	81ms	116s

7.5 本 章 小 结

本章针对感知受限条件下的无人机自主探测问题进行了研究，设计了无人机自主探测方法的总体结构。为解决传统的自主探测效率偏低的问题。本章设计的基于边界与模型预测路径积分相结合的方法，在前端引导路径中考虑无人机动力学，并利用后端无需梯度求解的特性加入边界探测约束，使得前后端约束相近，提高了一致性，减少了轨迹冲突。针对自主探测方法通常计算量消耗较大、难以实时的问题，引入了边界信息增量式更新，提高了边界更新与旅行商问题求解的速度。此外，该方法将大部分约束放入后端并行过程中求解，应用 GPU 提升了方法的整体实时性。在方法实际应用方面，该方法通过边界探测约束规定了两类不同环境下的后端局部边界分割方式，减少计算量的同时防止由探测约束引起的后端轨迹发散。最后，通过仿真对比与实物实验验证表明该方法在多种未知复杂环境中自主飞行与探测的有效性。

参 考 文 献

[1] Bircher A, Kamel M, Alexis K, et al. Receding horizon “next-best-view” planner for 3D exploration. IEEE International Conference on Robotics and Automation, Stockholm, 2016: 1462-1468.

[2] Schmid L, Pantic M, Khanna R, et al. An efficient sampling-based method for online informative path planning in unknown environments. IEEE Robotics and Automation Letters, 2020, 5(2): 1500-1507.

[3] Dang T, Mascarich F, Khattak S, et al. Graph-based path planning for autonomous robotic exploration in subterranean environments. IEEE/RSJ International Conference on Intelligent Robots and Systems, Macau, 2019: 3105-3112.

[4] Cao C, Zhu H B, Choset H, et al. Exploring large and complex environments fast and efficiently. IEEE International Conference on Robotics and Automation, Xi'an, 2021: 7781-7787.

[5] Cao C, Zhu H B, Choset H, et al. TARE: A hierarchical framework for efficiently exploring complex 3D environments. Robotics: Science and Systems Conference, Virtual, 2021.

[6] Yamauchi B. A frontier-based approach for autonomous exploration. IEEE International Symposium on Computational Intelligence in Robotics and Automation, Monterey, 1997: 146-151.

[7] Cieslewski T, Kaufmann E, Scaramuzza D. Rapid exploration with multi-rotors: A frontier selection method for high speed flight. IEEE/RSJ International Conference on Intelligent Robots and Systems, Vancouver, 2017: 2135-2142.

[8] Selin M, Tiger M, Duberg D, et al. Efficient autonomous exploration planning of large-scale 3-D environments. IEEE Robotics and Automation Letters, 2019, 4(2): 1699-1706.

[9] Umari H, Mukhopadhyay S. Autonomous robotic exploration based on multiple rapidly-exploring randomized trees. IEEE/RSJ International Conference on Intelligent Robots and Systems, Vancouver, 2017: 1396-1402.

[10] Meng Z H, Qin H L, Chen Z Y, et al. A two-stage optimized next-view planning framework for 3-D unknown environment exploration, and structural reconstruction. IEEE Robotics and Automation Letters, 2017, 2(3): 1680-1687.

[11] Zhong P, Chen B L, Lu S Y, et al. Information-driven fast marching autonomous exploration with aerial robots. IEEE Robotics and Automation Letters, 2021, 7(2): 810-817.

[12] Zhou B Y, Zhang Y C, Chen X Y, et al. FUEL: Fast UAV exploration using incremental frontier structure and hierarchical planning. IEEE Robotics and Automation Letters, 2021, 6(2): 779-786.

[13] Dolgov D, Thrun S, Montemerlo M, et al. Practical search techniques in path planning for autonomous driving. Ann Arbor: AAAI Workshop-Technical Report, 2008: 18-80.

[14] Zhou B Y, Gao F, Wang L Q, et al. Robust and efficient quadrotor trajectory generation for fast autonomous flight. IEEE Robotics and Automation Letters, 2019, 4(4): 3529-3536.

[15] Mueller M W, Hehn M, D'Andrea R. A computationally efficient motion primitive for quadrocopter trajectory generation. IEEE Transactions on Robotics, 2015, 31(6): 1294-1310.

[16] Helsgaun K. An effective implementation of the Lin-Kernighan traveling salesman heuristic. European Journal of Operational Research, 2000, 126(1): 106-130.

[17] Amanatides J, Woo A. A fast voxel traversal algorithm for ray tracing. Eurographics, Amsterdam, 1987: 3-10.

第 8 章　面向室外复杂环境的无人机自主飞行系统

近年来，小型无人机在工业检测、救援搜寻以及物资运输等复杂场景中得到了广泛的应用。复杂环境通常指无人机作业空间存在诸多障碍物或存在部分未知区域的环境。由于障碍物遮挡等问题，这类环境通常无法依赖外界辅助导航与离线规划手段，多为人工辅助操作无人机进行作业。随着环境复杂度的上升，当面临无人机距离操作人员距离较远，或辅助定位方式无法全范围覆盖时，将给无人机作业带来致命危险。针对上述问题，本章以实现室外复杂环境下完全自主飞行为目标，给出小型多旋翼无人机平台的硬件与软件系统设计思路。以第 3～5 章描述的无人机自主导航方法与第 6、7 章描述的无人机运动规划方法为基础，结合无人机轨迹跟踪控制技术，设计具备在典型室外复杂环境下自主飞行能力的无人机自主飞行系统。所设计的系统可在完全未知的环境中自主飞行，通过接受目标位置指令，无人机快速安全自主地飞行至目标点，实现无人机在导航拒止环境下的自主飞行。

本章的主要内容安排如下：8.1 节给出小型多旋翼无人机系统的构成、硬件选型及软件结构；8.2 节完成无人机自主感知系统设计；8.3 节实现无人机运动规划系统设计；8.4 节进行无人机自主控制系统设计；8.5 节实现实际室外环境实验验证及结果分析；8.6 节给出本章小结。

8.1　概　　述

面向导航拒止环境无人机自主飞行涉及导航、规划、控制等多个学科的交叉融合，不仅要求无人机具备良好的状态估计和控制性能，同时无人机需要实时生成安全避碰且动态可行的轨迹。在无人机设计过程中还需综合考虑无人机体积、重量、续航等方面因素，对系统的软硬件进行综合设计。本节以实现无人机在室外复杂环境下的自主飞行为目标，通过对相关工作的分析，设计自主无人机系统结构，给出无人机硬件选型以及软硬件结构设计方案。

8.1.1　相关工作

文献[1]提出了一套可自主导航的小型无人机平台，该平台搭载 2D 激光雷达、视觉相机和惯性测量设备，用于定位和 2.5D 的环境建图，且通过片上的处理器实现了实时全自主的导航飞行。该平台的配置以及算法框架是使用 2D 激光雷达简化了 3D 建图的匹配过程，但在一些障碍密集或者真实的室外环境中难以满足其所需的 2.5D 环境假设。文献[2]设计了一套可自主定位建图，且在 3D 环境中规划路径的无人机平台。该平台是第一个通过一套视觉感知系统和机载计算机设备进行实时定位、建图以及规划且不需任何先验信息的无人机平台，其在飞行过程中构建 3D 稠密占据栅格地图，并应用 3D 运动规划算法实现导航定位拒止环境下的自主导航。同样还有文献[3]设计的平台可在未知环境中进行在线自主导航飞行，该平台感知系统包括一台单目鱼眼相机及一个惯性测量设备，用于自主定位建图，通过 Bezier 曲线表示无人机的运动轨迹，并将无人机的运动规划问题转化为凸优化问题进行求解。整体系统运行在一套由 NVIDIA TX1 GPU 和 Intel i7 CPU 组合而成的机载计算机系统上。文献[4]提出了一套在密集障碍且导航拒止复杂环境中，实现快速鲁棒小型多旋翼无人机自主导航方案，该无人机配备有双目视觉相机、惯性测量设备以及一套带有点头机构的 2D 雷达。该平台是第一个在复杂导航拒止环境下，通过机载感知系统和计算资源，实现快速自主导航的设计方案。为了进一步减小无人机的体积与重量，文献[5]中提出了一种仅依赖机载双目相机、IMU、机载边缘处理器(NVIDIA TX2)的自主无人机系统，通过误差状态扩展卡尔曼滤波，设计了面向导航拒止环境的鲁棒无人机自主导航系统，并通过 A*算法结合模型预测控制实现了无人机在障碍未知环境下的运动规划，完成了面向未知导航拒止环境的无人机全自主飞行。

8.1.2　面向室外复杂环境的无人机自主飞行系统结构设计

通过对近期相关工作的分析可知，无人机要实现在复杂环境下的自主飞行，需具备仅依赖机载传感器与机载处理器的环境感知与实时规划控制能力。针对复杂环境中的自主飞行问题，本章给出自主无人机系统的设计方案，包括系统的传感器与机载处理器选型、无人机硬件设计与软件结构设计三部分。

1. 传感器与机载处理器选型

传感器选型通常会影响无人机自主感知与运动规划方法的设计，如卫星拒止环境下无法使用 GNSS 定位、有限的传感器视场角约束会增加运动规划方法的设计难度[6]，影响无人机的飞行安全。目前，多数工作[1-5]采用低成本、轻量的视觉与 IMU 为无人机提供状态估计甚至建图信息。然而，考虑基于视觉的稠密建图方法消耗计算资源过大，难以在机载计算设备上实时运行，且有限视场角范围约束，对无人机的运动规划也提出了更高的要求。相比于视觉传感器，激光雷达点云不受光线的影响，通常具有毫米级深度测量精度，使用场景更加广泛。然而，激光雷达也有其不可避免的缺点，激光雷达定位与建图通常根据环境中的几何特征进行位姿估计，这类方法在长直走廊、隧道等典型的重复结构化环境中会面临退化问题。从上述分析中可以看出，视觉传感器与激光雷达具有天然的互补特性。因此，选取双目视觉、三维激光雷达与 IMU 作为机载传感器。其中，视觉传感器选用 FLIR 工业相机，激光雷达传感器选用 Velodyne VLP-16 三维激光雷达，IMU 选用 MicroStrain 3DM-GX5-25。在机载处理器选型方面，为保证无人机的续航，要求处理器的选取原则应尽量保证轻量、低功耗。然而，在无人机自主飞行过程中，机载处理器需要同时处理感知、运动规划与控制方法。考虑到自主飞行对上述方法的实时性要求，机载处理器应具备较高的算力。因此，无人机机载处理器的选型是对处理器算力、功耗和重量的权衡。选择微型计算机 Intel NUC i7 作为平台的核心机载计算设备，该设备提供了双核四线程 X86 架构处理器，以及大量的存储空间，用于软件的实时运行与数据记录。对于底层控制单元，选取开源飞行控制器 Pixhawk[7]作为平台底层飞行控制器，负责姿态控制、电机转速分配等底层任务。自主无人机的传感器与机载处理器选型情况如表 8.1 所示。

表 8.1 传感器与机载处理器选型

负载类型	型号	质量/g
相机	FLIR CM3-U3-13Y3M-S-BD	220
激光雷达	Velodyne VLP-16	800
IMU	MicroStrain 3DM-GX5-25	17
机载处理器	Intel NUC i7	440
底层控制单元	Pixhawk CUAV V5+	90

2. 无人机硬件设计

无人机硬件设计需保证无人机具有高速灵活的机动性能，可以在复杂环境中进行安全的避障飞行。由传感器的选型可知，无人机使用 Velodyne VLP-16 型三维激光雷达实现对环境中障碍物的感知。尽管 Velodyne VLP-16 型激光雷达具有高达 100m 的传感器探测范围，但是考虑 16 线激光雷达点云的稀疏性，Velodyne VLP-16 通常只能对无人机周围 8～10m 的障碍物进行稠密重建。为保证所设计出的无人机在多障碍环境下飞行的安全性，无人机需要具备在传感器感测范围内实现从高速的飞行状态安全降至悬停状态的能力。考虑无人机的机动性能，这里将无人机的设计最高飞行速度设置为 10m/s，则无人机至少需要 6.25m/s^2 的加速度，才能实现在 8m 以内从 10m/s 的飞行速度降至悬停状态。对于多旋翼无人机，要使无人机在保持高度的前提下提供 6.25m/s^2 的运动加速度，则无人机平台至少需要具备 1.2 倍推重比(thrust-to-weight ratio)。值得注意的是，1.2 倍推重比仅为无人机在复杂环境下安全飞行的设计下限，在实际应用中需要无人机控制器预留 20%～25%的推重比余量。因此，在硬件设计中应使无人机具备 1.5 倍以上推重比。无人机负载包括机载传感器、机载处理器和机载电源三部分。为保证无人机续航，选取 6s 10000mA·h 航模锂电池作为无人机机载电源。无人机满载情况下的起飞质量为 5500g。为使无人机达到 1.5 倍以上推重比，则需无人机至少具备 2062.5g(= 1.5 × 5500 / 4) 的单轴升力。因此，选用 SunnySky V4014 Kv 330 型电机与电调套装，该套动力设备搭配 15 寸螺旋桨，在 6s 航模锂电池供电的情况下，可以提供单轴不小于 2500g 的升力，在悬停状态下续航时间不小于 10min，在保证续航时间的前提下，可以满足 1.5 倍推重比设计要求。所设计的小型多旋翼无人机自主飞行平台如图 8.1 所示。

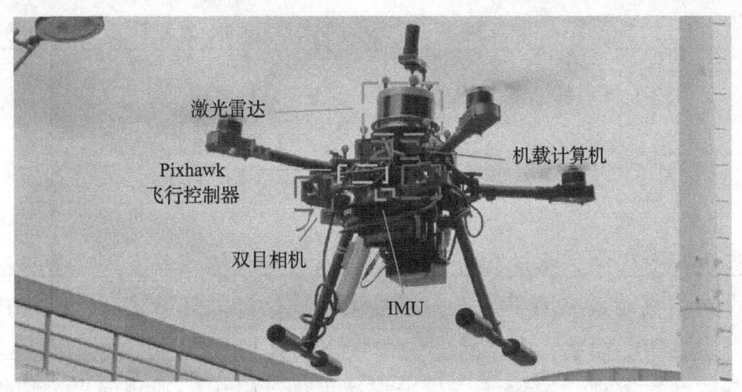

图 8.1　面向导航拒止环境的无人机自主飞行平台

3. 软件结构设计

自主无人机需要各个子系统协同工作，才能使得整体系统功能运行。平台的软件结构设计如图 8.2 所示，展示了各个子系统间的连接关系。根据各个子系统的相关职责，自主无人机的软件可分为三个部分：感知系统、运动规划系统以及控制系统。考虑到 ROS[8]可以将上述各个系统天然地分为独立的功能包，并作为独立的节点运行，基于 ROS 设计感知系统、运动规划系统以及控制系统软件，并基于 ROS 中的话题传输机制实现各个节点间消息的互联。无人机自主飞行平台软件结构如下。①感知系统包含多传感器融合状态估计与全局-局部地图构建两个子节点。其中多传感器融合状态估计节点利用机载传感器(视觉相机、激光雷达、IMU 数据等)的测量数据实时估计无人机的运动状态；全局-局部地图构建节点利用多传感器融合状态估计节点提供的无人机位姿信息与激光雷达提供的点云信息，构建占据栅格地图，为无人机提供环境中的障碍物信息。②运动规划系统以无人机自主飞行中的避障为目标，根据全局-局部地图构建节点提供的障碍物信息、多传感器融合状态估计节点提供的无人机状态信息，生成安全的参考轨迹。③控制系统：结合多传感器融合状态估计节点提供的无人机运动状态，控制无人机跟踪运动规划系统提供的期望轨迹，最终实现无人机在复杂环境下的自主飞行。

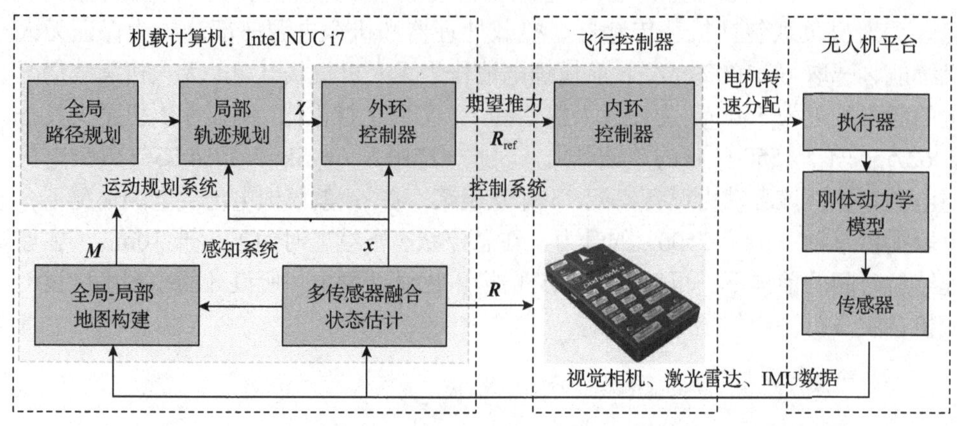

图 8.2　无人机自主飞行平台软件结构

8.2　感知系统设计

在任务执行过程中，多旋翼无人机需要通过机载传感器实现在复杂三维环境中的自主导航。感知系统用于为无人机提供状态估计与环境障碍物建图的信息，其包含两个主要功能模块：多传感器融合状态估计与全局-局部地图构建。多传感器融合状态估计通过视觉里程计与激光雷达里程计输出的观测信息、惯性测量得到的预测状态进行融合得到高频、实时的无人机运动状态。全局-局部地图用于为无人机提供周围环境中的障碍物信息，是无人机运动规划的基础。

8.2.1　多传感器融合状态估计

由 8.1.2 节中对无人机机载传感器的选型可知，设计的自主无人机同时搭载了双目相机、激光雷达、IMU 三类传感器。多传感器融合状态估计利用上述三类传感器输出的原始信息进行信息融合，得到高频、实时的无人机运动状态。为实现面向室外复杂环境的自主飞行设计的无人机自主飞行平台，不同于室内结构化环境，室外复杂环境存在大量密集障碍物，通常包含充分纹理与几何特征，无须利用第 5 章描述的松耦合退化判据或紧耦合视觉雷达融合系统。在实际的室外飞行过程中，本章采用了一种基于无迹卡尔曼滤波(unscented Kalman filter, UKF)的多传感器融合方法。如果读者感兴趣，可通过本书第 5 章介绍的多传感器融合方法替换本节中的 UKF，这里不再详细赘述。

定义多传感器融合状态估计方法的状态向量为

$$\boldsymbol{x}=\left[\boldsymbol{t}^{\mathrm{T}},\boldsymbol{v}^{\mathrm{T}},\boldsymbol{q}^{\mathrm{T}},\boldsymbol{b}_a^{\mathrm{T}},\boldsymbol{b}_g^{\mathrm{T}}\right]^{\mathrm{T}} \tag{8.1}$$

式中，$\boldsymbol{t}$ 为无人机的位置状态；$\boldsymbol{v}$ 为无人机的速度状态；$\boldsymbol{q}$ 为姿态四元数；$\boldsymbol{b}_a$ 与 $\boldsymbol{b}_g$

为加速度计与陀螺仪的偏置。

UKF 通过预测过程与更新过程实现无人机多传感器融合状态估计，其中预测过程以 IMU 采集的角速度 $\hat{\boldsymbol{\omega}}$ 与加速度 $\hat{\boldsymbol{a}}$ 为输入，根据无人机运动学模型预测下一时刻无人机状态与协方差矩阵。更新过程利用视觉惯性里程计、雷达惯性里程计观测作为输入，当接收到视觉惯性里程计或雷达惯性里程计信息时，UKF 执行一次更新过程，更新无人机状态与协方差矩阵。UKF 本质上是线性最小方差估计的一种近似方法，根据协方差矩阵对噪声增广后的状态量，进行 Sigma 采样，得到 Sigma 点集。将 Sigma 采样点集代入预测方程与观测方程计算状态量与观测量的再现样本点，根据再现样本点的均值和协方差计算状态量的均值和协方差，并以状态量均值作为无人机的估计状态，实现无人机自主导航。

1. 预测过程

预测过程利用 t_{k-1} 时刻的 IMU 输入 $\boldsymbol{u}_{k-1}=[\hat{\boldsymbol{a}}_{k-1}^{\mathrm{T}},\hat{\boldsymbol{\omega}}_{k-1}^{\mathrm{T}}]^{\mathrm{T}}$，预测 t_k 时刻状态向量 $\boldsymbol{x}_{k|k-1}$ 与协方差矩阵 $\boldsymbol{P}_{k|k-1}$，过程方程的广义表达形式可定义为

$$\boldsymbol{x}_{k|k-1}=f_p\left(\boldsymbol{x}_{k-1},\boldsymbol{u}_{k-1},\boldsymbol{n}_{I,k-1}\right) \tag{8.2}$$

式中，$\boldsymbol{n}_{I,k-1}=\left[\boldsymbol{n}_{a,k-1}^{\mathrm{T}},\boldsymbol{n}_{\omega,k-1}^{\mathrm{T}},\boldsymbol{n}_{b_a,k-1}^{\mathrm{T}},\boldsymbol{n}_{b_g,k-1}^{\mathrm{T}}\right]^{\mathrm{T}}$ 为过程噪声，包含 IMU 过程噪声 $\left[\boldsymbol{n}_{a,k-1}^{\mathrm{T}},\boldsymbol{n}_{\omega,k-1}^{\mathrm{T}}\right]^{\mathrm{T}}$ 以及 IMU 偏差的过程噪声 $\left[\boldsymbol{n}_{b_a,k-1}^{\mathrm{T}},\boldsymbol{n}_{b_g,k-1}^{\mathrm{T}}\right]^{\mathrm{T}}$。给定 t_{k-1} 时刻的 IMU 输入 $\boldsymbol{u}_{k-1}$、t_{k-1} 时刻状态 $\boldsymbol{x}_{k-1}$、预测步长 δt，则可以将预测过程 $f_p\left(\boldsymbol{x}_{k-1},\boldsymbol{u}_{k-1},\boldsymbol{n}_{I,k-1}\right)$ 表示为离散形式：

$$f_p\left(\boldsymbol{x}_{k-1},\boldsymbol{u}_{k-1},\boldsymbol{n}_{I,k-1}\right)=\begin{bmatrix}\boldsymbol{t}_{k-1}+\boldsymbol{v}_{k-1}\delta t+\dfrac{1}{2}(\hat{\boldsymbol{a}}_{k-1}-\boldsymbol{R}_{k-1}^{\mathrm{T}}\boldsymbol{g}-\boldsymbol{b}_{a,k-1}-\boldsymbol{n}_{a,k-1})\delta t^2\\ \boldsymbol{v}_{k-1}+(\hat{\boldsymbol{a}}_{k-1}-\boldsymbol{R}_{k-1}^{\mathrm{T}}\boldsymbol{g}-\boldsymbol{b}_{a,k-1}-\boldsymbol{n}_{a,k-1})\delta t\\ \boldsymbol{q}_{k-1}\otimes\boldsymbol{q}_{\delta}\\ \boldsymbol{b}_{a,k-1}+\boldsymbol{n}_{b_a,k-1}\delta t\\ \boldsymbol{b}_{\omega,k-1}+\boldsymbol{n}_{b_g,k-1}\delta t\end{bmatrix} \tag{8.3}$$

式中，$\boldsymbol{q}_{\delta}=\left[\cos\left(\dfrac{|\boldsymbol{\Omega}_{k-1}|\delta t}{2}\right),\ \dfrac{\boldsymbol{\Omega}_{k-1}^{\mathrm{T}}}{|\boldsymbol{\Omega}_{k-1}|}\sin\left(\dfrac{|\boldsymbol{\Omega}_{k-1}|\delta t}{2}\right)\right]^{\mathrm{T}}$；$\boldsymbol{\Omega}_{k-1}=\hat{\boldsymbol{\omega}}_{k-1}-\boldsymbol{b}_{g,k-1}-\boldsymbol{n}_{\omega,k-1}$；$\otimes$ 表示四元数乘法。根据式(8.3)，利用 t_{k-1} 时刻无人机状态 $\boldsymbol{x}_{k-1}$ 与 IMU 输入 $\boldsymbol{u}_{k-1}$ 预测 t_k 时刻的无人机状态 $\boldsymbol{x}_{k|k-1}$。

假设无人机状态量 $\boldsymbol{x}_{k-1}\sim N(\overline{\boldsymbol{x}}_{k-1},\boldsymbol{P}_{k-1})$ 服从高斯分布，其中 $\overline{\boldsymbol{x}}_{k-1}$ 为状态量 $\boldsymbol{x}_{k-1}$

的均值，$\boldsymbol{P}_{k-1}$ 为其对应的协方差。如式(8.3)所示，预测过程中包含系统的过程噪声 $\boldsymbol{n}_{I,k-1} \sim N(\overline{\boldsymbol{n}}_{I,k-1}, \boldsymbol{\sigma}_{Q,k-1})$，其中，$\overline{\boldsymbol{n}}_{I,k-1}$ 为过程噪声均值；$\boldsymbol{\sigma}_{Q,k-1}$ 为过程噪声协方差。根据过程噪声 $\boldsymbol{n}_{I,k-1}$ 对系统状态量及状态量对应的协方差矩阵进行增扩：

$$\overline{\boldsymbol{x}}_{k-1}^{a} = \begin{bmatrix} \overline{\boldsymbol{x}}_{k-1} \\ \overline{\boldsymbol{n}}_{I,k-1} \end{bmatrix}, \quad \boldsymbol{P}_{k-1}^{a} = \begin{bmatrix} \boldsymbol{P}_{k-1} & \boldsymbol{0} \\ \boldsymbol{0} & \boldsymbol{\sigma}_{Q,k-1} \end{bmatrix} \tag{8.4}$$

式中，$\overline{\boldsymbol{x}}_{k-1}^{a}$ 为增扩状态均值；$\boldsymbol{P}_{k-1}^{a}$ 为增扩协方差；$\boldsymbol{\sigma}_{Q,k-1}$ 为过程噪声的协方差矩阵。

UKF 在 $\overline{\boldsymbol{x}}_{k-1}^{a}$ 处，根据协方差矩阵 $\boldsymbol{P}_{k-1}^{a}$ 对状态量进行采样生成 Sigma 点集 $\boldsymbol{\mathcal{X}}_{i,k-1}^{a}(i=0,1,\cdots,2n)$，其中 n 为 $\overline{\boldsymbol{x}}_{k-1}^{a}$ 的维度：

$$\begin{aligned} &\boldsymbol{\mathcal{X}}_{0,k-1}^{a} = \overline{\boldsymbol{x}}_{k-1}^{a} \\ &\boldsymbol{\mathcal{X}}_{i,k-1}^{a} = \overline{\boldsymbol{x}}_{k-1}^{a} + \left(\sqrt{(n+\lambda)\boldsymbol{P}_{k-1}^{a}}\right)_{i}, \quad i=1,\cdots,n \\ &\boldsymbol{\mathcal{X}}_{i,k-1}^{a} = \overline{\boldsymbol{x}}_{k-1}^{a} - \left(\sqrt{(n+\lambda)\boldsymbol{P}_{k-1}^{a}}\right)_{i-n}, \quad i=n+1,\cdots,2n \end{aligned} \tag{8.5}$$

式中，$(\cdot)_i$ 表示取矩阵的第 i 列；$\lambda = \alpha^2(n+\kappa) - n$ 为常数，α 通常被设定为较小的正数，$\alpha \in \left[10^{-4}, 1\right]$，该参数决定了 Sigma 点的扩散范围；常数 κ 通常设定为 $3-n$。将式(8.5)中生成的 Sigma 点集代入式(8.2)中，可以预测 t_k 时刻的 Sigma 点集为

$$\boldsymbol{\mathcal{X}}_{i,k|k-1}^{a} = f_p\left(\boldsymbol{\mathcal{X}}_{i,k-1}^{a,x}, \boldsymbol{u}_{k-1}, \boldsymbol{\mathcal{X}}_{i,k-1}^{a,n}\right) \tag{8.6}$$

式中，$\boldsymbol{\mathcal{X}}_{i,k-1}^{a,x}$ 表示 $\boldsymbol{\mathcal{X}}_{i,k-1}^{a}$ 中与状态量 $\boldsymbol{x}_{k-1}$ 相关的部分；$\boldsymbol{\mathcal{X}}_{i,k-1}^{a,n}$ 表示 $\boldsymbol{\mathcal{X}}_{i,k-1}^{a}$ 中与过程噪声 $\boldsymbol{n}_{I,k-1}$ 相关的部分。

根据 UKF 标准预测模型，给定 Sigma 点集 $\boldsymbol{\mathcal{X}}_{k|k-1}^{a}$，预测状态量均值 $\overline{\boldsymbol{x}}_{k|k-1}^{a}$ 以及协方差矩阵 $\boldsymbol{P}_{k|k-1}^{a}$ 具体计算过程如下：

$$\begin{aligned} &\overline{\boldsymbol{x}}_{k|k-1}^{a} = \sum_{i=0}^{2n} \omega_i^m \boldsymbol{\mathcal{X}}_{i,k|k-1}^{a} \\ &\boldsymbol{P}_{k|k-1}^{a} = \sum_{i=0}^{2n} \omega_i^c \left[\boldsymbol{\mathcal{X}}_{i,k|k-1}^{a} - \overline{\boldsymbol{x}}_{k|k-1}^{a}\right]\left[\boldsymbol{\mathcal{X}}_{i,k|k-1}^{a} - \overline{\boldsymbol{x}}_{k|k-1}^{a}\right]^{\mathrm{T}} \\ &\omega_0^m = \frac{\lambda}{n+\lambda}, \quad \omega_0^c = \frac{\lambda}{n+\lambda} + (1-\alpha^2+\beta) \\ &\omega_i^m = \omega_i^c = \frac{1}{2(n+\lambda)} \end{aligned} \tag{8.7}$$

式中，参数 β 由状态量 $\boldsymbol{x}$ 的分布先验信息决定(对于高斯分布通常选用 $\beta=2$)。UKF 中以状态量均值 $\overline{\boldsymbol{x}}_{k|k-1}^{a}$ 及协方差矩阵 $\boldsymbol{P}_{k|k-1}^{a}$ 作为对无人机增扩后状态量及协方差的预测。

2. 更新过程

更新过程利用视觉惯性里程计观测、雷达惯性里程计观测，更新预测状态 $\boldsymbol{x}_{k|k-1}$ 及其协方差 $\boldsymbol{P}_{k|k-1}$，得到 t_k 时刻的状态向量 $\boldsymbol{x}_k \sim N(\overline{\boldsymbol{x}}_k, \boldsymbol{P}_k)$。更新方程的广义表达形式可定义为

$$\boldsymbol{z}_k = h\left(\boldsymbol{x}_k, \boldsymbol{v}_k\right) \tag{8.8}$$

式中，$\boldsymbol{z}_k$ 为观测向量；$\boldsymbol{v}_k \sim N(\overline{\boldsymbol{v}}_k, \boldsymbol{\sigma}_R)$ 为观测噪声，$\overline{\boldsymbol{v}}_k$ 与 $\boldsymbol{\sigma}_R$ 分别为观测噪声的均值与协方差；$h(\cdot)$ 为观测函数。

当接收到视觉惯性里程计或雷达惯性里程计信息时 UKF 执行一次更新过程。首先，定义视觉惯性里程计与雷达惯性里程计观测向量与观测函数；然后，通过 UKF 更新，估计无人机状态量均值 $\overline{\boldsymbol{x}}_k$ 及其协方差 $\boldsymbol{P}_k$，并以 $\overline{\boldsymbol{x}}_k$ 作为对无人状态量 $\boldsymbol{x}_k$ 的估计值，实现无人机的自主导航。

1) 视觉惯性里程计观测向量与观测函数定义

当接收到视觉惯性里程计或雷达惯性里程计信息时，UKF 执行一次更新过程，UKF 接收到视觉惯性里程计信息后，定义观测向量为

$$\boldsymbol{z}_k = \left[\begin{matrix}\boldsymbol{I}_{10\times 10} & \boldsymbol{0}_{16\times(m-1)+6}\end{matrix}\right]\hat{\boldsymbol{X}}_{\text{vio},k} \tag{8.9}$$

式中，$\hat{\boldsymbol{X}}_{\text{vio},k}$ 为 t_k 时刻视觉惯性里程计输出的滑窗内无人机运动状态(通过求解视觉惯性集束调整问题获得，实现细节读者可参阅本书第 3 章，在此不再赘述)；m 为滑窗中包含的无人机运动状态数量。式(8.9)表示，取 t_k 时刻视觉惯性里程计输出无人机运动状态的前 10 维状态量，作为视觉惯性里程计观测向量，即

$$\boldsymbol{z}_k = \left[\begin{matrix}\hat{\boldsymbol{t}}_{\text{vio},k}^{\mathrm{T}} & \hat{\boldsymbol{v}}_{\text{vio},k}^{\mathrm{T}} & \hat{\boldsymbol{q}}_{\text{vio},k}^{\mathrm{T}}\end{matrix}\right]^{\mathrm{T}} \tag{8.10}$$

式中，$\hat{\boldsymbol{t}}_{\text{vio},k}$、$\hat{\boldsymbol{v}}_{\text{vio},k}$、$\hat{\boldsymbol{q}}_{\text{vio},k}$ 分别表示 t_k 时刻视觉惯性里程计输出的无人机位置、速度、四元数。根据式(8.10)视觉惯性里程计的观测函数定义为

$$h(\boldsymbol{x}_k, \boldsymbol{v}_k) = \left[\begin{matrix}\boldsymbol{I}_{10\times 10} & \boldsymbol{0}_{10\times 6}\end{matrix}\right]\boldsymbol{x}_k + \boldsymbol{v}_k \tag{8.11}$$

式(8.10)与式(8.11)中分别给出了 t_k 时刻视觉惯性里程计观测向量 $\boldsymbol{z}_k$ 与观测函数 $h(\boldsymbol{x}_k, \boldsymbol{v}_k)$ 的具体表达形式。

2) 雷达惯性里程计观测向量与观测函数定义

当 UKF 接收到雷达惯性里程计信息时，定义雷达惯性里程计观测 $\boldsymbol{z}_k$ 为

$$\boldsymbol{z}_k = \begin{bmatrix} \boldsymbol{I}_{10\times10} & \boldsymbol{0}_{10\times6} \end{bmatrix} \hat{\boldsymbol{x}}_{\text{lio},k} = \begin{bmatrix} \hat{\boldsymbol{t}}_{\text{lio},k}^{\text{T}} & \hat{\boldsymbol{v}}_{\text{lio},k}^{\text{T}} & \hat{\boldsymbol{q}}_{\text{lio},k}^{\text{T}} \end{bmatrix}^{\text{T}} \tag{8.12}$$

式中，$\hat{\boldsymbol{x}}_{\text{lio},k}$ 为 t_k 时刻雷达惯性里程计输出的无人机运动状态，通过求解非线性优化问题获得，具体实现细节读者可参阅本书第 4 章，在此不再赘述；$\hat{\boldsymbol{t}}_{\text{lio},k}$、$\hat{\boldsymbol{v}}_{\text{lio},k}$、$\hat{\boldsymbol{q}}_{\text{lio},k}$ 分别表示 t_k 时刻雷达惯性里程计输出的无人机位置、速度、四元数。

根据式(8.12)，定义雷达惯性里程计的观测函数为

$$h(\boldsymbol{x}_k, \boldsymbol{v}_k) = \begin{bmatrix} \boldsymbol{I}_{10\times10} & \boldsymbol{0}_{10\times6} \end{bmatrix} \boldsymbol{x}_k + \boldsymbol{v}_k \tag{8.13}$$

式(8.12)与式(8.13)中分别给出了 t_k 时刻雷达惯性里程计观测 $\boldsymbol{z}_k$ 与观测函数 $h(\boldsymbol{x}_k, \boldsymbol{v}_k)$ 的具体表达形式。

3) UKF 更新

UKF 更新过程与预测过程类似，当获得观测 $\boldsymbol{z}_k$ 时，将观测噪声 $\boldsymbol{v}_k \sim N(\overline{\boldsymbol{v}}_k, \boldsymbol{\sigma}_R)$ 与观测噪声协方差分别增扩至预测状态均值 $\overline{\boldsymbol{x}}_{k|k-1}$ 及状态协方差矩阵 $\boldsymbol{P}_{k|k-1}$ 中，即

$$\overline{\boldsymbol{x}}_{k|k-1}^{b} = \begin{bmatrix} \overline{\boldsymbol{x}}_{k|k-1} \\ \overline{\boldsymbol{v}}_k \end{bmatrix}, \quad \boldsymbol{P}_{k|k-1}^{b} = \begin{bmatrix} \boldsymbol{P}_{k|k-1} & \boldsymbol{0} \\ \boldsymbol{0} & \boldsymbol{\sigma}_R \end{bmatrix} \tag{8.14}$$

式中，$\overline{\boldsymbol{x}}_{k|k-1}^{b}$ 为增扩后的预测状态均值；$\boldsymbol{P}_{k|k-1}^{b}$ 为增扩后的预测状态协方差。在均值 $\overline{\boldsymbol{x}}_{k|k-1}^{b}$ 处，根据协方差矩阵 $\boldsymbol{P}_{k|k-1}^{b}$ 对状态量进行采样生成 Sigma 点集 $\boldsymbol{\mathcal{X}}_{i,k|k-1}^{b}(i=0,1,\cdots,2n)$，其中 n 为扩张状态量 $\overline{\boldsymbol{x}}_{k|k-1}^{b}$ 的维度：

$$\begin{aligned} &\boldsymbol{\mathcal{X}}_{0,k|k-1}^{b} = \overline{\boldsymbol{x}}_{k|k-1}^{b} \\ &\boldsymbol{\mathcal{X}}_{i,k|k-1}^{b} = \overline{\boldsymbol{x}}_{k|k-1}^{b} + \left(\sqrt{(n+\lambda)\boldsymbol{P}_{k|k-1}^{b}}\right)_i, \quad i=1,\cdots,n \\ &\boldsymbol{\mathcal{X}}_{i,k|k-1}^{b} = \overline{\boldsymbol{x}}_{k|k-1}^{b} - \left(\sqrt{(n+\lambda)\boldsymbol{P}_{k|k-1}^{b}}\right)_{i-n}, \quad i=n+1,\cdots,2n \end{aligned} \tag{8.15}$$

将式(8.15)中生成的 Sigma 点集代入测量过程 $h(\boldsymbol{x}_k, \boldsymbol{v}_k)$ 可以获得 Sigma 点集产生的观测量与其对应的协方差矩阵：

$$\begin{aligned} &\boldsymbol{\mathcal{Z}}_{i,k|k-1} = h\left(\boldsymbol{\mathcal{X}}_{i,k|k-1}^{b,x}, \boldsymbol{\mathcal{X}}_{i,k|k-1}^{b,v}\right) \\ &\boldsymbol{P}_{zz} = \sum_{i=0}^{2n} \omega_i^c \left[\boldsymbol{\mathcal{Z}}_{i,k|k-1} - \overline{\boldsymbol{z}}_{k|k-1}\right]\left[\boldsymbol{\mathcal{Z}}_{i,k|k-1} - \overline{\boldsymbol{z}}_{k|k-1}\right]^{\text{T}} \end{aligned} \tag{8.16}$$

式中，$\mathcal{X}_{i,k|k-1}^{b,x}$ 表示 $\mathcal{X}_{i,k|k-1}^{b}$ 中与预测状态 $\boldsymbol{x}_{k|k-1}$ 相关的部分；$\mathcal{X}_{i,k|k-1}^{b,v}$ 表示 $\mathcal{X}_{i,k|k-1}^{b}$ 中与观测噪声 $\boldsymbol{v}_k$ 相关的部分；$\overline{z}_{k|k-1}$ 表示 $\overline{\boldsymbol{x}}_{k|k-1}^{b}$ 对应的观测量，可由式(8.17)获得

$$\overline{z}_{k|k-1} = \sum_{i=0}^{2n} \omega_i^m \mathcal{Z}_{i,k|k-1} \tag{8.17}$$

式(8.16)与式(8.17)中权重项 ω_i^c 与 ω_i^m 的具体表达形式见式(8.7)。

最终，根据 UKF 的标准更新方程(8.18)对无人机状态量均值 $\overline{\boldsymbol{x}}_{k|k-1}$ 与协方差矩阵 $\boldsymbol{P}_{k|k-1}$ 进行更新，得到无人机状态量均值 $\overline{\boldsymbol{x}}_k$ 及其协方差 $\boldsymbol{P}_k$，即

$$\begin{aligned}
&\overline{\boldsymbol{x}}_k = \overline{\boldsymbol{x}}_{k|k-1} + \boldsymbol{K}\left(z_k - \overline{z}_{k|k-1}\right)\\
&\boldsymbol{P}_k = \boldsymbol{P}_{k|k-1} - \boldsymbol{K}\boldsymbol{P}_{zz}\boldsymbol{K}^{\mathrm{T}}\\
&\boldsymbol{K} = \boldsymbol{P}_{xz}\boldsymbol{P}_{zz}^{-1}\\
&\boldsymbol{P}_{xz} = \sum_{i=0}^{2n} \omega_i^c \left[\mathcal{X}_{i,k|k-1}^{a} - \overline{\boldsymbol{x}}_{k|k-1}^{a}\right]\left[\mathcal{Z}_{i,k|k-1} - \overline{y}_{k|k-1}\right]^{\mathrm{T}}
\end{aligned} \tag{8.18}$$

基于 UKF 的多传感器融合状态估计工作流程为：①状态预测：利用 t_{k-1} 时刻的 IMU 数据，根据式(8.7)对 t_k 时刻的无人机预测状态 $\boldsymbol{x}_{k|k-1}^{a} \sim N(\overline{\boldsymbol{x}}_{k|k-1}^{a}, \boldsymbol{P}_{k|k-1})$ 进行预测，得到 t_k 时刻无人机状态预测均值 $\overline{\boldsymbol{x}}_{k|k-1}^{a}$ 及其协方差矩阵 $\boldsymbol{P}_{k|k-1}$。②状态更新：利用视觉惯性里程计观测(8.10)与雷达惯性里程计观测(8.12)，根据式(8.18)对 t_k 时刻的无人机状态 $\boldsymbol{x}_k \sim N(\overline{\boldsymbol{x}}_k, \boldsymbol{P}_k)$ 进行更新，得到 t_k 时刻无人机状态均值 $\overline{\boldsymbol{x}}_k$ 及其协方差矩阵 $\boldsymbol{P}_k$，以 $\overline{\boldsymbol{x}}_k$ 作为对无人状态量 $\boldsymbol{x}_k$ 的估计值。

8.2.2 全局-局部地图构建

地图构建过程负责为运动规划提供环境地图，但维护更新一个三维全局地图将消耗大量的计算资源，同时受状态估计的误差漂移影响，三维全局地图的精度难以保证。受文献[4]启发，无人机采用了一种全局-局部地图构建策略，同时维护一幅低分辨率的二维全局地图 $\mathcal{M}_g$（用于全局路径引导）和一幅随无人机一起移动的三维局部地图 $\mathcal{M}_l$（用于局部轨迹规划）。全局地图为占据栅格地图，局部地图为 EDT 地图。全局-局部地图构建过程，需要对全局地图与局部地图中的每个栅格进行占据概率更新(更新栅格被障碍物占据的概率)。通过 6.1.4 节设计的地图更新方法，可以利用激光雷达点云，实时更新全局地图以及局部地图中每个栅格的占据概率，将栅格标记为空闲、占据或未知。进一步，考虑到局部轨迹规划(8.3.3 节)过程中需要距离无人机最近障碍物的信息，利用文献[9]中的方法将局部栅格

地图进行欧氏距离转换，得到三维局部 EDT 地图 $\mathcal{M}_l$ 。最后，考虑到在三维空间中搜索全局路径会造成较大的计算资源消耗，将三维全局栅格地图投影至二维平面，从而得到二维全局地图 $\mathcal{M}_g$ ，其投影原则为

$$\mathcal{M}_g(x,y)=\begin{cases}\text{占据，} & \exists\mathcal{M}_l(x,y,z_i),z_i\in[z_{\min},z_{\max}]\text{为占据栅格}\\ \text{空闲，} & \forall\mathcal{M}_l(x,y,z_i),z_i\in[z_{\min},z_{\max}]\text{为空闲栅格}\\ \text{未知，} & \text{默认为未知栅格}\end{cases} \tag{8.19}$$

式中， $\mathcal{M}_g(x,y)$ 表示全局地图中位于坐标 (x,y) 的栅格； $\mathcal{M}_l(x,y,z_i)$ 表示局部地图中位于坐标 (x,y,z_i) 的栅格； $z_{\min}$ 与 $z_{\max}$ 表示无人机的最小飞行高度与最大飞行高度，为人为设定值。

图 8.3 为二维全局地图，其中黑色区域表示占据栅格，白色区域表示空闲栅格，其他区域为未知栅格。全局-局部地图构建效果如图 8.4 所示，图中覆盖于二维全局地图上方的栅格为局部地图中的占据栅格。随着无人机运动，地图构建方法根据式(8.19)，利用局部地图不断更新二维全局地图，从而获得全局-局部地图。

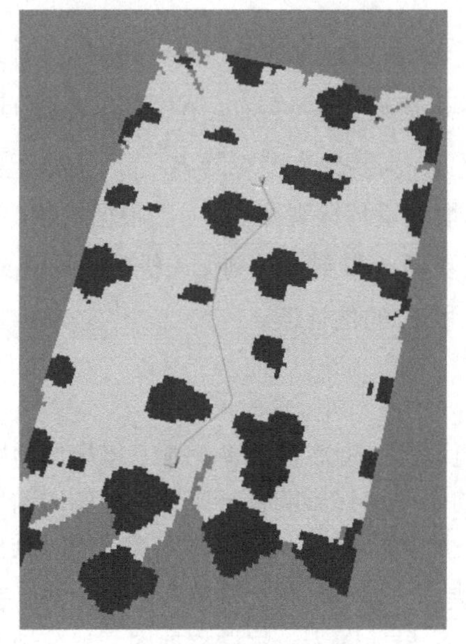

图 8.3　二维全局地图

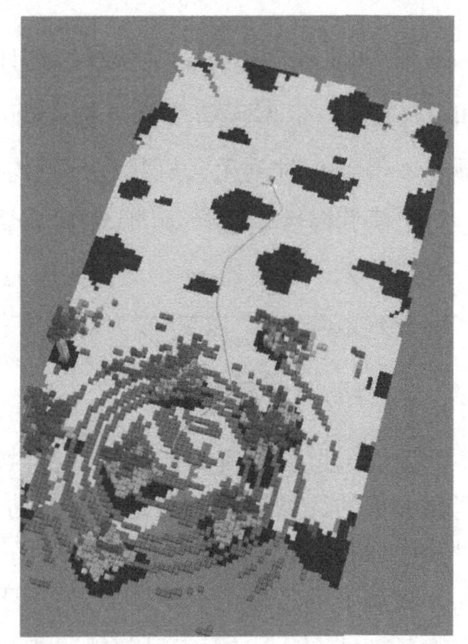

图 8.4　全局-局部地图

8.3　运动规划系统设计

无人机自主飞行系统通常要求无人机具备在多障碍环境下安全飞行的能力，

本节设计的运动规划系统以用户提供的期望目标点为输入，用于在多障碍环境下生成适合于无人机跟踪的安全轨迹，无人机运动规划系统结构如图 8.5 所示。不同于第 6 章中介绍的局部运动规划方法，考虑到室外环境区域面积大、可能存在大型障碍物的特点，本节提出一种全局-局部运动规划策略。根据 8.1.2 节平台硬件设计方案采用 x86 架构的微型计算平台 Intel NUC i7 作为机载处理器，不具备 GPU 并行计算能力。第 6 章和第 7 章介绍的基于 MPPI 控制的局部运动规划方法依赖于 GPU 并行计算，因此考虑只需要 CPU 上实时运行的运动规划方法非常必要。本章设计的运动规划系统具体工作流程为：接受用户提供的期望航迹点指令 $\boldsymbol{G}$，根据全局地图信息 $\boldsymbol{M}_g$ 规划全局路径 $\boldsymbol{P}_g$。在全局路径 $\boldsymbol{P}_g$ 的引导下，利用多项式轨迹，将全局路径 $\boldsymbol{P}_g$ 中离散的航迹点连成一条连续且光滑的初始轨迹 $\boldsymbol{\chi}^{\text{init}}$。随后，根据局部地图信息 $\boldsymbol{M}_l$，以局部初始轨迹 $\boldsymbol{\chi}^{\text{init}}$ 为初值，优化求解无人机局部轨迹 $\boldsymbol{\chi}$，作为控制系统的期望轨迹，实现规划系统与感知系统以及控制系统的闭环。

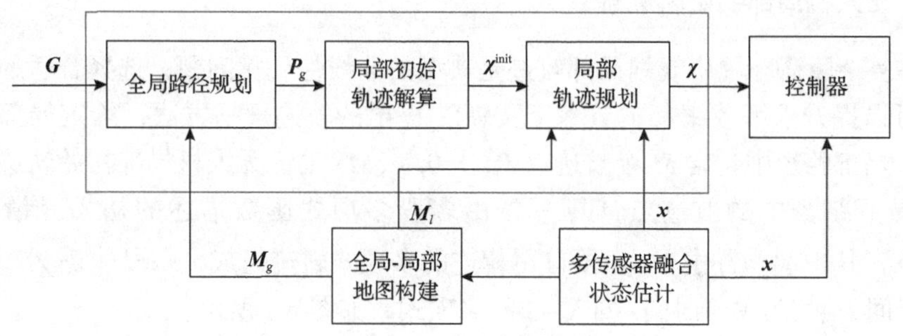

图 8.5　无人机运动规划系统结构

8.3.1　全局-局部运动规划策略

设计运动规划系统采用全局-局部运动规划策略，如图 8.6 所示，在多旋翼无人机移动过程中，系统考虑了两个不同的规划时域和地图信息，对于长规划时域，多旋翼无人机的动态系统被视为一个简易的质点系统，选择传统的路径搜寻方法 RRT*[10]基于全局地图信息 $\boldsymbol{M}_g$ 来搜索全局路径 $\boldsymbol{P}_g$。考虑到全局路径规划方法的计算消耗以及内存占用与全局地图分辨率及地图维度相关。在实际应用中，采用低分辨率的二维全局地图进行全局路径规划，从而减小全局路径规划算法的计算消耗和存储消耗。对于短规划时域，规划系统的目标为在全局路径的引导下搜寻出一条安全可行的局部轨迹 $\boldsymbol{\chi}$。局部规划使用的是随无人机一起移动的小尺寸局部地图信息，在大多数情况下，全局航迹点 $\boldsymbol{G}$ 通常处于当前局部地图信息 $\boldsymbol{M}_l$ 之外。为了保证局部轨迹 $\boldsymbol{\chi}$ 与全局路径 $\boldsymbol{P}_g$ 的拓扑同构性，选择局部地图边界与全局

路径的交点 $\boldsymbol{G}_l$ 作为局部规划方法的目标点，通过局部轨迹规划方法求解由无人机当前位置 $\boldsymbol{P}_0$ 到 $\boldsymbol{G}_l$ 的可行轨迹。

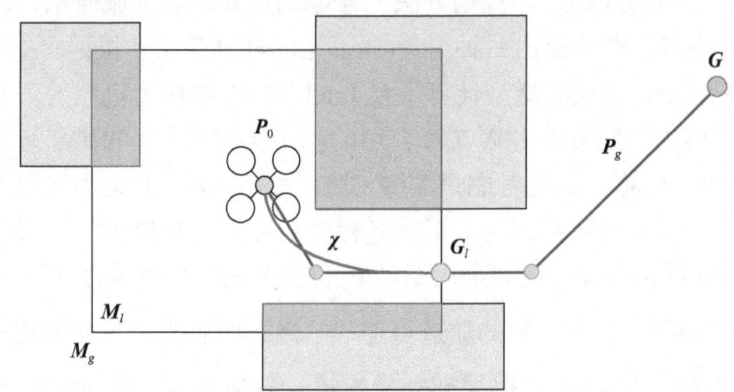

图 8.6　全局-局部运动规划策略示意图

8.3.2　无人机局部初始轨迹解算

在复杂障碍环境中规划局部轨迹是典型的非线性优化问题，选择合适的初始轨迹可以提升求解效率。本节基于文献[2]提出的轨迹规划方法，给定局部路径 $\boldsymbol{P}_0\boldsymbol{G}_l$，局部路径中包含 M 个航迹点 $\boldsymbol{P}_i(i=0,\cdots,M-1)$，无人机局部初始轨迹解算利用局部路径中的航迹点计算一条由多段多项式函数描述的初始光滑轨迹 $\boldsymbol{\chi}^{\text{init}}(t)$，其中 $\boldsymbol{\chi}^{\text{init}}(t)$ 由 $M-1$ 段首尾相连的多项式轨迹组成，每段轨迹 $\boldsymbol{\chi}_i^{\text{init}}(t)$ 的运行时间 $T_{s,i}$ 均为关于时间 t 的 $N-1$ 阶多项式，如图 8.7 所示。

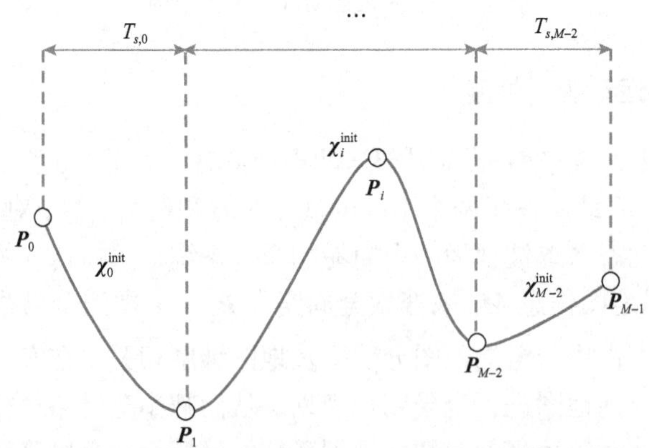

图 8.7　由 $M-1$ 段多项式轨迹构成的无人机局部初始轨迹

给出无人机局部初始轨迹 $\boldsymbol{\chi}^{\text{init}}(t)$ 中每段多项式轨迹的数学表达：

$$\boldsymbol{\chi}_i^{\text{init}}(t)=\begin{bmatrix}\boldsymbol{t}_{i,x}(t)\\ \boldsymbol{t}_{i,y}(t)\\ \boldsymbol{t}_{i,z}(t)\end{bmatrix}=\begin{bmatrix}\boldsymbol{\eta}\boldsymbol{c}_{i,x}\\ \boldsymbol{\eta}\boldsymbol{c}_{i,y}\\ \boldsymbol{\eta}\boldsymbol{c}_{i,z}\end{bmatrix},\quad i=0,\cdots,M-1$$

$$\boldsymbol{\eta}=\begin{bmatrix}1 & t & t^2 & \cdots & t^{N-1}\end{bmatrix},\quad \boldsymbol{c}_{i,d}=\begin{bmatrix}c_{i,d}^0 & c_{i,d}^1 & \cdots & c_{i,d}^{N-1}\end{bmatrix}^{\mathrm{T}},\quad d\in\{x,y,z\} \tag{8.20}$$

式中，$\boldsymbol{\chi}_i^{\text{init}}(t)$ 表示 $\boldsymbol{\chi}^{\text{init}}(t)$ 中第 i 段初始轨迹，定义第 i 段初始轨迹 $\boldsymbol{\chi}_i^{\text{init}}(t)$ 为无人机位置关于时间 t 的函数 $\boldsymbol{t}(t)=\begin{bmatrix}\boldsymbol{t}_{i,x}(t) & \boldsymbol{t}_{i,y}(t) & \boldsymbol{t}_{i,z}(t)\end{bmatrix}^{\mathrm{T}}, t\in\begin{bmatrix}0,T_{s,i}\end{bmatrix}$。定义代价函数为 M 段轨迹针对 x、y、z 三维状态的代价加和，表示为

$$\boldsymbol{V}=\sum_{i=0}^{M-1}\sum_{d\in\{x,y,z\}}\underbrace{\int_{t=0}^{T_{s,i}}\sum_{j=0}^{N-1}w_j\left\|\frac{\mathrm{d}^j\boldsymbol{t}_{i,d}(t)}{\mathrm{d}t^j}\right\|^2\mathrm{d}t}_{\boldsymbol{V}_{i,d}} \tag{8.21}$$

式中，$\boldsymbol{t}_{i,d}(t)$ 表示第 i 段轨迹中无人机位置的第 $d\in\{x,y,z\}$ 维关于时间 t 的函数；w_j 表示各阶微分项的权重，权重越大，代表该阶动力学代价越大。通常而言，只考虑 minimum-snap 的情况下，可将 w_4 设为 1，其他权重全部设为 0，则可以将式(8.21)重写为

$$\boldsymbol{V}=\sum_{i=1}^{M}\sum_{d\in\{x,y,z\}}\underbrace{\int_{t=0}^{T_{s,i}}\left\|\frac{\mathrm{d}^4\boldsymbol{t}_{i,d}(t)}{\mathrm{d}t^4}\right\|^2\mathrm{d}t}_{\boldsymbol{V}_{i,d}} \tag{8.22}$$

由式(8.20)可知 $\boldsymbol{t}_{i,d}(t)=\sum\limits_{n=1}^{N-1}c_{i,d}^n t^n$，因此式(8.22)中 $\boldsymbol{t}_{i,d}(t)$ 关于时间 t 的四阶导为

$$\frac{\mathrm{d}^4\boldsymbol{t}_{i,d}(t)}{\mathrm{d}t^4}=\sum_{n=4}^{N-1}n(n-1)(n-2)(n-3)t^{n-4}c_{i,d}^n \tag{8.23}$$

根据式(8.23)，可以将式(8.22)中的 $\left\|\dfrac{\mathrm{d}^4\boldsymbol{t}_{i,d}(t)}{\mathrm{d}t^4}\right\|^2$ 定义为两个不同的多项式相乘，即

$$\left\|\frac{\mathrm{d}^4\boldsymbol{t}_{i,d}(t)}{\mathrm{d}t^4}\right\|^2=\sum_{n=4}^{N-1}\sum_{l=4}^{N-1}n(n-1)(n-2)(n-3)l(l-1)(l-2)(l-3)t^{n+l-8}c_{i,d}^n c_{i,d}^l \tag{8.24}$$

因此，可以将式(8.22)中的 $\boldsymbol{V}_{i,d}$ 展开为

$$
\begin{aligned}
\boldsymbol{V}_{i,d} &= \int_{t=0}^{T_s} \left\| \frac{\mathrm{d}^4 \boldsymbol{t}_{i,d}(t)}{\mathrm{d}t^4} \right\|^2 \mathrm{d}t \\
&= \sum_{n=4}^{N-1} \sum_{l=4}^{N-1} n(n-1)(n-2)(n-3)l(l-1)(l-2)(l-3)t^{n+l-8} c_{i,d}^{n} c_{i,d}^{n} \\
&= \begin{bmatrix} \vdots \\ c_{i,d}^{n} \\ \vdots \end{bmatrix}^{\mathrm{T}} \begin{bmatrix} & \vdots & \\ \cdots & \dfrac{n(n-1)(n-2)(n-3)l(l-1)(l-2)(l-3)}{n+l-7} T_s^{n+l-7} & \cdots \\ & \vdots & \end{bmatrix} \begin{bmatrix} \vdots \\ c_{i,d}^{l} \\ \vdots \end{bmatrix}
\end{aligned}
\tag{8.25}
$$

式中，$c_{i,d}^{n}$ 与 $c_{i,d}^{l}$ 均表示同一段轨迹中关于时间的参数，均可用式(8.20)中的多项式轨迹参数 $\boldsymbol{c}_{i,d}$ 表达。将式(8.25)进行简化,可将每段轨迹在各个维度的代价 $\boldsymbol{V}_{i,d}$ 构建为标准的 QP 形式:

$$
\boldsymbol{V}_{i,d} = \boldsymbol{c}_{i,d}^{\mathrm{T}} \boldsymbol{Q}(T_{s,i}) \boldsymbol{c}_{i,d} \tag{8.26}
$$

为保证无人机局部初始轨迹 $\boldsymbol{\chi}^{\mathrm{init}}(t)$ 光滑连续，需要使初始轨迹 $\boldsymbol{\chi}^{\mathrm{init}}(t)$ 中的各段轨迹初始点和末端点状态的各阶导数严格相等，设 $\boldsymbol{d}_{i,d,\mathrm{start}}$ 与 $\boldsymbol{d}_{i,d,\mathrm{end}}$ 分别表示每一段的起始状态与末端状态，则有

$$
\begin{aligned}
\boldsymbol{t}_{i,d}^{(k)}(0) &= \boldsymbol{d}_{i,d,\mathrm{start}}^{(k)} \\
\boldsymbol{t}_{i,d}^{(k)}(T_s) &= \boldsymbol{d}_{i,d,\mathrm{end}}^{(k)}
\end{aligned}, \quad k = 0, \cdots, N-1 \tag{8.27}
$$

式中，上角标 (k) 表示对变量取 k 阶微分。

根据式(8.20)将式(8.27)的等号左侧展开为

$$
\begin{bmatrix} \boldsymbol{t}_{i,d}^{(k)}(0) \\ \boldsymbol{t}_{i,d}^{(k)}(T_{s,i}) \end{bmatrix} = \begin{bmatrix} \displaystyle\sum_{n=k}^{N-1} \frac{n!}{(n-k)!} 0^{n-k} c_{i,d}^{n} \\ \displaystyle\sum_{n=k}^{N-1} \frac{n!}{(n-k)!} T_{s,i}^{n-k} c_{i,d}^{n} \end{bmatrix} = \begin{bmatrix} \cdots & \dfrac{n!}{(n-k)!} 0^{n-k} & \cdots \\ \cdots & \dfrac{n!}{(n-k)!} T_{s,i}^{n-k} & \cdots \end{bmatrix} \begin{bmatrix} \vdots \\ c_{i,d}^{n} \\ \vdots \end{bmatrix} \tag{8.28}
$$

将式(8.28)代入式(8.27)可得

$$
\begin{bmatrix} \boldsymbol{d}_{i,d,\mathrm{start}}^{(k)} \\ \boldsymbol{d}_{i,d,\mathrm{end}}^{(k)} \end{bmatrix} = \begin{bmatrix} \cdots & \dfrac{n!}{(n-k)!} 0^{n-k} & \cdots \\ \cdots & \dfrac{n!}{(n-k)!} {T_{s,i}}^{n-k} & \cdots \end{bmatrix} \begin{bmatrix} \vdots \\ c_{i,d}^{n} \\ \vdots \end{bmatrix} \tag{8.29}
$$

对式(8.29)进行简化，可得

$$\underbrace{\begin{bmatrix} \boldsymbol{d}_{i,d,\text{start}} \\ \boldsymbol{d}_{i,d,\text{end}} \end{bmatrix}}_{\boldsymbol{d}_{i,d}} = \underbrace{\begin{bmatrix} \boldsymbol{A}(t=0) \\ \boldsymbol{A}(t=T_{s,i}) \end{bmatrix}}_{\boldsymbol{A}_i} \boldsymbol{c}_{i,d} \tag{8.30}$$

式中，$\boldsymbol{A}_i$ 是多项式轨迹参数 $\boldsymbol{c}_{i,d}$ 与第 i 段轨迹始末状态 $\boldsymbol{d}_{i,d}$ 之间的映射矩阵。

将式(8.30)代入式(8.26)中，可以将式(8.26)中定义的 QP 问题重写为

$$\boldsymbol{V}_{i,d} = \boldsymbol{d}_{i,d}^{\mathrm{T}} \boldsymbol{A}_i^{-\mathrm{T}} \boldsymbol{Q}(T_{s,i}) \boldsymbol{A}_i^{-1} \boldsymbol{d}_{i,d} \tag{8.31}$$

此时，初始轨迹规划问题转化为具有等式约束的标准二次规划问题。

将式(8.31)代入式(8.22)，可以将代价函数重写为

$$\boldsymbol{V} = \sum_{i=0}^{M-1} \sum_{d\in\{x,y,z\}} \boldsymbol{d}_{i,d}^{\mathrm{T}} \boldsymbol{A}_i^{-\mathrm{T}} \boldsymbol{Q}(T_{s,i}) \boldsymbol{A}_i^{-1} \boldsymbol{d}_{i,d} \tag{8.32}$$

将式(8.32)写为 QP 形式，可得

$$\boldsymbol{V} = \underbrace{\begin{bmatrix} \boldsymbol{d}_0 \\ \vdots \\ \boldsymbol{d}_{M-1} \end{bmatrix}}_{\boldsymbol{d}}^{\mathrm{T}} \underbrace{\begin{bmatrix} \boldsymbol{A}_0 & & \\ & \ddots & \\ & & \boldsymbol{A}_{M-1} \end{bmatrix}}_{\boldsymbol{A}}^{-\mathrm{T}} \boldsymbol{Q} \underbrace{\begin{bmatrix} \boldsymbol{A}_0 & & \\ & \ddots & \\ & & \boldsymbol{A}_{M-1} \end{bmatrix}}_{\boldsymbol{A}}^{-1} \underbrace{\begin{bmatrix} \boldsymbol{d}_0 \\ \vdots \\ \boldsymbol{d}_{M-1} \end{bmatrix}}_{\boldsymbol{d}} \tag{8.33}$$

式中

$$\boldsymbol{Q} = \begin{bmatrix} \boldsymbol{Q}\left(T_{s,0}\right) & & \\ & \ddots & \\ & & \boldsymbol{Q}\left(T_{s,M-1}\right) \end{bmatrix}, \quad \boldsymbol{d}_i = \begin{bmatrix} \boldsymbol{d}_{i,x} \\ \boldsymbol{d}_{i,y} \\ \boldsymbol{d}_{i,z} \end{bmatrix}, \quad i = 0,\cdots,M-1 \tag{8.34}$$

式(8.33)中的矩阵 $\boldsymbol{d}$ 由固定参数 $\boldsymbol{d}_F$ 与待优化参数 $\boldsymbol{d}_P$ 组成，如各段轨迹的始末位置由局部路径提供的 M 个路径点 $\boldsymbol{P}_i(i=0,\cdots,M-1)$ 决定，为固定参数。因此，利用初等变换将矩阵 $\boldsymbol{d}$ 整理为固定参数分块与待优化参数分块的形式：

$$\boldsymbol{d} = \boldsymbol{B} \begin{bmatrix} \boldsymbol{d}_F \\ \boldsymbol{d}_P \end{bmatrix} \tag{8.35}$$

式中，$\boldsymbol{B}$ 为初等变换矩阵。

将式(8.35)代入式(8.33)中可得

$$V=\begin{bmatrix}d_F\\d_P\end{bmatrix}^{\mathrm{T}}\underbrace{B^{\mathrm{T}}A^{-\mathrm{T}}QA^{-1}B}_{D}\begin{bmatrix}d_F\\d_P\end{bmatrix}\tag{8.36}$$

式中，矩阵$\boldsymbol{D}$可展开为分块矩阵的形式：

$$D=\begin{bmatrix}D_{FF}&D_{FP}\\D_{PF}&D_{PP}\end{bmatrix}\tag{8.37}$$

将式(8.37)代入式(8.36)可得

$$V=d_F^{\mathrm{T}}D_{FF}d_F+d_F^{\mathrm{T}}D_{FP}d_P^{\mathrm{T}}+d_P^{\mathrm{T}}D_{PF}d_F+d_P^{\mathrm{T}}D_{PP}d_P\tag{8.38}$$

对式(8.38)取极小值，则令$\boldsymbol{V}$关于$\boldsymbol{d}_P$的微分为0，即

$$\frac{\mathrm{d}V}{\mathrm{d}d_P}=2d_F^{\mathrm{T}}D_{FP}+2d_P^{\mathrm{T}}D_{PP}=\mathbf{0}\tag{8.39}$$

根据式(8.39)得到待优化参数$\boldsymbol{d}_P$的闭式解：

$$d_P=-D_{PP}^{-1}D_{FP}^{\mathrm{T}}d_F\tag{8.40}$$

求得$\boldsymbol{d}_P$的闭式解后，可以根据式(8.35)计算得到矩阵$\boldsymbol{d}$。将$\boldsymbol{d}$代入式(8.30)中，即可反向推导出多项式轨迹参数$\boldsymbol{c}_{i,d}$，进而根据式(8.20)构建初始轨迹$\boldsymbol{\chi}^{\mathrm{init}}$。

无人机局部初始轨迹解算以最小化snap(无人机位置的四阶导数)为目标，将局部路径提供M个离线航迹点连成一条光滑的多项式轨迹。由于在代价函数中仅考虑了无人机运动学代价(最小化snap)，并未考虑无人机距离障碍物的距离信息，因此多项式轨迹可能会与障碍物发生碰撞。为保证局部初始轨迹满足避障要求，若发现轨迹与障碍物发生碰撞，则以增添新的中间航迹点约束的方式进行迭代。若采用全局路径搜寻方法得到的全局路径上的航迹点满足避障要求，则加入新增航迹点得到的初始轨迹，会由于更多航迹点的约束而贴近全局路径，从而进一步保证轨迹的避障需求。

8.3.3　无人机局部轨迹规划

通过上述过程生成的初始轨迹并非最优轨迹，因此需要基于初始轨迹进行非线性连续轨迹规划得到最终局部轨迹χ，为保证轨迹的连续性和平滑度，规划轨迹以五次均值B样条(quintic uniform B-spline)的形式进行定义：

$$\chi(t)=\sum_{i=i_0}^{i_5}p_{c,i}B_{i,5}(u),\quad u\in[0,1]\tag{8.41}$$

式中，样条轨迹有 6 个控制点，因此可分为六段轨迹的加和；$\boldsymbol{p}_{c,i} \in \mathbb{R}^3$ 对应时刻 $t_i(i \in \{i_0,\cdots,i_5\})$ 的控制点；$\boldsymbol{B}_{i,5}(u)$ 表示 B 样条轨迹的基函数；u 表示将多项式轨迹中的时间归一化之后的变量。定义各个控制点间的时间间隔为 δt，则归一化过程可表述为

$$u(t) = s(t) - s(t_i), \quad s(t) = \frac{t - t_0}{\delta t} \tag{8.42}$$

基函数可以分解表达为关于时间的函数 u 与参数矩阵 $\boldsymbol{M}_6$ 的乘积，因此样条矩阵展开形式如下：

$$\boldsymbol{\chi}(t) = \underbrace{\begin{bmatrix} 1 \\ u \\ u^2 \\ u^3 \\ u^4 \\ u^5 \end{bmatrix}^{\mathrm{T}} \boldsymbol{M}_6}_{\boldsymbol{A}_{Bs}(t)} \underbrace{\begin{bmatrix} \boldsymbol{p}_{c,i-2} \\ \boldsymbol{p}_{c,i-1} \\ \boldsymbol{p}_{c,i} \\ \boldsymbol{p}_{c,i+1} \\ \boldsymbol{p}_{c,i+2} \\ \boldsymbol{p}_{c,i+3} \end{bmatrix}}_{\boldsymbol{t}_c(t)}, \quad t \in [t_i, t_{i+1})$$

$$\boldsymbol{M}_6 = \frac{1}{!5} \begin{bmatrix} 1 & 26 & 66 & 26 & 1 & 0 \\ -5 & -50 & 0 & 50 & 5 & 0 \\ 10 & 20 & -60 & 20 & 10 & 0 \\ -10 & 20 & 0 & -20 & 10 & 0 \\ 5 & -20 & 30 & -20 & 5 & 0 \\ -1 & 5 & -10 & 10 & -5 & 1 \end{bmatrix} \tag{8.43}$$

式中，$\boldsymbol{M}_6$ 为固定参数矩阵。

局部规划问题可以重新定义为如下形式的非线性优化问题：

$$\min q_{\mathrm{ep}} + q_c + q_s + q_d \tag{8.44}$$

式中，q_{ep}、q_c、q_s、q_d 分别表示运动规划的终端代价函数、避障代价函数、运动代价函数及状态约束代价函数。

下面给出非线性优化问题(8.44)中涉及的代价函数的具体表达形式。

(1)终端代价函数 q_{ep}：通过该函数惩罚局部规划轨迹 $\boldsymbol{\chi}$ 与初始轨迹 $\boldsymbol{\chi}^{\mathrm{init}}$ 的末端位置、速度状态误差。

$$q_{\mathrm{ep}} = \lambda_p \| \boldsymbol{\chi}(t_{\max}) - \boldsymbol{t}_{\mathrm{ep}} \| + \lambda_v \| \dot{\boldsymbol{\chi}}(t_{\max}) - \boldsymbol{v}_{\mathrm{ep}} \| \tag{8.45}$$

式中，$t_{\max}$ 为轨迹到末端点时的时间；$\boldsymbol{t}_{\mathrm{ep}}$ 与 $\boldsymbol{v}_{\mathrm{ep}}$ 为初始轨迹 $\boldsymbol{\chi}^{\mathrm{init}}$ 的末端位置、速

度状态；参数 λ_p 与 λ_v 为权重参数。

(2)避障代价函数 q_c：该函数用于惩罚距离障碍物过于接近的轨迹。

$$q_c = \lambda_c \int_{t_{\min}}^{t_{\max}} \frac{(\mathrm{dist}(\chi(t)) - d_s)^2}{2d_s} \mathrm{d}t \tag{8.46}$$

式中，d_s 为碰撞距离感知范围；λ_c 为一较大的权重参数；函数 $\mathrm{dist}(\cdot)$ 用于计算距离最近障碍物的距离，可根据局部 EDT 地图 $\boldsymbol{M}_l$ 进行计算。

(3)运动代价函数 q_s：该代价函数用于评估轨迹的能量消耗，该消耗与无人机的加速度、jerk(无人机位置的三阶导)及 snap(无人机位置的四阶导)有关[11]，因此将运动代价定义为这几项的加权平方和：

$$q_s = \sum_{i=2}^{4} \int_{t_{\min}}^{t_{\max}} \lambda_{s,i} (\chi^{(i)}(t))^2 \mathrm{d}t \tag{8.47}$$

式中，$\chi^{(i)}(t)$ 表示 t 时刻轨迹 $\chi(t)$ 的 i 阶导；$\lambda_{s,i}$ 为权重参数。

(4)状态约束代价函数 q_d：为确保动态可行性，重规划轨迹的运动状态需保证在一定范围内，对超出上限的运动状态给予惩罚：

$$\begin{gathered} q_d = \sum_{i=2}^{4} \int_{t_{\min}}^{t_{\max}} \lambda_l l(\chi^{(i)}(t)) \mathrm{d}t \\ l(x) = \begin{cases} \exp(x^2 - x_{\max}^2) - 1, & x > x_{\max} \\ 0, & x \leqslant x_{\max} \end{cases} \end{gathered} \tag{8.48}$$

式中，$x_{\max}$ 为对应各状态的上限约束；λ_l 为权重参数。

将式(8.45)～式(8.48)代入式(8.44)中定义的非线性优化问题，并给定优化初值，通过开源求解器 NLOPT 即可实现对式(8.44)的求解，从而得到样条控制点 $\boldsymbol{p}_c$。将 $\boldsymbol{p}_c$ 代入式(8.41)即可得到无人机的局部轨迹 $\chi(t)$。

非线性优化问题(8.44)初值的计算方式有两种。

(1)直接由初始轨迹 χ^{init} 采样控制点进行计算，即对于初始轨迹 χ^{init}，将该轨迹也视为一个样条轨迹，根据轨迹求出其控制点，然后将这一控制点作为优化初值，从式(8.41)可推得，从轨迹到控制点的转换过程为

$$\boldsymbol{p}_{c,\mathrm{init}} = \boldsymbol{B}_{i,5}^{-1}(u) \chi^{\mathrm{init}}(t) \tag{8.49}$$

(2)保留上次迭代优化得到的控制点，并加入从初始轨迹 χ^{init} 按末端时间点截取得到的新控制点。对于一组控制点 $\boldsymbol{p}_{c,i}$ 而言，该操作会移除最老的一个控制点，然后加入初始轨迹末端状态 $\chi^{\mathrm{init}}(T_{\mathrm{total}})$ 作为最新的控制点，控制点数量仍然保持为

6 个。

读者可以根据需求自行选取上述任意一种非线性优化问题初值的计算方式。

完整的运动规划过程如图 8.8 所示，图中 $\boldsymbol{G}$ 为全局目标点，$\boldsymbol{P}_g$ 为通过 RRT*[10] 采样得到的全局路径。在全局路径 $\boldsymbol{P}_g$ 上选取局部目标点 $\boldsymbol{G}_l$ 作为局部轨迹规划的目标点。无人机局部轨迹规划算法根据初始轨迹 $\boldsymbol{\chi}^{\text{init}}$ 利用式(8.49)计算样条轨迹的控制点初值，并以其为优化初值求解式(8.44)中定义的非线性优化问题，得到无人机局部轨迹。为确保局部规划方法的实时运行，应用滚动时域规划策略，将局部规划得到的轨迹划分为执行轨迹部分(图 8.8 中虚线括住的轨迹)以及规划轨迹部分(图 8.8 中实线括住的轨迹)，在每次迭代中，规划时域被设定为 $[t_{\min}-2\delta t, t_{\max})$，该时域由控制点的个数决定，执行时域设定为 $[t_{\min}-3\delta t, t_{\min}-2\delta t)$。在局部规划后，局部轨迹的执行部分将发送至控制系统，生成高频的期望指令用于无人机轨迹跟踪。

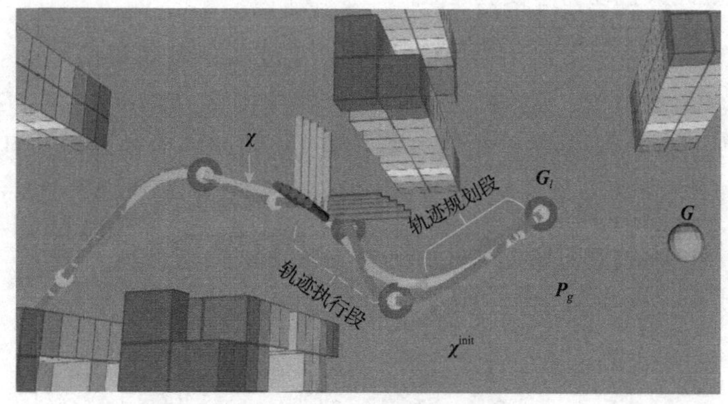

图 8.8　运动规划流程示意图

8.4　控制系统设计

在获取参考飞行轨迹后，需要多旋翼无人机对参考轨迹进行轨迹跟踪飞行。针对多旋翼无人机轨迹跟踪控制问题，设计外环轨迹跟踪控制器与内环姿态控制器，实现多旋翼无人机的轨迹跟踪控制。考虑多旋翼无人机平台姿态状态与平移运动状态的强耦合特性，基于多时间尺度原则将小型多旋翼无人机控制系统划分为控制响应较慢的外环轨迹跟踪控制系统与响应相对较快的内环姿态控制系统[12]。多旋翼无人机轨迹跟踪控制系统设计如图 8.9 所示，具体步骤为：①首先，针对多旋翼无人机，构建动力学模型；②然后，设计外环轨迹跟踪控制器，通过运动规划系统提供的期望轨迹与无人机位置、速度状态计算期望姿态指令；③最后，内环姿态控制器以外环轨迹跟踪控制器提供的期望姿态指令为目标，计算执行器指令，执行器根据该指令实现多旋翼无人机的姿态控制。

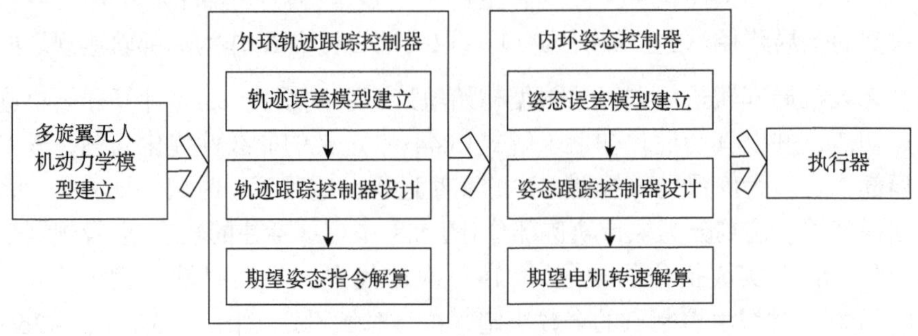

图 8.9　多旋翼无人机轨迹跟踪控制系统设计

8.4.1　多旋翼无人机动力学模型建立

多旋翼无人机平台具有简单的机械结构，以四个无刷电机按“X”形布局构成的四旋翼无人机为例，无人机通过合理地调配四个旋翼的旋转速度实现位置与姿态状态的变化，通过旋翼产生的力可以定义为沿机体坐标系 b_z 轴向的总升力 $\tau_f \in \mathbb{R}^+$ 以及绕机体坐标系各轴向的作用扭矩 $\boldsymbol{\tau}_m = \left[\tau_x, \tau_y, \tau_z\right] \in \mathbb{R}^3$，其与各个旋翼产生升力之间的关系可以定义为如下形式：

$$\begin{bmatrix} \tau_f \\ \tau_x \\ \tau_y \\ \tau_z \end{bmatrix} = \begin{bmatrix} 1 & 1 & 1 & 1 \\ -\dfrac{\sqrt{2}}{2}l & \dfrac{\sqrt{2}}{2}l & \dfrac{\sqrt{2}}{2}l & -\dfrac{\sqrt{2}}{2}l \\ -\dfrac{\sqrt{2}}{2}l & \dfrac{\sqrt{2}}{2}l & -\dfrac{\sqrt{2}}{2}l & \dfrac{\sqrt{2}}{2}l \\ -c_m & -c_m & c_m & c_m \end{bmatrix} \begin{bmatrix} \tau_{\omega_1} \\ \tau_{\omega_2} \\ \tau_{\omega_3} \\ \tau_{\omega_4} \end{bmatrix} \tag{8.50}$$

式中，$\tau_{\omega_i} (i \in \{1,2,3,4\})$ 为各电机产生的升力；$l > 0$ 为无人机质心与电机中心的距离；参数 $c_m > 0$ 用于表示旋翼产生的升力与扭矩之间的关系。

基于控制输入建立多旋翼无人机动力学模型：

$$\begin{aligned} &\dot{\boldsymbol{t}} = \boldsymbol{v} \\ &\dot{\boldsymbol{v}} = \frac{1}{m}\left(\boldsymbol{R}[0,0,\tau_f]^{\mathrm{T}}\right) + \boldsymbol{g} \\ &\dot{\boldsymbol{R}} = \boldsymbol{R}[\boldsymbol{\omega}]^\wedge \\ &\boldsymbol{J}\dot{\boldsymbol{\omega}} = \boldsymbol{\tau}_m - \boldsymbol{\omega} \times \left(\boldsymbol{J}\boldsymbol{\omega}\right) \end{aligned} \tag{8.51}$$

式中，$\boldsymbol{m}$ 为无人机总质量；$\boldsymbol{J}$ 为无人机转动惯量；$\boldsymbol{t}$ 为无人机位置；$\boldsymbol{v}$ 为无人机速度；$\boldsymbol{R}$ 为旋转矩阵；$\boldsymbol{\omega}$ 为无人机角速度；$\boldsymbol{g}$ 为重力加速度。

根据式(8.51)描述的多旋翼无人机动力学模型，设计外环轨迹跟踪控制器，实现多旋翼无人机对参考轨迹的跟踪控制。

8.4.2　外环轨迹跟踪控制器设计

多旋翼无人机的动态特性具有欠驱动、强耦合等特点，因此多旋翼无人机采用如图 8.10 所示的内外环控制结构，利用给定的参考飞行轨迹以及外环状态设计外环轨迹跟踪控制器，得到跟踪参考轨迹需要的等效控制力，再结合参考偏航状态，进行期望姿态和总期望升力的解算，最后将期望参考姿态发送至姿态内环控制器，实现内环姿态控制，进而实现对参考轨迹的稳定跟踪。综合考虑上述控制目标，提出外环轨迹跟踪控制器的具体设计如下：首先，根据多旋翼无人机模型(8.51)定义外环状态误差模型，并构建外环状态误差系统；然后，设计外环轨迹跟踪控制器；最后，根据外环控制输入设计期望姿态与总期望升力解算方法，实现对参考姿态指令与总升力指令的求解。

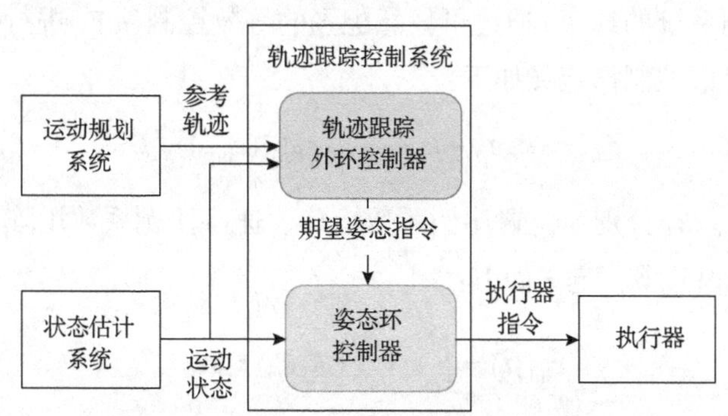

图 8.10　多旋翼无人机内外环控制结构

1. 轨迹误差模型建立

根据动力学模型(8.51)定义外环状态跟踪误差：

$$\boldsymbol{e}_p = \boldsymbol{t} - \boldsymbol{t}_{\text{ref}}, \quad \boldsymbol{e}_v = \boldsymbol{v} - \dot{\boldsymbol{t}}_{\text{ref}} \tag{8.52}$$

式中，$\boldsymbol{e}_p$ 为位置状态跟踪误差；$\boldsymbol{e}_v$ 为速度状态跟踪误差。通过设计控制器使 $\boldsymbol{e}_p$、$\boldsymbol{e}_v$ 均收敛至 0 状态，即实现多旋翼无人机对期望参考轨迹的稳定跟踪控制。

进一步推导得到多旋翼无人机轨迹跟踪外环误差系统如下：

$$\begin{aligned}\dot{\boldsymbol{e}}_p &= \boldsymbol{e}_v \\ \dot{\boldsymbol{e}}_v &= \underbrace{\boldsymbol{g} - \ddot{\boldsymbol{t}}_{\text{ref}}}_{f_v} + \underbrace{\boldsymbol{R}\left[0,0,\frac{\tau_f}{m}\right]^{\mathrm{T}}}_{\bar{\boldsymbol{\tau}}_f}\end{aligned} \tag{8.53}$$

式中，$\boldsymbol{f}_v \in \mathbb{R}^3$ 为系统标称项，$\bar{\boldsymbol{\tau}}_f \in \mathbb{R}^3$ 为等效控制项。外环轨迹跟踪控制器设计的目标为，通过设计合适的等效控制 $\bar{\boldsymbol{\tau}}_f$ 使状态误差 $\boldsymbol{e}_p$、$\boldsymbol{e}_v$ 趋于零。

2. 轨迹跟踪控制律设计

以实现稳定跟踪飞行轨迹为目标，设计外环轨迹跟踪控制器，具体设计思路如式(8.53)所示，系统中的等效控制项定义为 $\bar{\boldsymbol{\tau}}_f = \boldsymbol{R}\left[0,0,\frac{\tau_f}{m}\right]^{\mathrm{T}} \in \mathbb{R}^3$，其中 $\tau_f \in \mathbb{R}$ 可以通过控制器直接调整，τ_f 的方向只能沿机体坐标系的 b_z 方向，因此多旋翼无人机的姿态需要根据外环控制系统的需求来调整。假设姿态控制系统具有足够快的响应效率，可满足控制能够受外环控制系统直接调整的需求[12]。解放姿态控制系统对外环控制系统的约束，通过可任意配置的等效控制项 $\bar{\boldsymbol{\tau}}_f$ 进行外环轨迹跟踪控制器设计，考虑控制律定义如下：

$$\bar{\boldsymbol{\tau}}_f = -\boldsymbol{k}_p \boldsymbol{e}_p - \boldsymbol{k}_v \boldsymbol{e}_v - \boldsymbol{k}_I \operatorname{sat}_\rho(\boldsymbol{e}_{\text{int}}) - \boldsymbol{f}_v \tag{8.54}$$

式中，$\boldsymbol{k}_p$、$\boldsymbol{k}_v$、$\boldsymbol{k}_I$ 分别为位置比例系数矩阵、速度比例系数矩阵、积分系数矩阵；$\boldsymbol{e}_{\text{int}}$ 为误差积分项，定义如下：

$$\boldsymbol{e}_{\text{int}}(t) = \int_0^t \boldsymbol{e}_v(\tau) + \boldsymbol{k}_I \boldsymbol{e}_p(\tau)\mathrm{d}\tau \tag{8.55}$$

$\operatorname{sat}_\rho(\cdot)$ 表示饱和函数，$\operatorname{sat}_\rho : \mathbb{R} \to [-\rho, \rho]$ 定义如下：

$$\operatorname{sat}_\rho(x) = \begin{cases} \rho, & x > \rho \\ x, & -\rho \leqslant x \leqslant \rho \\ -\rho, & x < -\rho \end{cases} \tag{8.56}$$

若输入为向量 $\boldsymbol{x} \in \mathbb{R}^3$ 时，则上述饱和函数应用于向量各元素中。根据式(8.54)设计的控制器，在获取控制输入 $\bar{\boldsymbol{\tau}}_f$ 后，设计期望姿态解算方法获取内环控制器的参考指令。

3. 期望姿态指令解算

考虑获得控制输入 $\bar{\boldsymbol{\tau}}_f$ 后，多旋翼无人机需要及时调整飞行姿态，使其能够具备输出理想控制量的条件，而在实际应用中无人机飞行姿态 $\boldsymbol{R}$ 与期望姿态 $\boldsymbol{R}_{\text{ref}}$ 受量测误差外部不确定扰动等影响往往会存在少量误差，因此采用文献[11]中的方法，对期望总升力指令 τ_f 以及期望姿态指令 $\boldsymbol{R}_{\text{ref}}$ 进行解算。首先，将期望控制输入 $\overline{\boldsymbol{\tau}}_f$ 投影至机体坐标系下，从而计算得到期望总升力指令 τ_f：

$$\begin{bmatrix} 0 \\ 0 \\ \tau_f \end{bmatrix} = m\boldsymbol{R}^{\text{T}}\overline{\boldsymbol{\tau}}_f \tag{8.57}$$

假设平台的动态特性满足 $\left\|\overline{\boldsymbol{\tau}}_f\right\| \neq 0$，根据提出的期望姿态求解方法，已知期望姿态下的 b_z 轴向应与期望升力方向同向，因此得到

$$\boldsymbol{b}_{z,\text{ref}} = \frac{\overline{\boldsymbol{\tau}}_f}{\left\|\overline{\boldsymbol{\tau}}_f\right\|} \tag{8.58}$$

结合参考轨迹给定的偏航状态指令 ψ_{ref}，计算期望的无人机机体坐标系 x 轴朝向 $\boldsymbol{b}_{x,\text{ref}}$ 与 y 轴朝向 $\boldsymbol{b}_{y,\text{ref}}$，引入中间变量 $\boldsymbol{b}_{x,\text{tmp}}$，使 $\boldsymbol{b}_{x,\text{tmp}}$ 指向偏航状态指令 ψ_{ref} 方向：

$$\boldsymbol{b}_{x,\text{tmp}} = \left[\cos\psi_{\text{ref}}, \sin\psi_{\text{ref}}, 0\right]^{\text{T}} \tag{8.59}$$

利用机体坐标系的正交性，可以计算无人机机体坐标系的期望 y 轴朝向 $\boldsymbol{b}_{y,\text{ref}}$：

$$\boldsymbol{b}_{y,\text{ref}} = \frac{\boldsymbol{b}_{z,\text{ref}} \times \boldsymbol{b}_{x,\text{tmp}}}{\left\|\boldsymbol{b}_{z,\text{ref}} \times \boldsymbol{b}_{x,\text{tmp}}\right\|} \tag{8.60}$$

根据式(8.58)与式(8.60)中定义的机体坐标系 z 轴与 y 轴的期望朝向与机体坐标系的正交性，可以得到无人机机体坐标系的期望 x 轴朝向 $\boldsymbol{b}_{x,\text{ref}}$：

$$\boldsymbol{b}_{x,\text{ref}} = \boldsymbol{b}_{y,\text{ref}} \times \boldsymbol{b}_{z,\text{ref}} \tag{8.61}$$

最终，期望姿态在 SO(3)上可以表示为

$$\boldsymbol{R}_{\text{ref}} = \left[\boldsymbol{b}_{x,\text{ref}}, \boldsymbol{b}_{y,\text{ref}}, \boldsymbol{b}_{z,\text{ref}}\right] \tag{8.62}$$

将期望旋转矩阵 $\boldsymbol{R}_{\text{ref}}$ 作为内环姿态控制器的输入。

8.4.3　内环姿态控制器设计

多旋翼无人机具备体积灵巧的特点，其小尺寸的旋翼具有较好的刚性。多旋翼无人机的控制系统针对姿态与位置速度状态间的耦合，采用经典内外环子系统设计进行解耦，因此外环控制系统的控制品质与姿态环控制系统对参考姿态指令的控制精度与响应速率相关，内环控制系统对参考指令的快速收敛能够进一步提升外环系统的控制性能。综合考虑上述控制目标，设计多旋翼无人姿态控制器。首先，根据多旋翼无人机模型(8.51)定义姿态状态误差模型，并构建姿态误差系统；然后，设计多旋翼无人机姿态跟踪控制器，实现对无人机姿态的稳定控制。

1. 姿态误差模型建立

下面根据姿态模型(8.51)定义姿态跟踪误差：

$$\boldsymbol{e}_R = \frac{1}{2}\left(\boldsymbol{R}_{\text{ref}}^{-1}\boldsymbol{R} - \boldsymbol{R}^{-1}\boldsymbol{R}_{\text{ref}}\right)^{\vee} \tag{8.63}$$

式中，$\boldsymbol{e}_R$ 为姿态跟踪误差，符号 $^{\vee}$ 是反对称矩阵到向量的转换符。式(8.63)中定义的姿态跟踪误差 $\boldsymbol{e}_R \in \text{so}(3)$，无须满足小扰动假设。通过设计控制器使 $\boldsymbol{e}_R$ 收敛至 $\boldsymbol{0}$ 状态，即实现多旋翼无人机姿态控制。

2. 姿态跟踪控制律设计

以实现对期望姿态的稳定跟踪为目标，设计姿态跟踪控制器。首先根据姿态跟踪误差，设计期望角速度：

$$\boldsymbol{\omega}_{\text{ref}} = -\boldsymbol{k}_R\boldsymbol{e}_R \tag{8.64}$$

式中，$\boldsymbol{\omega}_{\text{ref}}$ 为期望角速度；$\boldsymbol{k}_R$ 为姿态比例增益矩阵。

进一步定义角速度跟踪误差为

$$\boldsymbol{e}_{\omega} = \boldsymbol{\omega} - \boldsymbol{\omega}_{\text{ref}} \tag{8.65}$$

根据角速度跟踪误差的定义，设计比例积分控制器为

$$\boldsymbol{\tau}_m = -\boldsymbol{k}_{\omega}\boldsymbol{e}_{\omega} - \boldsymbol{k}_I\int\boldsymbol{e}_{\omega} \tag{8.66}$$

式中，$\boldsymbol{k}_{\omega}$ 与 $\boldsymbol{k}_I$ 分别为角速度误差的比例系数矩阵与积分系数矩阵。式(8.66)设计

的内环姿态控制器，输出绕机体坐标系各轴向的作用扭矩 $\boldsymbol{\tau}_m$ 实现无人机的姿态控制。

3. 期望电机转速解算

前面通过期望加速度转换得到期望姿态 $\boldsymbol{R}_{\text{ref}}$，姿态跟踪控制系统需要通过控制输入模型(8.51)中的 $\boldsymbol{\tau}_m$ 来跟踪期望姿态。通过式(8.66)计算得到的 $\boldsymbol{\tau}_m$ 与假设条件 $\tau_{\omega_i} = k_m \omega_i^2 (i \in \{1,2,3,4\})$，计算各旋翼转速，其中参数 k_m 为近似旋翼升效的气动力参数，转速分配过程在 Pixhawk 开源控制器中实现。

8.5 实验验证

本节将对自主导航系统以及实物平台进行测试验证，首先设计飞行实验对提出的感知与状态估计系统进行验证；然后在仿真环境下对运动规划与无人机控制系统进行验证；最后在真实环境下进行在线自主导航飞行，完成对完整自主导航系统的验证。

8.5.1 感知系统验证实验

针对设计的感知系统进行实验效果验证，设计多旋翼无人机直线飞行测试实验，如图 8.11 所示。在实验过程中，无人机沿直线轨迹自主飞行，设置最高飞行速度指令上限可达 7m/s，飞行过程中最大加速度为 2m/s^2。为了进一步对多传感器融合状态估计系统的精度进行定量分析，在无人机上搭载 RTK-GNSS 模块作为真值。视觉惯性里程计的自主定位依赖于对特征点的稳定跟踪，无人机的高速飞行通常会降低视觉特征的生存时间甚至导致特征跟踪失效。如图 8.12 所示，在无人机加速过程中，由于相机与机体固连，仅有位于图片上半部分的视觉特征可以被稳定跟踪。图 8.13 中对比了视觉惯性里程计在不同飞行速度下的定位漂移。其中视觉惯性里程计漂移用 $d_{\text{drift}} / t_{\text{total}}$ 表示，d_{drift} 为无人机到达目标点后视觉惯性里程计与真值间的位置误差，t_{total} 为无人机飞行时长。从图 8.13 中可以看出，视觉惯性里程计的定位漂移与无人机的飞行速度基本线性相关。得益于雷达惯性里程计对空间中结构化特征的提取，其可以获得相较于视觉更为稳定的特征提取与跟踪。如图 8.14 所示，在无人机自主飞行过程中，雷达惯性里程计与视觉惯性里程计均产生了较大的累计误差。基于 UKF 的状态估计系统利用多传感器的观测信息，有效抑制了雷达惯性里程计与视觉惯性里程计的累计误差，实现了对无人机的高精度状态估计。

图 8.11　无人机直线飞行实验验证

图 8.12　无人机高速运动下视觉特征跟踪效果

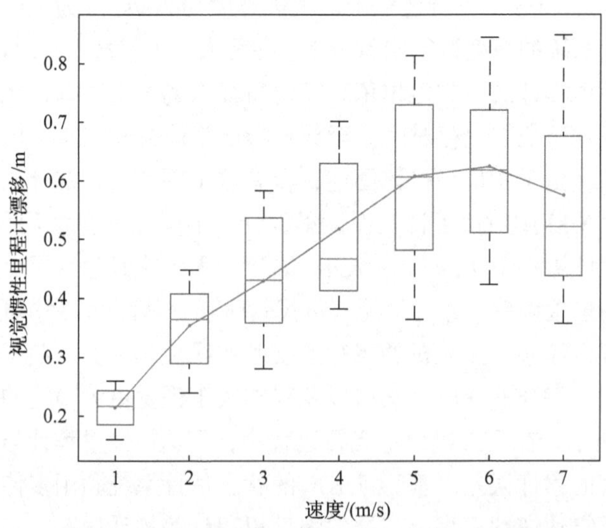

图 8.13　视觉惯性里程计在不同飞行速度下的漂移

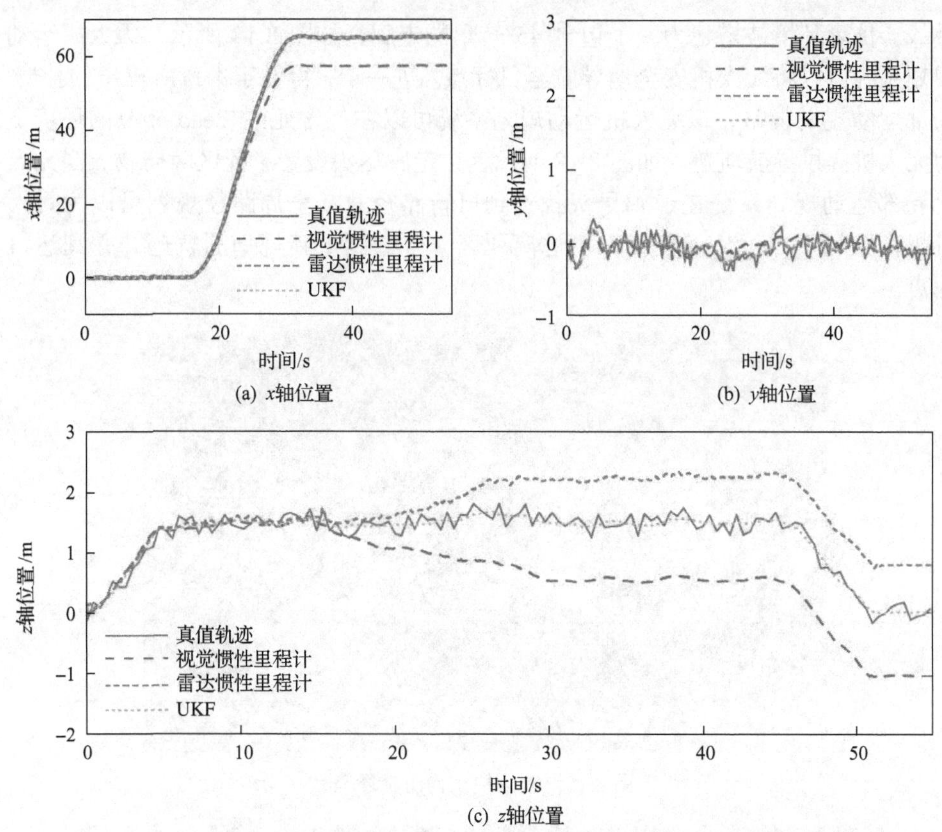

(a) x轴位置　(b) y轴位置

(c) z轴位置

图 8.14　视觉惯性里程计、雷达惯性里程计、多传感器融合定位效果

8.5.2　运动规划系统验证实验

为对运动规划系统进行验证，以 Gazebo 作为仿真工具，在实物验证前对运动规划系统在复杂环境下的性能进行测试。Gazebo 中提供高保真度的四旋翼动力学模型及一整套传感器模型，能够模拟无人机在复杂环境中的工作场景。在仿真环境中无人机搭载 VLP-16 激光雷达、相机、IMU 等机载传感器，无人机轴距与动力学参数与 8.5.4 节实物飞行中采用的无人机设置一致。进一步，为了验证无人机在多障碍环境下的运动规划能力，在 Gazebo 仿真环境中设计了多类障碍物，无人机应具备在先验信息未知的情况下导航至目标点的能力。如图 8.15 所示，在 Gazebo 仿真环境中设置了密集的柱状障碍物，障碍物最小间距设置为 2m。在该环境下，无人机在不依赖先验地图的情况下具备安全导航至目标点的能力，最大飞行速度达到 1.97m/s，平均飞行速度为 1.12m/s，无人机飞行轨迹如图 8.16 所示。

在实际应用中，类似于迷宫一般的场景对无人机运动规划系统提出了很大的挑战。仿真环境被搭建为一个包含 45°转角的走廊，如图 8.17 所示，无人机运动规划系统可以将无人机安全地导航至目标点。进一步，得益于本章所提出的全局-局部运动规划策略，该无人机运动规划系统可以在包含死区(dead-end)的环境下为无人机提供导航轨迹。如图 8.18 所示，在走廊尽头设置了死区障碍物，当无人机局部运动规划系统在走廊尽头找不到可行路径时，全局路径规划可以为无人机提供全局引导，从而使无人机逃离死区，收敛到重新规划的轨迹，并到达目标点。

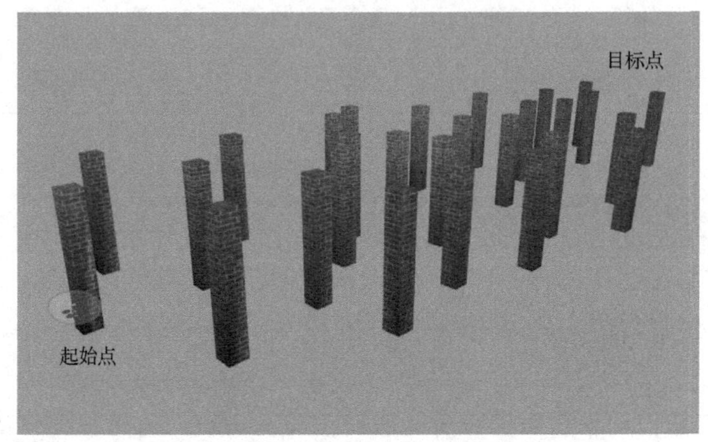

图 8.15　密集柱状物仿真环境

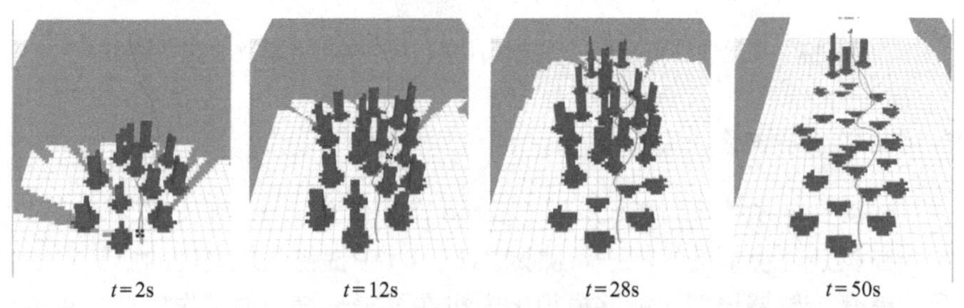

图 8.16　密集柱状障碍物环境下无人机运动规划效果

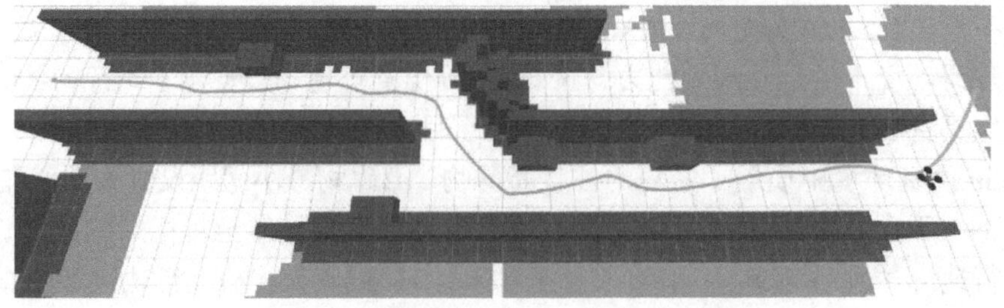

图 8.17　结构化场景下无人机运动规划效果

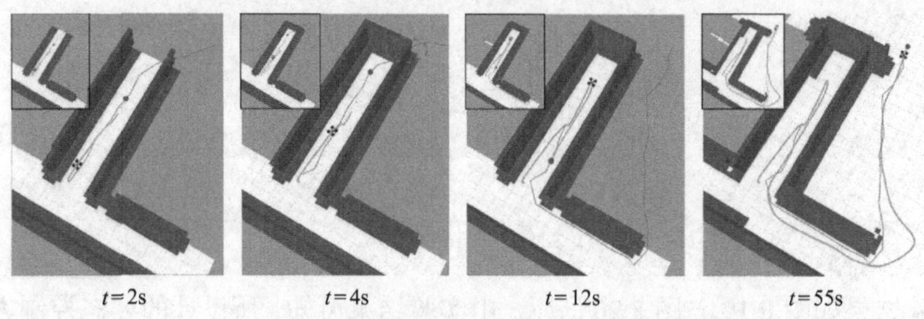

图 8.18　包含死区场景下的无人机运动规划效果

8.5.3　无人机控制系统验证实验

对无人机控制系统进行实验验证，控制器的验证过程按照控制系统的内外环结构进行测试。内环姿态控制器是外环轨迹跟踪控制器的基础，其控制性能是外环轨迹跟踪控制器保证无人机轨迹跟踪的基础，因此，首先验证无人机内环姿态控制器的控制性能，然后对外环轨迹跟踪控制器进行验证。

1. 内环姿态控制实验

考虑便于姿态环控制器的实验测试，选取多旋翼无人机进行实验验证，无人机的模型参数包括：多旋翼无人机机臂长度 $l=0.1275\text{m}$，旋翼升力系数 $k_m=2.1\times10^{-6}\text{N}\cdot\text{s}^2/\text{rad}^2$，升力与扭矩间关系参数 $c_m=1.19\times10^{-2}$，机体转动惯量参数 $\boldsymbol{J}=\text{diag}\left[2.3\times10^{-3},2.4\times10^{-3},2.6\times10^{-3}\right]\text{kg}\cdot\text{m}^2$。在控制器参数选择方面，根据控制器(8.66)的形式，内环姿态控制器的参数选取：$\boldsymbol{k}_R=\text{diag}[6.5,6.5,2.8]$，$\boldsymbol{k}_\omega=\text{diag}[0.15,0.15,0.2]$，$\boldsymbol{k}_I=\text{diag}[0.2,0.2,0.1]$。

为验证姿态控制方法的有效性，多旋翼无人机通过万向节被连接在一个固定支架上，无人机通过机载 MEMS 级 IMU 进行姿态与角速度的测量，通过 WiFi 无线网络模块实现姿态状态的回传，所提出的姿态控制算法通过 C/C++语言，应用实现在 PX4 开源飞控系统中，相关飞控软件运行在飞控计算机中，而机载传感器等被集成于飞控拓展板上，姿态控制环的控制频率被设定为 250Hz。在实物实验过程中，为进行姿态机动的无人机平台施加 3m/s 的外界风干扰，多旋翼无人机姿态控制器的跟踪参考指令定义如下：

$$\phi_{\text{ref}}(t)=\begin{cases}0, & t\in[0,30)\text{s}\\ 0.1\sin\dfrac{\pi(t-30)}{15}, & t\in[30,90)\text{s}\\ 0, & t\in[90,110]\text{s}\end{cases}$$

$$
\theta_{\mathrm{ref}}(t)=\begin{cases}0, & t\in[0,35)\mathrm{s}\\ 0.1\sin\dfrac{\pi(t-35)}{15}, & t\in[35,95)\mathrm{s}\\ 0, & t\in[95,110]\mathrm{s}\end{cases} \tag{8.67}
$$

$$
\psi_{\mathrm{ref}}(t)=0,\quad t\in[0,110]\mathrm{s}
$$

实验结果如图 8.19 与图 8.20 所示，由实验结果可知，所设计的姿态控制方法可以保证多旋翼无人机的姿态误差，在外界风干扰的影响下仍收敛至可以接受的误差范围内。

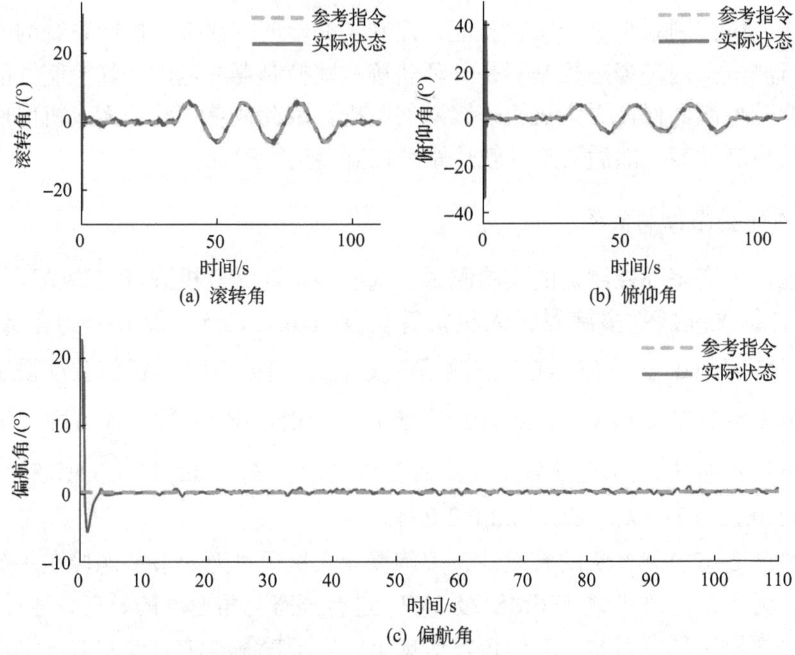

(a) 滚转角　(b) 俯仰角

(c) 偏航角

图 8.19　外界扰动情况下无人机姿态跟踪控制效果

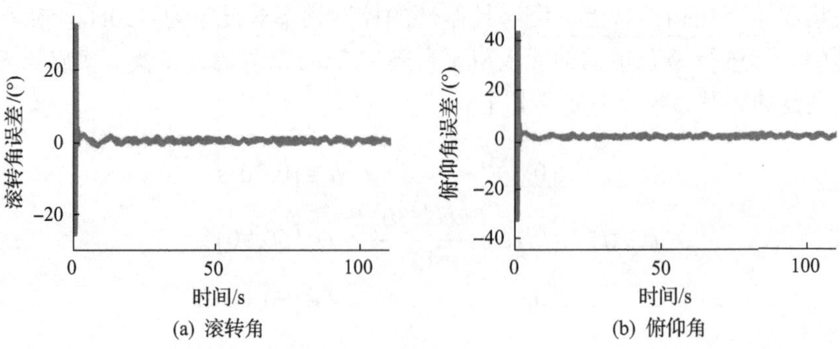

(a) 滚转角　(b) 俯仰角

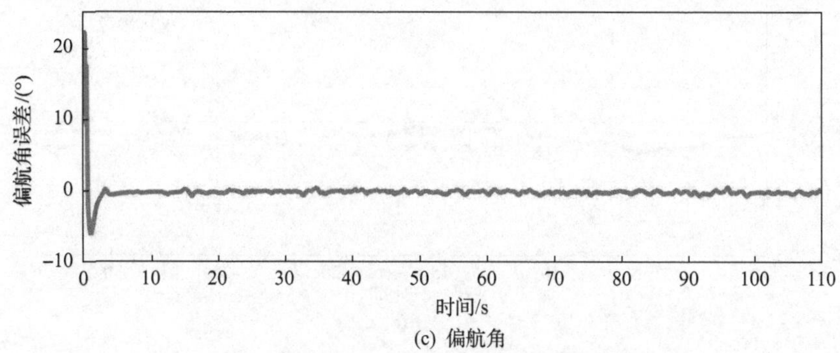

(c) 偏航角

图 8.20　外界扰动情况下多旋翼无人机姿态跟踪误差

2. 外环轨迹跟踪控制实验

在姿态环控制器验证实验的基础上，进行轨迹跟踪控制器的验证实验，与姿态跟踪控制器有关的模型参数包括：多旋翼无人机的质量 $m = 0.625\text{kg}$，重力加速度 $g = 9.81\text{m/s}^2$。在外环轨迹跟踪控制器参数的选择方面，根据控制器的形式，选取：$\boldsymbol{k}_p = \text{diag}([4,4,5])$，$\boldsymbol{k}_v = \text{diag}[2.8,2.8,3.0]$，$\boldsymbol{k}_I = \text{diag}[1,1,1]$，$\boldsymbol{\rho} = [10,10,10]$。

在真实场景下结合实物验证平台对轨迹跟踪控制器进行实物演示验证，多旋翼无人机轨迹跟踪控制验证实验的参考轨迹通过在多个航迹点间求取 minim snap 多项式轨迹的方式得到，在样例实验中选取四个航迹点顺次穿过（$[-1,-1,1.5] \to [1,1,1.5] \to [-1,1,1.5] \to [1,-1,1.5] \to [-1,-1,1.5]$）。实际轨迹跟踪控制实验结果如图 8.21 和图 8.22 所示，由实验结果可知，本章所设计的轨迹跟踪控制系统可以保证多旋翼无人机在真实环境中跟踪参考轨迹飞行，将系统状态误差收敛至可以接受的误差范围内。

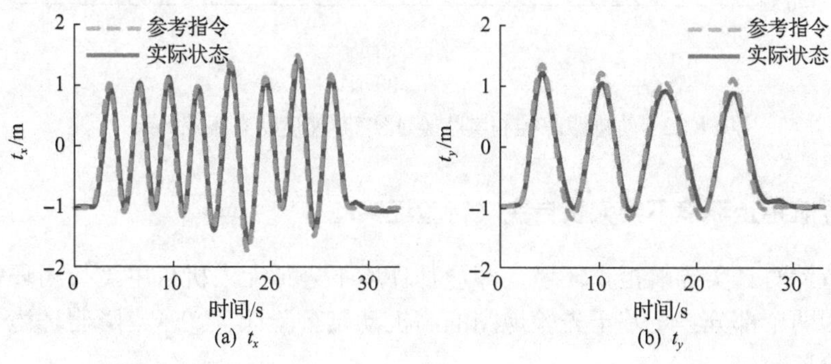

(a) t_x　　(b) t_y

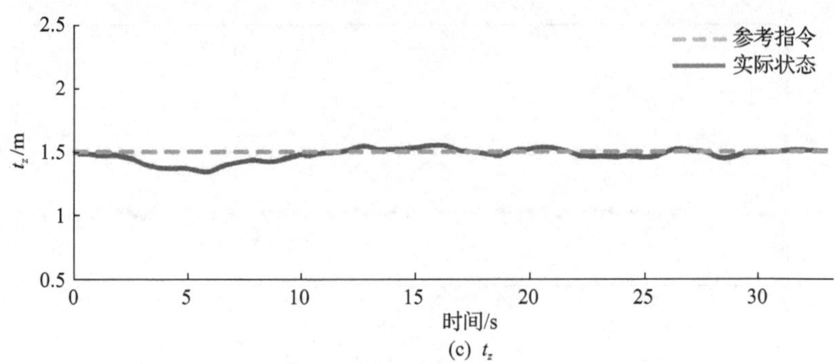

(c) t_z

图 8.21　轨迹跟踪控制实物验证实验(位置状态跟踪效果)

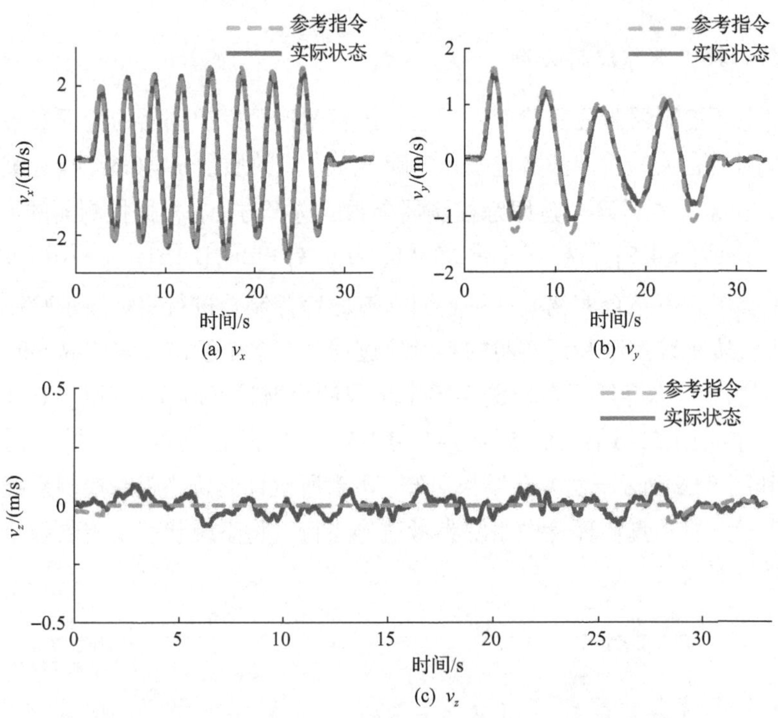

(a) v_x　(b) v_y

(c) v_z

图 8.22　轨迹跟踪控制实物验证实验(速度状态跟踪效果)

8.5.4　导航拒止环境下无人机自主飞行验证实验

本节针对真实导航拒止环境，即丛林环境下进行无人机自主飞行闭环验证。实验分为两个部分：①基于先验地图的高机动飞行验证；②密集障碍环境下的自主飞行验证。

1. 基于先验地图的高机动飞行验证

本节针对导航拒止环境下的自主飞行问题，对感知与状态估计系统以及轨迹跟踪控制系统组成的闭环进行验证。在实验过程中，根据先验地图信息生成离线航迹。无人机在飞行过程中跟踪高速、高机动的轨迹，位姿估计效果如图 8.23(a)所示。高机动飞行过程中无人机的最高速度达到 9m/s，单轴最大角速度达到 180(°)/s(三轴角速度达到 245(°)/s)，结果如图 8.23(b)所示。从图 8.23 中可以看出，在飞行过程中，本章所设计的感知系统可以在导航拒止环境下提供准确、实时的状态估计。同时，轨迹跟踪控制器可以保证无人机稳定地跟踪离线航迹飞行，其跟踪效果如图 8.24 和图 8.25 所示。

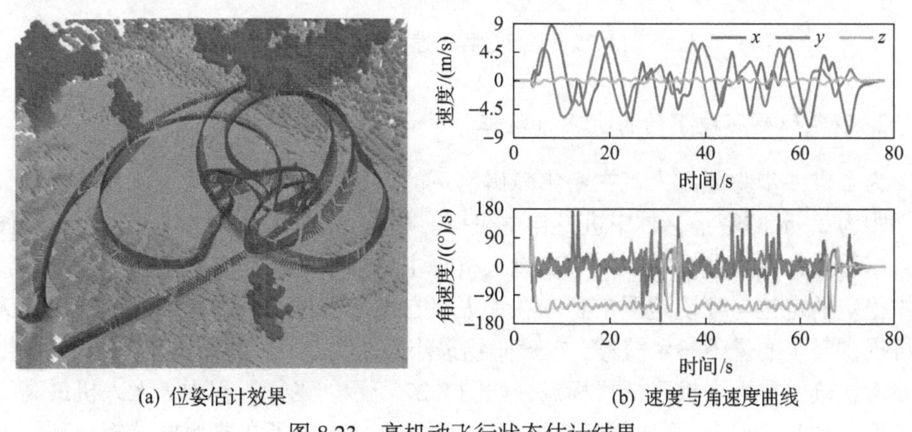

(a) 位姿估计效果　　(b) 速度与角速度曲线

图 8.23　高机动飞行状态估计结果

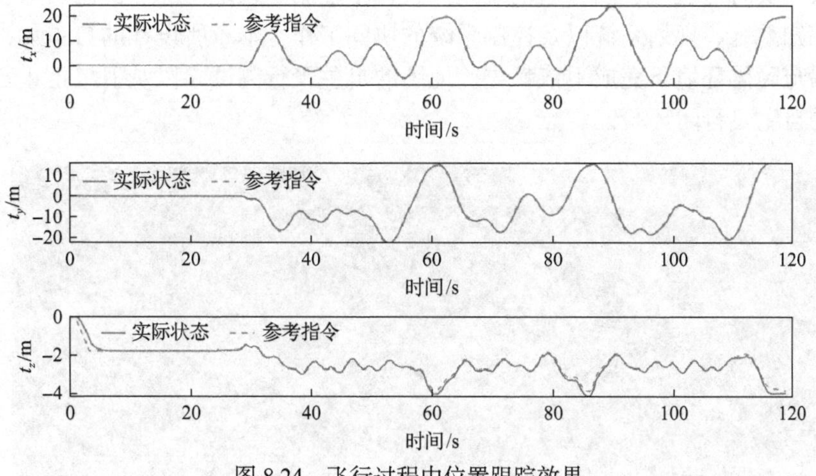

图 8.24　飞行过程中位置跟踪效果

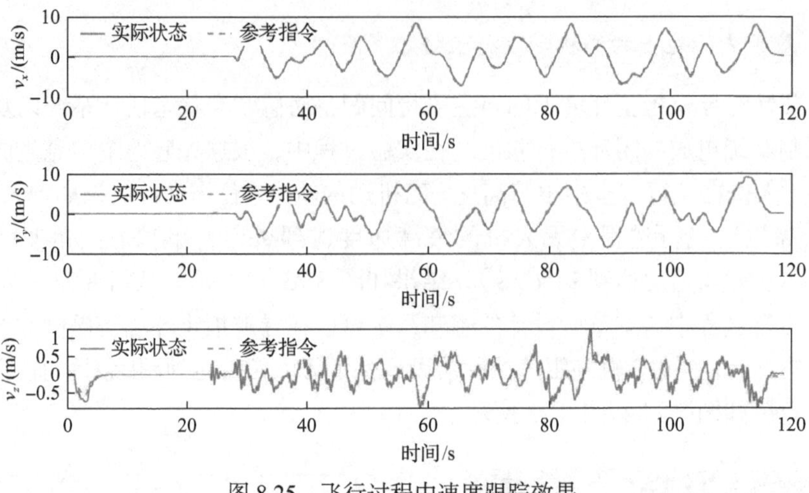

图 8.25　飞行过程中速度跟踪效果

2. 密集障碍环境下的自主飞行验证

为了进一步验证无人机在密集障碍物下的自主导航能力，无人机在障碍物最小间距为 2.3m 的密集丛林中进行自主飞行。从图 8.26 中获得的高质量点云地图中可以看出，在上述极端工况下，无人机自主感知系统仍能有效工作，为无人机提供稳定的定位与环境地图信息。在无人机自主飞行过程中，规划系统可以为无人机提供安全的避障参考轨迹，在障碍物最小间距为 2.3m 的未知丛林中，可以生成参考轨迹引导无人机飞抵目标点，如图 8.27 所示。飞行过程中，无人机最高飞行速度达到 1.13m/s，平均飞行速度达到 0.81m/s，实现了在典型导航拒止环境下的无人机实时定位、建图、运动规划以及自主控制的系统闭环。实验结果表明，通过感知系统、规划系统以及控制系统的协同工作，本章所设计的自主无人机可以在稀疏障碍环境下完成不依赖先验地图的自主飞行测试，以及卫星拒止复杂环境下的自主飞行闭环验证。

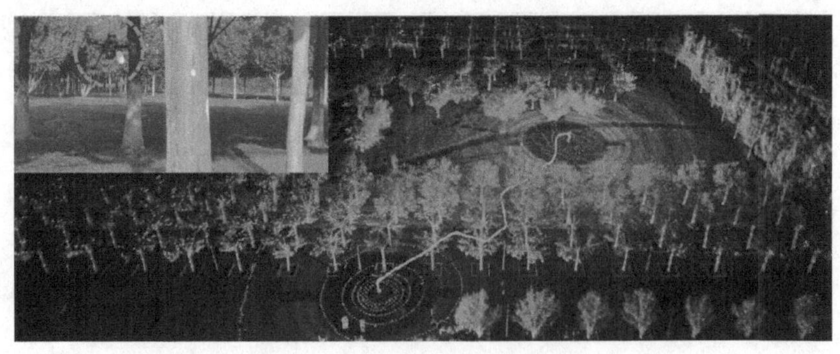

图 8.26　密集丛林环境下的无人机自主飞行测试实验

图 8.27　密集丛林环境下的无人机自主飞行过程

8.6　本章小结

本章针对真实导航拒止环境，设计了一套适用于室外复杂环境的无人机自主飞行的导航和运动规划方法，提出了一套针对室外复杂环境的多旋翼无人机自主飞行设计方案，并在丛林环境下对无人机自主导航与运动规划方法的有效性进行闭环飞行验证。首先，综合分析了多旋翼无人机在室外复杂环境下自主飞行的设计需求，给出了完整的硬件以及软件设计方案。随后，针对室外复杂环境，提出无人机自主感知方法，实现了对无人机的状态估计以及对环境地图的构建；同时，针对复杂环境下的无人机运动规划问题，考虑有限机载计算资源以及运动规划算法的实时性需求，提出了全局-局部运动规划策略，利用全局地图信息搜寻全局路径，并采用局部地图内的路径信息，引导局部规划算法生成局部飞行轨迹；最后，设计了多旋翼无人机控制系统，实现对局部轨迹的跟踪控制。在真实环境中的实物飞行实验表明，本章所设计的自主无人机能够实现室外复杂环境下的自主飞行。

参 考 文 献

[1] Shen S J, Michael N, Kumar V. Autonomous multi-floor indoor navigation with a computationally constrained MAV. IEEE International Conference on Robotics and Automation, Shanghai, 2011: 2968-2969.

[2] Burri M, Oleynikova H, Achtelik M W, et al. Real-time visual-inertial mapping, re-localization and planning onboard mavs in unknown environments. IEEE/RSJ International Conference on Intelligent Robots and Systems, Hamburg, 2015: 1872-1878.

[3] Gao F, Wu W, Lin Y, et al. Online safe trajectory generation for quadrotors using fast marching method and bernstein basis polynomial. IEEE International Conference on Robotics and Automation, Brisbane, 2018: 344-351.

[4] Mohta K, Watterson M, Mulgaonkar Y, et al. Fast, autonomous flight in GPS-denied and cluttered environments. Journal of Field Robotics, 2018, 35(1): 101-120.

[5] Zhou Y, Lai S P, Cheng H M, et al. Toward autonomy of micro aerial vehicles in unknown and

global positioning system denied environments. IEEE Transactions on Industrial Electronics, 2020, 68(8): 7642-7651.

[6] Özaslan T, Mohta K, Keller J, et al. Towards fully autonomous visual inspection of dark featureless dam penstocks using MAVs. IEEE/RSJ International Conference on Intelligent Robots and Systems, Daejeon, 2016: 4998-5005.

[7] Meier L, Honegger D, Pollefeys M. PX4: A node-based multithreaded open source robotics framework for deeply embedded platforms. IEEE International Conference on Robotics and Automation, Seattle, 2015 : 6235-6240.

[8] Quigley M, Conley K, Gerkey B, et al. ROS: An open-source robot operating system. ICRA Workshop on Open Source Software, Kobe, 2009.

[9] Fabbri R, Costa L D F, Torelli J C, et al. 2D Euclidean distance transform algorithms: A comparative survey. ACM Computing Surveys, 2008, 40(1): 1-44.

[10] Karaman S, Frazzoli E. Sampling-based algorithms for optimal motion planning. The International Journal of Robotics Research, 2011, 30(7): 846-894.

[11] Mellinger D, Kumar V. Minimum snap trajectory generation and control for quadrotors. IEEE International Conference on Robotics and Automation, Shanghai, 2011: 2520-2525.

[12] Cai G, Chen B M, Lee T H. Unmanned Rotorcraft Systems. Berlin: Springer Science & Business Media, 2011.